PART I

생애주기 영양학의 의의

제1장 생애주기 영양과 건강

01

생애주기 영양과 건강

1. 한국인 영양소 섭취기준과 영양 섭취 현황
2. 한국인의 식생활 변화와 영양 문제
3. 한국인의 식생활 지침과 기초 식품군
4. 성장과 발달

인간을 포함하여 모든 생명체는 각각의 일정한 수명을 가지고 있고 그 한정된 기간 동안 생리적 변화의 과정을 밟게 된다. 이를 자연의 섭리에 따른 생명의 리듬이라고도 하는데 그 속에는 종족 보존이란 중대한 의미가 내포되어 있다.

사람의 경우, 태아는 모체의 자궁에 머무는 40주 동안 각 시기별로 필요한 영양분을 모체로부터 공급받아 성장, 발육하면서 태어날 준비를 한다. 보통 태어나서 1년 정도면 걷고, 3년 정도면 말을 배운다. 신체적으로 빠르게 성장하면서 사춘기를 거쳐 성인이 되면 결혼하여 후손을 남기며, 이후 장년기, 중년기, 노년기를 거치는 동안 서서히 노화가 진행되다가 죽음에 이르는 일련의 과정을 거친다.

하지만, 누구나 이 과정을 자연스럽고 정상적으로 통과하는 것은 아니다. 각 과정별로 장애를 일으키는 요인은 많으나 무엇보다 각 과정상의 생리적 특징을 파악하여 가장 적절한 영양 필요량을 공급하도록 하는 것이 생애주기 영양학의 목적이다.

한편, 영양학, 의학, 유전공학 등을 포함한 생명과학의 발전은 질병의 예방과 치료를 통해 사망률을 낮추었는데, 특히 노화에 관한 연구는 인간의 수명을 연장시킴으로써 노인 인구를 증가시켰다. 더구나 출산율까지 급속히 떨어지면서 사회 구조가 빠르게 고령화되고 있다. 그런 만큼 노년기의 질병과 영양에 대한 연구는 그 비중이 커지고 있다.

건강 상태는 크든 작든 개인차가 있는데, 그 요인은 크게 체질적(유전적) 요인과 환경적 요인으로 분류할 수 있다. 즉, 건강은 이 2가지 요인이 복합적으로 작용한 결과이다. 그중에서 영양은 각각의 식습관에 따라 큰 영향을 받는데, 태아기부터 소아기, 노년기까지의 건강을 좌우하는 중요한 요인이 된다.

이 장에서는 새롭게 제정된 『2015 한국인 영양소 섭취기준(Dietary Reference Intakes For Koreans 2015)』을 소개하고자 한다. 한국인 영양소 섭취기준은 1962년에 국제연합 식량농업기구(FAO) 한국협회에서 한국인 영양권장량을 제정하면서 처음으로 제시되었다. 그 이후에 보건사회연구원과 한국영양학회에서 필요에 따라 이를 제·개정하여 다각적으로 활용해 왔다. 2010년에 「국민영양관리법」이 공포됨에 따라 정부에서 영양소 섭취기준의 제정 업무를 담당하게 되었고, 보건복지부는 한국영양학회에 제정 업무를 위탁하여 '2015 한국인 영양소 섭취기준' 제정을 위한 과학적 근거를 확보하게 되었다. 영양소 섭취기준은 인체 필요량과 유해성에 대한 과학적 근거를 충분히 반영해야 하고, 영양 관련 분야의 전문가들이 인정할 수 있어야 하며, 다양한 분야에서 편리하게 활용할 수 있어야 한다. 따라서 '2015 영양소 섭취기준' 제정은 과학적 근거의 활용, 다학제적 접근, 그리고 활용도 제고를 기본 전략으로 삼았다.

'2015 한국인 영양소 섭취기준'의 제정을 위해 40여 개 영양소를 검토하였고, 과학적 근거가 부족한 영양소를 제외하고 에너지를 포함한 총 36종의 영양소(에너지 및 다량 영양소 8종 : 에너지, 탄수화물, 당류, 지질, 단백질, 아미노산, 식이섬유, 수분; 비타민 13종 : 비타민 A, 비타민 D, 비타민 E, 비타민 K, 비타민 C, 티아민, 리보플라빈, 니아신, 비타민 B_6, 엽산, 비타민 B_{12}, 판토텐산, 비오틴; 무기질 15종 : 칼슘, 인, 나트륨, 염소, 칼륨, 마그네슘, 철, 아연, 구리, 불소, 망간, 요오드, 셀레늄, 몰리브덴, 크롬)를 제정 대상 영양소로 선정하였다.

1. 한국인 영양소 섭취기준과 영양 섭취 현황

한국인 영양소 섭취기준은 국민의 건강 증진 및 질병 예방을 목적으로 에너지 및 각 영양소의 적정 섭취량을 나타낸 것이다(표 1-1). 영양소 섭취기준에는 평균필요량, 권장섭취량, 충분섭취량, 상한섭취량이 있다. 인체 필요량에 대한 과학적 근거가 있을 경우에는 평균필요량과 권장섭취량을 제정하고, 근거가 충분하지 않은 경우에는 충분섭취량을 제정하며, 과잉 섭취로 인한 유해 영향에 대한 근거가 있는 경우에는 상한섭취량을 제정한다.

영양소 섭취기준을 위한 연령군은 생애주기에 따라 구분하였다. 영아기는 0~5개월과 6~11개월, 유아기는 1~2세와 3~5세로 구분하였고, 아동기(6~8세, 9~11세)와 청소년기(12~14세, 15~18세)는 남녀를 구분하여 각각 두 개의 구간으로 설정하였다. 성인기와 노인기는 남녀를 구분하여 각각 세 개의 구간(19~29세, 30~49세, 50~64세)과 두 개의 구간(65~74세, 75세 이상)으로 분류하였다.

영양소 섭취기준을 위한 기준 체위를 설정하기 위해서 2008~2012년 5년간의 '국민건강영양조사' 자료를 분석하여 활용하였다. 성인의 체위 기준은 건강 체중의 개념을 포함하기 위해 19~49세의 건강한 성인 중에서 체질량 지수 18.5~25.0 kg/m^2 미만을 가진 대상자의

평균필요량(estimated average requirement, EAR)　대상 집단을 구성하는 건강한 사람들의 절반에 해당하는 사람들의 1일 필요량을 충족시키는 값으로 대상 집단의 필요량 분포치 중앙값으로부터 산출한 수치

권장섭취량(recommended nutrient intake, RNI)　평균필요량에 표준편차의 2배를 더하여 정함

충분섭취량(adequate intake, AI)　영양소 필요량에 대한 정확한 자료가 부족하거나 필요량의 중앙값과 표준편차를 구하기 어려워 권장섭취량을 산출할 수 없는 경우에 제시

상한섭취량(tolerable upper intake level, UL)　인체 건강에 유해 영향이 나타나지 않는 최대 영양소 섭취 수준으로서 과량 섭취 시 건강에 악영향의 위험이 있다는 자료가 있는 경우에 설정 가능

표 1-1 2015 한국인 1일 영양소 섭취기준(일부)

성별		남자			여자		
연령(세)		15~18	19~29	30~49	15~18	19~29	30~49
체위 기준	신장(cm)	173.3	174.8	172.0	160.9	161.5	159.0
	체중(kg)	63.1	68.7	66.6	53.1	56.1	54.4
	BMI(kg/m^2)	21.0	22.5	22.5	20.5	21.5	21.5
에너지(kcal)	필요추정량	2,700	2,600	2,400	2,000	2,100	1,900
단백질(g)	권장섭취량	65	65	60	50	55	50
식이섬유(g)	충분섭취량	25	25	25	20	20	20
수분(mL)	충분섭취량	2,600	2,600	2,500	2,000	2,100	2,000
비타민 A(μgRAE)	권장섭취량	850	800	750	600	650	650
비타민 D(μg)	충분섭취량	10	10	10	10	10	10
비타민 E(mg α-TE)	충분섭취량	11	12	12	11	12	12
비타민 K(μg)	충분섭취량	80	75	75	65	65	65
비타민 C(mg)	권장섭취량	105	100	100	95	100	100
티아민(mg)	권장섭취량	1.3	1.2	1.2	1.2	1.1	1.1
리보플라빈(mg)	권장섭취량	1.7	1.5	1.5	1.2	1.2	1.2
니아신(mg NE)	권장섭취량	17	16	16	14	14	14
비타민 B_6(mg)	권장섭취량	1.5	1.5	1.5	1.4	1.4	1.4
엽산(μg DFE)	권장섭취량	400	400	400	400	400	400
비타민 B_{12}(μg)	권장섭취량	2.7	2.4	2.4	2.4	2.4	2.4
판토텐산(mg)	충분섭취량	5	5	5	5	5	5
비오틴(μg)	충분섭취량	30	30	30	30	30	30
칼슘(mg)	권장섭취량	900	800	800	800	700	700
인(mg)	권장섭취량	1,200	700	700	1,200	700	700
나트륨(mg)	충분섭취량	1,500	1,500	1,500	1,500	1,500	1,500
염소(mg)	충분섭취량	2,300	2,300	2,300	2,300	2,300	2,300
칼륨(mg)	충분섭취량	3,500	3,500	3,500	3,500	3,500	3,500
마그네슘(mg)	권장섭취량	400	350	370	340	280	280
철(mg)	권장섭취량	14	10	10	14	14	14
아연(mg)	권장섭취량	10	10	10	9	8	8
구리(μg)	권장섭취량	840	800	800	840	800	800
불소(mg)	충분섭취량	3.0	3.5	3.0	2.5	3.0	2.5
망간(mg)	충분섭취량	4.0	4.0	4.0	3.5	3.5	3.5
요오드(μg)	권장섭취량	130	150	150	130	150	150
셀레늄(μg)	권장섭취량	65	60	60	65	60	60
몰리브덴(μg)	권장섭취량	-	30	25	-	25	25
크롬(μg)	충분섭취량	40	35	35	25	25	25

자료 : 보건복지부, 2015 한국인 영양소 섭취기준, 2015

표 1-2 2015 한국인 영양소 섭취기준 설정을 위한 체위 기준

구분	연령군	신장(cm)	체중(kg)
영아	0~5(개월)	60.3	6.2
	6~11	72.2	8.9
유아	1~2(세)	86.4	12.5
	3~5	105.4	17.4
남자	6~8(세)	126.4	26.5
	9~11	142.9	38.2
	12~14	163.5	52.9
	15~18	173.3	63.1
	19~29	174.8	68.7
	30~49	172.0	66.6
	50~64	168.4	63.8
	65~74	164.9	61.2
	75 이상	163.3	60.0
여자	6~8(세)	125.0	25.0
	9~11	142.9	35.7
	12~14	158.1	48.5
	15~18	160.9	53.1
	19~29	161.5	56.1
	30~49	159.0	54.4
	50~64	155.4	51.9
	65~74	152.1	49.7
	75 이상	147.1	46.5

자료 : 보건복지부, 2015 한국인 영양소 섭취기준, 2015

체질량 지수 중위수(남성 BMI 22.5, 여성 BMI 21.5)와 신장 중위수를 적용하여 기준 체중을 산출하였다. 아동 및 청소년은 성인과 동일한 체질량 지수 기준을 적용하기 어렵기 때문에, 각 연령군의 체질량 지수와 신장의 중위수를 산출하여 체위 기준을 설정하였다. 또한 1세 미만 영아의 경우에는 국민건강영양조사 자료를 활용할 수 없으므로 '2007 소아·청소년 신체 발육 표준치'를 사용한 『2010 한국인 영양섭취기준』의 체위 기준을 그대로 사용하였다(표 1-2).

표 1-3은 2008년 국민건강영양조사 결과 전국의 식품군별 1인 1일 평균 섭취량의 변화 추이를 나타낸 것으로 식물성 식품군에서는 곡류 및 그 제품의 섭취량이 감소된 반면, 음료 및 조미료류의 섭취량은 계속 증가되는 것으로 나타났다. 동물성 식품군에서는 육류의

표 1-3 식품군별 1인 1일 평균 섭취량의 변화 추이(전국)

(단위 : g)

식품군	연도(년)	1990	1991	1992	1993	1994	1995	1998*	2001*	2008*
식물성 식품	곡류 및 그 제품	344.0	348.9	337.2	326.6	310.4	308.9	347.0	310.5	287.9
	감자 및 전분류	43.1	23.4	22.4	19.2	19.0	21.2	36.6	26.5	35.9
	콩류 및 그 제품	58.1	36.1	36.5	30.5	33.9	34.7	31.0	31.6	36.7
	채소류	281.0	284.3	301.5	272.4	275.7	286.2	283.5	290.8	301.5
	과실류	68.8	102.7	123.9	119.7	122.2	146.0	197.5	207.4	158.9
	해조류	6.0	7.1	6.7	7.0	7.4	6.6	7.7	9.0	5.4
	음료 및 주류/조미료류	34.7	38.6	37.8	44.8	53.5	47.6	116.0**	143.9	161.7/34.8
	유지류(식물성)	5.6	5.7	5.8	7.0	7.5	7.5	5.7	9.8	7.6
	기타	9.4	9.7	11.2	12.0	12.9	11.9	17.5	23.4	0.3
	계	850.0	857.0	883.0	839.0	843.0	871.0	1,042.5	1,052.9	1,044.8
동물성 식품	육류 및 그 제품	47.3	52.5	58.1	58.3	55.7	68.0	69.0	91.7	84.6
	난류	19.5	19.8	19.0	23.6	20.0	21.8	22.5	21.1	22.3
	어패류	78.6	80.5	85.4	74.8	82.6	75.1	66.3	64.1	51.2
	유류 및 낙농 제품	52.2	58.1	51.6	58.0	65.7	65.6	87.5	84.6	94.6
	유지류(동물성)	0.4	0.0	0.4	0.4	0.2	0.1	2.1	0.1	0.2
	기타	0.0	0.0	–	–	–	–	0.1	0.2	0.0
	계	198.0	211.0	215.0	215.0	224.0	230.0	247.5	261.8	253.0
총계		1,048.0	1,068.0	1,098.0	1,054.0	1,067.0	1,101.0	1,290.0	1,314.7	1,297.8
식물성 식품 섭취비율(%)		81.1	80.2	80.4	79.6	79.0	79.1	80.8	80.1	80.5
동물성 식품 섭취비율(%)		18.9	19.8	19.6	20.4	21.0	20.9	19.2	19.9	19.5

*1969~1995년까지는 가구별 칭량법, 1998년 이후는 개인별 24시간 회상법에 의해 조사된 결과임.

**1998년도 음료 및 주류/조미료류 섭취량의 급격한 증가는 조사방법 변경에 의해 가정 밖에서의 음료 및 주류/조미료류 섭취량 파악이 이루어진 것에 기인함.

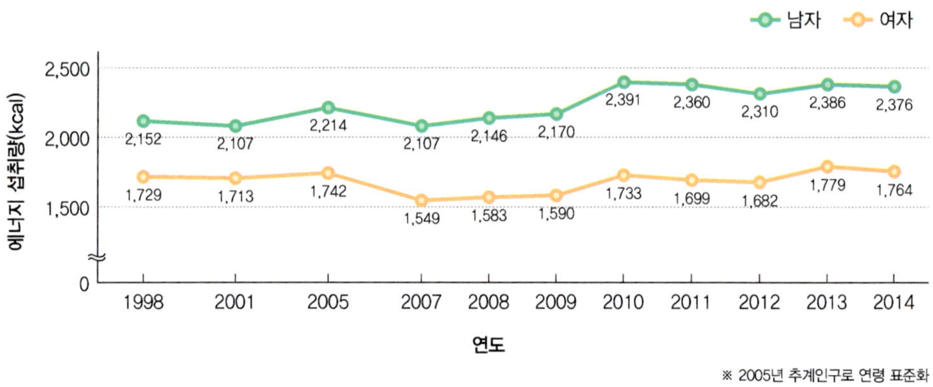

그림 1-1 에너지 섭취량 추이

자료 : 보건복지부 질병관리본부, 국민건강영양조사 제6기 2차년도, 2014

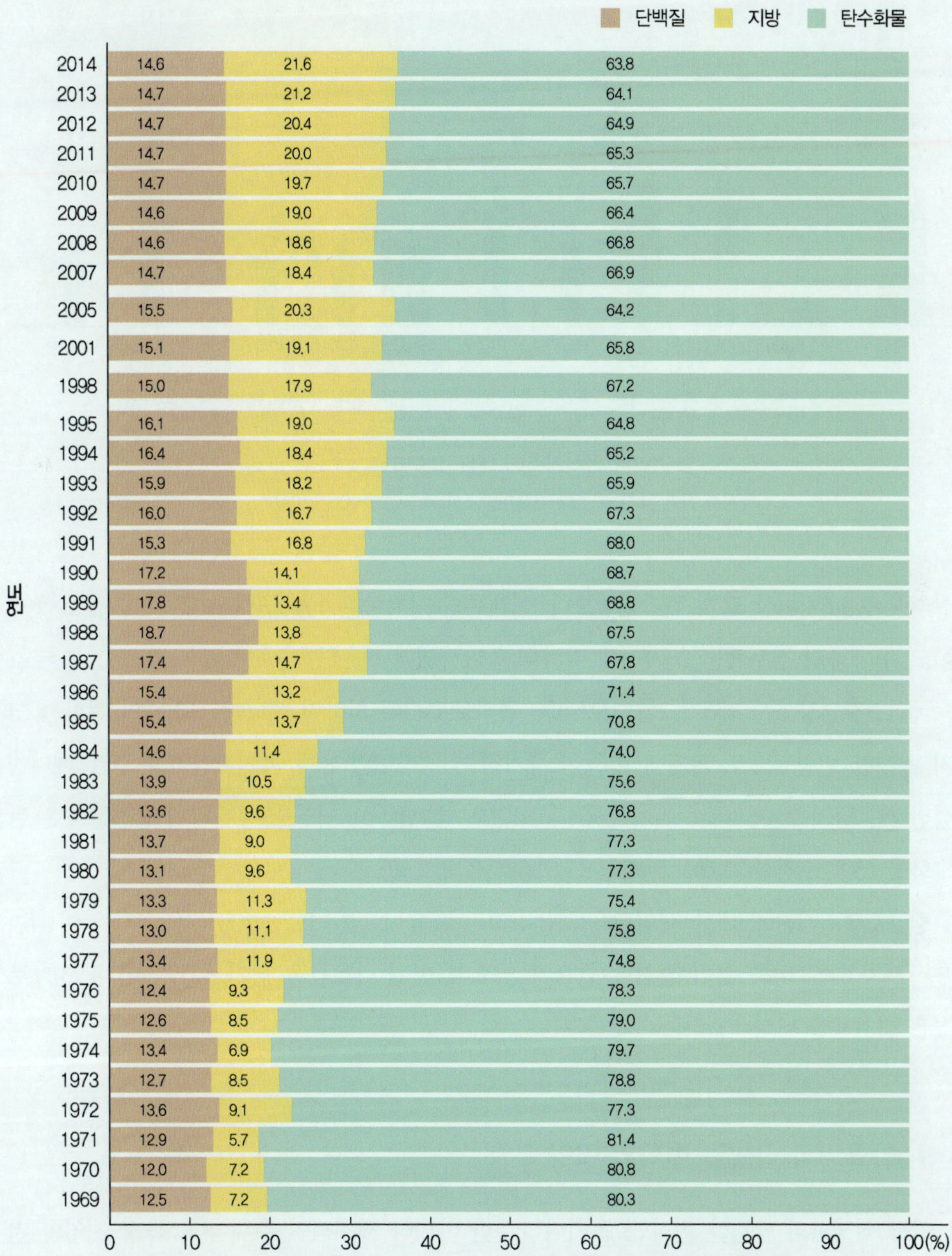

※ 단백질 급원 에너지 섭취분율 : {(단백질 섭취량)×4}의 {(단백질 섭취량)×4 + (지방 섭취량)×9 + (탄수화물 섭취량)×4}에 대한 분율, 만1세 이상
※ 지질 및 탄수화물 급원 에너지 섭취분율 : 단백질 급원 에너지 섭취분율과 같은 정의에 의해 산출
※1969~1995년, 원시자료 확보가 불가하여 각 영양소 섭취량의 평균값을 이용하여 계산 : 1998~2014년, 2005년 추계인구로 연령 표준화

그림 1-2 영양소별 에너지 섭취분율 추이

자료 : 보건복지부 질병관리본부, 국민건강영양조사 제6기 2차년도, 2014

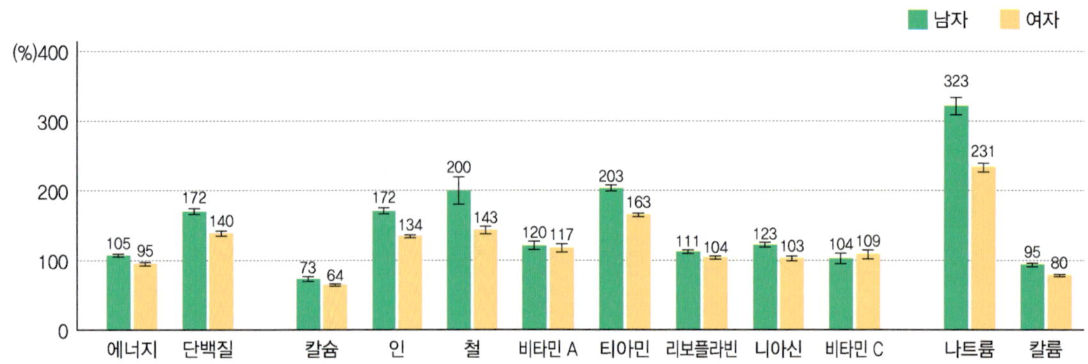

※ 영양소 섭취기준에 대한 섭취비율 : 영양소 섭취기준에 대한 개인별 영양소 섭취량 백분율의 평균값, 만 1세 이상
※ 영양소 섭취기준 : 2010 한국인 영양섭취기준 개정판(한국영양학회, 2010) ; 에너지 : 필요추정량 | 나트륨, 칼륨 : 충분섭취량 | 기타 : 권장섭취량

그림 1-3 영양소 섭취기준에 대한 섭취비율

자료 : 보건복지부 질병관리본부, 국민건강영양조사 제6기 2차년도, 2014

섭취량은 30% 이상 크게 증가되었으나, 어패류의 섭취량은 1990년대 이후 계속 감소 추세이고, 유제품의 경우에는 2001년에 비하여 증가하였다.

국민건강영양조사 제6기 2차년도(2014) 결과보고서에 의하면 에너지 섭취량의 변화는 크지 않지만 전반적으로 과거에 비하여 증가하는 경향이었다. 한국인 1인 1일 평균 에너지 섭취량은 남자 2,376 kcal, 여자 1,764 kcal였으며(그림 1-1), 영양소별 에너지 섭취분율은 탄수화물 63.8%, 지질 21.6%, 단백질 14.6%였다(그림 1-2).

영양소섭취기준에 대한 섭취비율(그림 1-3)은 칼슘이 남녀 모두 100%가 되지 않아(남자 73%, 여자 64%) 더욱 많이 섭취할 필요가 있으며, 반면 나트륨은 남자 323%, 여자 231%로 높은 섭취율을 나타내었다.

2. 한국인의 식생활 변화와 영양 문제

최근 식생활의 급격한 변화는 우리나라뿐만 아니라 세계적인 추세이다. 특정 지역의 전통음식 및 관련 정보가 세계 각지로 확산, 유통되고 있다. 또한, 각자의 전통적인 식생활 문화의 기반 위에 다른 지역의 음식 문화를 빠르게 수용하고 접목하는 과정에서 또 다른 새로운 음식 문화가 탄생하기도 하는데, 이러한 추세는 계속 이어질 전망이다.

외국의 패스트푸드점, 각종 편의점, 스낵코너 등은 우리나라 사람의 식습관을 변화시키고 있다. 특히, 성장기 세대의 입맛이 서구식 패스트푸드에 길들여지고 있는데, 이러한 식습관은 영양 불균형을 초래하여 정상적인 성장 및 발달을 저해할 뿐만 아니라 비만, 성인병과 같은 질병에 쉽게 노출되어 사회 문제가 되기도 한다.

반면, 날씬해지기 위해 무조건 체중을 줄여야 한다는 강박관념에 빠져서 무분별한 다이어트를 하면 골다공증이나 악성 빈혈과 같은 질병에 걸리기도 하고 때로는 더욱 심한 비만으로 이어지기도 한다.

일본의 국영방송사인 NHK에서 연령별로 여성 출연자들의 골밀도를 직접 측정한 적이 있다. 의외로 10대 후반에서 20대 초반의 여성가수 3명이 50대에 해당되는 골밀도 현상을 보였고, 반대로 50대 후반의 여성은 40대 초반의 골밀도를 보였다. 그들의 식사 습관을 조사한 결과, 젊은 여성가수들은 오로시 체중을 줄이기 위해 감식에 치중한 반면, 50대 후반의 여성은 하루 세 끼 식사를 정상적으로 하면서 적당한 운동을 한 것으로 나타났다. 이는 낮은 연령일수록 그 영향이 크다는 것을 나타낸다. 즉, 각 연령 계층에서 필요로 하는 영양소와 그 양을 섭취하지 못하면, 다음 단계에 부정적인 영향을 주며 그 이후에까지 연쇄적으로 악영향을 미친다. 더구나 사회가 전반적으로 도시화, 기계화되면서 육체적인 활동량이 감소하고, 육류를 중심으로 한 동물성 식품의 소비는 증가하고 있다. 반면, 채소나 잡곡류의 소비는 감소하는 불균형을 동반하면서 순환기 질환이나 그 외의 성인병들을 유발시키고 있고 과거와는 다른 질병과 각종 암 발생의 양상을 보이고 있다.

식량 부족이라는 빈곤에서는 벗어났으나 이번에는 식품의 풍요 속에서 특정 영양소의 결핍과 과잉이라는 양극 현상이 나타나고 있다. 이는 영양에 관한 올바른 기초 지식의 부재에서 비롯된다. 홍수처럼 쏟아지는 수많은 정보를 매일 접하게 되는 현대인들에게는 무엇보다 올바른 지식의 기반이 없이는 혼란을 가져올 우려가 있다. 어떤 특정한 식품이나 약품의 과대 선전은 그것으로 무엇이든 해결되는 듯한 생각을 하게 한다. 그 식품에 함유된 특정 성분 때문에 건강식품 중의 하나가 될 수는 있을지 몰라도 우리의 몸은 매일 다양한 식품을 골고루 섭취해야 함을 주지시키는 것이 중요하다.

3. 한국인의 식생활 지침과 기초 식품군

1) 식품군 분류

2005년 개정 및 2010년 개정 영양소 섭취기준에서 식품을 식품의 분류 체계, 식품의 영양소 함량, 우리나라 식단의 대표적 식사 패턴, 다빈도 및 다소비 식품 등을 고려하여 크게

그림 1-4 식품구성자전거

자료 : 보건복지부, 2015 한국인 영양소 섭취기준, 2015

6가지 식품군으로 분류하였고, 2015년 개정에서도 이를 그대로 사용하였다. 다만 '2010년 한국인 영양섭취기준'에서 제시된 식품군 중 '고기·생선·계란·콩류'에서 계란을 한국 명칭인 달걀로 변경하여 '고기·생선·달걀·콩류'로 변경하였다. 그 외에는 같은 명칭을 사용하였다.

1) 곡류

2) 고기·생선·달걀·콩류

3) 채소류

4) 과일류

5) 우유·유제품류

6) 유지·당류

식품구성자전거는 다양한 식품을 매일 필요한 양만큼 섭취하여 균형 잡힌 식사를 유지하며, 규칙적인 운동으로 건강을 지켜 나갈 수 있다는 것을 표현하고 있다.

2) 영양 목표

식사구성안의 영양 목표는 에너지, 비타민, 무기질, 식이섬유는 자신에게 필요한 양의

표 1-4 식사구성안 영양 목표

<table>
<tr><th colspan="2">섭취 허용</th><th colspan="2">섭취 주의</th></tr>
<tr><td>에너지</td><td>100% 에너지 필요추정량</td><td rowspan="3">지질</td><td rowspan="2">1~2세 : 총에너지의 20~35%</td></tr>
<tr><td>단백질</td><td>총에너지의 약 7~20%</td></tr>
<tr><td>비타민·무기질</td><td>100% 권장섭취량 또는 충분섭취량
상한섭취량 미만</td><td>3세 이상 : 총에너지의 15~30%</td></tr>
<tr><td>식이섬유</td><td>100% 충분섭취량</td><td>당류</td><td>설탕, 물엿 등의 첨가당 최소한으로
섭취</td></tr>
</table>

자료 : 보건복지부, 2015 한국인 영양소 섭취기준, 2015

100%를 섭취하며 한국인 영양소 섭취기준의 에너지 적정 비율인 탄수화물은 55~65%, 단백질은 7~20%, 지질은 15~30%(1~2세의 경우 20~35%)로 섭취하고 소금은 하루 5 g 이하(나트륨으로 환산하면 2,000 mg), 설탕이나 물엿과 같은 첨가당은 되도록 적게 섭취한다(표 1-4). 식사구성안은 일반인이 복잡한 영양가 계산을 하지 않아도 한국인 영양소 섭취기준을 충족할 수 있도록 만든 1일 식단 작성법이다.

3) 대표 식품의 1인 1회 분량 설정

곡류의 대표 식품 분량 및 해당 횟수는 2010년 개정안과 같이 평균 에너지 함량 300 kcal에 해당되도록 하였다. 예를 들어 식빵 1쪽 35 g을 1회 분량으로 설정하면 약 100 kcal에 해당되므로 0.3회라는 1인 1회 분량에 해당하는 횟수를 제시하였다.

고기·생선·달걀·콩류는 1인 1회 분량이 평균 에너지 함량 100 kcal, 평균 단백질 함량 10 g에 해당한다. 육류의 경우 2010년 개정안과 마찬가지로 60 g으로 설정하였으나, 가공식품인 햄, 소시지, 베이컨은 식품의약품안전처 고시 1회 제공량인 30 g으로 설정하였다.

채소류는 1인 1회 분량이 에너지 함량 평균 15 kcal에 해당하도록 하고, 2010년 개정안과 마찬가지로 김치를 포함하였다. 다른 생채소에 비해 에너지 함량이 높은 우엉은 40 g으로 설정하였다.

과일류는 1인 1회 분량이 평균 에너지 함량 50 kcal에 해당하고, 2010년 개정안과 비교하면 건포도, 대추(말린 것)가 다빈도 선정 기준에 포함되어 추가되었다. 말린 과일은 평균 에너지 함량 50 kcal와 식품의약품안전처 고시 1회 제공량을 고려하여 1인 1회 분량을 15 g으로 설정하였다.

표 1-5 식품 영양가표에 분류된 식품군과 식사구성안 식품군의 비교

식사구성안의 식품군	식품 영양가표의 식품군
곡류(300 kcal)	곡류, 삶은 면, 건면, 흰떡, 식빵, 콘플레이크 등, 감자류, 당면, 묵류, 견과류(밤), 절편
고기, 생선, 달걀, 콩류(100 kcal)	육류 및 그 제품, 난류, 어패류, 콩류 및 그 제품
채소류(15 kcal)	채소류, 해조류, 버섯류
과일류(50 kcal)	과실류
우유·유제품류(125 kcal)	우유 및 유제품
유지·당류(45 kcal)	유지류, 당류

우유·유제품류는 1인 1회 분량이 에너지 함량 평균 125 kcal에 해당하며 이는 우유 1잔(200 mL)에 해당하는 분량이다. 2010년 개정안과 마찬가지로 요구르트(호상) 100 g, 요구르트(액상) 150 g, 아이스크림 100 g으로 설정하였다. 치즈의 경우 치즈 1회 제공량에 해당하는 20 g으로 설정하였다.

유지·당류는 1인 1회 분량이 에너지 함량 평균 45 kcal에 해당하며 2010년 개정안과 같은 값을 유지하였다.

그림 1-5는 6가지 기초 식품군을 중심으로 한국인 성인이 하루 2,000 kcal를 섭취할 경우 식단의 예이다.

Advice 한국인을 위한 식생활 목표

1. 에너지와 단백질은 권장량에 알맞게 섭취한다.
2. 칼슘, 철, 비타민 A, 리보플라빈의 섭취를 늘린다.
3. 지질의 섭취는 총에너지의 20%를 넘지 않도록 한다.
4. 소금은 1일 10 g 이하로 섭취한다.
5. 알코올의 섭취를 줄인다.
6. 건강 체중(18.5 ≤ BMI < 25)을 유지한다.
7. 바른 식사 습관을 유지한다.
8. 전통 식생활을 발전시킨다.
9. 식품을 위생적으로 관리한다.
10. 음식의 낭비를 줄인다.

자료: 보건복지부, 2006

2000A 권장식사 계획표

곡류 3회	고기·생선·달걀·콩류 3.5회	채소류 7회	과일류 2회	우유·유제품류 2회
1인 1회 분량 • 쌀밥(210 g) • 현미(90 g) • 팥(90 g) • 국수(건 90 g) • 떡(150 g) • 빵(80 g)	**1인 1회 분량** • 쇠고기(60 g) • 닭고기(60 g) • 생선(60 g) • 달걀(60 g) • 두부(80 g) • 콩(20 g)	**1인 1회 분량(접시)** • 고추(70 g) • 오이(70 g) • 콩나물(70 g) • 배추김치(40 g) • 느타리버섯(30 g) • 미역(30 g)	**1인 1회 분량** • 참외(150 g) • 수박(150 g) • 사과(100 g) • 귤(100 g) • 포도(100 g) • 과일음료(100 mL)	**1인 1회 분량** • 우유(200 mL) • 액상요구르트(150 g) • 호상요구르트(100 g) • 아이스크림(100 g) • 치즈(20 g×0.3회)
tip. 식이섬유 섭취를 늘리기 위해 전곡류 또는 잡곡 섭취 권장	tip. 살코기 위주로 섭취 지방 함량이 높은 부위는 제거 후 섭취 권장	tip. 매끼 1회분 이상 섭취 제철 채소 이용한 음식 섭취 권장	tip. 매일 1회분 이상 섭취 주스보단 생과일 섭취 권장	tip. 매일 1회분 이상 섭취 단순당질 및 지방이 적게 함유된 제품 권장

※ 권장섭취 횟수에 맞춰 섭취하세요.

섭취 주의
- 아침은 거르지 않고 매일 섭취
- 우유 및 과일, 채소 매일 1회 이상 섭취
- 패스트푸드 및 안전하지 않은 식품 섭취 자제

식사 원칙
- 제때에! 신체 리듬에 맞춰 제때에 규칙적인 식사 권장
- 골고루! 영양적으로 균형 잡힌 식사를 위해 다양한 식품 골고루 섭취
- 알맞게! 신체에 필요한 양만큼 알맞게 섭취

__________ 님의 식사지침

2000B 권장 식사 계획표

곡류 3.5회	고기·생선·달걀·콩류 4회	채소류 8회	과일류 2회	우유·유제품류 1회
1인 1회 분량 • 쌀밥(210 g) • 현미(90 g) • 팥(90 g) • 국수(건 90 g) • 떡(150 g) • 빵(80 g)	**1인 1회 분량** • 쇠고기(60 g) • 닭고기(60 g) • 생선(60 g) • 달걀(60 g) • 두부(80 g) • 콩(20 g)	**1인 1회 분량(1접시)** • 고추(70 g) • 오이(70 g) • 콩나물(70 g) • 배추김치(40 g) • 느타리버섯(30 g) • 미역(30 g)	**1인 1회 분량** • 참외(150 g) • 수박(150 g) • 사과(100 g) • 귤(100 g) • 포도(100 g) • 과일음료(100 mL)	**1인 1회 분량** • 우유(200 mL) • 액상요구르트(150 g) • 호상요구르트(100 g) • 아이스크림(100 g) • 치즈(20 g×0.3회)
tip. 식이섬유 섭취를 늘리기 위해 전곡류 또는 잡곡 섭취 권장	tip. 살코기 위주로 섭취 지방 함량이 높은 부위는 제거 후 섭취 권장	tip. 매끼 1회분 이상 섭취 제철 채소 이용한 음식 섭취 권장	tip. 매일 1회분 이상 섭취 주스보단 생과일 섭취 권장	tip. 매일 1회분 이상 섭취 단순당질 및 지방이 적게 함유된 제품 권장

※ 권장섭취 횟수에 맞춰 섭취하세요.

섭취 주의
- 과잉의 지방 섭취 주의
- 짠 음식의 섭취는 줄이고 싱겁고 단백한 음식 섭취 권장
- 첨가당(설탕, 물엿 등) 되도록 적게 섭취

식사 원칙
- 제때에! 신체 리듬에 맞춰 제때에 규칙적인 식사 권장
- 골고루! 영양적으로 균형 잡힌 식사를 위해 다양한 식품 골고루 섭취
- 알맞게! 신체에 필요한 양만큼 알맞게 섭취

__________ 님의 식사지침

그림 1-5 1일 식단 구성의 예(2,000 kcal)

자료 : 보건복지부, 2015 한국인 영양소 섭취기준, 2015

4. 성장과 발달

1) 성장 발달의 생리적 메커니즘

세포나 조직의 증식에 의해서 체위의 형태가 증대되는 변화를 성장(growth) 또는 발달(development)이라 하고 기능의 세분화가 고밀도로 성숙하는 과정을 발달이라 한다.

영·유아기의 특징은 육체적·정신적으로 빠르게 성장·발육하는 것이다.

그리고 사춘기의 특징으로는 육체적·정신적 발달과 동시에 남녀별로 급격히 나타나는 성적 발달을 들 수 있다. 그 분류의 예를 들면 다음과 같다.

- 성장
  - 형태적 성장 : 신장, 체중, 앉은키, 흉위 등의 측정 가능한 무게와 길이
  - 화학적 성장 : 대사에 의한 질소, 칼슘, 인, 철분, 근육 등의 축적
- 발달
  - 발달 운동 기능의 발달 : 생리적 기능으로서 뛰거나 달리는 등의 운동 능력
  - 정서적 발달 : 말을 기억하고 표현하고 또는 인간관계에 따른 사회성의 발달

2) 스카몬의 성장곡선

사람은 출생 시부터 연령 증가와 함께 성장과 발달을 계속하여 점차 섬세하고 복잡한 운동도 가능해진다. 또 정신적으로도 발달하여 성인이 되어 가는데 보통 사람의 발육 단계는 다음과 같이 구분하고 있다.

- 신생아기(新生兒期) : 출생 후 4주까지
- 영아기(嬰兒期) : 출생 후 1세까지
- 유아기(幼兒期) : 1~5세까지
- 학동기(學童期) : 6~11세까지
- 청소년기(青少年期) : 남자 12~20세, 여자 10~18세까지
- 사춘기(思春期) : 13~15세(남자 15세, 여자 13세)까지

이러한 구분은 학자에 따라 다소 차이가 있다. 생후 1~2주는 태아기에서 유아기로 이행하는 시기로서, 특히 신생아기라고 한다. 청소년기는 성적(性的) 징후가 나타나면서부터 생식기관이 완전히 성숙할 때까지를 말하는데, 성적 성숙이 개시되는 시기는 사람에 따라 차

이가 있으며, 일반적으로 여자가 남자보다 2년 정도 빠르다. 성의 기능이 발현되기 시작하여 남자는 몽정(夢精), 여자는 초조(初潮)가 보이는 시기를 사춘기라고 한다. 여기에도 개인차는 있지만, 평균적으로 남자 15세, 여자 13세로 보고 있다.

성장·발육의 양상은 뼈나 근육에 나타나는 것으로, 이들 영향을 많이 받고 있는 신장이나 체중에는 현저하게 나타나지만, 다른 기관의 성장은 반드시 동일한 양상을 나타내는 것은 아니다. 그림 1-6은 스카몬(Scammon, 1930)이 신체적 중요 기관의 성장률을 조사하여 연령에 따라 4가지로 분류하여 나타낸 것이다.

가장 중요한 정신적 기능을 담당하는 두뇌(brain & head)의 성장을 비교해 보면 생후 3세 정도에 두뇌의 80% 이상이 완성된다. 즉 지능 발달을 수반하는 두뇌의 성장은 생후 3~4세경에 거의 완성된다는 것을 알 수 있다. 림프선과 흉선 등 림프계(lymphoid)는 12세를 전후하여 성숙 연령(20세)의 2배나 높은 비율로 급격히 성장하다가 감소한다. 따라서 림프계형은 신체 방어 능력이 그만큼 긴요하다는 사실을 알 수 있다. 이에 비해 생식기계(reproductive)는 13세 전후 사춘기 이후부터 급격한 성장을 나타내고 있다.

따라서 급격한 성장·발육이 이루어지는, 유아기(0~5세)를 제1차 성장 급등기, 사춘기(13세 전후)를 제2차 성장 급등기로 나눈다.

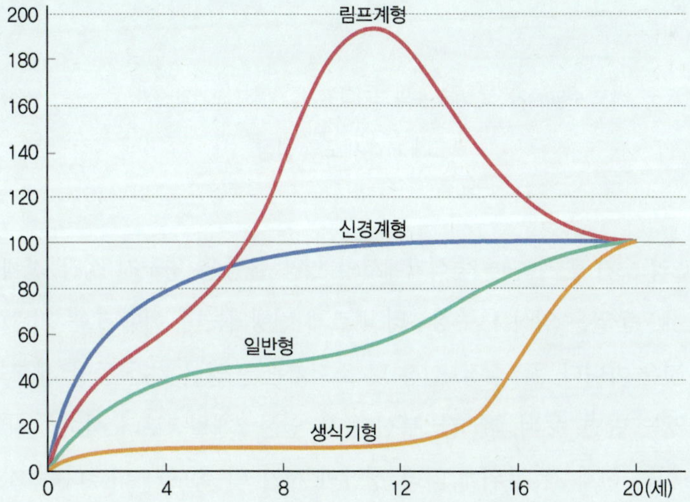

그림 1-6 스카몬에 의한 신체 조직의 성장·발육 곡선

3) 성장 발달 단계

(1) 세포의 성장

성장은 인체 구성의 최소단위인 세포의 성장에서 시작되는데 위니크(Winick, 1971)의 보고에 의한 세포 성장 단계를 비교해 보면, 첫째 단계는 세포분열에 의해 진행되는 성장으로 세포 수가 증식하는 증식기(hyperplasia)이고, 둘째 단계는 세포분열과 함께 세포의 수뿐만 아니라 세포의 크기가 증대되는 비대기(hyperplasia-hypertrophy)이며, 셋째 단계는 세포분열이 끝나고 세포의 크기만 증가하는 시기(hypertrophy)이다. 다음 단계는 성숙기로서 모든 세포의 수와 크기의 증가에 의한 성장은 정지되며, 효소의 구조가 정교해지고 세포의 기능이 통합되는 등의 발달이 일어난다(그림 1-7).

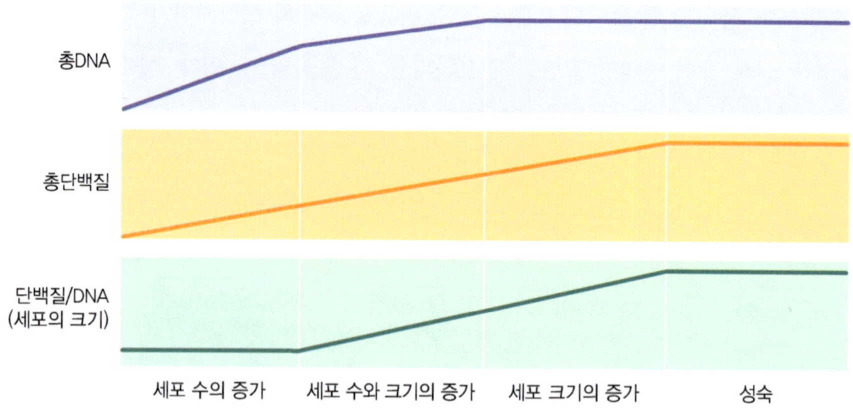

그림 1-7 세포의 성장

따라서 세포의 수가 증가하는 증식기에서의 영양 불량은 영구적 성장 장애를 가져오게 된다. 인간의 세포분열은 임신 13주경부터 빠르게 진행되는데, 이때 모든 기관이 같은 속도로 성장하는 것은 아니다. 즉, 심장, 신장 및 소화기관은 임신 기간 동안 세포의 크기가 거의 변화되지 않는 반면, 두뇌, 폐, 간, 부신 등은 임신 7개월경부터 서서히 세포의 크기가 커지게 된다. 이는 신체 각 부위에 따라 성장의 시기 및 속도가 다르다는 것을 시사하고 있다.

(2) 일반적 성장곡선

성장하는 모든 생물체는 대체적으로 S자형의 성장곡선을 따른다. S-성장곡선은 다음과

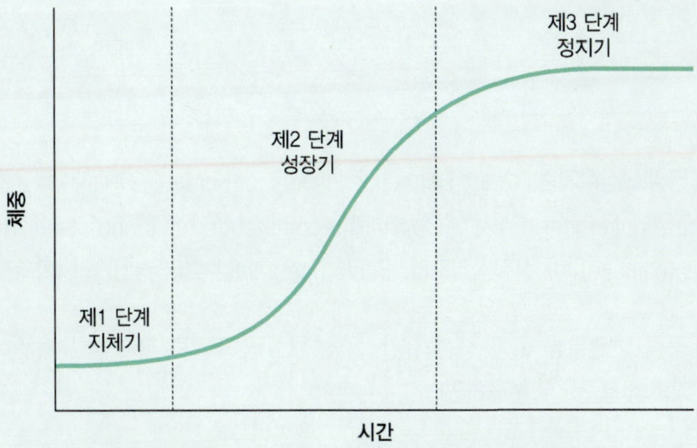

그림 1-8 일반적 성장곡선

같이 3단계로 나눌 수 있다(그림 1-8).

a. 성장 지체기

제1 단계인 지체기는 성장이 시작되기 위한 예비 단계이다. 영양소의 공급이 지체기의 기간에 영향을 미치며, 세포의 생리적 상태도 이 기간 동안 영향을 미친다. 성장에 필요한 효소가 합성되어야 하며, 유기체가 성장하기 전에 세포는 분열해야 한다.

b. 성장이 지수적(exponential) 속도로 일어나는 성장기

제2 단계인 성장기에는 세포분열이 왕성하게 일어나 세포의 수가 점차적으로 많아지므로 성장이 직선적으로 일어난다.

c. 성장이 정지되는 정지기

제3 단계인 정지기에는 세포분열이 멈추고 더 이상의 성장이 일어나지 않게 된다. 모든 성장의 구조적 형태가 S자형이다.

단원정리

1 한국인 영양소 섭취기준(Dietary Reference Intakes for Koreans, DRIs)은 평균필요량(estimated average requirement, EAR), 권장섭취량(recommended nutrient intake, RNI), 충분섭취량(adequate intake, AI), 상한섭취량(tolerable upper intake level, UL)의 4가지로 구성되어 있다.

2 식품은 곡류 및 전분류, 고기·생선·달걀·콩류, 채소류, 과일류, 우유 및 유제품, 유지·견과 및 당류 등 6가지 식품군으로 분류하였다.

3 세포나 조직의 증식에 의해서 체위의 형태가 증대되는 변화를 성장(growth)이라 하고 기능의 세분화가 고밀도로 성숙하는 과정을 발달이라고 한다.

4 세포 성장의 첫 단계는 세포분열에 의해 진행되는 성장으로서 세포 수가 증식하는 증식기(hyperplasia)이고, 두 번째 단계는 세포분열과 함께 세포의 수뿐만 아니라 세포의 크기가 증대되는 비대기(hyperplasia-hypertrophy)이며, 세 번째 단계로는 세포분열이 끝나고 세포의 크기만 증가하는 시기(hypertrophy)이다. 그 이후는 성숙기로써 모든 세포의 수와 크기의 증가에 의한 성장은 정지되며, 효소의 구조가 정교해지고 세포의 기능이 통합되는 등의 발달이 일어난다.

단원평가

1 한국인 영양소 섭취기준을 설명하시오.

2 식사구성안의 식품군을 설명하시오.

3 성장과 발달을 설명하시오.

풀이

1. 한국인 영양소 섭취기준은 국민의 건강 증진 및 질병 예방을 목적으로 에너지 및 각 영양소의 적정 섭취량을 나타낸 것이다. 영양소 섭취기준에는 평균필요량, 권장섭취량, 충분섭취량, 상한섭취량이 있다. 인체 필요량에 대한 과학적 근거가 있을 경우에는 평균필요량과 권장섭취량을 제정하고, 근거가 충분하지 않은 경우에는 충분섭취량을 제정하며, 과잉 섭취로 인한 유해 영향에 대한 근거가 있는 경우에는 상한섭취량을 제정한다.
2. 식품군 분류 : 식품을 식품의 분류 체계, 식품의 영양소 함량, 우리나라 식단의 대표적 식사 패턴, 다빈도 및 다소비 식품 등을 고려하여 크게 6가지 식품군으로 분류하였다.
   1) 곡류
   2) 고기·생선·달걀·콩류
   3) 채소류
   4) 과일류
   5) 우유·유제품류
   6) 유지·당류
3. 성장(growth) : 세포나 조직의 증식에 의해서 체위의 형태가 증대되는 변화
   발달(development) : 기능의 세분화가 고밀도로 성숙하는 과정

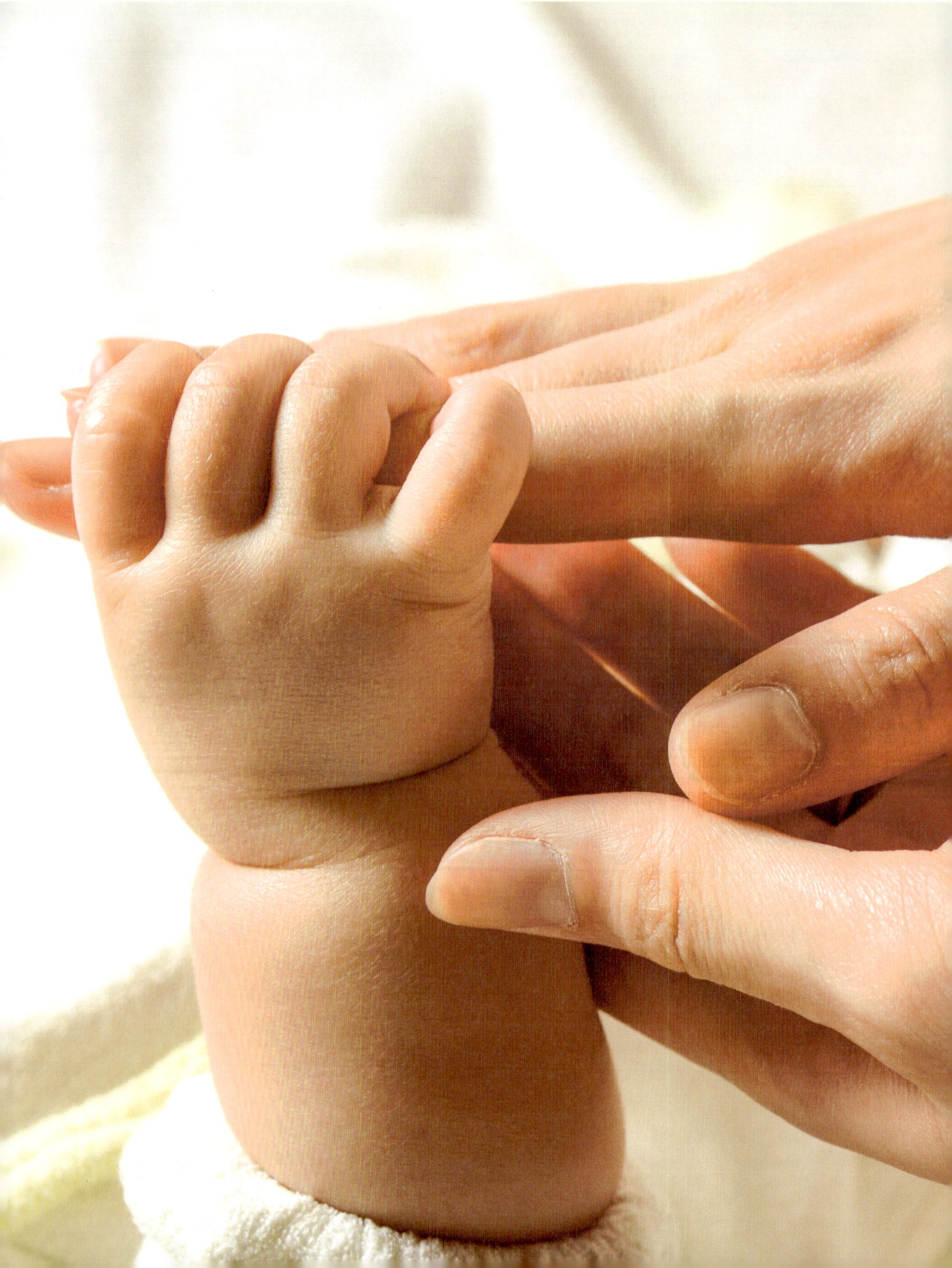

모성 영양

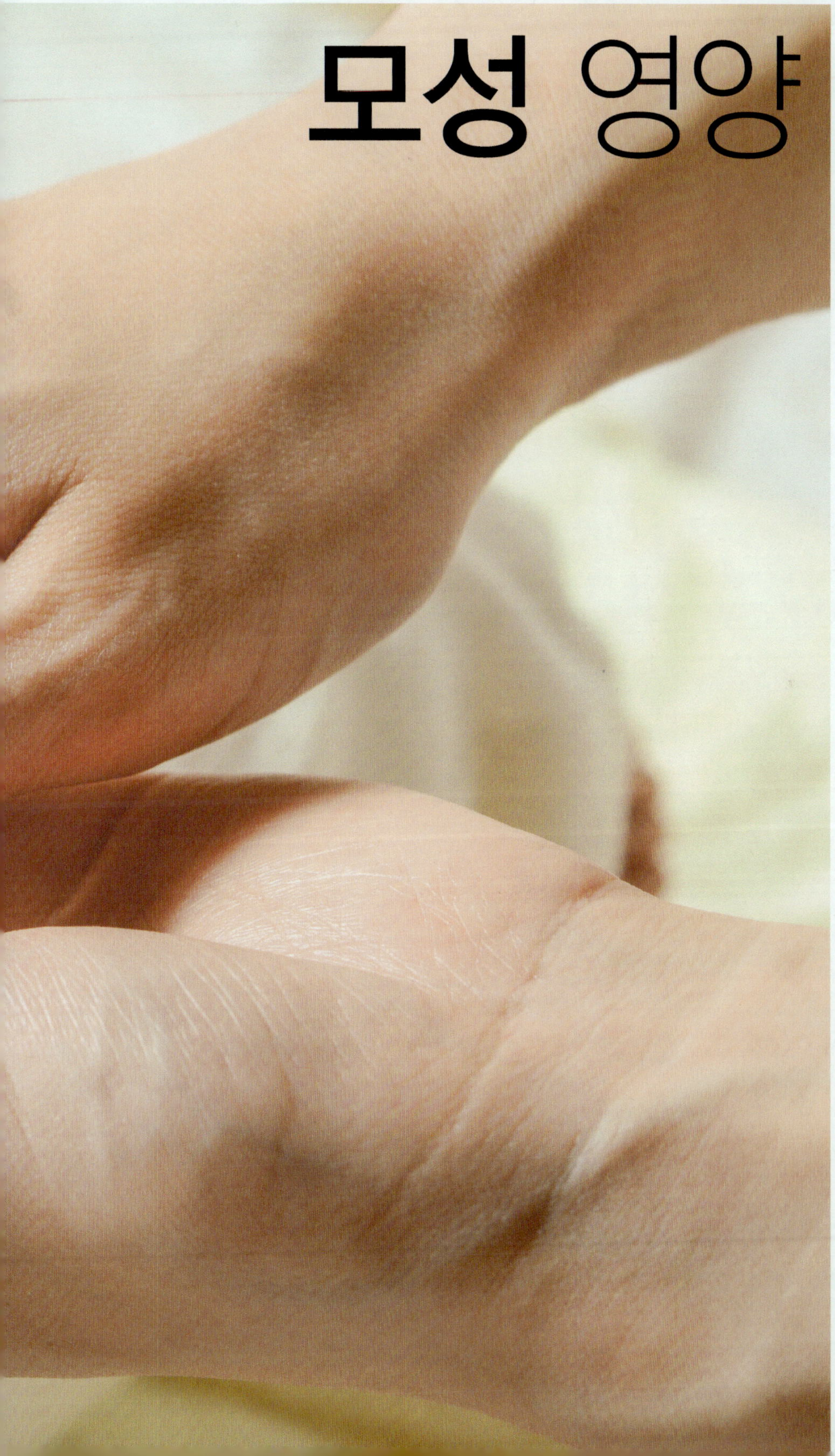

PART II

제2장 임신기 영양 | 제3장 수유기 영양

02

임신기 영양

1. 임신기 영양의 중요성
2. 임신 중의 생리적 변화
3. 태아의 발육
4. 임신부의 질병과 식사 관리
5. 임신 결과에 영향을 주는 생활습관 요인
6. 임신부의 영양 필요량

여성에게 다음 세대를 이어가기 위한 생리적 현상인 임신, 분만, 산욕, 수유의 과정은 매우 중요하다. 그러므로 이에 대한 충분한 기초 지식을 갖고 각 과정에 맞는 적절한 영양과 몸가짐을 갖추는 것이 바람직하다.

임신부 영양의 가장 기본적인 목표는 첫째, 임신부와 태아에게 충분한 열량과 영양을 보급하는 것이며, 둘째는 임신으로 인한 대사 장애를 최소한으로 감소시키는 데 있다.

1. 임신기 영양의 중요성

WHO의 정의에 의하면 모성이란 "현재 자식을 낳고 키우는 여성뿐만 아니라 장래에 자식을 낳고 키울, 또는 과거에 그 역할을 다한 여성"을 모두 말한다.

따라서 자식을 낳고 키울 수 있는 연령층의 여성이 넓은 의미에서 모두 해당된다. 그러므로 한 여성의 건강과 영양 문제는 개인을 초월하여 비임기부터 사회적, 국가적 차원에서 의미가 크다. 최근 저출산(그림 2-1)의 문제점에 대한 해결 방안의 하나로, 2006년부터 보건복지부에서는 임산부 영양 관리사업을 확대 실시하고 있으며, 이는 임신이나 출산을 앞둔 저소득층의 여성과 6세 미만의 어린이를 대상으로 영양 관리를 하는 프로그램이다.

임신부 영양의 중요성을 정리하면 다음과 같다.

① 태아 발육에 필요한 영양소는 전부 모체로부터 공급된다. 그러므로 모체의 영양이 부족하면 모체의 허약, 빈혈, 조산, 유산, 조기파수 등이 나타나고, 태아의 발육 불량, 출생 후 성장 지연 등으로 이어진다.

② 태반, 난막, 제대, 양수 등 태아 부속물 형성에도 관여한다.

③ 임신 시 자궁의 발육, 유선의 발육에도 적절한 영양이 필요하다.

④ 분만과 산욕기에 소모되는 체력 비축이 필요하다.

⑤ 모유의 확보, 분비 촉진을 위해서도 양적, 질적으로 적정한 영양 섭취가 요구된다.

한편, 과다한 영양 섭취는 임신부 비만과 함께 임신성 당뇨, 고혈압, 자간전증(preeclampsia), 제왕절개, 사산, 분만 장애, 모유 부족 등의 위험을 증가시키기도 한다.

세계보건기구(World Health Organization, WHO) 보건·위생 분야의 국제적 협력을 위하여 설립한 국제연합(United Nations, UN)의 전문 기구
산욕기(puerperium) 분만 직후부터 분만 전의 정상적인 생리적 상태로 회복하기까지의 기간을 산욕 또는 산욕기라고 하는데, 이 기간은 약 4주 정도이며 각 기관의 수축과 복구가 일어난다.

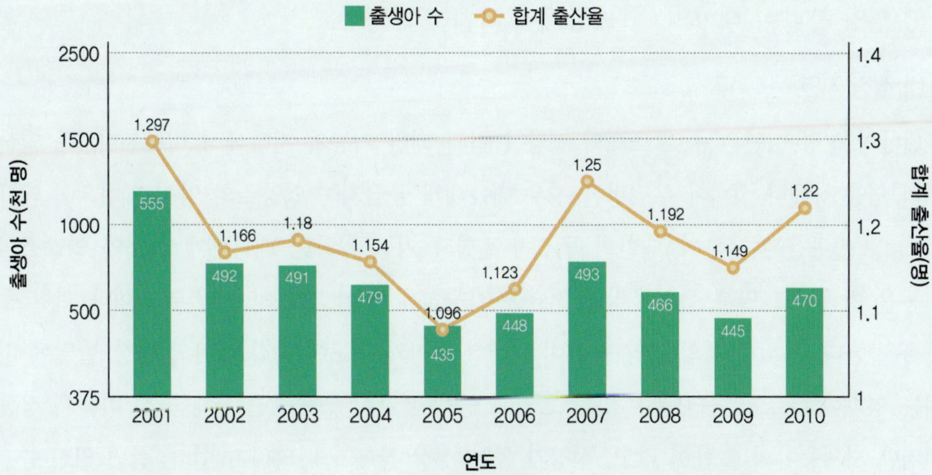

※ 합계 출산율 : 여자 1명이 가임기간 동안 낳는 평균 출생아 수
※ 2010년 합계 출산율은 잠정치임

자료 : 통계청, 2010년 출생 잠정통계

합계 출산율 국제간 비교(OECD 국가 중에서 최저 수준)

- 우리나라의 합계 출산율은 1.22명(2010년)으로 OECD 국가 중에서 최저 수준
- 유럽, 일본, 미국 등과 비교해 우리나라는 급격한 출산율 감소와 동시에 가장 빠른 고령화를 경험하고 있으며, 저출산 고령화 현상이 지속될 경우 국가 경쟁력에도 심각한 타격을 받을 것으로 전망됨

국가별 합계 출산율

(단위 : 합계 출산율)

연도	한국	일본	미국	프랑스	독일	이탈리아	영국
2000	1.47	1.36	2.06	1.87	1.38	1.24	1.64
2003	1.19	1.29	2.04	1.87	1.34	1.29	1.71
2004	1.16	1.29	2.05	1.90	1.36	1.33	1.77
2005	1.08	1.26	2.05	1.92	1.34	1.32	1.79
2006	1.12	1.32	2.10	1.98	1.33	1.35	1.84
2007	1.25	1.34	2.12	1.96	1.37	1.34	1.90
2008	1.19	1.37	2.09	2.00	1.38	1.41	1.96
2009	1.15	1.37	2.01	1.99	1.36	1.41	1.94
2010	1.22*						

*잠정

자료 : OECD, 『Society at a Giance 2011』

그림 2-1 출생아 수 및 합계 출산율

1) 영양 불량이 태아의 발육 장애에 미치는 영향

(1) 성장 지연

태아의 성장 지연은 주로 모체의 영양 불량과 태반 기능의 저하에서 비롯된다. 즉, 임산부의 영양 상태나 섭식이 부적절한 경우 태아에게 공급되는 영양소의 양이 제한되어 태아의 영양 불량을 초래하며, 태반의 구조적 결함과 기능 저하는 태아에게 산소와 영양소의 이동을 방해하고 일부 독성물질의 전달을 가능하게 하여, 태아의 성장 부진이나 기형 등을 유발한다. 특히 모체의 영양 불량이 발생한 시기와 정도에 따라 태아의 성장, 발달에 미치는 영향이 다르게 나타난다. 임신 초기에 영양 공급이 부족하면 신체 구성 비율은 정상이지만 저체중아의 출산이 많고, 성장기 동안 성장 장애가 나타나기 쉽다. 반면 임신 중·후반기에 영양 불량을 경험했던 아기는 신체 구성 비율이 비대칭적인 양상을 보인다. 즉, 신장과 머리둘레는 정상이지만 골격근과 체지방이 거의 없는 매우 야윈 상태로 태어난다.

표 2-1 태아 성장 지연의 형태

type Ⅰ : 대칭적 성장 지연	type Ⅱ : 비대칭적 성장 지연
• 임신 초반기 영양 불량의 영향 • 신장, 체중, 머리둘레 등 전반적인 신체 발육 부진 • 신체 구성 비율은 정상이나 체중 미달	• 임신 중·후반기 영양 불량의 영향 • 신장, 머리둘레 발달에 비해 체중 미달 현상이 뚜렷함 • 출생 시 매우 야윈 상태

자료 : 안홍석, 생애주기영양학, 교문사

2) 영아 사망률과 저체중아 출산

보건복지가족부(현 보건복지부)는 OECD에서 발표하는 「OECD Health data 2009」의 주요 지표를 정리하여 분석·발표한 결과 우리나라의 영아 사망률은 출생아 1,000명당 4.1명(2006)으로 OECD 평균 4.9명(2007)보다 낮게 나타났다. 특히 OECD 회원국 중 영국, 캐나다 등의 주요 선진국들보다 낮아 보건 의료 및 사회 경제적 수준이 되는 기본 지표가 개선되었음을 알 수 있다. 그러나 OECD 회원국 중 영아 사망률이 낮은 아이슬란드(2.0명)와 일본(2.6명) 등의 국가와 비교해 볼 때 영양 사망 수준은 여전히 높다고 할 수 있다(2009년 7월 22일 공감코리아).

영아(infant) 3세 미만의 아이

(단위 : 명/출생아 천 명당)

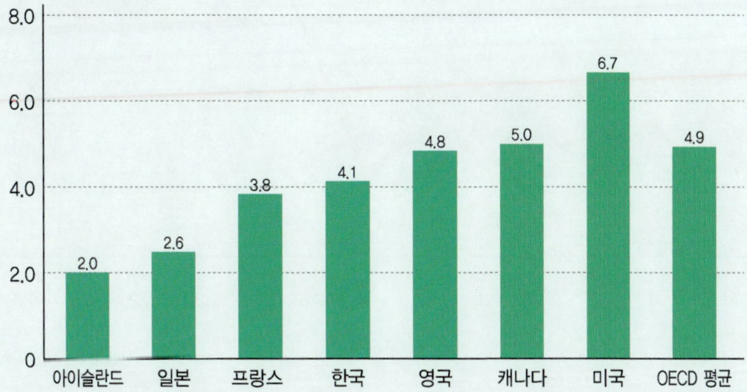

※ 한국, 미국, 캐나다, 프랑스는 2006년 기준임.

※ OECD에서 적용한 연령 표준화 사망률(Age-standardized death rate)은 국가간 또는 시계열에 의하여 생기는 연령 구조의 차이에 따른 효과를 제거하고, OECD 인구 구조를 표준화하여 산출한 것임.

그림 2-2 2007 OECD 회원국 영아 사망률 비교

2. 임신 중의 생리적 변화

1) 수정과 착상

월경 주기를 28일로 볼 때, 월경 주기에 따른 기초체온의 변화로 배란의 유무를 알 수 있다. 그림 2-3에서 보는 바와 같이 기초체온이 저온기에서 고온기로 옮겨가게 되는데 배란이 있은 직후에 체온이 급격히 상승하므로 체온이 가장 낮은 날이 배란일이다.

임신은 생식세포인 남성의 정자와 여성의 난자가 만나서 된 수정란이 자궁 내에 착상하는 것으로 성립된다(그림 2-4).

배란된 난자가 수정되지 못하면 충혈되었던 자궁 조직이 퇴화되어 월경이 시작된다. 수정에서 착상까지의 기간은 8일이고 수정란은 황체의 영향을 받으며 난소의 황체는 발육을 계속해 황체호르몬이 다량 분비됨으로써 배란이 억제되어 자궁 출혈인 월경이 정지된다.

예정 월경 전 12~16일 사이가 배란 시기이고, 정자의 생존일수를 약 3일로 하면 월경 전 12~19일 사이가 임신 가능한 시기이다.

임신의 지속일수는 최종 월경 첫날부터 계산해서 280일경 분만하는 것이 대부분이고, 280일을 10등분하여 28일씩을 1개월로 해서 10개월로 나누며 280일째를 분만 예정일로 한다. 보통 Naegele 계산법이 편리하여, 분만 예정일 산정에 많이 쓰인다. 이는 최종 월경

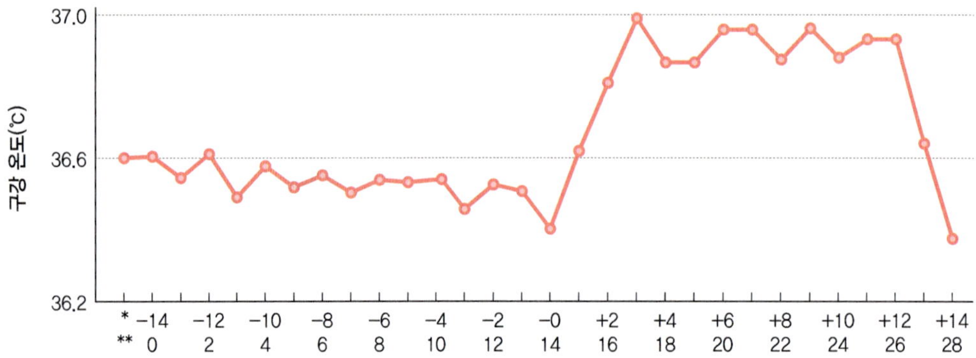

* LH 최고치(정점)로부터의 날짜
** 주기 날짜

그림 2-3 월경 주기 중 체온의 변화

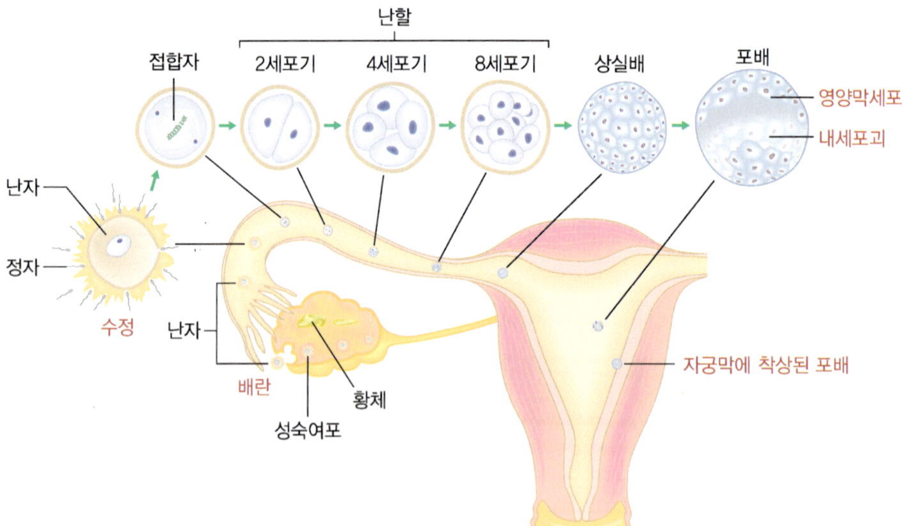

※ 포배의 착상은 5~7일째에 시작하고 10일째에 끝난다.

그림 2-4 난소 주기, 수정 및 수정 후 첫 주의 발생 단계

이 있었던 월수에 9를 더하든지 3을 빼고, 최종 월경이 있었던 첫날에 7을 더해서 그 날짜를 분만 예정일로 잡는다. 예를 들어 10월 15일이 최종 월경의 첫날이라면 분만 예정일은 월(月)에서 3일을 빼고 일(日)에 7을 더한 7월 22일이 된다.

$$\frac{10(\text{월}) - 3}{15(\text{일}) - 7} = \frac{7\text{월}}{22(\text{일})}$$

2) 유선의 변화

유방은 제2차 성징이 출현하는 사춘기에 발육을 시작하여 일정 시간이 지나면 성장을 멈춘다. 그러나 임신이 성립되면 에스트로겐(estrogen), 프로게스테론(progesteron)의 영향을 받아서 계속 증대한다. 유륜과 유두는 비대해지고 갈색으로 착색되며 그 주변에 몽고메리선이라고 하는 소결절이 발달하고 따끔거리거나 유방통을 느끼기도 한다.

유방이 더욱 커지면 혈액 공급의 증가로 피하의 혈관이 확장되어 혈관을 육안으로 볼 수 있게 되는데, 첫 임신인 경우 유방의 정맥 울혈은 더 두드러진다. 유선의 발달이 임신 중기에 완료되어도 유즙 분비는 분만 후 에스트로겐과 프로게스테론의 분비가 저하될 때까지 억제된다.

분만 예정일이 가까워지면 가벼운 압력으로 인해서 초유가 배출되기도 한다.

3) 호르몬의 변화

여성은 임신 기간 동안 30가지 이상의 많은 호르몬을 분비하는데, 일부는 임신 중에만 나타나기도 하며 임신이 진행됨에 따라 분비율이 달라지는 것도 있다(그림 2-5).

(1) 프로게스테론

유산 방지와 배란의 억제 등에 관여한다. 프로게스테론은 임신의 성립과 유지에 주된 역할을 하는 자궁의 평활근을 느슨하게 함으로써 태아 성장에 관여하고 몸의 다른 평활근도 느슨하게 한다. 따라서 소장 운동의 저하로 영양소 흡수에 더 많은 시간을 소요하게 되고 대장 운동의 저하로 임산부에게 잦은 변비가 나타난다. 또한 유즙 분비를 위해 유방의 발

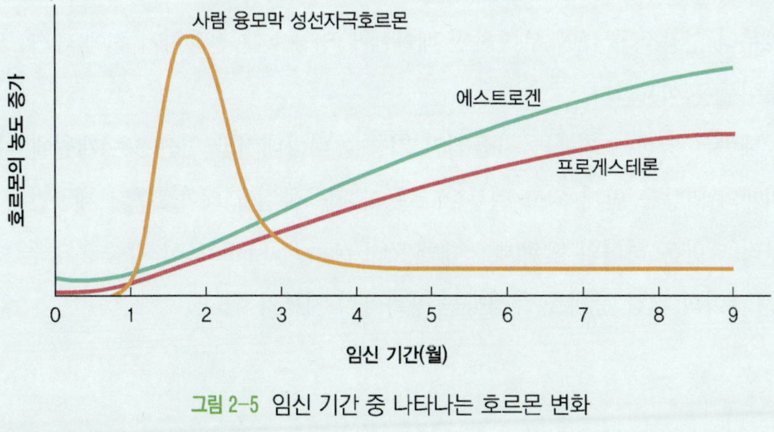

그림 2-5 임신 기간 중 나타나는 호르몬 변화

달을 촉진시키고 폐포와 동맥의 이산화탄소 분압을 저하시킨다.

(2) 에스트로겐

자궁과 태반의 발육에 관여한다. 임신 초기에 에스트로겐의 분비량은 프로게스테론보다는 적지만 분만이 가까워질수록 임신 전보다 50배 정도 증가한다. 이것은 태아 성장과 자궁 등 임신 관련 조직의 점액 다당류(mucopolysaccharide) 구조를 변화시켜 수분에 대한 친화력을 높이고 체내 수분의 보유를 촉진한다. 이로써 조직을 유연하게 만들어 출산 시 자궁을 넓히는 것을 도울 뿐 아니라 관련 조직의 물에 대해 친화력을 높여서 출산을 돕는다.

에스트로겐의 수분 보유 능력과 프로게스테론의 염분 손실작용 때문에 많은 임신한 여성의 얼굴과 손가락에 부종이 나타나며, 심장 활동의 변화로 다리와 발에 세포외액이 모이게 된다. 과량의 수분 보유는 자간전증을 일으키기 쉬우므로 이뇨제와 저염분 식사를 동반한 치료가 필요하다.

(3) 태반

태아는 성장, 발달에 필요한 영양소와 산소를 전적으로 모체의 혈액순환을 통해 공급받는다. 모체 혈액 내의 영양소는 태반(그림 2-6)을 통하여 태아에게 전달된다.

태반의 주요 기능으로는 다음과 같다.

① 영양분과 산소를 태아에게 공급하고, 배설물질은 태아로부터 모체로 이동시킨다.

② 호흡 기능을 수행한다.

③ 일부 물질을 대사시킨다.

④ 10여 가지 호르몬을 분비한다.

태반 조직은 모체 혈액으로부터 공급되는 포도당의 30~40%가량을 에너지로 사용하므로 모체로부터 영양소 공급이 부족하면 태아에게 영양소를 전달하기 전에 태반 조직이 우선적으로 이들을 이용한다.

따라서 태반은 임신 초기에는 자율적인 기능을 나타내지만 임신 3~4개월에 이르면 태아 내분비계의 영향을 받게 되고 일부 호르몬의 전구물질을 태아로부터 제공받게 되므로, 이 시기부터 태반은 하나의 단위(태아-태반, fetal-placental unit)로서 각종 기능을 수행하게 된다. 이는 태아의 건강 상태를 측정하는 생화학적 지표가 된다.

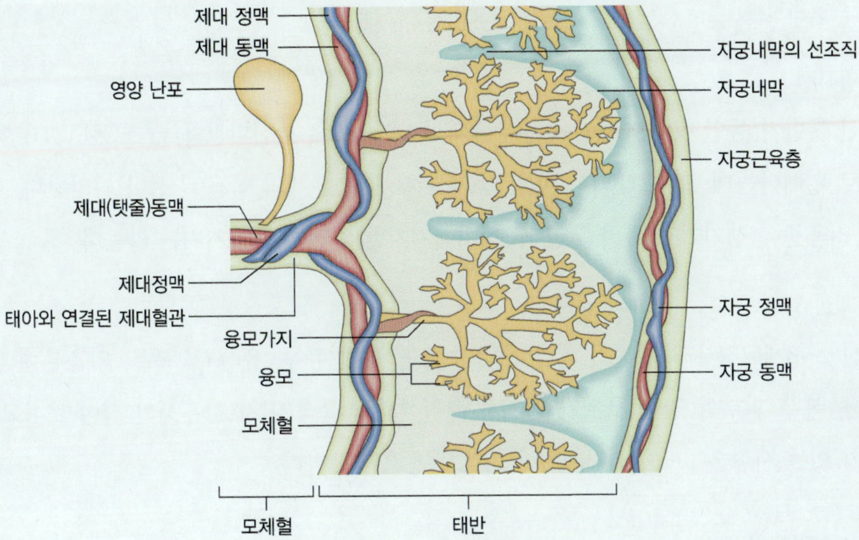

그림 2-6 태반 구조

자료 : Vander AJ & Sherman JH & Luciano DS(2001), Human physiology, 8th de, p.667

a. 태반을 통한 영양소 이동 메커니즘

태반을 통한 영양소의 이동 메커니즘은 모체 혈액과 제대혈액의 영양소 농도를 비교하여 추정할 수 있다. 양쪽의 농도가 동일하다면 이 영양소는 단순확산이나 촉진확산에 의해 이동한다고 볼 수 있다. 단순확산은 모체 혈액의 농도가 높은 영양소가 제대혈액의 낮은 농도 쪽으로 이동하며 평형에 도달될 때까지 일어난다. 촉진확산은 운반체를 이용하므로 보다 빠른 속도로 이동하나 역시 농도가 높은 쪽에서 낮은 쪽으로 수송된다. 능동적 수송 메커니즘은 농도차에 역행하는 이동으로 태아 쪽 제대혈의 농도가 모체 혈액에서보다 높아도 제대혈 방향으로 이동한다. 능동수송은 운반체 단백질과 대사 에너지를 요구한다. 한편 대부분의 혈장단백질은 분자량이 크므로 태반의 융모를 통과하지 못한다. 이러한 점은 해로운 성분이나 고분자 화합물로부터 태아를 보호할 수 있으나, 태아는 모체에서 태반을 통해 수송된 아미노산을 이용해 필요한 단백질을 스스로 합성하여야 한다.

그러나 모체 면역글로불린의 하나인 면역글로불린 G(IgG)는 태반을 통과해 태아의 혈액으로 이동한다. IgG의 이동에 대한 정확한 메커니즘은 확실하지 않으나 음세포작용에 의한 것으로 간주하고 있다. IgG는 태아에게 감염성 질환에 대한 저항력을 갖게 한다. 이러한 저항력은 출생 후 6~9개월까지 유지되며 이후에는 영아가 스스로 항체를 합성한다.

(4) 피부의 변화

a. 임신선

임신 후반기 동안 50~90%의 임신부에게서 나타난다. 부신피질자극호르몬(ACTH)의 작용으로 일어나는데 복부, 대퇴부, 유방 등의 피부에 붉은색의 함몰된 선이 나타난다. 이따금 가려움증이 생기기도 하며 분만 후 희미해지지만 완전히 사라지지는 않는다.

b. 색소 침착

임신 2~3개월경부터 전신의 피부에 나타난다. 특히 유두, 유륜부, 복부, 외음부에 많이 보인다. 복부 피부의 정중 부위가 현저하게 착색되어 갈색 내지 검은색의 선이 보이고, 주근깨가 있는 사람은 그 색이 진해지며 기미가 생기기도 한다.

(5) 소화기계의 변화

임신 후에 증가되는 프로게스테론에 의해 위장 근육의 긴장 저하와 위 운동의 감소를 일으켜 구토를 유발하고 대장의 수분 흡수 증가로 변비가 생긴다.

초기(임신 2~3개월경부터)에는 입덧, 식욕 부진, 오조, 기호의 변화가 나타난다. 기호의 변화는 평상시 즐기던 음식이나 식품이 싫어지고, 반대로 즐기지 않았던 것을 좋아하게 되기도 한다. 초기에는 기호에 따른 선택을 우선하는 것도 입덧을 경미하게 하는 데 도움이 된다. 후기에는 자궁이 증대됨에 따라서 기계적으로 압박되어 위의 트림, 변비가 생긴다. 4개월경이 되어 아기 머리가 골반강에 고정되면 위의 압박은 사라진다.

(6) 혈액 성분의 변화

임신을 하면 혈액량이 급속히 증가해서 순환기계에 부담이 늘어난다. 임신 말기에는 횡격막이 위(약 4 cm)로 올라감에 따라 심장은 왼쪽 방향으로 움직이고, 좌심실에는 작업성 비대를 가져오며, 때때로 수축 시 잡음이 들리기도 한다.

말초 순환 저항의 증가, 순환 혈액량의 증가 등으로 인해 작업 항진과 비대가 보이므로 심장 질환이 있는 임신부는 주의가 필요하다. 혈장량 증가와 함께 적혈구의 양도 많아지지만 적혈구 증가량이 혈장 증가 비율보다 낮기 때문에 혈액 희석현상이 나타난다. 생리적 혈액 희석으로 인한 헤모글로빈 농도 감소나 적혈구 용적비의 저하는 정상이라고 간주되므로 임신기에는 빈혈 판정 기준이 비임신기보다 낮다. 즉, 일반 여성은 헤모글로빈 농도가 12 g/dL 미만일 때에 빈혈로 판정하지만, 임신기에는 임신 초반(1/3분기)과 후반(3/3분기)에는 11 g/dL 미만, 중반(2/3분기)에는 10.5 g/dL 미만일 때에 빈혈로 판정한다. 정상적인 건강한 임산부도 임신기 혈액 내 여러 가지 영양소의 농도가 임신 전보다 감소하므로 일부 영양소는 보충제를 권장하기도 한다.

(7) 신장 기능

임신이 진행되면서 신장은 나트륨과 수분을 축적해 혈액량과 세포외 혈액량을 증가시킨다. 임신 기간에는 레닌과 알도스테론의 활성이 2~20배 증가하며, 체내에 수분은 약 6~7 L로 증가한다. 신장으로 흐르는 혈류는 30% 이상 증가하며, 사구체 여과율도 임신 전에 비해 50%가량 증가하고, 모체와 태아로부터 생기는 요소, 요산, 크레아티닌의 배설 능력이 증가한다. 한편 사구체 여과율의 증가로 임신 중에는 소변으로 포도당, 아미노산 또는 기타 영양소의 배설량도 증가한다.

방광이 압박되어 빈뇨가 되는 일이 있고 일과성 당뇨와 단백뇨를 일으키기도 하는데, 이러한 현상이 계속될 경우에는 당뇨병과 임신중독증에 대비하며 주의를 기울여야 한다. 특히 단백뇨는 임신중독증의 중요한 소견이 된다.

(8) 체중 증가

정상적인 체중 증가는 임신을 정상으로 이끌어가는 가장 중요한 역할을 하는데, 그 증가의 정도는 인종, 영양 상태, 출산 횟수, 임신 전의 체중에 따라서 차이가 있다. 임신부가 초산이거나 젊을수록 체중 증가가 크다.

임신 중 체중의 증가는 태아와 그 부속물, 유방, 혈액 및 세포외액 등의 증가에 기인하며 일부 대사산물로 모체에 저장되는 세포내액의 증가와 새로운 지질과 단백질의 축적에 의해서도 체중이 증가한다. 바람직한 체중 증가는 10~12 kg이지만, 체중 증가보다는 증가 속도가 중요하다(그림 2-7). 임신 2개월까지는 거의 체중이 증가하지 않으며 오히려 입덧 등으로 감소하는 경우도 있다. 체중은 3개월 말에 조금 증가하기 시작하여 출산 직전 2~3개월 동안 태아 전체 체중의 50%가 증가한다. 특히 출산 전 6주간이 가장 태아 성장이 빠르므로 임신 기간을 다 채우지 못하고 출생하는 미숙아의 경우 출생 시 체중 미달이 되는 것은 극히 당연하다.

레닌(rennin) 신장에서 분비되는 호르몬성 물질

알도스테론(aldosterone) 부신피질에서 분비되는 대표적인 스테로이드호르몬으로 주로 나트륨과 칼륨 대사에 관여

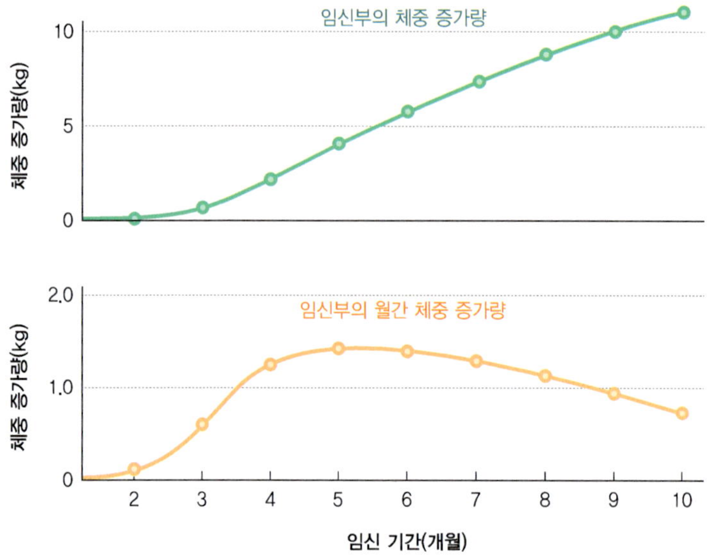

그림 2-7 임신부의 체중 증가량

12 kg의 체중 증가 내용은 태아 3.4 kg, 태반과 양수 1.5 kg, 자궁의 증대 1.0 kg, 유방의 증대 1.2 kg, 세포간액의 증가 1.5 kg, 지방조직의 증가가 2.9 kg이다. 이 중에서 약 10%에 해당하는 1 kg 정도는 단백질이 된다. 임신 중의 체중 증가가 15 kg 이상 되면 각종 합병증과 산과적 이상이 증가한다. 급격한 체중 증가는 부종이나 임신중독증에 의할 수도 있으므로 항상 주의해야 한다.

최근에는 향상된 식생활로 임신 시 체중 증가량이 과거에 비해 증가되는 추세이다.

3. 태아의 발육

1) 태아의 성장

a. 임신 1개월

난자와 정자가 수정되어 착상하면 임신이 시작된다. 뱃속 아기는 아직 인간의 모습을 갖추고 있지 않으므로 배아(胚芽)라고 불리는 시기이다. 임신 1개월에는 꼬리가 나 있는 해마와 같은 모양을 하고 있고, 각 기관의 분화는 3주 정도부터 시작된다. 태아의 크기는 0.4~0.5 cm이고, 체중은 0.4 g 정도이다.

Advice 임신 중 모체의 체중 증가를 저해하는 인자

1. 16세 이하의 임신부(사춘기 미혼모)
2. 경제적으로 궁핍한 임신부
3. 과거 임신 중 경과가 불량하였던 임신부
4. 다른 질병 때문에 상반된 식이요법을 하고 있는 임신부
5. 식습관이 불량한 임신부(채식주의자, 잦은 군것질 등)
6. 흡연, 음주, 마약을 습관적으로 하는 임신부
7. 본래부터 허약한 임신부
8. 헤마토크릿(hematocrit)이 33%보다 훨씬 낮거나 헤모글로빈 수치가 11 g/dL보다 현저히 낮은 임신부
9. 임신 중반기와 하반기에 체중 증가율이 1개월에 0.9 kg 이하인 임신부

표 2-2 임신부를 위한 영양 관리

영양소	영양 관리
열량	• 건강한 아기를 위해 건강한 체중을 유지하는 것이 중요합니다. • 우리나라에서는 임신 전반기에는 성인 여자 하루 필요량(2,000 kcal 내외)이면 충분합니다. • 임신 중반기에는 +340 kcal, 후반기에는 +450 kcal를 권장합니다.
단백질	• 임신 기간 동안에는 모체, 태반, 태아의 단백질 요구량이 커지게 되는데 1일 70 g 정도입니다. • 단백질 급원으로는 필수아미노산이 많은 우유, 육류, 가금류, 생선, 달걀, 콩 종류 등이 좋습니다.
지질	• 적절한 지질의 섭취는 아기의 성장 및 피부에도 중요합니다. • 그러나 과량 섭취하면 살이 찌기 쉽겠지요. 총에너지 섭취량의 20~25%를 권장하며 필수지방산이 많은 식물성 지방과 동물성 지방의 섭취 비율이 1:1 정도 되는 것이 건강에 좋습니다.
칼슘	• 1일 1,000 mg을 권장합니다. • 한국인은 칼슘 섭취가 부족한 편인데 임신 시 칼슘의 섭취 부족은 모체 골격의 건강 유지뿐만 아니라 임신성 고혈압의 위험 인자가 될 수 있으므로 충분한 섭취가 요구됩니다. • 우유 1,000 mL 중에는 약 1,120 mg의 칼슘이 들어 있어 하루에 3~4컵 정도가 적당하지만 우유를 싫어하는 경우에는 치즈, 요쿠르트, 아이스크림, 크림수프 등을 먹습니다.
철분	• 우리나라 여성은 철분 결핍성 빈혈의 빈도가 높아서 임신으로 인한 빈혈의 위험성이 더욱 증가하게 됩니다. • 철분 권장량은 임신기에는 24 g을 권장하고, 철분 급원으로는 간, 육류, 달걀, 현미, 잡곡밥류, 녹황색 채소, 견과류, 말린 콩 등이며 필요한 경우 영양제로 보충해야 합니다.
나트륨	• 임신 중의 체중 증가는 평균 10~12 kg이고, 70%는 체액 증가에 의합니다. • 식염의 과잉 섭취는 수분의 축적으로 체액을 증가시키고 부종과 고혈압을 일으킬 뿐만 아니라 임신중독증을 더욱 악화시키므로 조심해야 합니다.
비타민	• 비타민은 생리활성을 촉진시켜 주므로 임신 수유기에 충분히 섭취하는 것이 좋습니다. • 비타민은 어떤 식품 하나에 존재하는 것이 아니므로 신선한 제철 식품을 골고루 다양하게 섭취하는 것이 좋습니다.

자료 : http://nutrition.kfda.go.kr '건강한 식생활'

헤마토크릿(hematocrit, Ht, HCT) 적혈구 용적이라고도 하며, 전체 혈액 중에 차지하는 적혈구 용적을 %로 표시한 것

표 2-3 임산부와 수유부를 위한 1일 영양소 섭취기준

영양소	성인 여자		임신 초기	임신 중기	임신 후기	수유기
열량(kcal)	19~29세	2,100	+0	+340	+450	+320
	30~49세	1,900				
단백질(g)	55/50*		+15	+30	+30	+25
비타민 A(μg RAE)	650		+70	+70	+70	+490
비타민 D(μg)	10		+0	+0	+0	+0
비타민 E(mg α-TE)	12		+0	+0	+0	+3
비타민 K(μg)	65		+0	+0	+0	+0
비타민 C(mg)	100		+10	+10	+10	+40
티아민(mg)	1.1		+0.4	+0.4	+0.4	+0.4
리보플라빈(mg)	1.2		+0.4	+0.4	+0.4	+0.5
니아신(mg NE)	14		+4	+4	+4	+3
비타민 B_6(mg)	1.4		+0.8	+0.8	+0.8	+0.8
엽산(μg)	400		+220	+220	+220	+150
칼슘(mg)	700		+0	+0	+0	+0
인(mg)	700		+0	+0	+0	+0
나트륨(mg)	1,500		+0	+0	+0	+0
철분(mg)	14		+10	+10	+10	+0
아연(mg)	8		+2.5	+2.5	+2.5	+5

※ 열량 : 1일 필요추정량 ı 비타민 D, E , K, 나트륨 : 충분섭취량 ı 이외 영양소 : 권장섭취량
*19~29세 ı 30~49세
자료 : 보건복지부, 2015 한국인 영양소 섭취기준, 2015

b. 임신 2개월

수정란은 자궁내막에 깊숙이 자리 잡게 된다. 세포 분화가 활발해지며, 태반이 발달하기 시작한다. 태아의 크기는 2.5~5 cm이고, 체중은 2 g 정도이다.

c. 임신 3개월

지금까지 배아라고 불리던 것이 이 시기에 태아라고 불리게 되며 신체상으로는 4배 정도 급성장한다. 임신 3개월 말이 되면 심장, 비장, 맹장, 내장이 거의 발달하며, 초음파 도플러 태아 심박 검출장치로 심음을 거의 100% 들을 수 있다. 또한 얼굴 모습이 자리를 잡으며, 손가락과 발가락이 나타난다. 태아의 크기는 6~9 cm이고, 체중은 9 g 정도이다.

d. 임신 4개월

남녀의 구별이 가능해진다. 순환기 계통의 발달이 완료되고, 몸을 활발히 움직이기 시작

하며, 태아를 지탱하는 태반이 완성되는 시기이다. 태아를 지탱하는 태반이 완성되는 시기이다. 태아의 크기는 11.5~13.5 cm이고, 체중은 100 g 정도이다.

e. 임신 5개월

피하지방이 붙고 골격과 근육이 생성되며, 신경세포가 발달하고 관절을 중심으로 팔다리를 움직일 수 있게 된다. 빛의 자극에 반응할 정도로 망막이 발달하며, 외부 소리를 그대로 들을 수 있다. 태아의 크기는 16~18.5 cm이고, 체중은 300 g 정도이다.

f. 임신 6개월

피지선에서 태지(끈적한 지방)가 분비되기 시작하는데, 태지는 분만 시 좁은 산도를 부드럽게 따라 내려갈 수 있는 윤활유의 역할을 하며 태어날 때까지는 보호막 역할을 한다. 양수가 많아져 손발을 자유롭게 움직이고 몸의 방향도 자주 바꾸므로 임신 6~7개월 때 태아가 거꾸로 있는 경우가 많다. 골격이 발달되어 엑스레이를 찍으면 또렷하게 알아볼 수 있으며, 태동이 심해지는 시기이다. 태아의 크기는 23 cm, 체중은 600 g 정도이다.

g. 임신 7개월

피부나 얼굴에는 주름이 있어 노인 같은 모습을 하고 있으며, 쌍둥이의 판단이 가능하다. 폐가 발달하여 호흡하는 흉내를 내기 시작하며, 손가락을 빨기도 한다. 태아의 크기는 27 cm, 체중은 1,110 g 정도이다.

h. 임신 8개월

신경계가 발달하며, 눈동자가 형성되어 눈을 뜨기 시작한다. 점차 머리를 골반 아래로 향하는 자세를 갖춘다. 태아의 크기는 31 cm, 체중은 1,800~2,100 g이다.

I. 임신 9개월

태아가 움직이는 것을 임신부의 복부 표면에서도 볼 수 있다. 피부는 분홍색으로 되고 몸을 돌려 머리를 아래로 향하게 된다. 태아의 노폐물 배출량이 증가하여 많은 양의 양수는 태아의 소변으로 거의 채워진다. 태아의 크기는 35 cm이고, 체중은 2,200~2,900 g이다.

j. 임신 10개월

배내털이 빠지고 피부는 부드러워지며, 손톱이 길고 첫 호흡 준비를 하게 된다. 분만할 때 태변을 배설하기도 하며, 모체로부터 항체를 받아들여 면역력을 가진다. 태아의 크기는 40 cm, 체중은 3,200 g 정도이다.

2) 태아의 부속물

태아의 발육에 따라 생기는 난막, 태반, 제대, 양수를 태아 부속물(그림 2-8)이라 한다.

(1) 난막

태아를 양수와 함께 둘러싸 외계의 물리적, 화학적 영향과 세균 감염을 방지한다. 3층으로 이루어진 강한 막으로서 외층을 탈락막, 중층을 융모막, 내층을 양막이라 한다.

탈락막은 수정란의 착상과 영양에 적합하도록 임신성 변화를 한 자궁내막이다. 착상 후 자궁내막의 분비기에 있어서 탈락막화가 일어나 자궁내막은 더욱 비후해진다. 탈락막은 모체 자궁내막이 변화한 것이지만 융모막과 양막은 태아 조직에 의해 발생한다.

임신 4개월 말에 융모막은 탈락막의 일부와 함께 태반을 형성한다.

(2) 제대

제대는 태아와 태반을 연결하는 가는 끈 모양의 것으로, 길이 50~60 cm, 직경 약 1 cm이다. 가운데로 3개의 혈관(제대정맥 1개, 제대동맥 2개)이 통과하고 있다. 정맥에는 태반으로부터 산소와 영양소를 태아에 보내는 동맥혈이 흐르고, 제대동맥에는 태아로부터 나온 이산화탄소와 노폐물을 모체혈로 배출하는 정맥혈이 흐르고 있다.

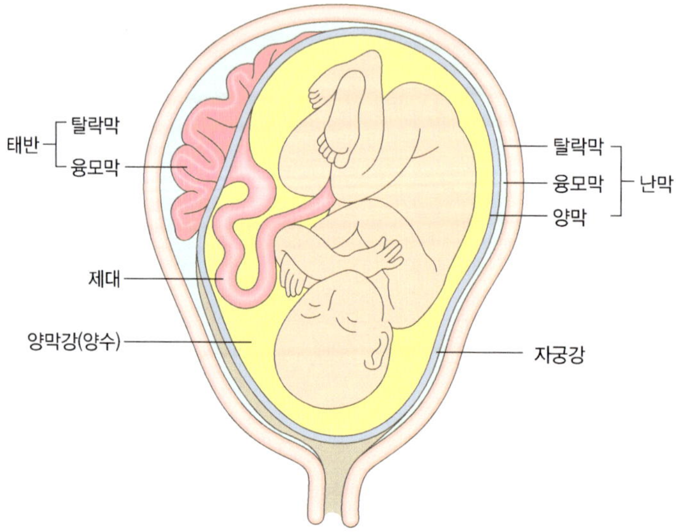

그림 2-8 태아와 부속물

(3) 양수

임신 초기에는 거의 투명한 색이나 후반기에는 백색 또는 약간 노르스름한 빛을 내는 액체로, 평균량은 1,000 cc이다. 그 속에 태아, 제대, 태반이 들어 있다. 즉, 태아는 난막의 가운데에 가득 차 있는 양수 가운데에서 발육하고 있다. 태아는 임신 후반기에 많은 양의 양수를 섭취하지만 양수가 태아의 주된 영양원은 아니다. 중요한 양수의 기능은 다음과 같다.

a. 임신 시 역할

① 모체가 받을 수 있는 모든 충격을 완화시켜, 태아 및 태아 부속물을 직접적인 외상 혹은 외부의 압력으로부터 보호한다.
② 태아막으로부터 태아를 분리시킴으로써 태아막과 태아 체부와의 유착을 방지한다.
③ 태아의 운동을 자유롭게 하고 근육, 골격의 발달을 돕는다.
④ 태아의 정상적인 성장, 발달을 돕는다.
⑤ 열 손실을 방지하고 비교적 태아의 체온을 일정하게 유지한다.
⑥ 태아를 위한 경구적 수액의 공급원이 된다.
⑦ 배설물 수집 체계로 작용한다.

b. 분만 시 역할

① 난막과 더불어 태포를 형성하고, 자궁경관과 자궁구를 열어 준다.
② 태반의 조기 박리를 방지한다.
③ 자궁 수축 시 제대, 태반, 태아 등에 가해지는 강한 압박을 막아 준다.
④ 태아의 산도 통과를 원활하게 한다.
⑤ 산도를 씻어내려 병원균, 기타 불순물을 깨끗이 제거한다.

이 밖에 최근에는 태아 생활을 적당한 환경으로 형성한다는 생리적 의의가 있음이 밝혀졌다.

(4) 태반

임신 4개월경에 완성되는 태반은 지름 15~20 cm, 두께 1~2 cm, 무게는 500 g 정도이다. 모체와 태아 사이의 수송 메커니즘으로 태아의 생명 유지에 필요한 기관이다.

산소와 여러 영양소를 모체에서 태아로 공급하고, 반대로 태아에서 모체로 이산화탄소와 다른 대사산물의 이동은 태아-모체 전달 체계(fetal-maternal communication system)를 통하여 이루어진다. 따라서 모체와 태아 간의 태반 전이는 태아의 성장과 대사에 필수적이다.

모체 쪽은 자궁 내측에 부착되고 태아 쪽은 중앙으로부터 제대가 연결되어 태아와 연락하고 있다. 태반의 주된 역할은 다음과 같다.

① 물질의 통로로서 효소와 영양분을 모체로부터 태아에게 운반하고, 반대로 신진대사에 의해 생긴 이산화탄소와 노폐물을 모체로 운반하는 통로가 된다.

② 영양소의 조절작용이 있어 태아에게 직접 대량으로 운반되지 않도록 영양분을 일시적으로 저장해서 조절한다.

③ 태반에서의 물질대사가 있다.

④ 내분비작용이 있어 태반에서 분비되는 호르몬은 태아와 모체에 영향을 주어 임신 유지 등에 관여한다.

⑤ 태아를 세균 등에 의한 감염으로부터 보호한다.

4. 임신부의 질병과 식사 관리

1) 입덧

임신 첫 3개월 사이에 임신 여성의 80%에게서 나타나는 입덧은 최근까지만 해도 임신 초기에 나타나는 급격한 호르몬 변화의 부산물로 여겨져 왔으나, 최근 영국 리버풀 대학의 크레이그 로버츠 박사는 영국 학술원에서 발행하는《생물학 저널*Biological Journal*》에서 총 21개국에서 지금까지 발표된 56건의 입덧 관련 연구논문을 종합 분석한 결과, 입덧은 음식에 담긴 미생물이나 화학물질로부터 태아를 보호하기 위한 자연의 섭리라는 연구 결과를 발표하였다(BBC 인터넷판, 2006. 7. 12).

a. 입덧 시 식사 관리

① 소화하기 쉽고 영양가가 높은 식품을 소화가 잘 되는 조리법에 의해 만들어서 소량씩 여러 차례 나누어 준다(양적인 면보다 질적인 면에 충실함).

② 기호에 맞는 음식을 먹도록 한다(임신 초기에는 일반적으로 신맛을 즐기지만, 후기에 들어서면 단맛을 선호한다. 식욕을 촉진시키기 위해 소량의 향신료 사용은 무방).

③ 구토를 가장 많이 느끼는 때는 공복인 경우이므로 속이 비지 않도록 하고 아침에 일어났을 때 비스킷이나 크래커 등을 우유와 함께 먹는 것도 좋다.

④ 더운 음식보다는 찬 음식을, 기름에 튀기거나 기름기가 많은 음식보다는 담백한 맛을

즐겨 먹는다.

⑤ 조리를 하면서 음식 냄새 때문에 메스꺼울 때가 많으므로 가능한 한 조리 과정을 간단하게 하고 가족의 협조를 구한다(기분 전환을 위해 외출하여 식당을 이용하기도 하는데, 외식할 때에는 특히 위생 문제에 신경을 써야 함).

⑥ 입덧이 있을 때는 변비가 되기 쉬우니 예방과 치료에 신경을 쓴다(아침에 찬 우유를 마시면 좋은데, 우유가 구토를 일으킬 때는 냉수나 과일즙 등을 마셔도 좋음).

⑦ 식사 전후 30분 정도 안정을 취하고, 특히 식후에는 먹은 음식물을 잘 소화할 수 있도록 안정을 취해야 한다(수분은 식사할 때보다 식사 사이에 섭취하는 것이 좋음).

⑧ 입덧 치료를 위해 비타민 B_6를 투여하면 효과를 보기도 한다.

2) 임신 오조(惡阻)

입덧 증상이 심해져서 영양 섭취가 불가능하게 되고 영양실조 등의 영양 장애를 일으키는 경우를 오조라고 한다.

초임부인 경우와 임신 2~3개월경에 많이 나타난다. 병적인 것이므로 치료가 필요하다. 임신 오조(hyperemesis gravidarum) 상태가 되면 식사하기가 어려워지며, 중증이 되어 물마저 마시지 못할 정도가 되면 체중 감소, 피부 건조, 탈수현상 등의 증상이 나타난다. 탈수상태가 되면 소변량이 감소하면서 체내에 노폐물이 축적되어 증세를 더욱 악화시킨다. 식사를 하지 못하므로 열량원이 부족하여 모체에 저장된 지방이 에너지원으로 이용되어 체중이 감소한다. 또한 지방 연소로 혈액이 산성으로 기울어 체내 대사에 이상이 생긴다.

임신 오조의 식사요법은 음식을 일시에 많이 먹는 것을 피하고 여러 번 조금씩 나누어서 먹도록 한다. 음식은 담백하고 시원한 것이 환자가 먹기 좋다. 특별히 금하는 음식은 없으므로 환자의 섭취 능력에 따라 적당히 먹도록 한다. 만약 입으로 물을 마시지 못할 경우에는 정맥주사로 링거액, 포도당액 등을 맞도록 한다.

3) 임신중독증

대체로 임신 말기인 8개월경부터 나타나는 임신중독증은 부종, 고혈압, 단백뇨와 갑작스러운 체중 증가를 주요 증상으로 하며 경산부보다는 신체 변화에 익숙하지 않은 초임부, 쌍둥이를 가진 임신부, 18세 이전과 35세 이후의 임신부, 저소득 임신부, 지나친 체중 부족 또는 체중 과다 임신부에게서 많이 발병한다.

임신중독증은 임신 중의 모체가 태아 및 태반의 존재로 인해 신혈관계에 장애를 일으키는 질환이다. 따라서 분만이 끝나면 대부분 치료된다.

a. 순수형 임신중독증

신장염과 고혈압 등이 없는 초기 임신과 과거 임신 시에 중독증이 없었던 임신부에게 주로 발생하는 중독증이다. 일반적으로 경과는 급성이며, 임신의 끝 무렵에 급속히 발병해서 분만 후에는 빠르게 회복되는 경우가 많다.

부종은 특히 순수형 임신중독증의 조기 진단에 중요하다.

b. 혼합형 임신중독증

본태성 고혈압과 만성 신염이 있는 임신부에 임신중독증이 합병한 것 또는 지난 임신에 임신중독증의 후유증이 있었던 사람이 임신한 경우로 임신 중반기부터 증상이 나타나기 시작해서 대개 만성 형태를 겪는 일이 많다.

c. 자간

순수형과 혼합형 임신중독증과 관계없이 경련 발작과 혼수를 수반하는 자간은 중증으로서 긴급한 대처가 필요한 상태이다.

자간을 일으키는 위험 요소는 ① 유전적 고혈압 소질, ② 너무 어리거나 고령의 임신부, ③ 비만이나 지나치게 야윈 경우, ④ 초임부 또는 경산부에서도 지난번 임신 시에 임신중독증이 있었던 경우, ⑤ 다태 임신일 경우, ⑥ 본태성 고혈압증과 만성 신염의 합병, ⑦ 당뇨병, ⑧ 과도한 노동, ⑨ 저영양, 빈혈, ⑩ 교육 정도나 사회적 지위가 낮은 저소득자 등이 있으며, 충분한 주의가 필요하다.

탄수화물과 지질의 섭취량을 줄이고 양질의 단백질을 충분히 섭취시켜야 하지만, 신장 기능 장애가 있는 경우에는 단백질을 제한한다. 필수지방산은 태아의 발육에 필요하므로 식물성 기름을 적당량 공급하고, 비타민류가 부족하지 않도록 주의한다. 소금을 많이 섭취하면 신장의 배설 기능에 부담을 주어 부종이 생기고 혈압이 상승하므로 가능한 한 음식을 싱겁게 먹어야 한다. 수분은 증세가 심해짐에 따라 배설 상태를 보면서 제한한다.

4) 빈혈

임신 빈혈은 유산, 조산, 미숙아 출산, 태아 질식 등을 유발한다. 한 연구는 헤모글로빈 농도가 정상보다 50% 이하로 감소되면 태아의 사망률이 2배 증가한다고 밝히고 있다.

헤모글로빈 수치의 정도에 따라 임상적으로 분류하는 방법으로서 헤모글로빈 수치 9 g% 이상일 때를 경증(mild), 6~9 g%를 중등도(moderate), 6 g% 이하를 중증(severe)의 빈혈이라 한다.

임신 빈혈의 원인으로는 ① 잦은 임신, ② 오랜 수유 기간 후 곧바로 임신, ③ 모체의 혈액 증가, ④ 태아의 혈액 신생과 태아의 간에 철분 저장, ⑤ 철분 흡수를 저해하는 칼슘, 인의 상호작용, ⑥ 임신 후반기에 자주 나타나는 위산 과다증으로 철분 흡수 저해 등을 들 수 있다.

임신 경험이 많은 임신부 빈혈의 경우 식사요법으로 철분이 많은 식품의 섭취를 권하고, 유기산 및 비타민 C를 많이 함유하고 있는 과일과 채소를 함께 섭취하는 것이 십이지장에서의 철분 흡수를 쉽게 한다. 양질의 단백질은 조혈작용뿐만 아니라 철의 흡수와 이용 효율을 높이는 효과가 있다. 권장할 만한 식품으로는 쇠간, 돼지간, 닭간, 생선, 조개류, 난황, 녹색 채소, 파래, 김, 다시마 등이 있다.

5) 당뇨병

임신 기간 동안 공복 시에는 혈당이 정상인데 식후에 고혈당이 되는 것을 임신성 당뇨병(gestational diabetes mellitus, GDM)이라고 한다. 출산 후에 대부분 정상화되나 20~30%는 당뇨병이 남아 있게 된다. 임신부의 췌장에서 인슐린 저항에 대항할 만한 충분한 인슐린을 분비할 수 없을 때 임신 당뇨가 나타난다.

당뇨병이 있는 상태에서 임신하면 그렇지 않은 사람에 비해서 ① 유산, ② 양수 과다증, ③ 임신중독증, ④ 모체 체중의 이상 증가, ⑤ 거대아 출산, ⑥ 기형아 출산 등이 일어나기 쉽다.

임신 중 당뇨병 환자의 식사요법의 목표는 체중 감소가 아니므로, 정상 임신에서와 같은 생리적 체중 증가는 허용한다. 열량과 탄수화물은 3회의 식사와 3회의 간식으로 분배한다.

6) 변비

임신 중 호르몬의 변화는 위장 근육의 완화를 증가시키는 경향이 있으며 커지는 자궁의 압력으로(특히 임신 말기) 배설을 힘들게 한다.

변비 방지약 또는 설사제와 같은 의약제제는 가급적 피하는 것이 좋다. 수분, 통밀, 섬유소가 많은 과일과 채소, 건조 과일(특히 자두와 무화과), 그리고 해조류, 곤약, 한천, 당류, 꿀,

엿, 잼, 과즙 등을 평소보다 많이 섭취하여 변비를 예방한다.

5. 임신 결과에 영향을 주는 생활습관 요인

임신부가 섭취하는 성분 중에서 임신 유지와 태아 발달에 해로운 영향을 주는 것으로는 알코올, 카페인, 흡연을 들 수 있다. 또한 고단위 비타민 보충과 신체 활동이 임신 결과에 미치는 영향에 대해서도 간단하게 살펴보고자 한다.

1) 알코올

임신 기간 중 알코올 섭취, 즉 음주는 태아 발달에 심각한 영향을 준다. 알코올은 기형을 유발할 수 있는 요소이며, 과량의 음주는 태아 알코올 증후군(fetal alcohol syndrome, FAS)을 유발하기도 한다. 보건복지부는 1996년 이러한 내용을 다룬 미국 식품의약청(FDA)의 홍보용 책자 『임신 중의 음주』를 요약해 전국의 병원, 약국, 약학 관련 대학 및 단체, 소비자단체 등에 배포하였다. 이 책자에는 어머니가 술을 마신 결과로 태아에게 나타나는 가장 심각한 증상은 태아 알코올 증후군이며, 이 증후군을 가진 아이는 태어날 때 비정상적으로 몸집, 특히 머리 크기가 작고 나중에도 정상적인 크기로 회복되지 않는다는 내용이 담겨 있다.

a. FAS의 이상 증상(그림 2-9)

① 신장과 체중의 발육 부진

② 중추신경계 장애

③ 안면의 기형

b. 중추신경계 장애

① 머리둘레가 작음

② 사고력 저하

③ 낮은 I.Q(70~80)

④ 뇌성마비

⑤ 주의력 산만

⑥ 학습 장애

⑦ 운동 실조(ataxia)

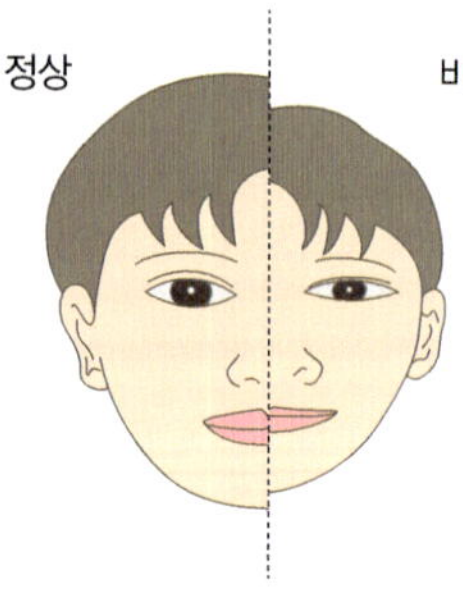

그림 2-9 태내 알코올 증후군과 정상아의 얼굴 형태 비교
자료 : Alcohol Health & Research World 21. No. 3, 1997

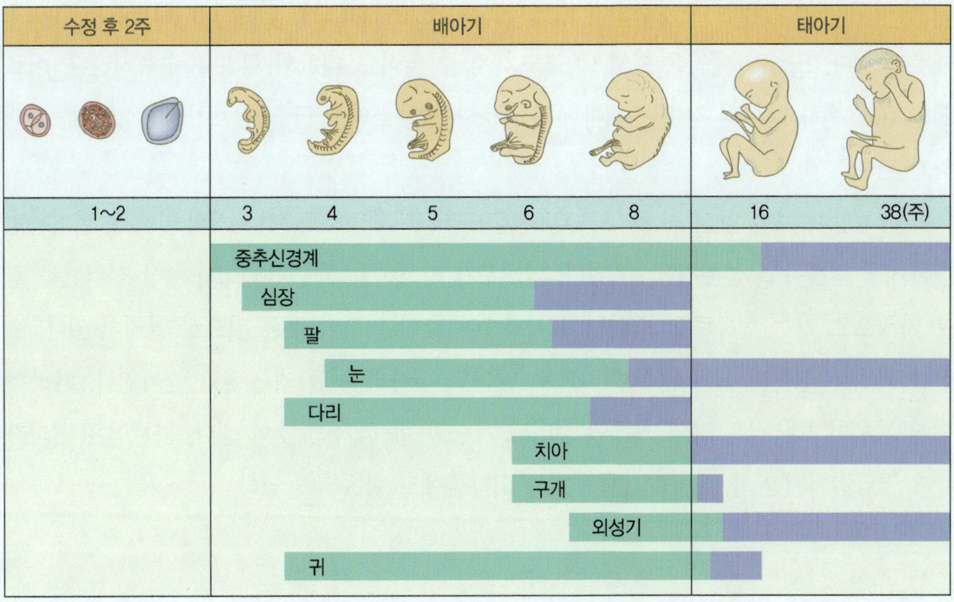

그림 2-10 임신부의 음주가 태아의 성장 발달에 영향을 미치는 부위

자료 : Alcohol Health & Research World 21, No. 3, 1997

이외에도 심장 및 순환기 계통에 선천적 이상이 올 수 있는데 이는 알코올의 대사산물(acetaldehyde)이 태아의 세포 성장을 저해하고, 또 모체에서 태아로 영양소가 운반되는 것을 방해함으로써 태아의 세포 내 대사작용을 저해하기 때문이다(그림 2-10).

2) 카페인

동물에게 카페인을 공급했을 때 산과적 손상과 유산이 나타났으며 과량의 카페인을 섭취했던 임신한 쥐는 기형 새끼를 출산하였다는 보고가 있다. 지금까지 보고된 임신부의 카페인 섭취와 관련된 바람직하지 못한 결과로는 조산, 유산, 산과적 결함, 태아의 성장 부진, 신생아의 건강 불량 등을 들 수 있다.

카페인은 쉽게 흡수되어 신체 각 부분으로 분포되며 태반을 빠르게 통과한다. 임신은 카페인 대사를 변경시키는데 이는 혈중 고농도의 에스트로겐으로 인해 간 조직에 있는 카페인 분해효소의 활성이 감소하기 때문이다. 따라서 카페인의 제거 속도가 느려져 비임신 시에 2~6시간이던 반감기가 임신 시에는 7~11시간으로 증가한다. 모체 혈액의 카페인은 태아에게 전달되는데, 태아 조직에는 카페인 분해효소의 활성이 미약한 상태이다. 출생 후

6개월이 지나야 카페인 분해효소가 작용하므로, 신생아의 경우 반감기가 40~130시간으로 매우 느리다. 또한 카페인은 혈액 내 농도가 아주 낮아도 태반의 혈관을 수축시킨다. 이로 인한 태반 혈류 속도의 감소는 태아에게 산소와 영양소의 공급을 감소시키는 결과를 초래하게 된다.

이를 종합해 보면 임신 시 하루 300 mg 정도의 카페인(하루 3잔 이상의 커피)을 섭취하면 태아에게 해롭다고 결론지을 수 있다. 임신부가 카페인을 하루 300 mg 이상 섭취했을 경우 자궁으로 가는 혈류량이 줄어들어 저체중아 출산 위험이 높은 것으로 알려져 있다. 또한 카페인은 철분의 흡수를 방해하므로 임신부, 태아의 빈혈 가능성도 높아진다. 따라서 임신부는 이보다 적은 양의 카페인 섭취도 가능한 한 삼가는 것이 좋다. 카페인은 커피가 주요 공급원이지만 차, 초콜릿, 콜라, 일부 의약품에도 함유되어 있다.

3) 흡연

흡연은 모체와 태아의 건강을 해롭게 하는 주요 요인으로(그림 2-11, 표 2-4), 호흡작용, 폐조직, 혈액의 산소 운반작용을 방해한다. 한 연구에서는 흡연하는 임신부에게서 태어난 신생아의 체중이 평균 200 g 낮아 저체중아의 출생률이 현저하게 증가하였고, 태아 사망률도 높게 나타났다고 밝히고 있다.

임신 중 흡연으로 인한 신생아 사망 이유로는 다음과 같은 내용을 들 수 있다.

① 일산화탄소와 니코틴, 기타 다른 다환성 탄화수소(polycyclichydrocarbon) 화합물이 태아에게 필요한 산소 전달과 영양소 공급을 저해한다.

② 니코틴 때문에 혈관 수축이 증가하여 태반 혈류량이 감소한다.

③ 식욕 감소로 인한 열량 섭취가 감소한다.

④ 모체의 혈장량이 감소한다.

임신을 확인하고 금연을 하더라도 담배의 인체 내 누적 효과로 인해, 즉시 비흡연자와 같은 결과를 기대할 수 없으므로 임신을 원하는 여성은 장기간 금연한 후에 아기를 갖는 것이 바람직하다. 흡연 기간 중에 임신이 확인되면 즉시 금연해야 한다.

최근에는 담배 속에 농축되어 있는 발암물질이 태반을 통하여 태아에게로 이행됨으로써 발암물질에 대한 민감성을 증가시켜 성인이 되어서도 쉽게 암에 걸리게 된다는 의견이 제시되기도 하였다. 예방학적 차원에서도 임신부의 금연은 절대적으로 필요하다.

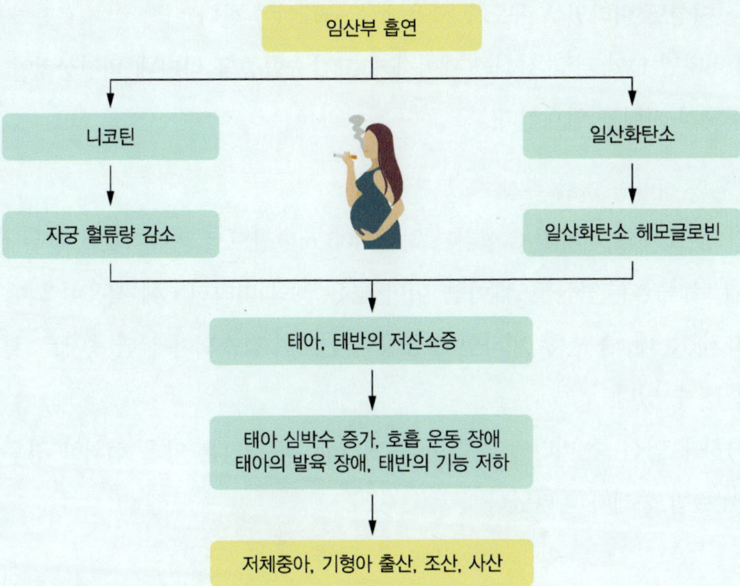

그림 2-11 임신 중 흡연의 영향

표 2-4 여성 흡연의 악영향

	영 향
임신 및 출산기	미숙아 또는 선천성 기형아 출산, 사산, 출산 시 합병증
수유 및 육아기	모유의 질적·양적 저하, 영아 호흡기 질환 증가, 지능 및 신체 발육 저하 생식기관의 이상, 조기 폐경, 불임증, 암 발생 증가, 피부의 조기 노화

자료: 21세기 영양과 건강이야기

4) 고단위 비타민과 무기질의 보충

많은 사람이 건강을 생각해서 비타민과 무기질 보충제를 복용하지만 임신부는 무분별하게 영양 보충제를 사용해서는 안 된다. 과량의 비타민 A, 비타민 D, 비타민 C, 비타민 B_6의 섭취는 태아에게 해로울 수 있다.

a. 비타민 A와 비타민 D의 독성

임신기의 비타민 A 과량 섭취는 태아의 두뇌, 얼굴, 심장 및 중추신경계에 기형을 유발한다. 권장량의 8~10배가 되는 6,000 RAE 정도로 고단위 비타민 A를 섭취한 경우에 이러한 기형 증세가 유발되었다. 따라서 임신부는 비타민 A의 권장량인 800 RAE 정도를 섭취하여야 한다. 심한 여드름 증세를 치료하기 위해 비타민 A 유도체인 에큐탄(accutane)을 사용한 여성에서 비타민 A의 독성이 나타나, 지금은 임신부에게 이 약의 사용이 금지되었다. 가임기의 젊은 여성도 비타민 A 유도체 사용에 신중하여야 한다.

임신기에 비타민 D의 과량 섭취는 태아에게 고칼슘혈증을 나타내 비정상적인 뼈와 치아 발달이나 동맥의 기형을 일으킨다.

b. 비타민 C와 비타민 B_6의 독성

임신 기간 중 모체의 비타민 C 섭취가 하루 400 mg 정도로 과량이었던 경우 신생아에게서 괴혈증이 나타났다. 임신 중 태아는 이미 높은 양의 비타민 C에 적응이 되어 비타민 C 대사가 증가되었는데, 출산 후 비타민 C 공급이 현저히 감소되자 금단 증세로 결핍증을 나타내었다고 볼 수 있다.

이와 유사하게 임신 중 비타민 B_6를 하루 50 mg 정도 많은 양을 섭취한 경우에도 신생아에게서 B_6 결핍 증세가 나타났다.

5) 심한 운동

활동적인 여성은 임신을 해도 계속 운동 프로그램에 참여하기를 희망하며 젊은 가임기 여성들은 체중 조절과 건강 유지를 위해 규칙적으로 에어로빅 등의 운동을 하기도 한다. 태아의 성장, 발달에 장애를 주지 않는 운동의 정도는 아직 확실하지 않다. 임신기간 중 모체의 심한 운동은 여러 가지 신체 기능을 변화시킬 수 있으며, 임신의 유지와 태아에게 다음과 같은 영향을 줄 수 있다.

a. 체온 상승

임신 초기 태아는 체온 상승에 민감하다. 임신 초 모체의 체온이 39.2°C로 상승하면 태아의 성장 부진과 선천적 기형을 유발할 수 있으므로 임신부는 심한 육체적 활동은 삼가야 한다.

b. 혈당 감소

운동 시에는 포도당이 근육의 에너지원으로 사용되기 때문에 혈당량이 크게 감소한다. 임신부는 비임신부에 비해 혈당량 감소의 폭이 더 크다. 모체 내 혈당은 태아의 주된 에너지원이므로 운동 시 모체의 혈당 감소는 태아에게 전달되는 에너지가 부족할 수 있음을 말해 준다.

c. 태반과 태아 조직의 혈류량 감소

운동 시에는 피부와 근육으로의 혈액순환량이 증가하므로 자궁이나 태반으로 가는 혈류량이 감소된다. 따라서 모체의 심한 운동은 태아에게 이동되는 산소와 영양소의 양을 저하시킬 수 있다.

d. 신체 조직의 스트레스 증가

임신 시 프로게스테론 분비가 상승하면서 결합조직의 이완이 현저하게 나타난다. 이때 지나친 운동을 하게 되면 근육과 골격의 긴장이 증가되고 신체 조직의 스트레스가 커지면서 조기 분만의 위험률이 높아진다. 그러나 임신 시 가벼운 운동은 임신 유지와 태아 발달에 안전하다는 연구 보고도 있다.

임신 기간 중 운동을 계속할 때는 적절한 영양을 유지하는 것이 중요하다. 열량 섭취가 적절히 유지된다면 운동으로 인한 열량 소모를 보충할 수 있고, 체중 증가도 정상적인 양상으로 유지할 수 있다. 따라서 운동 시 탄수화물을 적정량 섭취하고 시원한 음료를 보충하면 혈당도 유지되고 탈수와 체온 상승도 막을 수 있다.

6. 임신부의 영양 필요량

1) 에너지 및 다량 영양소

(1) 에너지

임신 여성의 에너지 필요추정량은 임신으로 인한 에너지 소비량 증가와, 태아와 모체 조직의 성장에 요구되는 에너지 축적량으로 추정한다. 임신 3분기별 기초대사량 증가율은 각각 4%, 7% 및 19%로 보고되었으며, 신체 활동에 소비되는 에너지는 임신 25주까지 별다른 변동이 없고, 그 이후에는 10~19% 증가한다고 밝혀졌다. 또한 임신부의 식이성 발열효과는 일반 여성과 차이가 없는 것으로 나타났다. 이와 같은 자료에 의거해 미국의 경우 임신부의 3분기별 에너지 소비량 증가를, 1/3분기는 없다고 보았고 2/3분기와 3/3분기는 각각 160 kcal/일과 272 kcal/일로 보았다.

이에 근거해 우리나라 임신부의 에너지 소비량 증가는 미국 여성의 체중 중앙값인 57 kg에 19~29세 한국 여성의 체중 중앙값인 56.3 kg을 적용하여 2/3분기와 3/3분기 각각 158 kcal/일과 269 kcal/일로 계산하였으며, 임신 중 에너지 축적량은 180 kcal/일을, 임신 2/3

표 2-5 임신기의 에너지 필요추정량

		임신 중 변화		임신부의 에너지 필요추정량
		에너지 소비량	에너지 축적량	
1/3분기	일반 여성의 에너지 필요추정량*	+ 0 kcal/일	+ 0 kcal/일	= + 0 kcal/일
2/3분기	일반 여성의 에너지 필요추정량	+158 kcal/일	+180 kcal/일	= +338 kcal/일 → +340 kcal/일
3/3분기	일반 여성의 에너지 필요추정량	+269 kcal/일	+180 kcal/일	= +449 kcal/일 → +450 kcal/일

* 일반 여성(19~29세), 체중 56.1 kg, 신장 161.5 cm, 필요추정량 2,100 kcal/일

자료 : 보건복지부, 2015 한국인 영양소 섭취기준, 2015

분기와 3/3분기의 체조직 증가에 따른 추가 필요량으로 계산하였다. 결과적으로 표 2-5와 같이 임신 1/3분기에는 에너지 필요추정량을 추가 설정하지 않았고, 2/3분기와 3/3분기에는 각각 1일 340 kcal/일과 450 kcal/일을 설정하였다.

만약 영양 상태가 좋지 못한 상태로 임신을 했다면 임신 초기부터 열량 섭취를 증가시키는 것이 좋다. 흔히 임신부는 두 사람 몫을 먹어야 한다고 하지만 평소보다 에너지 필요량이 두 배로 증가하는 것은 아니다. 임신 중 평소보다 추가로 300 kcal의 열량을 섭취하기 위해서는 하루에 두 컵 정도의 우유와 바나나 또는 사과 한 개 정도를 더 섭취하면 된다. 임신부의 식사는 양보다 질이 중요하며 바람직한 체중 증가 양상을 보인다면 열량 섭취에 큰 문제가 없다는 것을 의미한다.

(2) 탄수화물

임신부의 탄수화물 섭취기준은 설정되어 있지 않은 상태이다. 단, 탄수화물의 에너지 적정 비율인 55~65% 이내로 하되 전곡, 야채, 콩 및 과일 등의 섭취를 통하여 혈당지수가 낮은 복합 탄수화물을 많이 섭취하도록 권장해야 한다. 3대 영양소 섭취의 경우 각 영양소 섭취량도 중요하지만 3대 영양소가 총에너지 섭취량 중 차지하는 비율도 중요하므로 에너지 적정 비율을 기준으로 평가한다. 2015년 개정된 영양소 섭취기준에 의하면 총열량 중 탄수화물의 비율은 55~65%, 단백질 비율은 7~20%, 지질의 비율은 15~30%가 되도록 권장하고 있다(표 2-6).

표 2-6 탄수화물, 지질 및 단백질의 에너지 적정 비율 (단위: %)

영양소 \ 연령	1~2세	3~18세	19세 이상
탄수화물	55~65	55~65	55~65
지질	20~35	15~30	15~30
단백질	7~20	7~20	7~20

자료 : 보건복지부, 2015 한국인 영양소 섭취기준, 2015

3) 지질

태아는 태반을 통해서 모체 혈액 중의 지방을 공급받기도 하며 동시에 태반 조직에서 새롭게 합성된 지방을 받아들이기도 한다. 태아의 간과 지방조직은 포도당, 젖산 또는 아미노산으로부터 지방산을 합성할 수 있다. 태아는 소량의 지방산을 산화하여 열량원으로 이용하기도 하지만, 대부분은 지방조직에 중성지방으로 저장한다.

임신 35주 이후에는 태아 조직 내 지방 축적이 매우 빠르게 이루어져 하루에 약 3.5 mg의 지방이 축적된다. 리놀레산과 리놀렌산은 필수지방산으로, 반드시 식사를 통해 섭취해야 한다. 태아는 이와 같은 필수지방산과 함께 EPA나 DHA와 같은 ω-3 지방산을 필요로 한다. 특히 태아의 뇌와 망막 조직의 발달에 EPA와 DHA는 필수적인 기능을 수행한다. 성인은 EPA와 DHA를 합성할 수 있으나 태아는 이들 지방산 합성이 제한되어 있어서 모체로부터 공급되어야 한다.

(4) 단백질

태아, 태반, 모체 조직의 합성과 유지를 위하여 식사를 통해 충분한 단백질 섭취가 필요하다. 임신 중 추가적으로 필요한 단백질량 가운데 약 925 g은 조직 단백질로 축적되고, 440 g은 태아를 위해, 216 g은 혈액 및 체액량 증가에 따른 합성 및 유지를 위해, 266 g은 자궁 및 태반을 위해 사용된다.

임신 여성의 추가 단백질 평균필요량은 요인가산법으로 질소 평형 유지와 체단백질 축적에 필요한 양을 추가하여 산정하였다. 임신기의 체단백질 축적은 초기(1/3분기)는 거의 없고, 중기와 후기는 각각 3.6 g/일과 7.2 g/일(미국/캐나다 영양섭취기준)이라고 보았으며, 식사 단백질이 조직 단백질로 전환되는 효율 43%를 적용하여, 결과적으로 성인 여성에 비해 임신 중기에는 12 g/일, 말기에는 25 g/일의 단백질이 더 필요하여 부가 평균필요량을 중기에 12 g/일, 말기 25 g/일로 제안하였다(표 2-7).

표 2-7 임신부의 1일 단백질 섭취기준

		평균필요량	영양소 섭취기준 권장량(g/일)
초기(1/3분기)	일반 여성의 에너지 필요추정량*	+0	+0
중기(2/3분기)		+12	+15
후기(3/3분기)		+25	+30

* 일반 여성(19~29세), 체중 56.1 kg, 신장 161.5 cm, 권장섭취량(조정치) 55 g/일

자료 : 보건복지부, 2015 한국인 영양소 섭취기준, 2015

(5) 식이섬유

임신부의 만성 질환 위험을 감소시키는 식이섬유의 유익한 효과가 비임신에 비해 차이가 있다고 보여 주는 증거는 없으므로, 비임신 여성의 식이섬유 충분섭취량인 12 g/1,000 kcal를 적용하였고, 임신 3분기별 추가 에너지 필요추정량(0, 340, 450 kcal/일)에 따라 산출된 양이 임신 2분기와 3분기에 각각 +4 g과 +5 g이었으나 차이의 중요성이 크다고 볼 수 없어 +5 g으로 임신기 추가섭취량을 단일화하였다(표 2-8).

표 2-8 임신부의 1일 식이섬유 섭취기준

		영양소 섭취기준 권장량(g/일)
초기(1/3분기)	일반 여성의 에너지 필요추정량*	+0 g/일
중기(2/3분기)	일반 여성의 에너지 필요추정량*	+4 g/일 → +5 g/일
후기(3/3분기)	일반 여성의 에너지 필요추정량*	+5 g/일

* 일반 여성(19~29세), 체중 56.1 kg, 신장 161.5 cm, 충분섭취량 20 g/일

자료 : 보건복지부, 2015 한국인 영양소 섭취기준, 2015

(6) 비타민 및 무기질

a. 비타민 D

임신부는 칼슘 요구량 증가로 칼시트리올 생성 능력이 증가하고, 임신 시기에는 햇빛을 받는 기회가 적어짐에 따라 혈중 25-하이드록시 비타민 D 농도가 저하되며, 태아로의 비타민 D 이동은 태아와 출생 이후 신생아의 성장 속도에 영향을 준다고 보고되어 있다. '2010 한국인 영양섭취기준'에서는 성인 여성의 경우 5 μg/일이고, 임신부의 경우 5 μg/일을 가산하여 10 μg/일이었으나, '2015 한국인 영양소 섭취기준'에서는 성인 여성이 10 μg/일로 상향 조정되었으나 임신부는 성인 여성과 동일한 10 μg/일을 그대로 유지하였다.

b. 비타민 E

임신 기간 동안에 혈중 지질 농도 증가로 인해 α-토코페롤의 농도가 상승하지만 태반을 통한 비타민 E의 이동은 큰 변화가 없는 것으로 보고되었다. 또한 미숙아의 경우 비타민 E 결핍으로 인한 용혈성 빈혈이 발생할 수 있다고 보고되었으나, 임신 중 비타민 E 섭취 증가와 미숙아의 관련성은 보고된 바 없다. 뿐만 아니라 한국인 임산부의 비타민 E 섭취량은 12~16 mg α-토코페롤로 성인 여성의 충분섭취량을 상회하며, 그에 따른 문제는 보고된 바 없다. 따라서 임신부에 대한 비타민 E 충분섭취량의 부가량은 설정하지 않았다.

c. 비타민 C

비타민 C는 콜라겐 합성에 관여하므로 뼈와 결합조직 형성에 중요하다. 콜라겐은 피부, 힘줄, 골기질 단백질의 구조를 이루는 등 결합조직 내에서 중요한 기능을 하는 단백질이다. 비타민 C는 친수성 항산화제로 태아를 산화에 의한 손상으로부터 보호한다. 태반을 통해 태아에게 능동수송되므로 모체의 비타민 C 영양 상태가 양호해야 한다. 모체로부터 태아로 이동되는 비타민에 관한 근거 자료는 부족하지만 7 mg/일의 섭취량은 태아의 괴혈병을 예방할 수 있다는 자료를 토대로 비임신 성인 여성의 평균필요량에 10 mg/일을 가산하였다.

d. 비타민 B_{12}

비타민 B_{12}는 엽산이 활성형으로 전환되는 데 필요하다. 따라서 비타민 B_{12} 부족 시 거대적아구성 빈혈이 유발될 수 있다. 동물성 식품이 풍부한 식사를 하면 비타민 B_{12} 필요량을 충족시킬 수 있으나 채식 위주의 식사를 하는 임신부가 출산한 영아에게서 B_{12} 결핍이 발견된다. 그러므로 채식 위주의 식사를 하는 임신부는 필요량을 충족시키기 위해 비타민 B_{12}를 보충하거나 비타민 B_{12} 강화식품을 섭취해야 한다.

e. 엽산

핵산 합성과 세포분열에 관여하므로 임신 중에는 태반 형성을 위한 세포 증식, 혈액량 증가에 필요한 적혈구 생성, 태아 성장 등을 지지하기 위해 엽산이 요구된다. 임신 초기에 세포분열이 빠르게 일어나므로 임신 전에 적절한 엽산 영양 상태를 유지하는 것이 중요하다. 임신 초기인 착상 이후 21~27일 사이에 엽산 영양이 불량하면 정상 세포분열에 장애가 와서 신경관 손상의 유발률이 높아진다. 모체에서는 거대적아구성 빈혈이 초래되기도 한다.

f. 칼슘

임신기에는 태아 조직과 골격, 태아 부속물의 성장 발달 및 모체 조직의 증가를 위해 비임신기에 비해 필요량이 증가하고, 이 시기에 태반은 240 mg의 칼슘을 매일 흡수하므로 칼슘 섭취 및 흡수의 증가가 필요하다. 그러나 임신 기간 동안에는 증가된 모체의 칼슘 필요량을 충족할 수 있는 생리적 적응현상이 나타나는 것으로 보고되었으며 실제로 보고된 여러 임상 연구에서도 임신 기간에는 호르몬의 변화를 동반하여 칼슘의 흡수율이 증가하는 것으로 알려져 있다. 따라서 2015년 임신부의 칼슘 평균필요량 및 권장섭취량은 여자 성인 각 연령대별 필요량을 그대로 반영하였다.

한국 성인 여성의 경우 평균 칼슘 섭취량이 1일 약 400 mg 정도로 매우 낮은 편이며 이러한 낮은 칼슘 섭취가 임신 중에도 계속 유지될 경우, 임신기 중의 증가된 체내 필요량을 충족하지 못하고 이로 인한 태아의 성장 발달 혹은 모체의 뼈 건강에 부정적인 결과를 초래할 수도 있으므로, 임신기 동안 해당 연령의 성인 여성에게 필요한 칼슘 섭취량을 충족할 수 있도록 주의를 기울여야 한다.

표 2-9 임신부의 1일 비타민과 무기질 권장섭취량

영양소	일반 여성 권장섭취량	임신부 권장섭취량
비타민 A(μg RAE)	650	+70
비타민 D(μg)*	10*	+0*
비타민 E(mg α-TE)*	12*	+0*
비타민 C(mg)	100	+10
비타민 B_1(mg)	1.1	+0.4
비타민 B_2(mg)	1.2	+0.4
니아신(mg NE)	14	+4
비타민 B_6(mg)	1.4	+0.8
비타민 B_{12}(μg)	2.4	+0.2
엽산(μg)	400	+220
칼슘(mg)	700	+0
인(mg)	700	+0
철(mg)	14	+10
아연(mg)	8	+2.5
나트륨(mg)*	1,500*	+0*
칼륨(g)*	3.5*	+0*
요오드(μg)	150	+90

* 충분섭취량

자료 : 보건복지부, 2015 한국인 영양소 섭취기준, 2015

g. 아연

아연은 단백질 합성을 포함한 많은 효소의 보조인자로 작용한다. 비록 동물실험에서는 아연 결핍이 성장 지연 및 기형과 관련이 있다는 사실을 분명히 보여 주지만, 사람의 경우 임신기의 아연 결핍이 가져오는 결과에 대해 아직 분명한 의견이 도출되지 않았다. 사람의 경우 경미한 아연 결핍은 조산아 출산, 출산 중 용혈, 가염, 진통시간의 연장과 관련이 있다.

h. 철

철 결핍성 빈혈은 임신 중 흔히 일어나는데, 이는 조산과 저체중아 출산의 위험률을 증가시킨다. 그러나 가임기 여성에 있어서 철 저장량이 부족한 상태가 흔한 실정이다. 임신 기간 중 철 흡수률이 증가하고 월경 중지로 인해 철 손실이 감소함에도 불구하고 많은 여성은 낮은 철 저장 상태에서 임신을 하게 되므로 빠르게 철 결핍이 나타난다. 임신 기간 중에는 모체나 태아 조직 내 헤모글로빈과 철 함유 단백질 합성을 위해 철의 필요량이 증가한다.

임신 후반기에 태아는 헤모글로빈 생성과 체내 철 축적을 위해 다량의 철을 요구한다. 미숙아들은 체내에 충분한 철을 저장하지 못하고 태어나지만, 정상아는 모체의 철 영양 상태가 불량해도 충분한 철을 저장하고 태어난다.

i. 나트륨

나트륨은 신체의 수분 균형을 유지하는 데 중요한 역할을 한다. 임신기에는 혈장 부피의 증가 때문에 요구량이 크게 증가하지만 임신기에 늘 나트륨 섭취량을 증가시킬 필요성이 있다는 것은 아니다. 미국의 경우 30여 년 전에는 모든 임신부가 저나트륨 식사를 하도록 권장하였다. 당시에는 나트륨이 수분을 보유해서 혈압을 올린다고 생각했기에 나트륨을 제한하면 부종과 고혈압을 막는다고 생각하였다. 이제는 이런 생각이 정확하지 않고 오히려 나트륨 섭취량이 적으면 임신 과정과 임신 결과를 악화시킬 수 있다는 것에 관심을 갖는다. 임신기의 나트륨 제한은 나트륨 보존 메커니즘을 피폐시켜서 지나친 나트륨 손실을 가져올 수도 있다.

정상 임신부나 임신기에 나타나는 고혈압이나 부종의 조절을 위해 나트륨을 제한하지는 않는다. 임신부에게 소금 섭취량을 변화시키는 것에 대해 아무 자문도 하지 않거나, 또는 질문을 받으면 '맛있을 정도'로 소금을 섭취하도록 권고한다. 우리나라의 경우 임신부의 1일 나트륨 충분섭취량은 일반 가임기 여성과 동일한 1.5 g이다.

j. 수분

임신을 하게 되면 혈액량, 세포외액량, 양수, 태아의 요구량을 충족하기 위해 모체는 수분 섭취를 증가시켜야 한다. 적절한 수분 섭취는 모체와 태아 조직에서 생성된 노폐물의 배설을 돕고 변비 예방에도 효과가 있다. 임신 중 체중 증가의 62%가량은 수분이 차지하며, 이는 하루에 30 mL의 수분이 축적되는 셈이다. 따라서 임신부의 하루 수분 섭취량은 8~10컵 정도가 바람직하다. 한국인 1일 수분 충분섭취량은 비임신기 20대 여자(2,100 mL)보다 200 mL를 더한 2,300 mL로 정하였다. 수분은 과일이나 야채주스 등 영양소가 함유된 음료를 선택하는 것이 좋으며 카페인, 감미료, 알코올이 함유된 것은 삼가한다.

그림 2-12 건강한 예비맘을 위한 영양·식생활 가이드(계속)

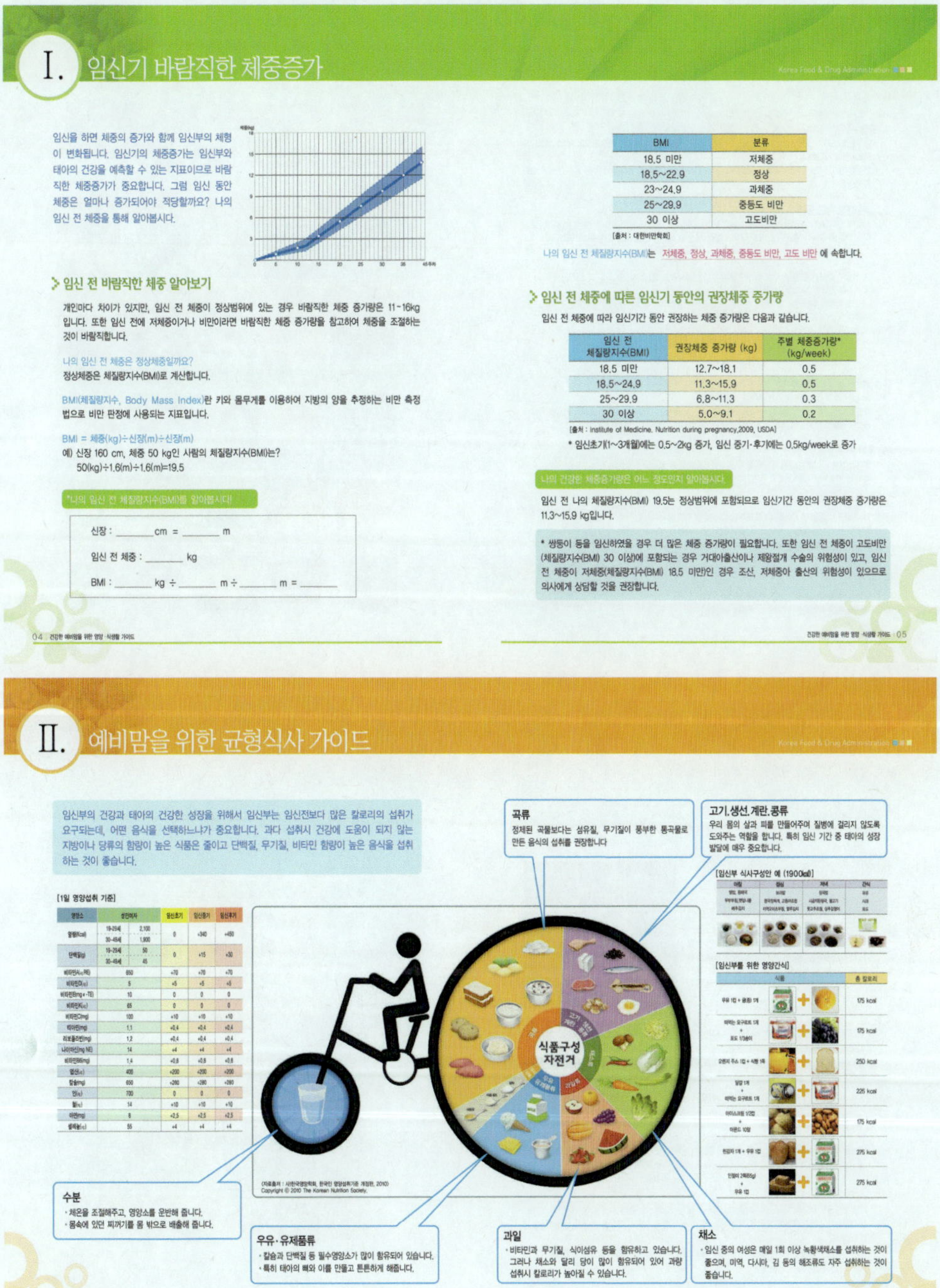

I. 임신기 바람직한 체중증가

임신을 하면 체중의 증가와 함께 임신부의 체형이 변화됩니다. 임신기의 체중증가는 임신부와 태아의 건강을 예측할 수 있는 지표이므로 바람직한 체중증가가 중요합니다. 그럼 임신 동안 체중은 얼마나 증가되어야 적당할까요? 나의 임신 전 체중을 통해 알아봅시다.

임신 전 바람직한 체중 알아보기

개인마다 차이가 있지만, 임신 전 체중이 정상범위에 있는 경우 바람직한 체중 증가량은 11~16kg입니다. 또한 임신 전에 저체중이거나 비만이라면 바람직한 체중 증가량을 참고하여 체중을 조절하는 것이 바람직합니다.

나의 임신 전 체중은 정상체중일까요?
정상체중은 체질량지수(BMI)로 계산합니다.

BMI(체질량지수, Body Mass Index)란 키와 몸무게를 이용하여 지방의 양을 추정하는 비만 측정법으로 비만 판정에 사용되는 지표입니다.

BMI = 체중(kg)÷신장(m)÷신장(m)
예) 신장 160 cm, 체중 50 kg인 사람의 체질량지수(BMI)는?
50(kg)÷1.6(m)÷1.6(m)=19.5

*나의 임신 전 체질량지수(BMI)를 알아봅시다!

신장 : _______ cm = _______ m
임신 전 체중 : _______ kg
BMI : _______ kg ÷ _______ m ÷ _______ m = _______

BMI	분류
18.5 미만	저체중
18.5~22.9	정상
23~24.9	과체중
25~29.9	중등도 비만
30 이상	고도비만

[출처 : 대한비만학회]

나의 임신 전 체질량지수(BMI)는 저체중, 정상, 과체중, 중등도 비만, 고도 비만 에 속합니다.

임신 전 체중에 따른 임신기 동안의 권장체중 증가량

임신 전 체중에 따라 임신기간 동안 권장하는 체중 증가량은 다음과 같습니다.

임신 전 체질량지수(BMI)	권장체중 증가량 (kg)	주별 체중증가량* (kg/week)
18.5 미만	12.7~18.1	0.5
18.5~24.9	11.3~15.9	0.5
25~29.9	6.8~11.3	0.3
30 이상	5.0~9.1	0.2

[출처 : Institute of Medicine. Nutrition during pregnancy,2009, USDA]

* 임신초기(1~3개월)에는 0.5~2kg 증가, 임신 중기·후기에는 0.5kg/week로 증가

나의 건강한 체중증가량은 어느 정도인지 알아봅시다

임신 전 나의 체질량지수(BMI) 19.5는 정상범위에 포함되므로 임신기간 동안의 권장체중 증가량은 11.3~15.9 kg입니다.

* 쌍둥이 등을 임신하였을 경우 더 많은 체중 증가량이 필요합니다. 또한 임신 전 체중이 고도비만(체질량지수(BMI) 30 이상)에 포함되는 경우 거대아출산이나 제왕절개 수술의 위험성이 있고, 임신 전 체중이 저체중(체질량지수(BMI) 18.5 미만)인 경우 조산, 저체중아 출산의 위험성이 있으므로 의사에게 상담할 것을 권장합니다.

04 건강한 예비맘을 위한 영양·식생활 가이드

건강한 예비맘을 위한 영양·식생활 가이드 05

II. 예비맘을 위한 균형식사 가이드

임신부의 건강과 태아의 건강한 성장을 위해서 임신부는 임신전보다 많은 칼로리의 섭취가 요구되는데, 어떤 음식을 선택하느냐가 중요합니다. 과다 섭취시 건강에 도움이 되지 않는 지방이나 당류의 함량이 높은 식품은 줄이고 단백질, 무기질, 비타민 함량이 높은 음식을 섭취하는 것이 좋습니다.

[1일 영양섭취 기준]

영양소	성인여자		임신초기	임신중기	임신후기
열량(Kcal)	19-29세	2,100	0	+340	+450
	30-49세	1,900			
단백질(g)	19-29세	50	0	+15	+30
	30-49세	45			
비타민A(μg RE)	650		+70	+70	+70
비타민D(μg)	5		+5	+5	+5
비타민E(mg α-TE)	10		0	0	0
비타민K(μg)	65		0	0	0
비타민C(mg)	100		+10	+10	+10
티아민(mg)	1.1		+0.4	+0.4	+0.4
리보플라빈(mg)	1.2		+0.4	+0.4	+0.4
나이아신(mg NE)	14		+4	+4	+4
비타민B6(mg)	1.4		+0.8	+0.8	+0.8
엽산(μg)	400		+200	+200	+200
칼슘(mg)	650		+280	+280	+280
인(mg)	700		0	0	0
철(mg)	14		+10	+10	+10
아연(mg)	8		+2.5	+2.5	+2.5
셀레늄(μg)	55		+4	+4	+4

곡류
정제된 곡물보다는 섬유질, 무기질이 풍부한 통곡물로 만든 음식의 섭취를 권장합니다

고기.생선.계란.콩류
우리 몸의 살과 피를 만들어주며 질병에 걸리지 않도록 도와주는 역할을 합니다. 특히 임신 기간 중 태아의 성장 발달에 매우 중요합니다.

[임신부 식사구성안 예 (1900㎉)]

[임신부를 위한 영양간식]

총 칼로리
175 kcal
175 kcal
250 kcal
225 kcal
175 kcal
275 kcal
275 kcal

수분
· 체온을 조절해주고, 영양소를 운반해 줍니다.
· 몸속에 있던 찌꺼기를 몸 밖으로 배출해 줍니다.

우유·유제품류
· 칼슘과 단백질 등 필수영양소가 많이 함유되어 있습니다.
· 특히 태아의 뼈와 이를 만들고 튼튼하게 해줍니다.

과일
· 비타민과 무기질, 식이섬유 등을 함유하고 있습니다. 그러나 채소와 달리 당이 많이 함유되어 있어 과량 섭취시 칼로리가 높아질 수 있습니다.

채소
· 임신 중의 여성은 매일 1회 이상 녹황색채소를 섭취하는 것이 좋으며, 미역, 다시마, 김 등의 해조류도 자주 섭취하는 것이 좋습니다.

06 건강한 예비맘을 위한 영양·식생활 가이드

건강한 예비맘을 위한 영양·식생활 가이드 07

그림 2-12 건강한 예비맘을 위한 영양·식생활 가이드(계속)

Ⅱ. 예비맘을 위한 균형식사 가이드

Korea Food & Drug Administration

1. 곡류
- 탄수화물의 주요 공급원입니다. 살아가고 활동하는데 필요한 에너지를 제공하는데, 특히 포도당은 두뇌활동에 필요합니다.
- 건강한 영양관리를 위하여 정제된 곡물보다 섬유질, 무기질이 풍부한 통곡물로 만든 곡류 음식의 섭취를 권장합니다.

2. 고기.생선.계란.콩류
- 양질의 단백질을 공급하는 식품으로, 우리 몸의 살과 피를 만들어주며 질병에 걸리지 않도록 도와주는 역할을 합니다. 충분한 단백질 섭취는 임신 기간 중 태아의 성장 발달에 매우 중요합니다.

3. 채소
- 식이섬유, 비타민 C 등 다양한 비타민 및 무기질을 함유하고 있습니다.
- 채소류에 풍부한 식이섬유는 체중감소 및 변비해소에 도움을 줄 수 있습니다.
- 채소에 함유된 비타민과 무기질은 신체를 조절하는 영양소로서 생활에 활력을 주어 피곤하지 않도록 해주며, 임신부의 피부 건강에도 도움을 줍니다.
- 임신 중의 여성은 매일 1회 이상 녹황색채소를 섭취하는 것이 좋으며, 미역, 다시마, 김 등의 해조류도 자주 섭취하는 것이 좋습니다.

4. 과일
- 채소와 같이 비타민, 무기질 그리고 식이섬유를 함유하고 있으나 채소와는 달리 당분이 많이 함유되어 있어 과량 섭취시 칼로리가 높아질 수 있습니다.
- 과일의 식이섬유 또한 변비 해소에 좋으며, 붉은 색 및 황색의 과일에는 항산화효과가 탁월한 카로티노이드 성분과 항균·항암 작용을 하는 플라보노이드 성분이 함유되어 있습니다.

5. 우유·유제품류
- 우리 신체를 구성하는 칼슘과 단백질 등 필수영양소가 많이 함유되어 있습니다.
- 특히 태아의 뼈와 이를 만들고 튼튼하게 해줍니다.

6. 유지, 당류
- 유지, 당류는 힘을 낼 수 있도록 도와주고, 체온을 유지해 줍니다.
- 특별히 챙겨먹지 않아도 음식 조리 등에 많이 첨가되므로 별도의 섭취는 필요하지 않으며, 특히 당류는 과식하지 않도록 주의합니다.
- 호두, 아몬드 등 불포화지방산을 많이 함유한 견과류의 섭취는 권장합니다.

7. 수분
- 체온을 조절해주고, 영양소를 운반해 줍니다.
- 몸속에 있던 찌꺼기를 몸 밖으로 배출해 줍니다.

08 건강한 예비맘을 위한 영양·식생활 가이드

예비맘을 위한 영양 간식

간식으로 하루에 우유 및 유제품을 2~3회, 고기, 생선, 달걀, 콩 등의 단백질 식품을 1~2회 섭취하는 것이 좋습니다. 아침과 점심, 점심과 저녁 사이에 간식을 먹습니다.

간식과 칼로리

1. 백설기(130g) 300 kcal	2. 인절미(130g) 300 kcal	3. 빵(1개) 300 kcal	4. 카스테라(2쪽) 300 kcal	5. 고구마(중 1/2개) 150 kcal
6. 감자(중 1개) 150 kcal	7. 크래커(5개) 100 kcal	8. 땅콩(15알) 50 kcal	9. 아몬드(10알) 50 kcal	10. 찐계란(1개) 100 kcal
11. 포도(1/3송이) 50 kcal	12. 귤(1개) 50 kcal	13. 바나나(1/2개) 50 kcal	14. 사과(1/2개) 50 kcal	15. 오렌지(1/2개) 50 kcal
16. 참외(1/2개) 50 kcal	17. 오렌지주스(1컵) 100 kcal	18. 포도주스(1컵) 100 kcal	19. 사과주스(1컵) 100 kcal	20. 우유(200㎖) 125 kcal
21. 요구르트(65㎖) 50 kcal	22. 떠먹는요구르트(1개) 125 kcal	23. 치즈(1장) 63 kcal	24. 아이스크림(1/2컵) 125 kcal	25. 두유(200㎖) 100 kcal

건강한 임신부를 위한 영양·식생활 가이드 09

Ⅲ. 예비맘에게 강조하는 영양소

Korea Food & Drug Administration

엄마가 임신 사실을 알기 이전부터 이미 태아의 뇌, 두개골, 척추가 생성되고 있습니다.
태아의 건강한 성장을 위해서 필요한 영양소를 알아봅시다!

1. 엽산

1) 엽산이란 무엇인가?
- 엽산은 태아의 건강한 성장에 중요한 비타민 B 군 중의 하나입니다.
- 태아의 척추, 뇌, 두개골의 정상적인 성장을 위해 필요한 영양소이며, 임신기간 중 초기 1~4 개월 동안 특히 중요합니다.

2) 엽산은 왜 섭취해야 하나요?
- 임신 중에는 태반형성을 위한 세포증식, 태아 성장, 혈액량 증가 등을 도와주기 위해 엽산이 요구됩니다.
- 임신초기에 엽산이 결핍되면 신경관결손, 심장기형 등 태아의 척추와 신경계에 선천적인 장애를 초래할 수 있으며, 임신부에서는 태반조기박리, 빈혈 등이 발생될 수도 있습니다.

3) 엽산을 얼마나 섭취해야 할까요?
- 임신기간 중 엽산의 권장섭취량은 1일 600 ㎍으로 비임신 여성의 권장섭취량(400 ㎍)보다 200 ㎍이 추가 설정되어 있습니다.
- 엽산을 많이 함유한 음식의 섭취를 통해 권장량을 충족시키는 것이 이상적이나 음식으로 필요량만큼 섭취하기는 어려우므로 담당의사와 상의하여 엽산보충제를 복용할 수 있습니다.

4) 엽산 섭취 시기는?
- 임신 초기 4주 이내의 태아 발달에 엽산이 영향을 줄 수 있습니다. 그러나 이 시기는 임신인지 아닌지 판단하기 힘들기 때문에, 임신을 계획하시는 경우 임신 한달 전부터 엽산을 충분히 섭취하시는 것이 좋습니다.
- 태아의 신경관 결손의 위험을 줄이기 위해서는 최소 임신 후 3개월까지 섭취할 것을 권장합니다.

10 건강한 예비맘을 위한 영양·식생활 가이드

5) 어떤 식품에 엽산이 많은가?
- 쑥갓, 메추리알, 시금치, 깻잎, 딸기(생과), 부추, 고춧잎, 총각 김치, 오렌지(무가당주스), 토마토, 오렌지, 키위 등에 많이 함유되어 있습니다.

***각 식품의 엽산 함량**

식품	100 g당 함량(㎍)	식품	100 g당 함량(㎍)	식품	100 g당 함량(㎍)
쑥갓(삶은것)	233.7	메추리알(삶은것)	228.9	시금치(삶은것)	181.1
들깻잎(생것)	157.5	딸기(생과)	127.3	부추(삶은것)	76.5
고춧잎(삶은것)	68.4	총각김치	58.9	오렌지(무가당주스)	57.6
토마토(생과)	51.9	오렌지(생과)	50.8	키위	49.4
고구마(찐것)	46.0	콘프레이크	34.0	귤(생과)	24.0
토마토(주스)	22.1	멜론(머스크)	21.0	바나나	16.2

[출처: 식품 영양소 함량 자료집, 2009, 한국영양학회]

건강한 예비맘을 위한 영양·식생활 가이드 11

그림 2-12 건강한 예비맘을 위한 영양·식생활 가이드(계속)

III. 예비맘에게 강조하는 영양소

Korea Food & Drug Administration

2. 철

1) 철이란 무엇인가?

- 철은 세포에 산소를 운반하는 혈액성분(적혈구)을 구성하는 무기질 성분입니다.
- 임신기간 동안 태아와 태반 성장으로 철의 요구량이 증가됩니다. 또한, 태아는 출생 후 처음 몇 개월 동안 지속적으로 신체에 철을 저장해야 합니다.

2) 철은 왜 섭취해야 하나요?

- 태아는 엄마 뱃속에서 활발한 대사 작용과 성장을 하기 때문에 혈액량이 급속히 증가하는 임신기간에는 철의 중요성이 커지며 부족한 경우 쉽게 피로를 느끼게 됩니다.
- 임신부에게 철이 부족하면 빈혈이 생기기도 합니다. 빈혈이 생기게 되면, 창백해 보이거나 손톱 밑이 창백하거나 매우 피곤해 보이는 증상이 나타날 수 있습니다.

3) 철을 얼마나 섭취해야 할까요?

- 임신기간 중 철분섭취량은 1일 24 mg으로 비임신 여성의 권장섭취량보다 10 mg이 추가 설정되어 있습니다.
- 임신 후기에는 임신부와 태아에게 필요한 철을 식품으로 충족시키기 어려워지므로 필요한 경우 의사와 상담을 통해 철 보충제의 섭취를 권장합니다.

4) 어떤 식품에 철이 있을까요?

- 지방이 적은 붉은 살코기, 닭고기 등 가금류, 생선, 굴, 깻잎, 시금치, 두부, 건포도와 건자두 같은 말린 과일, 아몬드, 땅콩 등에 함유되어 있습니다.

5) 철 흡수를 돕거나/ 방해하는 생활습관

- 육류, 생선, 닭고기 등의 동물성 식품에 함유된 철이 식물성 식품의 철보다 더 흡수가 잘 되므로 철이 풍부한 동물성 식품을 충분히 섭취합니다.
- 비타민 C 함유량이 높은 식품(귤, 딸기, 양배추, 오렌지 쥬스, 토마토 쥬스 등)과 철이 풍부한 식품을 함께 먹으면 철의 흡수가 좋아집니다.
- 섬유소, 녹황색채소, 콩류를 많이 먹는 경우 철 흡수를 방해하거나 체내 철을 배출시킬 수 있습니다.

12 건강한 예비맘을 위한 영양·식생활 가이드

3. 칼슘

1) 칼슘이란 무엇인가?

– 혈액 속에 용해되어 있는 칼슘은 근육수축, 뇌 전달물질 방출, 심장고동 조절, 혈액 응고 등의 역할을 수행하고 있습니다.

2) 칼슘은 왜 섭취해야 하나요?

– 태아의 뼈 및 치아의 형성에 있어 중요합니다.

3) 칼슘을 얼마나 섭취해야 할까요?

– 임신기간 중 칼슘섭취량은 1일 940 mg으로 비임신 여성의 권장섭취량보다 280 mg이 추가 설정되어 있는데, 하루에 3~4컵의 우유섭취로 칼슘의 권장섭취량을 충족시킬 수 있습니다.
– 임신 후반기에는 식사로서 칼슘 필요량을 충족시키기는 어려우므로 필요시 의사와 상담을 통해 칼슘보충제를 섭취하는 것을 권장합니다.

4) 어떤 식품에 칼슘이 많은가?

– 우유, 치즈, 요구르트, 연어, 뼈째 먹는 생선, 시금치, 브로콜리, 콩, 오렌지 등에 함유되어 있습니다.

건강한 예비맘을 위한 영양·식생활 가이드 13

IV. 임신기간 중 주의해야 할 사항

Korea Food & Drug Administration

1. 흡연

임신부의 흡연은 저체중아 출산의 중요 원인이 됩니다.
당신이나 당신 주위의 사람이 흡연을 한다면, 당신의 태아도 흡연을 하게 됩니다.
금연 환경이 당신과 태아의 성장에 가장 좋습니다.

*흡연을 하면 왜 위험한가?

- 임신부가 흡연을 하는 경우 비흡연자보다 사산의 위험이 높으며, 태반의 기능이 저하되어 태아에게 영양분과 산소를 제대로 전달하지 못해 저체중이나 머리, 허리, 신장이 작은 아이가 태어날 수 있습니다.
- 또한, 임신기 동안의 흡연은 임신부에서 임신 중 출혈, 전치태반, 태반조기박리, 제왕절개수술의 위험이 증가될 수 있습니다.

*간접흡연도 위험한가요?

- 담배연기는 발암물질을 포함하여 몇 천 가지의 화학물질을 함유하고 있어 장기간 간접흡연에 노출되는 경우 임신부의 직접흡연과 유사한 결과를 나타낼 수 있습니다.
- 집이나 직장에서 담배연기에 노출되는 빈도를 줄이기 위한 방법을 찾는 것이 중요합니다.

2. 알코올

임신기간 중 음주는 태아의 발달에 부정적인 영향을 줄 수 있습니다. 임신부의 과음은 태아알코올증후군(FAS, Fetal Alcohol Syndrome)이라는 발달장애를 일으킵니다.

*알코올이 왜 태아에게 해로운가요?

- 임신부가 술을 마실 때마다 태아는 알코올에 노출되는데, 알코올은 신경세포의 발달을 직접적으로 방해하고 결국 뇌와 신경계에도 영향을 주게 됩니다.
- 자궁내의 태아는 알코올을 분해시킬 수 있을 만큼 발달되어 있지 않으므로, 임신기간에는 절대 음주하지 않습니다.

14 건강한 예비맘을 위한 영양·식생활 가이드

*태아알코올 증후군의 증상?

- 자궁 내 성장부진으로 인해 체중, 신장, 머리둘레가 작으며, 눈, 코, 턱, 입술 등에 비정상적인 안면기형을 나타냅니다.
- 태아알코올 증후군으로 태어난 아이들은 정상 아이들보다 아동기와 청년기 동안 성장이 지체되며, 발달과 학습장애, 산만한 활동, 추리력 부족 등의 모습을 나타냅니다.

3. 카페인

*카페인 섭취가 위험한가요?

- 임신 중이라도 적당한 카페인 섭취는 문제가 되지 않습니다. 다만, 카페인의 과잉 섭취는 불임이나 저체중아 출산에 영향을 줄 수 있습니다. 카페인은 커피, 차, 초콜릿, 일부 탄산음료, 의약품에 함유되어 있습니다. 카페인은 신경계에 영향을 주고, 신경과민, 불면증을 일으킬 수 있습니다.

*카페인 1일 섭취기준은 얼마인가요?

- 카페인 과잉섭취를 막으려면, 식품별 카페인 함유량과 하루 섭취 기준을 확인해야 합니다.
- 임신부는 하루에 300 mg 이하로 섭취토록 권장하고 있습니다.

*카페인 함유량

- 커피믹스 한 봉 (12 g) : 69 mg
- 캔커피 (150 ml) : 74 mg
- 녹차 한잔 (티백 하나) : 15 mg
- 콜라 한캔 (250 ml) : 23 mg
- 초콜릿 1개 (30 g) : 16 mg
- 커피우유 1개 (200 ml) : 47 mg
- 커피맛 빙과 (150 ml) : 29 mg

카페인 함유량

건강한 예비맘을 위한 영양·식생활 가이드 15

그림 2-12 건강한 예비맘을 위한 영양·식생활 가이드(계속)

그림 2-12 건강한 예비맘을 위한 영양·식생활 가이드

자료 : 식품의약품안전청, 2011

단원정리

1 임신부 영양의 중요성(태아 발육에 필요한 영양소는 전부 모체로부터 공급되며, 태반, 난막, 제대, 양수 등 태아 부속물 형성에도 관여한다. 임신 시 자궁의 발육, 유선의 발육에도 영양은 필요하며, 분만과 산욕기에 소모되는 체력의 비축 및 모유의 확보, 분비 촉진을 위해서도 적정한 영양 섭취 요구)을 이해한다.

2 월경 주기에 따른 기초체온의 변화로 배란의 유무를 알 수 있다. 배란이 있은 직후에 체온이 급격히 상승하므로 체온이 가장 낮은 날이 배란일이다.

3 임신부의 생리적 변화를 이해하고 호르몬과의 관계를 알아보자.

4 태반은 영양분과 산소를 태아에게 공급하고 배설물질은 모체로 이동시킨다. 호흡 기능을 수행하기도 하고 10여 가지의 호르몬을 분비한다.

5 임신부가 섭취하는 성분 중에서 임신 유지와 태아 발달에 해로운 영향을 주는 것으로는 알코올, 카페인, 흡연 등이며, 과량의 비타민 A, 비타민 D, 비타민 C, 비타민 B_6 등의 섭취는 태아에게 해로울 수 있다.

6 비임신·비수유 여성과 임신부의 영양소 섭취기준의 특징을 비교, 고찰해 본다.

단원평가

1 임신기 영양의 중요성을 설명하시오.

2 태아의 부속물을 설명하시오.

3 임신중독증을 설명하시오.

풀이

1. ① 태아 발육에 필요한 영양소는 전부 모체로부터 공급된다. 그러므로 모체의 영양이 부족하면 모체의 허약, 빈혈, 조산, 유산, 조기파수 등이 나타나고, 태아의 발육 불량, 출생 후 성장 지연 등으로 이어진다.
   ② 태반, 난막, 제대, 양수 등 태아 부속물 형성에도 관여
   ③ 임신 시 자궁의 발육, 유선의 발육에도 적절한 영양이 필요
   ④ 분만과 산욕기에 소모되는 체력 비축이 필요
   ⑤ 모유의 확보, 분비 촉진을 위해서도 양적, 질적으로 적정한 영양 섭취가 요구된다.
2. 태아의 발육에 따라 생기는 난막, 태반, 제대, 양수를 태아 부속물이라 한다.
   ① 난막 : 태아를 양수와 함께 둘러싸 외계의 물리적, 화학적 영향과 세균 감염을 방지한다. 3층으로 이루어진 강한 막으로서 외층을 탈락막, 중층을 융모막, 내층을 양막이라 한다.
   ② 태반 : 태아는 성장, 발달에 필요한 영양소와 산소를 전적으로 모체의 혈액순환을 통해 공급받는다.
   ③ 제대 : 태아와 태반을 연결하는 가는 끈 모양의 것으로, 길이 50~60 cm, 직경 약 1 cm이다.
   ④ 양수 : 임신 초기에는 거의 투명한 색이나 후반기에는 백색 또는 약간 노르스름한 빛을 내는 액체로, 평균량은 1,000 cc이다.
3. 임신 말기인 8개월경부터 나타나는 임신중독증은 부종, 고혈압, 단백뇨와 갑작스러운 체중 증가를 주요 증상으로 하며 경산부보다는 신체 변화에 익숙하지 않은 초임부, 쌍둥이를 가진 임신부, 18세 이전과 35세 이후의 임신부, 저소득 임신부, 지나친 체중 부족과 체중 과다 임신부에게서 많이 발병한다.

03

수유기 영양

1. 수유의 생리

1) 수유부 영양의 중요성

분만 후 산욕기로부터 수유를 시작하는데 일반적으로 분만 12~24시간 후부터 모유가 분비되고 5~7일 후에는 성상이 일정한 성숙유가 본격적으로 분비된다.

아이를 정상 분만하고 산모가 건강한 경우 산욕기에 수유를 하면서 육아와 가사 노동을 같이 하면, 열량면에서 각 영양소의 섭취 필요량이 증가하는 것은 당연한 사실이다.

모체에 있어서 산후의 회복과 건강 유지, 영아의 건강 유지와 정상적인 성장 발육을 위해 분비되는 모유의 양에 따라 각 성분의 영양소를 충분히 섭취해야 한다. 양적인 면에만 치우칠 것이 아니라 질적으로도 고려해야 된다. 예를 들어 영아에게 없어서는 안 될 영양소로서 모유 중에 부족되기 쉬운 비타민 C 같은 성분의 섭취 노력은 특히 수유부에게는 매우 중요한 점이다.

수유부는 일상적인 식사 형태에서 양의 증가보다는 오전 10시경 1회, 오후 3시경에 1회의 간식과 1회의 밤참 등을 통해 식사에 지장이 없는 범위 내에서 식사만으로는 부족하기 쉬운 비타민, 무기질, 단백질, 수분 등을 보충하는 것이 좋다.

관습상 한국 수유부에게 권하고 있는 1일 5식 정도의 흰밥과 미역국의 식습관은 지나친 열량 섭취로 체중이 크게 증가할 우려가 있다. 실제로 육아와 가사 노동을 하지 않는 경우에는 수유만큼의 영양은 필요하지 않으나 산후의 회복, 건강 유지, 피로 예방을 위해 균형 잡힌 식사가 필요하다. 최근 산후 수유를 하지 않거나 수유 기간이 짧아지는 경향이 있다.

임신 중에 축적된 지방조직은 약 3 kg으로, 이것을 약 6개월 동안 소비함으로써 정상 체중으로 회복시켜야 한다. 육아를 위한 생활 활동 분량을 제외해도 1일 약 100 kcal가 남는 셈이다. 그러므로 건강 증진과 비만 방지를 위하여 열량의 과잉 섭취에 유의하면서 적당한

모두에게 이익이 되는 모유 수유

별도의 비용이 들지 않고, 언제 어디서든 먹일 수 있으며, 따뜻하고 상하는 법이 없는 모유 수유는 엄마와 아기에게 이로울 뿐만 아니라 환경보호에도 일조를 한다.

자료 : http://www.unicef.or.kr

운동으로 나머지 축적량을 소비하도록 한다.

한때 우유나 조제우유를 이용한 인공 보육법이 모유 영양보다 위생적이고 편리한 어린이 양육법으로 알려져 있었으나, 현재는 질병이나 정신적 장애 혹은 약물 중독인 경우를 제외하고는 모유가 어린이에게 가장 좋은 음식이라는 것이 재인식되고 있다.

수유기 동안에는 유즙의 생성과 분비, 육아는 물론 일상적인 가사를 부담해야 하므로 임신기에 비해 더욱 많은 열량과 영양소가 필요하게 된다.

2) 모유의 분비

(1) 모유 분비의 생리

유선의 발육은 사춘기부터 시작되는데, 주로 지방과 결합조직, 선(腺)조직이 증가한다. 모체가 임신을 하면 100일경부터 난소에서, 그 후에는 태반에서 에스트로겐과 프로게스테론이 다량 분비되면서 유선 조직이 급속히 발달한다. 그러나 이 호르몬들은 한편으로 뇌하수체 전엽의 호르몬인 프로락틴(prolactin)의 분비를 억제함으로써 임신 중에는 모유가 분비되지 못하도록 한다. 분만 후에 태반이 배출되면서 이 억제작용이 제거되어 모유를 분비하기 시작하며 매일 증가하게 된다.

뇌하수체 전엽의 프로락틴은 모유의 분비를 활발하게 하며, 후엽의 옥시토신(oxytocin)은 유선을 수축시켜서 모유의 배출을 도와준다(그림 3-1, 표 3-1). 이들 호르몬의 분비는 영아의 흡인 자극에 의해서 촉진된다. 또 이 호르몬들의 분비는 자율신경, 정서적 인자, 즉 흥분·충격·억압 그 밖의 여러 가지 감정 변화에 따라 미묘하게 영향을 받는다. 수유부의 심리적 안정, 수유에 대한 열의, 그리고 모유의 성분이 되는 영양소 섭취와 그 균형은 모유 분비와 직결되는 중요한 조건이 된다. 수유를 하지 않으면 모유의 분비량은 점점 감소하게 된다.

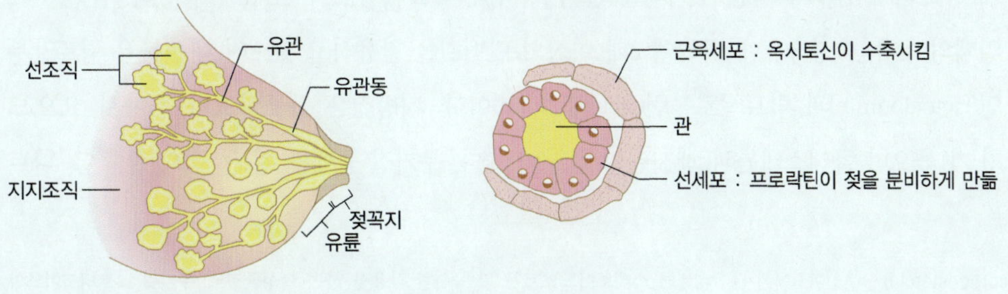

그림 3-1 유방 해부도

자료 : http://www.mamiheart.co.kr/app2/mo01.htm

표 3-1 수유에 관여하는 호르몬의 종류와 작용

호르몬	분비장소	임신 기간 중 작용	분만 후 작용
프로락틴	뇌하수체 전엽	혈청 중 농도 상승	수유의 개시와 유지
옥시토신	뇌하수체 후엽	작용 없음	유선 내 근육을 수축시킴
에스트로겐	난소, 태반	뇌하수체를 자극하여 프로락틴의 분비 촉진, 유선에 대한 프로락틴의 작용 저해	분만 후 혈액 내 농도 감소
프로게스테론	난소, 태반	유선의 발달과 발육 촉진 및 모유의 분비 저해	분만 후 혈액 중 농도 감소, 분비 개시에 도움
부신피질자극호르몬	뇌하수체 전엽	코르티코스테로이드의 분비 촉진	수유의 유지

(2) 모유의 생성량

모유 생성량은 수유 시기에 따라 다르다. 대부분의 여성은 한 명의 영아가 요구하는 충분한 양의 모유를 생성할 수 있다. 모유 생성량은 영아의 요구량에 의해 결정되는 것으로 보인다. 쌍생아를 분만한 경우, 두 아기의 요구량에 맞추기 위해 2,000 mL에 가까운 모유가 분비되는 현상은 이러한 이유로 설명된다.

아기에게 젖을 빨리는 한 모유는 계속 분비되나 12개월 이후에는 유즙 생성량이 점차 감소한다. 이러한 현상은 아기가 성장함에 따라 이유 보충식을 섭취하게 되고, 모유에 대한 욕구가 감소하므로 젖 빨기 자극이 약화되기 때문이라 이해된다.

(3) 모유의 영양 성분

a. 초유

분만 후 5~7일 정도까지 분비되는 황색의 반투명한 모유로, 그 분비량은 적으나 면역체와 효소의 함량이 높다. 영양적으로 매우 중요하며, 영아의 태변 배설을 돕는다. 산이나 열에 응고되기 쉬우며 지방구 이외에 단핵구, 다핵 백혈구, 림프구 초유구가 있다. 출산 1~2일째의 초유는 성숙유에 비하여 2배 이상의 단백질을 함유하고 있으며 대부분은 락트알부민(lactoalbumin)과 락트글로불린(lactoglobulin)이다. 지방질은 불포화도가 높아서 요오드가가 높으며 콜레스테롤과 레시틴의 함량이 높다. 무기질 중에는 철분, 구리, 칼륨 및 나트

코르티코스테로이드(corticosteroid) 부신피질에서 생합성되는 스테로이드호르몬 및 유사한 작용을 하는 합성물질로, 무기질 코르티코이드와 당질 코르티코이드로 분류

요오드가(iodine value) 유지를 구성하고 있는 지방산에 함유된 2중 결합의 수를 나타내는 수치로 유지 100 g이 흡수하는 요오드의 g수로 표시

표 3-2 모유 100 g 중 성분의 변화

	초기 초유(2일)	이행유(7일)	성숙유(30일)
단백질(g)	5.80	2.04	1.20
지질(g)	4.08	2.89	3.10
젖당(g)	4.09	5.75	7.10
무기질(g)	0.48	0.34	0.20
열량(kcal)	110.0	67.5	59.5

륨이 많다. 소의 초유도 일반 우유에 비하여 단백질, 지방질 및 무기질 성분의 함량이 높으며, 법규상 분만 7일 이내의 우유는 판매가 금지되어 있다.

b. 이행유

분만 약 5~7일 이후부터 성숙유가 분비되기까지 분비되는 젖으로, 그 양이 점차 증가되며 영양 성분도 초유와 성숙유의 중간 성분으로 서서히 성숙유가 된다. 초유와 이행유, 성숙유의 성분 변화는 표 3-2에 나타내었다.

c. 성숙유

분만 후 15일 이상 경과하면 초유 중에 보였던 세포가 없어지고 그 양이 점차 증가하며 영양 성분도 일정해진다. 이를 성숙유 또는 영구유라고 하며 약알칼리성으로 특유의 방향과 단맛을 낸다. 화학적 조성은 젖당이 약 7%, 지질이 약 3.5%, 단백질이 약 1.2%이며 pH는 6.97~7.10, 비중은 1.027~1.034 수준이다.

2. 수유부의 영양 필요량

수유부의 영양 필요량은 모유 생성과 직접적으로 관련된다. 성숙유 분비가 자리 잡게 되는 수유 1개월 이후부터 수유 전반기 6개월 영아의 하루 모유 분비량은 780 mL 정도이다. '2015 한국인 영양소 섭취기준'에서는 에너지 필요추정량 부가량을 수유 기간 중 에너지 소비량의 변화, 모유 분비에 요구되는 에너지 및 모체의 저장 지방조직에서 동원되는 에너지로부터 추정하였다. 수유 기간 중에는 비타민 D와 엽산, 마그네슘과 철 그리고 식이섬유를 제외하고는 임신기에 추가로 요구되는 양보다 많다. 특히 에너지와 수분, 비타민 A와 비타민 C, 아연, 구리, 요오드와 셀레늄의 증가량이 크다.

1) 에너지

수유 여성에게 추가로 필요한 에너지는 모유 분비량과 모유의 에너지 함량에 의해 결정되나 모체 저장분으로부터 동원되는 에너지의 영향도 받는다. 모체에 저장된 에너지는 임신 기간 중에 축적된 2~4 kg의 지방으로, 이는 15,000~30,000 kcal에 해당된다. 이 에너지가 수유 6개월 동안 사용된다고 가정하면 하루에 동원되는 에너지는 80~160 kcal 정도이다.

한국인 수유부의 에너지 필요추정량은 영아 전기의 하루 모유 섭취량이 약 780 mL이므로 모유의 평균 에너지 함량을 650 kcal/1,000 mL로 보아 모유 생성에 요구되는 에너지 총량을 610 kcal로 추산하였고, 체지방에서 동원되는 잉여 에너지를 170 kcal로 보아 이를 뺀 320 kcal로 설정하였다(표 3-3).

표 3-3 수유부의 에너지 필요추정량

	1일 모유 생성량	모유의 평균 에너지 함량	체지방에서 동원되는 잉여 에너지	수유부의 에너지 필요추정량
일반 여성의 에너지 필요추정량*	700 mL/일	× 650 kcal/1,000 mL	− 170 kcal	= +320 kcal/일

* 일반 여성(19~29세), 체중 56.1 kg, 신장 161.5 cm, 필요추정량 2,100 kcal/일

자료 : 보건복지부, 2015 한국인 영양소 섭취기준, 2015

2) 단백질

수유 여성에게 추가로 필요한 단백질도 에너지와 마찬가지로 모유 분비량과 모유의 단백질 함량에 따라 결정되며, 이외에 모체 단백질이 모유 단백질로 전환되는 효율이 영향을 끼친다.

한국인 수유부의 단백질 추가 평균필요량과 권장섭취량은 각각 20 g/일과 25 g/일로 설정되었다. 이는 하루 평균 모유 분비량인 780 mL/일에 함유된 단백질량을 9.5 g/일로 보고

표 3-4 수유부의 1일 다량 섭취기준 : 다량 영양소, 식이섬유 및 수분

분류	에너지(kcal)	n-6 지방산(g)	n-3 지방산(g)	단백질(g)		식이섬유(g)	물(mL)
	필요추정량	충분섭취량	충분섭취량	필요평균량	권장섭취량	충분섭취량	충분섭취량
19~29	2,100	-	-	45	55	20	2,100
30~49	1,900	-	-	40	50	20	2,000
수유부	+320	-	-	+20	+25	+5	+700

자료 : 보건복지부, 2015 한국인 영양소 섭취기준, 2015

여기에 순단백질 이용률 47%를 적용하여 수유부의 부가 단백질 평균필요량은 20 g/일, 부가 권장섭취량은 변이계수 12.5%를 적용한 값인 25 g/일로 제시하였다(표 3-4).

3) 비타민

모유의 비타민 함량은 수유 기간이 경과하면서 달라지는데 대체로 초유에 높고 이행유를 거쳐 성숙유로 진행하면서 감소한다. 따라서 수유부의 비타민 필요량은 수유 단계에 따라 다르나 성숙유를 분비하는 단계를 기준으로 하여 설명하면 다음과 같다.

a. 비타민 A

미국/캐나다 영양소 섭취기준(Institute of Medicine, IOM; 2001)에서 비타민 A의 단위를 레티놀활성당량(Retinol Activity Equivalents, RAE)으로 발표한 이래 많은 나라에서 이를 채택하였다. 우리나라에서는 그동안 RE(retinol equivalents)를 비타민 A의 기본 단위로 사용하여 왔으나, '2015 한국인 영양소 섭취기준'에서는 국제적인 추세에 따라 RAE(retinol activity equivalents)를 비타민 A의 기본 단위로 채택하였다.

성숙유의 비타민 A 농도는 400~700 μgRAE/L이다. 그러므로 수유 첫 6개월 동안에 모유를 통해 분비되는 비타민 A는 하루에 300~525 μgRAE에 달한다. β-카로틴도 성숙유에 10~30 μg/100 mL 정도 함유되어 있다. 모체의 간 조직에는 대략 200 mgRAE의 비타민 A가 저장되어 있는데 이는 6개월간 모유 생산에 사용되는 분량의 근사치이다. 모체의 비타민 A 저장량이 고갈되면 모유의 비타민 A 함량이 저하된다.

한국인 수유부를 위한 비타민 A의 섭취기준은 모유 분비량을 780 mL로 보고 모유의 비타민 A 함량을 42.3 μg/100 mL로 보아 추가 평균필요량을 350 μgRAE/일로 정하였고, 이에 2배의 변이계수를 더하여 추가 권장섭취량을 490 μgRAE/일로 설정하였다. 상한섭취량은 비임신·비수유 여성과 동일한 수준인 3,000 μgRAE/일로 책정하였다(표 3-5).

b. 비타민 D

수유부는 모유 수유아에서 비타민 D 부족으로 인한 저칼슘혈증 등이 보고되어, 모유 수유아의 기준량을 구루병 방지 관점에서 설정하는 것을 고려하여 설정해야 한다. 임신부와 동일하게 '2015 한국인 영양소 섭취기준'에서는 성인 여성을 10 μg/일로 상향 조정하였으므로 수유부의 경우 부가하지 않고 성인 여성과 동일하게 10 μg/일로 설정하였다(표 3-5).

표 3-5 수유부의 1일 영양소 섭취기준 : 지용성 비타민

분류	비타민 A (μg RAE)			비타민 D (mg)		비타민 E (mg α-TE)		비타민 K (μg)
	평균필요량	권장섭취량	상한섭취량	충분섭취량	상한섭취량	충분섭취량	상한섭취량	충분섭취량
19~29	460	650	3,000	10	100	12	540	65
30~49	450	650	3,000	10	100	12	540	65
수유부	+350	+490	3,000	+0	100	+3	540	+0

자료 : 보건복지부, 2015 한국인 영양소 섭취기준, 2015

c. 비타민 E

수유기에는 유즙으로 분비되는 비타민 E의 양은 약 300~540 μg/100 mL이며, 영아의 하루 모유 섭취량이 약 780 mL임을 고려할 때에 모유로 분비되는 비타민 E의 양은 2.3~4.0 mg/일로 평균 약 3.0 mg α-TE/일이 되므로, 수유부의 1일 비타민 E 충분섭취량은 비수유 여성의 충분섭취량에 3.0 mg α-TE을 가산하였다. 상한섭취량은 비임신·비수유 여성과 동일한 수준인 540 mg α-TE/일로 책정하였다(표 3-5).

d. 비타민 C

성숙유의 비타민 C 함량은 40~60 mg/L로 매우 풍부하다. 이 농도는 모체 혈장보다 약 10배 높은 수준이다. 그러므로 모유 780 mL를 통해 분비되는 비타민 C는 대략 하루에 30~45 mg에 달한다. 수유부의 평균필요량은 비수유 성인 여성의 평균필요량에 모유를 통해 배출되는 비타민을 감안하여 35 mg/일을 추가하여 110 mg/일로 하였다. 권장섭취량은 변이계수 15%를 감안한 140 mg/일로서, 비수유 성인 여성의 권장섭취량에 40 mg/일을 추가로 권장한 값에 해당한다(표 3-6).

e. 비타민 B_6

단백질 요구량이 증가하는 수유 기간 중에는 비타민 B_6 섭취량도 증가되어야 한다. 수유부의 평균필요량은 정상적인 모유의 비타민 B_6 농도를 유지하기 위한 수유부의 비타민 B_6 섭취량인 1.9 mg/일로 채택하여 여자 성인 필요량인 1.2 mg/일에 0.7 mg/일을 부가하는 것으로 제안하였다. 필요량에 대한 표준편차에 대한 자료가 부족하므로 권장섭취량 산정을 위한 변이계수를 10%로 보아 권장섭취량은 평균필요량의 120% 수준에서 0.8 mg/일 설정하였다. 상한섭취량은 비임신·비수유 여성과 동일한 수준인 100 mg/일로 책정하였다(표 3-6).

표 3-6 수유부의 1일 영양소 섭취기준 : 수용성 비타민

분류	비타민 C(mg)			비타민 B_6(mg)			엽산(μg DEF)			비타민 B_{12}(μg)	
	평균필요량	권장섭취량	상한섭취량	평균필요량	권장섭취량	상한섭취량	평균필요량	권장섭취량	상한섭취량	평균필요량	권장섭취량
19~29	75	100	2,000	1.2	1.4	100	320	400	1,000	2.0	2.4
30~49	75	100	2,000	1.2	1.4	100	320	400	1,000	2.0	2.4
수유부	+35	+40	2,000	+0.7	+0.8	100	+130	+150	1,000	+0.3	+0.4

자료 : 보건복지부, 2015 한국인 영양소 섭취기준, 2015

f. 엽산

임신 기간 중 많은 여성에게서 체내의 엽산 저장량이 고갈되는 현상이 나타나며, 수유 기간 중에도 엽산 영양 상태가 불량해지는 경우가 흔하다. 수유부의 엽산 섭취기준은 비임신, 비수유 여성의 필요량에 모유로 분비되는 양을 부가하였다. 1일 모유 분비량 780 mL, 모유 중 엽산 농도 85 μg/L, 생체 이용률 보정계수를 2로 계산한 결과, 가임기 여성의 평균필요량에 130 μg/일을 더 부가하였다. 수유부의 평균필요량은 비임신, 비수유 여성의 평균필요량에 부가량을 더하고 반올림하여 450 μg/DFE/일로 정하였다. 권장섭취량은 평균필요량에 10%의 변이계수를 고려하여 550 μgDFE/일로 정하였다. 상한섭취량은 비임신·비수유 여성과 동일한 수준인 1,000 μg/일로 책정하였다. 수유 여성의 체내에 저장된 총엽산은 6~7 mg 정도로 이는 수유 6개월 만에 완전히 고갈될 수 있는 양이다(표 3-6).

4) 무기질

모유의 무기질 함량은 수유 단계에 따라 매우 다르다. 대부분 초유에 높고 수유 기간이 경과하면서 크게 감소한다. 따라서 수유부의 무기질 필요량은 수유 단계에 따라 다르나 성숙유 생성에 필요한 양을 기준하여 설명하면 다음과 같다.

a. 칼슘

임신부와 마찬가지로 수유기에도 추가적인 칼슘 섭취가 수유기 중의 뼈 손실을 늦추거나 이후의 모체 골밀도에 긍정적인 영향을 줄 수 있다는 문헌적 근거가 부족하므로 수유기에도 각 연령대별 여성의 칼슘 필요량을 그대로 반영하며 이 시기의 영양 교육 및 상담, 공적 홍보의 강화 등을 통해 수유부의 해당 연령에 필요한 칼슘 섭취량을 충족할 수 있도록 해야 한다(표 3-7).

표 3-7 수유부의 1일 영양소 섭취기준 : 무기질

분류	칼슘 (mg)			나트륨 (mg)	철 (mg)			아연 (mg)			요오드 (μg)		
	평균필요량	권장섭취량	상한섭취량	충분섭취량	평균필요량	권장섭취량	상한섭취량	평균필요량	권장섭취량	상한섭취량	평균필요량	권장섭취량	상한섭취량
19~29	530	700	2,500	1,500	11	14	45	7.0	8	35	95	150	2,400
30~49	510	700	2,500	1,500	11	14	45	7.0	8	35	95	150	2,400
수유부	+0	+0	2,500	+0	+0	+0	45	+4.0	+5.0	35	+130	+190	2,400

자료 : 보건복지부, 2015 한국인 영양소 섭취기준, 2015

b. 철

한국인 모유의 철 농도는 0.35 mg/L이고, 하루 모유 분비량을 780 mL/일로 하면 모유를 통한 철 분비량은 0.27 mg/일이 된다. 1일 기본 손실량과 모유 철 분비량을 더하면 수유부의 1일 철 요구량은 1.06 mg/일이 되고, 철 흡수율 12%를 적용하면 수유부의 평균필요량은 8.8 mg/일로 월경을 하는 비임신 여성보다 필요량이 적게 계산되지만, 임신과 수유로 인한 철 손실로부터 회복을 위한 양이 필요하다고 보아 수유부의 평균필요량은 가임기 성인 여성과 동일한 11 mg/일로 정하였다. 수유부의 권장섭취량은 변이계수 15%를 적용하여 가임기 성인 여성과 동일한 14 mg/일(11 mg/일×1.3)로 정하였다.

c. 아연

모유의 아연 함량도 수유 기간이 경과하면서 서서히 저하되나 성숙유의 아연 농도는 약 2.2 mg/L이다. 따라서 모유 780 mL를 통해 손실되는 아연은 첫 수유 6개월까지 하루에 1.65 mg 정도이다. 한국인 영양소 섭취기준에서 아연의 추가 평균필요량은 식사 아연의 흡수율을 약 40%로 보아 4.1 mg/일로 정하였고 이에 개인 변이계수 10%를 적용해 추가 권장섭취량은 5.0 mg/일로 설정하였다. 상한섭취량은 비임신·비수유 여성과 동일한 수준인 35 mg/일로 책정하였다(표 3-7).

5) 수분

수유기에 신장 기능을 비롯한 생리적 상태가 비수유기와 다르다는 뚜렷한 증거는 없다. 그러나 수유부의 경우는 모유를 통한 수분 손실량을 고려하여야 한다. 우리나라 수유부의 모유를 통한 수분 손실량은 약 700 mL/일이므로, 수유부의 수분 충분섭취량은 20대(비수유부) 여자보다 이 만큼이 추가된다. 한편, 수유부의 액체 수분 섭취량은 수유부의 추가 권장 에너지 +320 kcal/일 섭취에 따른 음식 수분 추가량이 약 +200 mL/일이 되어 이를 빼면 500 mL/일이 된다. 따라서 수유부의 수분 충분섭취량은 20대 여자의 수분 충분섭취량 2,100 mL/일에 700 mL/일을 추가한 2,800 mL/일로 정하였으며, 액체 섭취기준은 500 L/일을 더해 정하였다.

3. 수유부의 영양 지도

수유부는 충분한 양의 질 좋은 모유를 생성하기 위해 필요한 에너지와 단백질 및 기타 영양소를 충족하는 식생활을 영위해야 한다. 임신 기간 중의 태교와 마찬가지 의미로 수유기의 식생활에도 여러 가지 주의를 기울여야 한다. 아기를 위해 공해물질에 오염되지 않은 식품으로 정성스럽게 조리된 음식을 섭취한다는 마음가짐을 갖는 것이 중요하다. 다양한 식품을 균형 있게 섭취하면 미량 영양소 필요량을 충족할 수 있으므로, 수유기에 비타민과 무기질 보충제의 복용은 일반적으로 권장되지 않는다.

이 밖에 수유부는 커피, 음주, 흡연 등 건강에 영향을 미치는 생활방식 등에 신경을 써야 한다. 카페인, 알코올, 니코틴 등이 모유로 분비되므로 가능한 이들을 멀리하는 것이 바람직하다. 이에 2010년 보건복지부에서는 '임신부 및 수유부를 위한 식생활 실천지침'을 다음과 같이 제시하였다.

① 우유 제품을 매일 3회 이상 먹자.

- 우유를 매일 세 컵 이상 마십니다.
- 요구르트, 치즈, 뼈째 먹는 생선 등을 자주 먹습니다.

② 고기나 생선, 채소, 과일을 매일 먹자.

- 다양한 채소와 과일을 매일 먹습니다.
- 생선, 살코기, 콩 제품, 달걀 등 단백질 식품을 매일 한 번 이상 먹습니다.

③ 청결한 음식을 알맞은 양으로 먹자.

- 끼니를 거르지 않고 식사를 규칙적으로 합니다.
- 음식을 만들 때는 재료를 위생적으로 다루고 먹을 만큼만 준비합니다.
- 살코기, 생선 등을 충분히 익혀 먹습니다.
- 보관하였던 음식은 충분히 가열한 후 먹습니다.
- 식품을 구매하거나 외식할 때 청결한 것을 선택합니다.

④ 짠 음식을 피하고, 싱겁게 먹자.

- 음식을 만들거나 먹을 때는 소금, 간장, 된장 등 양념을 적게 사용합니다.
- 국물은 싱겁게 만들어 적게 먹습니다.
- 김치는 싱겁게 만들어 먹습니다.

⑤ 술은 절대로 마시지 말자.

- 술은 절대로 마시지 않습니다.
- 커피, 콜라, 녹차, 홍차, 초콜릿 등 카페인 함유 식품을 적게 먹습니다.
- 물을 충분히 마십니다.

⑥ 활발한 신체 활동을 유지하자.

- 임신부는 적절한 체중 증가를 위해 알맞게 먹고 활발한 신체 활동을 규칙적으로 합니다.
- 산후 체중 조절을 위해 가벼운 운동으로 시작하여 점차 운동량을 늘려 갑니다.
- 모유 수유는 산후 체중 조절에도 도움이 됩니다.

1) 수유부의 건강과 영양 지도

수유 중의 건강은 그대로 영아의 건강과 직결된다. 수유부가 건강해서 산욕의 회복이 빠를수록 좋은 모유를 충분히 분비하게 되므로 수유부 자신은 물론이고 가족이나 주위 사람들의 적절하고 성의 있는 배려가 무엇보다 중요하다.

우선 수유부가 위생적으로 청결해야 하며, 무리가 없는 안정된 생활을 하는 것이 영아의 건강과 정신 상태에도 좋은 영향을 준다. 수면, 휴식 그리고 적당한 운동이 밝은 육아 환경을 만든다. 식사는 그중에서도 중대한 요소이므로 영양상 저해가 되는 각종 인습이나 금기 식품 같은 것에 구애됨이 없이 바른 영양 지식을 바탕으로 가정에서의 일상 식품을 구성하여 골고루 균형 잡힌 식사 내용으로 섭취를 하는 것이 중요하다.

우리나라 수유부에게 부족하기 쉬운 동물성 단백질, 칼슘, 비타민 A, 비타민 B_1, 비타민 C 등을 식사 때마다 조금씩 분배하여 섭취하도록 한다. 우유, 탈지분유, 간, 녹황색 채소, 계절 과일을 섭취하되 지나치게 어느 한 가지 영양소나 식품에 편중되어 과잉 섭취를 하거나 식사를 양적으로만 채우려고 하는 것은 바람직하지 않다.

2) 모유 수유의 실제

2008년 한국보건사회연구원에서 발표한 국내 모유 수유율은 과거 1985년(59.0%)에 비해

표 3-8 모유 수유율

(단위 : %)

연도	1985	1988	1994	1997	2000	2003	2006
모유 수유율	59.0	48.1	11.4	14.1	10.2	16.5	24.2

자료 : 한국보건사회연구원, 2006년 전국 출산력 및 가족보건·복지실태조사

서는 낮지만 최근 증가하고 있는 추세이다(표 3-8).

최근 영국에서도 낮은 모유 수유율을 우려하고 있는데 그 비율이 놀랍게도 60%이다. 모유 수유의 장점은 이미 널리 알려져 있다. 먼저, 모유는 출생 후 첫 6개월 사이에는 가장 뛰어난 영양원이다. 탄수화물, 단백질, 지질이 적절하게 포함되어 있으며 아기에게 필요한 소화효소, 무기질, 비타민을 제공하고 뇌와 신경 등의 발달에 중요한 타우린, DHA, 아라키돈산 등이 들어 있다.

따라서 모유를 먹으면 아기는 설사나 변비와 같은 소화 장애, 체중 과다로 인한 비만, 고혈압이나 충치가 생길 위험 요인이 현저하게 낮아지고 귀, 위장 등이 병에 감염될 가능성도 줄어들며 빈혈, 유아 습진, 유아 알레르기 증상 비율도 낮아진다.

아기와 어머니의 직접적인 신체 접촉에서 오는 정신적 만족감은 말할 필요도 없다. 또한 모유 수유는 인공 수유보다 아기의 지능을 더 높여 주는데, 이는 아기가 노인이 되어서까지도 유지된다는 연구 보고가 있다.

《뉴욕타임스》는 2006년 미국 내에서 신생아에게 6개월간 모유 수유를 권장하는 대대적인 정부 캠페인 '헬시 피플 2010'을 소개하면서 모유가 그 어떤 분유보다 뛰어나며 모유 수유가 아이는 물론 여성의 건강에도 도움이 된다는 각계의 의견을 소개하였다. 미국 정부가 주도한 모유 수유 캠페인은 2010년까지 생후 6개월 동안 아기에게 모유를 수유하는 비율을 50%까지 끌어올리는 것을 목표로 하여, 텔레비전 광고 등을 통해 모유 수유를 적극 권장하였다.

세계보건기구(WHO)나 국제연합 아동기금(UNICEF)도 모유 수유를 확대하기 위해 교육,

타우린(taurine) 아미노산의 일종으로 식물에는 거의 들어 있지 않으나 동물에는 하등에서 고등동물까지 널리 분포되어 있다. 특히 사람과 포유동물의 체내에서는 주요 장기인 심장, 뇌, 간 등에 다량 함유되어 있음

DHA 도코사헥사에노산(docosahexaenoic acid)의 약칭. 고도 불포화지방산의 일종으로 두뇌작용을 활발하게 하고, 혈중 콜레스테롤을 낮추는 작용이 있다. 수산물, 특히 참치·방어·고등어·꽁치·정어리 등에 많이 함유되어 있다. 1989년에 영국의 뇌영양화학연구소의 마이클 클로포드 교수가 일본 어린이의 지능이 높은 것은 DHA가 풍부한 생선을 많이 먹기 때문이라고 발표한 이래로, 달걀·된장·엿·초콜릿·분유·유산균음료 등 DHA가 함유된 식품이나 DHA를 첨가한 영양 보조식품에 대한 관심이 높아지고 있다. DHA를 이용한 유아의 지능 발달, 노인성 치매 예방 및 치료에 대한 관심 역시 커지고 있다.

모유 수유 운동

유니세프한국위원회에서는 모유 수유를 보호하고 권장하며 지지하는 뜻을 담은 황금리본을 모유 수유 운동의 상징으로 사용하고 있다. 리본의 금색은 모유 수유가 아기 수유에 절대적인 기준(gold standard)이라는 것을 의미하며, 리본의 한쪽 고리는 엄마를 의미하고 다른 쪽 고리는 아기를 의미한다. 매듭은 아버지, 가족, 사회를 뜻한다.

자료 : http://www.unicef.or.kr

훈련 및 홍보 활동을 적극적으로 하고 있으며, 모유 대체 식품과 이유 보충식품의 유통 질서를 확립하고자 노력하고 있다. '아기에게 친근한 병원 만들기' 또는 '아기에게 친근한 지역사회 만들기' 운동도 펼치고 있다. 우리나라에서도 한국UNICEF가 1993년부터 아기에게 친근한 병원을 선정하고 있으며 현재 50여 개 병원이 이를 따르고 있다. 대한가족복지협회도 모유 수유 홍보를 벌이고 있으며, 보건복지부에서는 2005년 '새 국민건강증진종합계획'의 한 내용으로 완전 모유 수유 영아의 비율을 40%로 증가시키겠다는 목표를 세우고 모유 수유 권장운동을 실시하였다. 그러나 '2014 국민건강통계'에 따르면 완전 모유 수유율은 24.6%였다.

3) 개발국의 모유 수유

서구의 개발국가들에서는 1970년대 초에 모유 영양 비율이 15%까지 감소하였으나 1980년대에 들어 60% 이상으로 증가하였으며, 현재 스웨덴, 헝가리, 스위스, 핀란드는 90% 이상의 모유 수유 비율을 보이고 있다. 미국은 최근 분만 초기 모유 수유 비율은 64%이고 생후 6개월까지 29%가 유지되고 있으나 이를 더 끌어올리고자 분만 초기와 분만 후 6개월의 모유 영양 비율 목표를 각각 75%와 50%로 잡고 있다.

4) 개발도상국 및 저개발국의 모유 수유

20세기 중반까지 자녀를 거의 모유로 양육하던 개발도상 또는 저개발 국가에서 20세기 후반에 들어 여러 가지 이유로 조제유 수유 비율이 증가하면서 모유 수유 비율은 급격히 감소하였다. 이러한 현상은 모자 건강에 부정적인 결과를 초래하였다. 즉, 조제유 영양아는 모유 영양아에 비해 높은 감염률과 낮은 생존율을 나타내었다. 이는 조제유의 질적인 문제보다는 이들 지역의 위생 상태가 양호하지 못하여 조제유를 수유하는 과정에서 감염

위험성이 높았기 때문이다. 이들 국가에서 신생아가 사망하는 주요 원인은 감염성 설사였다. 교육 수준이 낮고 문맹자가 많으며 경제력도 취약한 사람들이 종종 조제유를 묽게 제조해 수유함으로써 아기에게서 성장 저해가 나타났다. 한편 모유 수유로 인한 자연피임 효과가 없어져 자녀의 터울이 짧아진 것도 모자 건강을 저해하는 원인이었다.

이러한 점들은 면역물질을 함유하는 모유가 영아에게 수동면역을 전달하는 점, 모유 수유 과정이 상당히 위생적이라는 점, 그리고 모유 수유가 자연피임 효과를 나타내는 점과 대비된다.

단원정리

1 분만 후 산욕기부터 수유를 시작하는데 일반적으로 분만 12~24시간 후부터 모유가 분비되고 5~7일 후에는 성분이 일정한 성숙유가 본격적으로 분비된다.

- 초유 : 분만 후 5~7일 정도까지 분비되는 황색의 반투명한 모유로 그 분비량은 적으나 면역체와 효소의 함량이 높다.
- 이행유 : 분만 후 약 5~7일 이후부터 성숙유가 분비되기까지 분비되는 젖으로 그 양이 점차 증가되며 영양 성분도 초유와 성숙유의 중간 성분이다.
- 성숙유 : 분만 후 15일 이상 경과하면 초유 중에 보였던 세포가 없어지고 그 양이 점차 증가하며 영양 성분도 일정해진다.

2 모유 수유의 이점과 모유 분비 메커니즘을 이해하자. 모체가 임신을 하면 임신 100일경부터는 난소에서, 그 후에는 태반에서 에스트로겐과 프로게스테론이 다량 분비되면서 유선 조직이 급속히 발달한다. 모유의 성분이 되는 영양소의 섭취와 그 균형은 모유 분비와 직결되는 중요한 조건이다.

3 비임신 및 비수유 여성과 수유부의 영양소 섭취기준의 특징을 비교 고찰해 보자.

4 2010년 보건복지부에서는 임신부 및 수유부를 위한 식생활 실천지침을 제시하였다.

- 우유 제품을 매일 3회 이상 먹자.
- 고기나 생선, 채소, 과일을 매일 먹자.
- 청결한 음식을 알맞은 양으로 먹자.
- 짠 음식을 피하고, 싱겁게 먹자.
- 술은 절대로 마시지 말자.
- 활발한 신체 활동을 유지하자.

단원평가

1 모유 수유의 장점을 설명하시오.

2 초유, 이행유, 성숙유의 특징을 설명하시오.

3 수유부의 식생활 지침을 설명하시오.

풀이

1. 모유가 어린이에게 가장 좋은 음식이라는 것이 재인식되고 있다. 별도의 비용이 들지 않고, 언제 어디서든 먹일 수 있으며, 따뜻하고 상하는 법이 없는 모유 수유는 엄마와 아기에게 이로울 뿐만 아니라 환경보호에도 일조한다.
2. 초유 : 분만 후 5~7일 정도까지 분비되는 황색의 반투명한 모유로 그 분비량은 적으나 면역체와 효소의 함량이 높다.
   이행유 : 분만 후 약 5~7일 이후부터 성숙유가 분비되기까지 분비되는 젖으로, 그 양이 점차 증가되며 영양 성분도 초유와 성숙유의 중간 성분이다.
   성숙유 : 분만 후 15일 이상 경과하면 초유 중에 보였던 세포가 없어지고 그 양이 점차 증가하며 영양 성분도 일정해지는 젖을 말한다.
3. • 우유 제품을 매일 3회 이상 먹자.
   • 고기나 생선, 채소, 과일을 매일 먹자.
   • 청결한 음식을 알맞은 양으로 먹자.
   • 짠 음식을 피하고, 싱겁게 먹자.
   • 술은 절대로 마시지 말자.
   • 활발한 신체 활동을 유지하자.

성장 영양

PART III

제4장 영아기 영양 | 제5장 유아기 영양 | 제6장 아동기 영양 | 제7장 청소년기 영양

04

영아기 영양

1. 영아기의 특성
2. 영아의 성장과 발달
3. 영아의 생리 발달
4. 영아의 영양소 섭취기준
5. 영아의 영양 공급
6. 이유 영양
7. 우리나라 영아의 영양소 섭취 실태
8. 영아기 영양 관련 문제
9. 미숙아 영양

1. 영아기의 특성

인체의 성장 발달에 따라 생후 1년까지를 영아기로 구분하며, 생후 4주간의 신생아기를 포함한다. 영아기는 일생 중 심신의 성장, 발달이 가장 왕성한 단계이므로 체중 1 kg당 영양 요구량은 생애 어느 시기보다 높다. 영아기의 전반은 전적으로 모유나 조제유로 영양 섭취가 이루어지다가 생후 4~6개월이면 신체적, 정신적 발달이 이루어지면서 유즙 이외의 다른 음식을 통한 적당한 영양소의 섭취가 요구된다.

2. 영아의 성장과 발달

1) 체중과 신장

영아기의 체중은 성장의 지표이며 영양 상태를 반영한다. 우리나라 영아의 평균 출생체중은 남아가 약 3.4 kg, 여아가 약 3.3 kg으로서 남아가 여아보다 약간 더 무겁다(표 4-1).

생후 3~4일간은 출생 시 체중의 약 5~10%의 감소를 보이는데 이를 신생아의 생리적 체중 감소라고 한다. 이는 일시적 현상으로 10~14일이 경과하면 출생 시의 정상 체중으로 회복된다. 생리적 체중 감소는 태변과 소변의 배설, 피부와 폐로부터의 수분 손실 등으로

표 4-1 영아기 체중과 신장(신체 발육 표준치)

연령(개월)	남아		여아	
	체중(kg)	신장(cm)	체중(kg)	신장(cm)
출생 시	3.41	50.12	3.29	49.35
1~2	5.68	57.70	5.37	56.65
2~3	6.45	60.90	6.08	59.76
3~4	7.04	63.47	6.64	62.28
4~5	7.54	65.65	7.10	64.42
5~6	7.97	67.56	7.51	66.31
6~7	8.36	69.27	7.88	68.01
7~8	8.71	70.83	8.21	69.56
8~9	9.04	72.26	8.52	70.99
9~10	9.34	73.60	8.81	72.33
10~11	9.63	74.85	9.09	73.58
11~12	9.90	76.03	9.35	74.76

자료 : 보건복지부 질병관리본부, 소아 청소년 성장곡선(신체 발육 표준치), 2007

인하여 발생한다. 이후부터 체중은 빠르게 증가하여 건강한 아기는 생후 3개월이면 출생 시 체중의 약 2배, 1년 뒤에는 약 3배로 급증한다.

영아의 출생 시 평균 신장은 남아는 50.1 cm, 여아가 49.4 cm이다. 생후 1년이 되면 약 50%가 증가하여 출생 시 신장의 1.5배가 된다(표 4-1, 부록 2 참고). 신장의 증가는 유전적 요인과 함께 영양 상태의 영향을 받는다.

2) 머리둘레와 가슴둘레

출생 시 머리둘레는 약 34 cm이며 가슴둘레보다 약 1 cm 더 크다. 그 후 머리둘레와 가슴둘레가 거의 비슷해지고 1년이 지나면 가슴둘레가 약간 더 커진다. 머리둘레는 뇌의 성장 발달과 관계되며 영양 상태의 영향을 크게 받지 않지만, 2세 미만 영유아의 영양 상태 지표로 유용하다(부록 2 참고).

3) 발육 상태 평가

영아의 성장 발달 정도의 평가는 일정 시점에서의 신체 계측치를 표준치와 비교하는 것도 유용하지만 성장곡선을 그려 한국 소아의 신체 발육곡선과 비교하여 발육 과정 전체를 관찰하며 평가해야 한다. 2007년에 제정된 '소아 청소년 성장곡선'은 신체 발육 성장의 기준이 되는 표준치이다(부록 2 참고). 일반적으로 신체 발육 표준치를 백분위(percentile)로 나타낸 곡선을 이용하며 3백분위수와 97백분위수 사이가 정상 범위이다(그림 4-1, 4-2).

카우프 지수(영유아기)

$$\frac{\text{체중(g)}}{\text{신장}^2\text{(cm)}} \times 10$$

13 이하 : 매우 수척 ı 13~15 : 수척 경향 ı 15~18 : 보통 ı 18~20 : 비만 경향 ı 20 이상 : 비만

뢰러 지수(학동기)

$$\frac{\text{체중(g)}}{\text{신장}^3\text{(cm)}} \times 10^7$$

신생아의 생리적 체중 감소 태변과 요의 배설, 피부와 폐로부터의 수분 손실 등으로 생후 3~4일간 출생 시 체중의 약 5~10% 감소를 보이는 현상. 10~14일이 경과하면 정상 체중으로 회복되는 일시적 현상

태변(meconium) 무취, 점조성을 띠는 출생 직후의 암녹갈색의 변

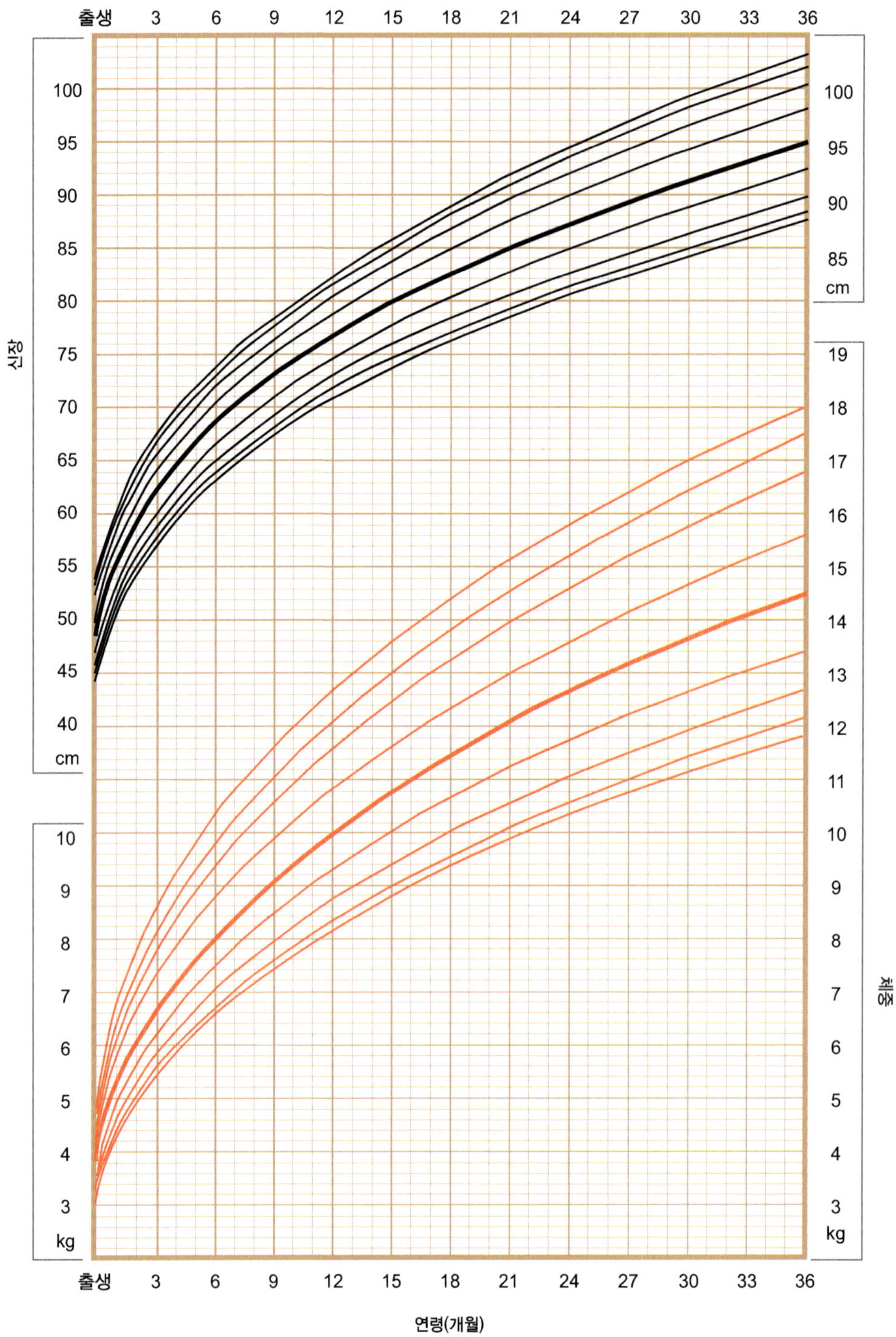

그림 4-1 한국 소아 발육곡선(남아 0~36개월 신장과 체중)

자료 : 보건복지부 질병관리본부, 소아 청소년 성장곡선(신체발육 표준치), 2007

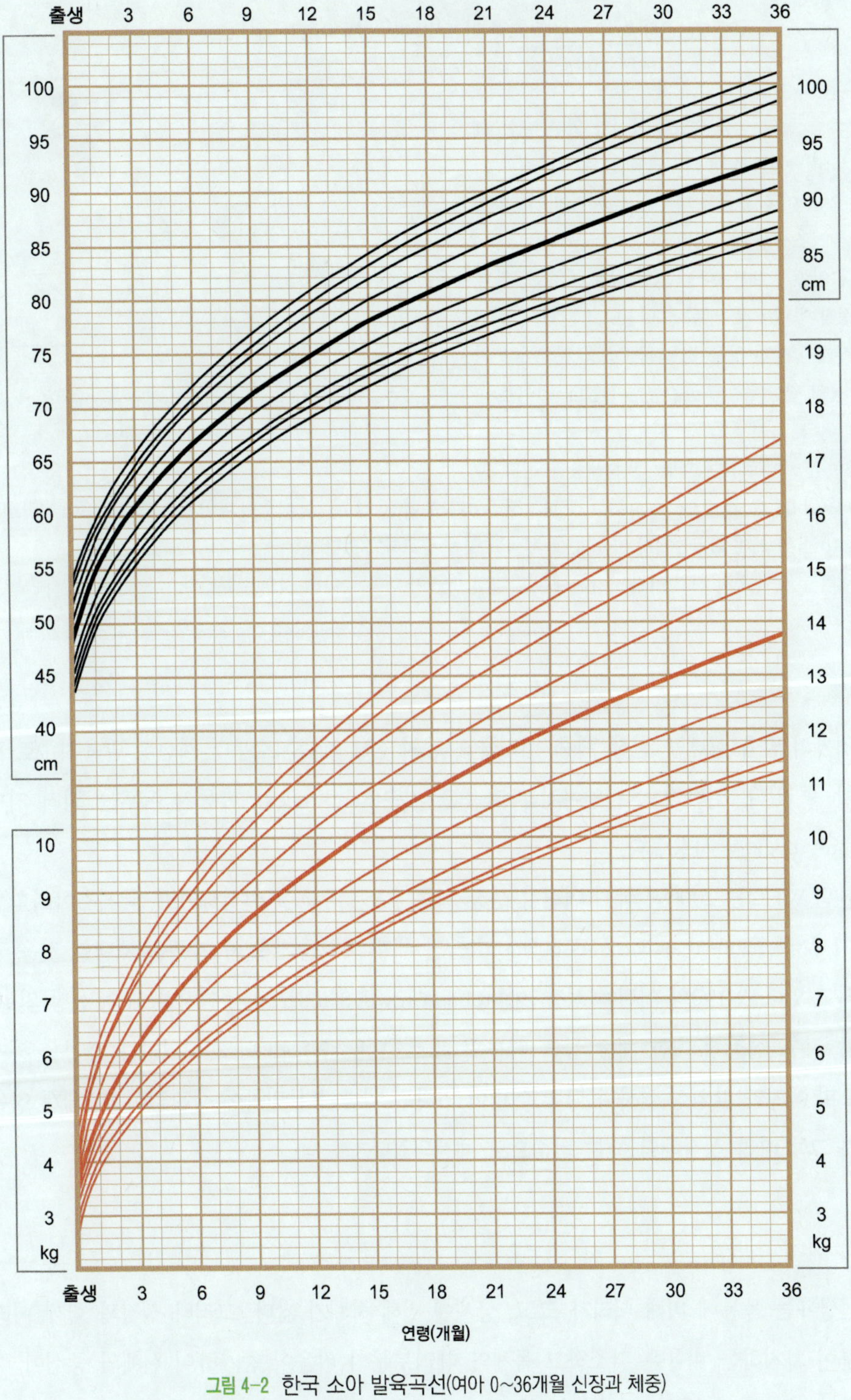

그림 4-2 한국 소아 발육곡선(여아 0~36개월 신장과 체중)

자료 : 보건복지부 질병관리본부, 소아 청소년 성장곡선(신체발육 표준치), 2007

Tip

2006년 세계보건기구의 어린이 성장 기준

어린이의 경우 생후 적정 여건만 조성되면 출생 국가나 지역에 관계없이 신장이나 체중 등의 성장 속도에 차이가 없다. 이는 세계보건기구(WHO)가 지난 1997년부터 7년에 걸쳐 브라질과 가나, 인도, 노르웨이, 오만, 미국 등에서 태어난 8,000명의 신생아를 상대로 5년에 걸쳐 추적조사를 벌인 결과이다.

WHO는 유전이나 인종적 요인보다는 영양 상태, 식습관, 환경, 의료 등이 어린이 성장에 더욱 큰 영향을 미친다고 밝혔다. 반면 태어난 이후 양육 상태가 좋지 않을 경우에는 심장 질환이나 지능 장애, 암, 당뇨병 등의 질병에 감염될 가능성이 있다고 WHO는 지적하였다.

그림 자료 : WHO, 'The WHO Child Growth Standards' (http://www.who.int/childgrowth/en/)

WHO는 이번 조사를 토대로 연령대별 적정 체중과 신장 등의 어린이 성장 기준(Child Growth Standards, CGS)을 정하였다(부록 4 참고). 국제소아과학협회(The International Pediatric Association)는 전 세계 회원들에게 이 기준을 채택할 것을 권고하고 있다.

한편 이 기준을 채택할 경우 북미 지역 어린이 가운데 비만아의 비중이 더욱 높아질 것으로 보인다.

자료: AP news, 'Study: Kids Worldwide Can Grow the Same,' April 27, 2006

영아의 발육 상태는 신장, 체중, 머리둘레 등의 신체 계측치로부터 계산된 발육지수로 평가할 수 있다. 일반적으로 영아기는 카우프 지수(Kaup index), 학동기 이후는 뢰러 지수(Röhrer index)를 사용한다.

한편 WHO는 2006년 국제 어린이 성장 기준(부록 4 참고)을 설정하였고, 국제소아과학협회(The International Pediatric Association)는 전 세계 회원들에게 이 기준을 채택할 것을 권장하고 있다. WHO의 어린이 성장 기준(Child Growth Standards)은 연령별 체중, 신장 및 체질량 지수, 신장에 대한 체중 등의 백분위 표로, 모유 수유를 하고 어머니가 흡연을 하지 않으며 아기가 감염성 설사나 다른 질병이 없다면 인종이나 민족에 상관없이 전 세계 영유아가 그에 따라 성장해야 하는 기준으로 제시되었다.

4) 신체 비율의 변화

신생아는 몸통에 비해 머리가 크고, 상체에 비해 하체가 짧다. 그러나 성장과 함께 머리 부분이 차지하는 비율은 감소하고 몸체와 다리부분의 비율이 증가하여 신체의 중심이 머리에서 점점 하체로 옮겨진다. 머리와 몸체의 비율은 출생 시 1:4이고 성장이 완료되어 성

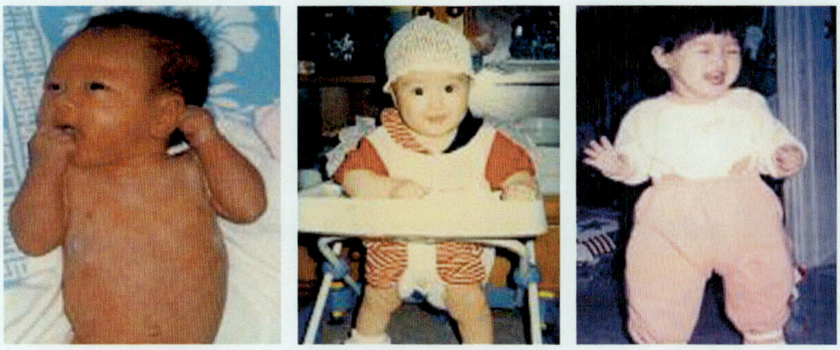

신생아　　　4~6개월　　　12개월

그림 4-3 영아의 발달 단계

인이 되면 1:7의 비율로 된다. 성장 발육에 따라 신체 비율이 급격히 변화하여 12개월 이후부터는 사지의 성장이 두드러지게 된다(그림 4-3).

5) 치아 발달

유치의 기질은 태아기에 발달하기 시작하며, 영구치의 기초가 된다. 생후 6개월이면 대체로 아래 앞니가 나오기 시작하여 3세 정도까지 상하 모두 20개가 생긴다. 유치의 발생 시기와 순서는 개인차가 크다. 유치는 5~6세부터 발생 순서대로 탈락하고 영구치로 바뀌기 시작하여 25세까지 사랑니를 제외한 28개의 영구치가 완성된다. 영구치는 평생 동안 교체되지 않는다.

6) 신체 구성성분

체수분의 총함량은 출생 시 체중의 70%에서 생후 1년이 되면 60%로 감소하여 성인과 비슷한 수준에 이른다. 영아기의 수분 감소는 주로 세포외액의 감소에 기인한다. 영아기는 체수분의 함량이 감소하는 반면, 단백질 함량은 증가하면서 근육조직이 증대된다. 단백질 보유량은 신생아기에 체중의 12% 미만이었으나 1세가 되면 15%로 증가한다. 체내 단백질 축적량은 남아가 여아보다 많다.

또한 체지방은 단백질보다 더 많은 양이 축적되어 출생 시 체중의 12%였던 것이 생후 1년이 되면 23%로 증가한다. 이후 차츰 감소하여 사춘기까지 낮은 수준을 유지한다. 체지방 축적량은 성별의 차이가 있어 여아가 남아보다 약간 높다. 영아기 동안 무기질 함량은 비교적 변화가 적어 일정하게 유지된다.

3. 영아의 생리 발달

1) 소화와 흡수

신생아의 소화기관은 미성숙 상태이며 영아기 동안 성숙해진다. 영아기의 소화 흡수에 관련된 효소는 모유, 조제유 등의 식사 종류의 질과 양에 따라 적응할 수 있도록 분비된다.

(1) 구강

영아의 구강은 형태적, 구조적으로 흡입하기에 적당하다. 신생아의 침은 산성이며 그 분비량은 매우 적다. 생후 1주일이 되면 침의 분비가 증가하면서 중성 또는 약알칼리성으로 변한다.

(2) 위

신생아 초기의 위는 통과 같은 형태(그림 4-4)이고 분문이나 유문괄약근이 발달되지 못해 토하기 쉽다. 신생아의 위 용량은 10~12 mL에서 1년이 되면 200 mL 정도로 늘어난다. 영아의 위액 속에는 위산, 펩신, 레닌, 리파아제 등이 들어 있고 pH 4~5 정도의 약알칼리성이다.

펩신에 의한 소화는 이루어지지 않지만 리파아제는 pH 4~5에서 작용하므로 지질의 소화가 이루어질 수 있다.

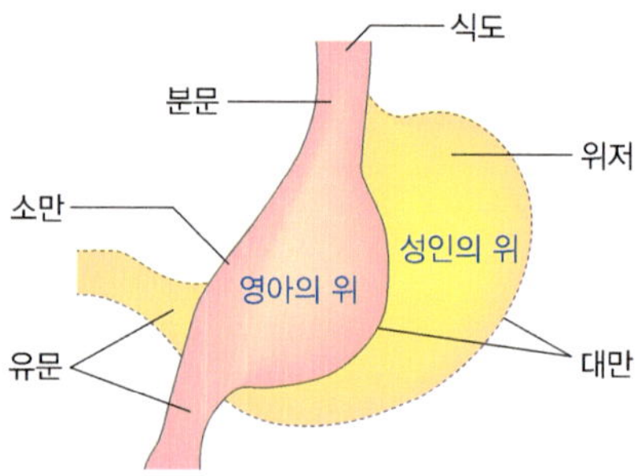

그림 4-4 영아와 성인의 위
자료 : 이상일 외, 영유아영양, 2003

(3) 소장

영아의 장 길이는 신장의 7배 정도이며, 성인의 장 길이가 신장의 4.5배인 것에 비해 긴 편이다. 영아의 소장 내 트립신(trypsin) 함량은 성인과 비슷하나 키모트립신(chymotrypsin)과 카르복시펩티다아제(carboxypeptidase)의 양은 성인의 10~60%로 소화 능력이 약하고 양적으로 제한을 받는다. 그러나 영아가 섭취하는 단백질을 소화하는 데는 문제가 없다.

영아의 췌장액에는 리파아제가 있지만 함량이 낮고 담즙산이 적어 지질의 완전소화가 어렵다. 그러나 입과 위에 존재하는 리파아제에 의해 섭취된 지질의 대부분을 소화시킬 수 있다. 영아가 섭취하는 지질의 지방산 종류에 따라 소화 정도는 달라져서 포화지방산에 비

표 4-2 영아 출생 시 존재하는 소화효소 비율

효소		성인의 백분율(%)
단백질 분해효소	펩신	< 30
	키모트립신	< 10
	프로카르복시펩티다아제	10~60
	엔테로키나제	10~60
	펩티다아제	10
지질 분해효소	구강 리파아제	> 100
	췌장 리파아제	5~10
	담즙산	50
탄수화물 분해효소	췌장 아밀라아제	0
	타액 아밀라아제	10
	락타아제	> 100
	수크라아제-이소말타아제	100
	글루코아밀라아제	< 100

자료 : Lebenthal E. Impact of development of the gastrointestinal tract on infant feeding, J Pediatr 102:1, 1983

해 불포화지방산의 소화와 흡수가 더 용이하다. 모유의 지질은 85~90%가 흡수되는데, 우유의 지질은 70% 미만이 흡수될 뿐이어서 모유가 우유보다 훨씬 이용률이 좋다.

소장 내 이당류 분해효소인 말타아제, 수크라아제, 락타아제는 영아의 소장 내 활성이 성인과 비슷하나 췌장 아밀라아제는 생후 4개월 이후에 나타나기 시작한다(표 4-2). 따라서 영아는 탄수화물을 소화하기 어려우므로 곡류를 주는 이유식은 생후 4개월이 지난 후에 제공하는 것이 바람직하다.

(4) 대장

태아기의 대장은 무균 상태로 있다가 생후 몇 시간이 지나면 유균 상태가 된다. 영아의 대변에는 세균이 10~20%를 차지한다. 출생 직후 1~2일경에 무취의 암녹색 점조성 변을 배설하는데 이를 태변이라 한다. 모유 수유를 하는 영아의 변은 비피더스(bifidus)균이 많아서 발효되어 약산성을 띤다. 빌리루빈이 산화되어 난황색의 방향성 산취를 가지며 수분이 많고 배변 횟수는 하루 3~5회 정도이다. 그러나 조제유나 이유식을 할 경우 섭취하는 영아의 변은 대장균이 많아 부패가 왕성하여 약알칼리성을 띠며 빌리루빈이 환원되어 담황색의 부패취를 가진다. 성인과 같은 식사를 하는 유아의 배변 횟수는 하루 1~2회이다.

2) 간장과 신장

(1) 간

신생아의 간 무게는 체중의 1/20인 150 g이고 1세경에는 300 g이 되고, 성인은 체중의 1/40인 1,500 g이다. 영아의 간은 구조적, 기능적으로 미숙하여 간 해독작용이 불완전하므로 중독증이 자주 발생한다.

(2) 신장

출생 시 신장의 무게는 23 g 정도인데, 1년이 지나면 65 g 정도가 되며 성인은 265 g이다. 신생아는 신장의 크기가 작고 기능면에서도 미숙하여 요생성 능력, 체액 조성과 삼투압 기능이 모두 미숙하여 수분의 불균형이 일어나기 쉽다. 3세경이 되면 그 기능이 성인과 유사해진다. 모유는 신장에 대한 용질 부하량이 낮아 신생아의 미숙한 신장 기능에 도움이 된다.

4. 영아의 영양소 섭취기준

영아기는 0~5개월, 6~11개월 두 개 연령군으로 구분되며 각 기간의 영양소 섭취기준은 모유 중의 영양소 농도와 건강한 영아의 모유 섭취량을 고려하여 산정한다. 영아의 평균 1일 모유 섭취량은 5개월까지는 780 mL/일, 6~11개월은 600 mL/일로 간주한다. 영아 전기(0~5개월)에는 1일 모유 섭취량에 모유의 영양소 함량을 곱하고, 영아 후기(6~11개월)의 영양소 섭취기준은 모유와 이유 보충식의 섭취량을 근거로 하여 충분섭취량을 정한다.

1) 에너지

영아기의 에너지 필요량은 기초대사량과 성장 및 활동을 위한 에너지량이 포함되며, 단위체중당 에너지 필요량이 생애 어떤 주기보다 높다. 이 시기에 열량 필요량이 큰 이유는 성장 속도가 빠르고, 활동 조직이 많고 체표면적이 커서 열 손실이 크기 때문이다. 또한 활동에 필요한 부가적 열량이 요구되어 6개월 이후부터는 신체 활동으로 소비되는 에너지 비율이 증가한다(그림 4-5). 영아기는 체중당 기초대사량이 높아 1세경에 최고치에 도달하였다가 점차 감소한다.

영아의 에너지 필요추정량은 영아의 에너지 소비량에 성장에 따른 에너지 축적량을 더

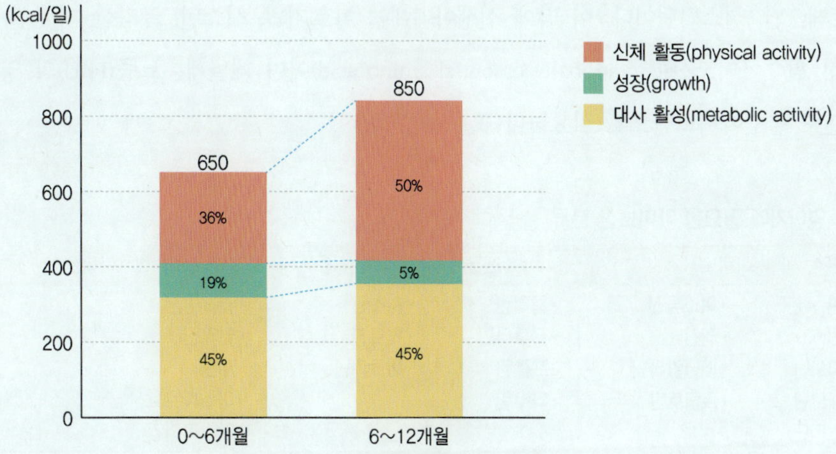

그림 4-5 영아의 에너지 소비 구성

자료 : By Paul Insel, R. Elaine Turner and Don Ross, Discovering Nutrition 4th/e, 2013

표 4-3 영아의 1일 에너지 필요추정량

연령(개월)	표준체중(kg)	신장(cm)	에너지 필요추정량(kcal/일)
0~5	6.2	60.3	550
6~11	8.9	72.2	700

자료 : 보건복지부, 2015 한국인 영양소 섭취기준, 2015

하여 산출한다. 영아의 에너지 소비량은 89(kcal/일)×체중(kg)−100 kcal/일이고 성장에 따른 에너지 축적량은 0~5개월은 115.5 kcal/일, 6~11개월의 영아는 22 kcal/일이므로 여기에 영아의 표준체중을 각각 6.2 kg, 8.9 kg을 적용하여 0~5개월은 550 kcal/일, 6~11개월은 700 kcal/일로 정하였다(표 4-3).

0~5개월 : (89 kcal/kg/일×6.2 kg−100 kcal/일)+115.5 kcal/일≒550 kcal/일
6~11개월 : (89 kcal/kg/일×8.9 kg−100 kcal/일)+22 kcal/일≒700 kcal/일

2) 단백질

성장에 있어 단백질은 매우 중요하다. 영아의 단백질 필요량은 생애 어떤 주기보다 높아 생후 6개월 동안은 성인의 필요량의 약 2배가 된다. 발육이 왕성한 영아는 양질의 단백질이 필요하고 성장 속도가 빠를수록 단백질 섭취량은 증가하여야 한다.

영아에게 필요한 아미노산은 류신, 페닐알라닌, 리신, 발린, 트립토판, 이소류신, 메티오

닌, 트레오닌, 히스티딘이다. 이 밖에 신생아기에는 아르기닌, 시스틴, 글리신, 타우린 등이 조건적 필수아미노산(conditionally essential amino acid)이며 페닐케톤뇨증(PKU)의 영아는 티로신도 필수아미노산으로 필요하다(표 4-4).

표 4-4 영아기에 필요한 아미노산 분류

필수아미노산		조건적 필수아미노산		비필수아미노산
•발린	•이소류신	•글리신	•시스틴	•글루탐산
•류신	•리신	•글루타민	•티로신	•알라닌
•메티오닌	•페닐알라닌	•프롤린	•아르기닌	•세린
•트레오닌	•트립토판	•타우린		•아스파르트산
•히스티딘				•아스파라긴

자료 : By Christophe Dupont, Am J Clin Nutr 2003;77(suppl):1544S-15499S, 2003

0~5개월 영아의 단백질 충분섭취량은 건강한 영아가 모유로부터 섭취하는 양을 기초로 하여 평균 모유 분리량 0.78 L/일, 모유 중 단백질 함량 1.22 g/dL를 적용하여 10 g/일로 정하였다. 6~11개월 영아 후기의 단백질 평균필요량은 질소 평형실험법을 근거로 하며, 성장에 따른 추가량을 합산하고 영아 후기 평균체중 8.9 kg을 적용하여 10 g/일이고, 권장섭취량은 유지 필요량에 대한 변이와 성장 필요량에 대한 변이계수 12.5%를 적용하여 15 g/일이다(표 4-5).

0~5개월 영아의 충분섭취량 = 1일 평균 모유 분비량 × 모유의 단백질 함량
= 1.22 g/dL × 0.78 L/일 = 9.5 g/일 ≒ 10 g/일

6~11개월 영아의 평균필요량 = (질소 평형을 위한 단백질 필요량 + 단백질 축적을 위한 필요량) × 평균체중
= 1.1 g/kg/일 × 8.9 g = 9.8 g/일 ≒ 10 g/일

6~11개월 영아의 권장섭취량 = 평균필요량 × 1.25 = 12.3 g/일 ≒ 15 g/일

표 4-5 영아의 단백질 섭취기준

연령(개월)	표준체중(kg)	충분섭취량(g/일)	평균필요량(g/일)	권장섭취량(g/일)
0~5	6.2	10	-	-
6~11	8.9	-	10	15

자료 : 보건복지부, 2015 한국인 영양소 섭취기준, 2015

3) 탄수화물과 지질

영아기에는 총에너지 사용의 약 60%를 뇌 조직이 이용한다. 탄수화물과 지질은 에너지 공급원으로 이용되는데, 단백질이 주로 성장을 위해 충분히 이용될 수 있도록 단백질 절약 작용을 한다.

모유에 함유되어 있는 탄수화물은 대부분 젖당으로 존재하여 영아가 소화, 흡수하기에 용이하다. 1세까지의 영아는 모유로부터 섭취하는 탄수화물의 양을 가장 바람직한 수준으로 간주하여 0~5개월은 모유로부터 섭취하는 탄수화물의 양을, 6~11개월의 경우는 모유로부터 섭취하는 양과 이유식으로 섭취하는 양을 합하여 충분섭취량을 설정하였다. 모유의 젖당 함량을 74 g/L로 보고, 0~5개월 영아의 충분섭취량은 모유 섭취량을 780 mL/일로 하여 60 g/일로, 6~11개월 영아의 충분섭취량은 모유 600 mL/일로부터 44 g/일과 이유 보충식을 통한 탄수화물 섭취량 추정치 45 g/일을 합산하여 90 g/일로 정하였다(표 4-6).

표 4-6 영아의 탄수화물 섭취기준

연령 (개월)	체중 (kg)	신장 (cm)	모유 섭취량 (mL/일)	모유의 젖당 함량 (g/L)	이유 보충식의 탄수화물 섭취량 (g/일)	충분섭취량 (g/일)
0~5	6.2	60.3	780	74	-	60
6~11	8.9	72.2	600	74	45	90

자료 : 보건복지부, 2015 한국인 영양소 섭취기준, 2015

모유의 에너지 함량 중 50~55%를 차지하는 지질은 에너지 요구량이 많은 영아의 성장에 중요한 열량 공급원이다(그림 4-6). 영아에게 필요한 지질의 섭취량은 정확히 알려져 있지 않으나 필수지방산의 섭취는 성장 발달에 필수이다. 영아기 지질의 섭취는 모유 및 이유식으로 섭취하는 양이 가장 적절하다. 영아에게 리놀레산 및 리놀렌산과 같은 필수지방산은 최소한 총에너지 섭취량의 1%를 공급하고 최적 수준으로는 총에너지의 4~5%가 바람직하다. 특히, n-3계열의 지방산인 DHA(docosahexaenoic acid)는 태아기와 영아기의 뇌와 망막의 성장 발달에 필수적인 지방산이다.

영아기의 총지방량, n-6, n-3 필수지방산의 충분섭취량은 모유 및 이유식 등으로 섭취하는 지질과 지방산 섭취량을 기준으로 설정되었다. 0~5개월은 모유로부터 섭취하는 총지방과 필수지방산의 양으로, 6~11개월은 모유와 이유식으로부터 섭취하는 양을 근거로 한 충분섭취량이 설정되었다. 생후 5개월까지 모유 섭취량은 1일 780 mL로, 6~11개월에는 600

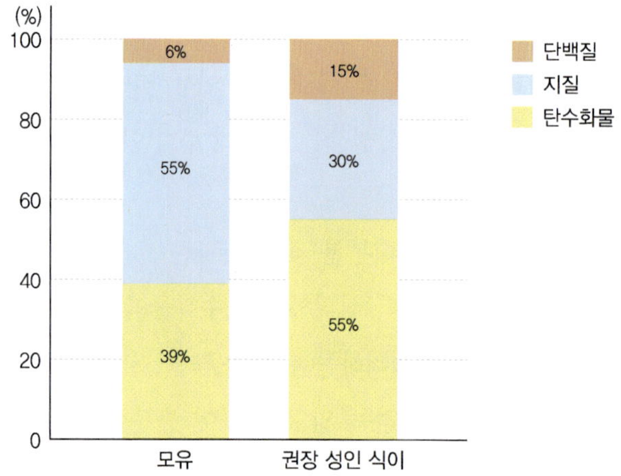

그림 4-6 영아기 열량 영양소의 에너지 공급 비율

자료 : By Paul Insel, R. Elaine Turner and Don Ross, Discovering Nutrition 4th/e, 2013

mL로 하고 모유 내의 지방량은 32 g/L로 하였다. 또한 이유 보충식으로 섭취하는 1일 지방량은 65 g으로 하였고, 모유 내의 n-6와 n-3 지방산 함량은 각각 1.5 g/L와 0.29 g/L로, 이유 보충식으로 섭취하는 1일 n-6와 n-3 지방산 함량은 각각 3.93 g과 0.63 g이다(표 4-7). n-6/n-3 필수지방산의 적정 비율을 4~10으로 정하였다.

표 4-7 영아의 총지방과 n-6 및 n-3 필수지방산의 충분섭취량

(g/일)

연령(개월)	표준체중(kg)	신장(cm)	총지방	n-6 지방산	n-3 지방산
0~5	6.2	60.3	25	2.0	0.3
6~11	8.9	72.2	25	4.5	0.8

자료 : 보건복지부, 2015 한국인 영양소 섭취기준, 2015

4) 수분

영아의 단위체중당 체표면적은 성인보다 크므로 피부와 폐를 통해 증발되는 불감수분 손실량이 많아 수분 필요량도 성인에 비해 매우 높다. 영아는 호흡을 통해 손실되는 수분의 양이 많을 뿐만 아니라 체액의 부피 증가 때문에 더 많은 양의 수분이 필요하다. 따라서 잦은 설사, 구토와 질병으로 인한 탈수가 발생할 경우 수분 균형이 깨져 매우 위험하다. 영아의 총수분 손실 중 불감수분 손실은 60%로, 성인의 40~50%보다 훨씬 높다. 영아의 대변으로 배설되는 수분은 체중 1 kg당 10 mL이고 소변으로 배설되는 수분은 20~30 mL이다.

건강한 영아는 모유나 조제유를 통하여 충분한 수분을 공급받지만 고체 음식의 이유식을 공급받게 되면 여분의 수분 공급이 요구된다. 0~5개월 영아기 수분의 충분섭취량은 모유 중 수분 함량과 모유 섭취량을 기초하여 700 mL/일이고, 6~11개월 영아는 모유와 보충식을 통한 수분 섭취량을 고려하여 800 mL/일로 정하였다(표 4-8).

표 4-8 영아의 수분 섭취기준

연령 (개월)	표준체중 (kg)	열량 (kcal)	수분(mL/일)			충분섭취량	
			음식	물	음료	액체	총수분
0~5	6.2	550	-	-	-	700*	700
6~11	8.9	700	-	-	-	500*	800

*모유 수분 섭취량

자료 : 보건복지부, 2015 한국인 영양소 섭취기준, 2015

5) 무기질

(1) 칼슘과 인

영아기는 골격이 급속도로 성장하므로 칼슘 필요량이 높고, 칼슘 흡수율은 60%로 생애 중 가장 높다. 영아의 칼슘 섭취기준은 모유 영양아를 기준으로, 모유를 통해 공급되는 칼슘량에 근거하여 충분섭취량을 설정하였다. 생후 5개월까지 영아의 평균 1일 모유 섭취량은 780 mL, 모유의 평균 칼슘 함량인 270 mg/L를 기준으로 210 mg/일을 충분섭취량으로 하였다. 생후 6~11개월의 영아는 점차 모유 섭취량은 줄고 이유 보충식을 섭취하므로 모유와 이유 보충식을 통한 칼슘 섭취량을 근거로 충분섭취량을 300 mg/일로 정하였다. '2015년 영양소 섭취기준' 개정에 따라 영아기 칼슘 상한섭취량이 새로이 설정되어 6개월 미만은 1,000 mg, 6~11개월은 1,500 mg이다(표 4-9).

인의 섭취기준은 칼슘과 마찬가지로 평균 모유 섭취량과 모유 내 인 함량을 계산하여 정하였다. 영아 초기에는 모유를 통한 인 섭취량이 영아에게 가장 적정한 수준으로 간주되고 있다. 0~5개월의 영아는 100 mg/일, 6~11개월의 영아는 모유로부터 섭취하는 양과 이유 보충식으로 섭취하는 양을 합하여 300 mg/일을 충분섭취량으로 하였다.

(2) 기타 다량 무기질

나트륨, 염소, 칼륨 및 마그네슘 등도 모유를 통한 섭취량을 반영하여 각각 0~5개월, 6~11개월의 영아를 위한 충분섭취량을 설정하였다. 영아 전기의 나트륨 충분섭취량은 모

표 4-9 영아의 다량 무기질 영양소 섭취기준

연령(개월)	칼슘 (mg/일)		인 (mg/일)	나트륨 (mg/일)	염소 (mg/일)	칼륨 (mg/일)	마그네슘 (mg/일)
	충분섭취량	상한섭취량	충분섭취량	충분섭취량	충분섭취량	충분섭취량	충분섭취량
0~5	210	1,000	100	120	180	400	30
6~11	300	1,500	300	370	560	700	55

자료 : 보건복지부, 2015 한국인 영양소 섭취기준, 2015

유 중 나트륨 함량(160 mg/L)과 영아의 모유 섭취량(780 mL/일)을 적용하여 120 mg/일이며, 염소 충분섭취량은 나트륨과 동일 몰당량으로 180 mg/일로 정해졌다. 생후 5개월까지 영아의 칼륨 섭취기준은 모유 중 칼륨 함량 500 mg/L와 영아의 1일 모유 섭취량 780 mL를 적용하여 400 mg을 충분섭취량으로 하였다(표 4-9).

(3) 철

건강한 영아는 출생 시 충분한 철을 체내에 저장하고 태어나지만 급격한 성장과 함께 혈액의 부피가 급격히 증가하므로 철분 결핍이 일어나기 쉽다. 철분이 결핍되면 발달 장애, 빈혈 등이 유발되므로 4~6개월에는 모유 수유를 하는 경우는 철분이 강화된 곡류를 보충식에 첨가하고, 인공 수유를 하는 경우는 철분이 강화된 조제유를 선택해야 한다. 이 시기에 이유(離乳)를 시작하는 이유 중의 하나는 철분 부족을 예방하기 위한 것이다.

영아의 철 권장량은 모유 수유를 하는 영아의 철 섭취량을 충분섭취량으로 추정하였다. 생후 4~20주 사이의 영아가 섭취하는 모유의 평균 철 농도는 0.35 mg/L이며, 하루 평균 모유 분비량은 780 mL이다. 이를 기준으로 0~5개월 된 영아의 충분섭취량은 0.3 mg/일로 하였다.

영아 후기(6~11개월)는 출생 시 저장하였던 철이 고갈되는 시기로 적절한 철의 저장과 유지를 위해 모유 이외에 이유 보충식의 공급이 반드시 필요하다. 이 시기의 철 필요량은 요인가산법으로 기본적 철 손실량 0.267 mg/일과 헤모글로빈 증가에 의한 철 요구량 0.325 mg/일, 체조직 형성에 필요한 철의 증가량 0.008 mg/일, 저장 철의 증가량 0.045 mg/일 등의 요소를 고려하여 결정한다. 따라서 체내 철의 총필요량은 이를 모두 더하여 약 0.645 mg/일이 되며,

이유(weanling) 생후 5~6개월이 되면 유즙만으로는 성장 발달에 필요한 에너지와 영양소를 충족시키기 어려워지므로, 수유의 양을 단계적으로 감소시키면서 여러 가지 반고형식의 보충식을 주어 점차 성인과 같은 정상적인 식사 형태에 도달하는 과정

표 4-10 영아의 미량 무기질 영양소 섭취기준

연령 (개월)	철 (mg/일)				아연 (mg/일)			불소 (mg/일)		구리 (μg/일)	망간 (mg/일)	요오드 (μg/일)		셀레늄 (μg/일)		크롬 (μg/일)
	평균필요량	권장섭취량	충분섭취량	상한섭취량	평균필요량	권장섭취량	충분섭취량	충분섭취량	상한섭취량	충분섭취량	충분섭취량	충분섭취량	상한섭취량	충분섭취량	상한섭취량	충분섭취량
0~5	-	-	0.3	40	-	-	2	0.01	0.6	240	0.01	130	250	9	45	0.2
6~11	5	6	-	40	2	3	-	0.5	0.9	310	0.8	170	250	11	65	5.0

자료 : 보건복지부, 2015 한국인 영양소 섭취기준, 2015

영아의 식이 철의 이용률을 13%로 적용하면 식이 중 철 필요량은 5.0 mg/일이 되므로 6~11개월 된 영아의 평균필요량을 5 mg/일로 책정하고 이에 개인간 변이계수 1.3을 적용하여 권장섭취량은 6 mg/일로 정하였다. 영유아의 철 보충제 최대무해용량(30 mg)과 식품 섭취에 의한 10 mg을 더한 40 mg을 최대무해용량으로 정하여 영아의 상한섭취량은 40 mg/일로 하였다(표 4-10).

(4) 아연

아연은 영아의 성장, 발달에 매우 중요한 역할을 한다. 그러나 철과 달리 출생 시 저장되어 있지 않으므로 아연의 보충이 필요하다. 아연의 급원 식품인 육류, 굴, 치즈, 달걀, 전곡류 등을 영아의 보충식에 이용하는 것이 아연 보충에 도움이 된다.

영아의 아연 섭취기준은 모유 수유를 하는 영아의 아연 섭취량을 충분섭취량으로 추정한다. 모유의 아연 농도는 수유 기간이 경과할수록 감소하는데, 우리나라 수유부의 4~20주 사이 성숙유의 평균 아연 농도는 2.2 mg/L이며 하루 평균 모유 분비량 0.78 L/일을 곱하여 추정한 1.72 mg/일에서 0~5개월 된 영아의 충분섭취량을 2 mg으로 정하였다.

영아 후기의 아연 섭취기준은 요인가산법을 이용하여 결정한다. 장을 통한 아연의 기본 손실량(445 μg/일)과 소변이나 피부를 통한 아연 손실량(125 μg/일)으로부터 기본 손실량의 총량은 570 μg/일이다. 여기에 성장을 위한 요구량 228 μg/일을 합하여 6~11개월 영아에게 필요한 아연은 약 800 μg/일이다.

영아 후기에 모유로부터 섭취하는 아연의 양을 약 500 μg/일로 보고 모유 아연의 흡수율 50%를 적용하면 모유에서 흡수한 아연의 양은 약 250 μg/일이 되며, 나머지 약 550 μg/일의 아연은 이유 보충식으로 충족시켜야 한다. 이유 보충식의 아연 흡수율은 약 30%이므로 이유식에서 섭취해야 하는 아연의 양은 1.8 mg/일이다. 따라서 6~11개월 된 영아의 평균필

요량은 2 mg/일이 되며, 권장섭취량은 개인간 변이 10%를 적용하여 3 mg으로 정하였다.

(5) 불소

불소는 충치 예방은 물론 새로운 골격 형성을 자극하는 것으로 알려졌다. 영아는 모유로부터 하루 약 0.01 mg의 불소를 섭취하고 조제유의 경우는 이보다 조금 양이 많다. 그러나 이 시기에 모유로부터 섭취되는 불소의 양이 영아에게 충치를 크게 증가시키지는 않는 것으로 나타나 모유의 불소 섭취량인 0.01 mg/일을 0~5개월 된 영아의 충분섭취량으로 정하였다.

영아 후기(6~11개월)의 불소 충분섭취량은 충치를 예방하고, 건강에 다른 해를 주지 않는다고 알려진 체중 1 kg당 0.05 mg/일을 기준으로 표준체중 8.9 kg을 적용하여 0.5 mg/일로 책정하였다. 그러나 과량의 불소를 섭취하는 경우 오히려 치아의 에나멜층이 손상되므로 상한섭취량을 영아 전기는 0.6 mg/일, 영아 후기는 0.9 mg/일로 정하였다.

(6) 기타 미량 무기질

구리, 망간, 요오드, 셀레늄 및 크롬 등은 모두 모유 수유를 하는 영아의 평균섭취량을 반영하여 충분섭취량을 정하였다.

구리의 충분섭취량은 0~5개월 영아는 240 μg/일, 6~11개월 된 영아는 0~5개월 된 영아의 충분섭취량을 기초로 대사체중을 고려하여 하루에 310 μg으로 하였다. 아연 및 철분의 섭취가 과다하면 구리 흡수가 방해받을 수 있다.

망간의 경우 0~5개월 영아의 충분섭취량은 0.01 mg/일이고 이유 보충식을 먹는 영아 후반기의 경우는 식품에 들어 있는 망간의 농도가 모유의 망간 농도보다 현저히 높기 때문에 6~11개월 영아의 충분섭취량은 0~5개월 영아가 아닌 성인의 충분섭취량을 기준으로 대사체중비를 고려하여 0.8 mg/일로 정하였다.

요오드는 모유로 분비되는 요오드의 양인 130 μg/일을 0~5개월 된 영아의 충분섭취량으로 정하고 6~11개월 된 영아는 0~5개월 영아의 충분섭취량을 기초로 대사체중을 적용하여 하루 170 μg으로 정하였다. 0~11개월 영아의 요오드 상한섭취량은 250 μg/일로 하였다.

셀레늄의 섭취기준은 모유 수유를 하는 영아의 충분섭취량으로 하였다. 0~5개월 된 영아는 9 μg/일, 6~12개월 된 영아는 11.0 μg/일이 충분섭취량이며, 상한섭취량은 영아 전기는 45 μg/일, 영아 후기는 65 μg/일이다.

크롬의 섭취기준은 0~5개월 영아는 모유가 공급하는 크롬 양을 고려하여 0.2 μg/일,

6~11개월 영아는 모유와 이유식을 통하여 섭취하는 1일 평균섭취량을 근거로 5.0 μg/일을 충분섭취량으로 하였다.

6) 비타민

(1) 지용성 비타민

a. 비타민 A

영아에게 필요한 비타민 A의 섭취기준은 모유 섭취량을 기준하여 결정한다. 한국인 산모의 성숙유(4~20주) 중 비타민 A 함량인 42.9 μg RAE/dL와 영아의 1일 모유 섭취량이 0.78 L인 것을 기준으로, 0~5개월 된 영아의 비타민 A 충분섭취량은 350 μg RAE, 6~11개월 된 영아는 보충식을 통한 섭취를 감안하여 약 450 μg RAE로 하였다. 비타민 A의 다량 섭취에 대한 과잉증이 보고된 바 있으므로 영아기 동안의 상한섭취량은 600 μg RAE로 정하였다(표 4-11). 영아는 비타민 A의 충분섭취량과 상한섭취량 사이의 차이가 매우 적으므로 비타민 보충제 섭취는 유의하여야 한다.

b. 비타민 D

영아에게 비타민 D 결핍은 불충분한 석회화로 인하여 구루병을 초래한다. 모유에는 비타민 D 함량이 낮고 햇빛으로부터 비타민 D를 충분히 얻지 못하는 영아기에는 구루병 예방을 위해 일정량의 비타민 D 섭취가 필요하다. 영아 전기, 후기 모두 5 μg/일을 충분섭취량으로 하였다. 과량의 비타민 D는 고칼슘혈증과 성장 지연을 일으킨다. 영아의 경우 과잉섭취는 특히 유의하여야 하므로 상한섭취량으로 1일 25 μg을 정하였다.

c. 비타민 E

영아의 비타민 E의 권장량은 완전 모유 수유를 하는 영아의 평균 비타민 E 섭취량을 충분섭취량으로 설정한 것이다. 모유의 비타민 E 농도는 약 387 μg/dL이므로, 영아에게 비타

표 4-11 영아의 지용성 비타민 영양소 섭취기준

연령 (개월)	비타민 A (μg RAE/일)		비타민 D (μg/일)		비타민 E (mg α-TE/일)	비타민 K (μg/일)
	충분섭취량	상한섭취량	충분섭취량	상한섭취량	충분섭취량	충분섭취량
0~5	350	600	5	25	3	4
6~11	450	600	5	25	4	7

자료 : 보건복지부, 2015 한국인 영양소 섭취기준, 2015

민 E 충분섭취량은 0~5개월의 경우 하루 3.0 mg α-TE, 6~11개월은 4.0 mg α-TE이다. 영아는 모유와 조제유를 통해서만 비타민 E를 섭취하므로 상한섭취량은 설정되어 있지 않다.

d. 비타민 K

비타민 K는 태반을 거의 통과하지 못하므로 신생아 및 1세 미만 영아의 경우 결핍 위험에 놓일 수 있다. 비타민 K의 부족 상태는 출생 시 혈장 내 혈액응고인자의 농도를 저하시키고 이는 생후 첫 주에 출혈의 위험을 증가시킨다. 영아의 비타민 K 권장 섭취기준은 평균 모유 섭취량과 모유 내에 함유되어 있는 평균 비타민 K 농도, 수유 형태를 기준하여 0~5개월은 4 μg/일, 6~11개월은 7 μg/일을 충분섭취량으로 정하였다. 비타민 K의 과잉 섭취에 대한 독성 보고가 없으므로 상한섭취량은 설정되어 있지 않다.

(2) 수용성 비타민

건강한 수유부에게 분비되는 모유의 티아민 함량은 영아의 필요량을 충족시킬 수 있으므로 성숙유의 티아민 농도를 0.21 mg/L로 적용하여 티아민의 섭취기준을 정하였다. 영아의 티아민 충분섭취량은 0~5개월은 0.2 mg/일, 6~11개월에는 0.3 mg/일이다(표 4-12).

모유의 리보플라빈 함량은 모체의 리보플라빈 섭취량의 직접적인 영향을 받는 것으로 알려져 있다. 모유의 리보플라빈 함량을 기준으로 생후 5개월까지는 0.3 mg/일을, 6~11개월의 영아는 0.4 mg/일을 충분섭취량으로 하였다.

모유에 함유된 니아신 함량은 1.8 mg/L이고, 트립토판의 함량은 210 mg/L이다. 영아기는 단백질의 교체율이 높고, 양의 질소 평형이 이루어지는 점을 고려하여 영아기의 니아신 충분섭취량은 0~5개월은 2 mg NE/일, 6~11개월은 3 mg NE/일이다.

영아기는 단위체중당 단백질 필요량이 일생 중 가장 큰 시기이므로 성장기에 적절한 단백질 대사가 이루어지도록 충분한 비타민 B_6 섭취가 매우 중요하다. 모유에 함유된 비타민 B_6 수준도 모체의 섭취량에 직접적인 영향을 받는 것으로 알려져 있다. 0~5개월 된 영아의 1일 충분섭취량은 0.1 mg이고, 6~11개월 된 영아는 0.3 mg이다.

영아기는 빠르게 성장하는 시기이므로 급속한 세포 분화 과정에서 단백질과 핵산을 합성하기 위한 엽산 요구량이 증대되며, 이들의 충분섭취량은 모유 영양아의 섭취량을 기준하여 각각 설정하였다. 엽산의 충분섭취량은 0~5개월은 65 μg/일, 6~11개월은 80 μg/일이며, 비타민 B_{12}의 충분섭취량은 0~5개월이 0.3 μg/일, 6~11개월이 0.5 μg/일로 하였다.

영아가 모유를 통해 섭취하는 비타민 C의 양은 하루 35 mg이다. 괴혈병을 방지하기 위

표 4-12 영아의 수용성 비타민 영양소 섭취기준

연령 (개월)	티아민 (mg/일)	리보플라빈 (mg/일)	니아신 (mg NE/일)*	비타민 B_6 (mg/일)	엽산 (μg DFE/일)**	비타민 B_{12} (μg/일)	비타민 C (mg/일)	판토텐산 (mg/일)	비오틴 (μg/일)
	충분섭취량	충분섭취량	충분섭취량	충분섭취량	충분섭취량	충분섭취량	충분섭취량	충분섭취량	충분섭취량
0~5	0.2	0.3	2	0.1	65	0.3	35	1.7	5
6~11	0.3	0.4	3	0.3	80	0.5	45	1.9	7

*1 mg NE(니아신당량)=1 mg 니아신=60 mg 트립토판
**Dietary Folate Equivalents
자료 : 보건복지부, 2015 한국인 영양소 섭취기준, 2015

해 필요한 비타민 C의 양은 하루 7~12 mg이므로 모유로부터 섭취하는 양이면 충분한 것으로 보인다. 이에 따라 0~5개월 영아의 비타민 C의 1일 충분섭취량은 35 mg, 6~11개월은 45 mg이다. 그 외 판토텐산과 비오틴의 충분섭취량도 모유 영양아의 섭취량을 기준으로 정하였다.

5. 영아의 영양 공급

1) 모유와 조제유의 영양 비교

모유는 생후 첫 주 동안의 신생아에게 필요한 모든 영양분을 이상적으로 포함하고 있어 신생아의 성장과 발달에 유익한 영양 공급원이다. 그러나 어떠한 이유로 인해 모유 수유가 불가능한 경우는 조제유를 선택해야 한다. 우리나라에서 시판되는 영아용 조제유는 모두 분유 형태이며 우유를 영양학적으로 모유 성분에 가깝게 만들기 위해 많은 노력을 기울이고 있다(표 4-13). 그러나 어떤 조제유도 모유와 같은 생물학적 특성과 영양 성분을 동일하게 할 수는 없다.

모유와 우유의 총지질 함량은 거의 비슷하나 지방산 조성은 차이가 있다. 모유의 지질은 98% 이상이 중성지방(triglyceride)의 형태이며, 이 중 짧은 사슬의 포화지방산(saturated fatty acid, C8 이하)의 함량은 극소량이고, 긴사슬지방산(long chain fatty acid)의 다가불포화지방산(polyunsaturated fatty acid) 비율은 높다. 모유의 중성지방에 함유된 가장 풍부한 지방산은 올레산(oleic acid, C18:1)과 팔미트산(palmitic acid, C16:0)이며, 모유에 다량 함유된 팔미트산은 영아의 소화와 흡수를 용이하게 한다. 또한 필수지방산인 리놀레산(linoleic acid, C18:2, n-6)과 리놀렌산(linolenic acid, C18:3, n-3)을 비교적 높은 비율로 함유하고 있

표 4-13 모유와 우유의 성분 비교

영양 성분		모유	우유
지질 (g/100 mL)	총지방	4.2	3.8
	지방산≤8C(%)	미량	6
	다가불포화지방산(%)	14	3
단백질 (g/100 mL)	총단백질	1.1	3.3
	카세인	0.3	2.5
	α-락트알부민	0.3	0.1
	락토페린	0.2	미량
	IgA	0.1	0.003
	IgG	0.001	0.06
	라이소자임	0.05	미량
	혈청 알부민	0.05	0.03
	β-락토글로불린	-	0.3
탄수화물 (g/100 mL)	젖당	7.0	4.8
	올리고당	0.5	0.005
무기질 (g/100 mL)	칼슘	0.030	0.125
	인	0.014	0.093
	나트륨	0.015	0.047
	칼륨	0.055	0.155
	염소	0.043	0.103

자료 : United nations Univ. food and nutrition bulletin, Vol 17, No.4 December, 1996

다. 특히 아라키돈산(arachidonic acid, C20:4, n-6)과 DHA(C22:6, n-3)와 같은 다가불포화지방산의 비율이 높은데 이들 지방산은 뇌와 신경조직의 구성성분으로 어린 시절 정신 발달과 시각 발달을 위해 필요하다.

모유의 단백질은 유청 단백질(whey protein)과 카세인(casein) 단백질의 2가지로 분류되며 약 60:40의 비율로 존재한다. 유청 단백질은 주로 α-락트알부민(α-lactalbumin), 락토페린(lactoferrin)!, 분비형 면역글로불린(SIg A) 및 혈청 알부민을 함유하며 영아의 위에서 소화되기 쉬운 형태(soft curd)를 형성한다. 카세인은 영아의 위에서 소화가 어려운 단단한 덩어리(hard curd)를 형성하지만 모유의 카세인은 대부분이 β-카세인이므로 비교적 영아가 소화

락토페린(lactoferrin) 신생아의 질병 감염을 막아 주고 영아의 철분 흡수를 촉진시키는 철 결합성 단백질로, 모유에 함유된 특수 성분. 특히 초유 속에 많이 들어 있음

하기 용이한 형태이다. 모유의 주요 탄수화물은 젖당(lactose)이며 그 외에 상당량의 올리고당(oligosaccharides)을 함유한다. 모유는 영양 성분 외에 영아에게 필수적인 인자를 포함한다. 표 4-14에 모유와 조제유의 일반적 특성을 비교하였다.

표 4-14 모유와 조제유 특성

	모유	조제유
일반적 특성	• 수유 기간에 따라 성분 조성과 풍미가 변함 • 살아 있는 사람 세포를 함유 • 사람 호르몬과 성장 인자 함유 : cholecystokinin과 같은 소화관 호르몬, 성장 호르몬, 스테로이드호르몬 등 • 활성의 소화효소 함유 : lipase, amylase, protease • 소화관 성숙에 도움이 되는 인자 함유 : 글루타민 • 면역에 도움이 되는 인자 함유 : 분비형 면역글로불린(IgA), lactoferrin, lysozyme, bifidus factor, oligosaccharides, antibacterial lipids, leukocytes 등	• 성분 조성과 풍미가 변하지 않음 • 살아 있는 세포가 없음 • 사람 호르몬이나 성장 인자 없음 • 활성효소 없음 • 소화관 성숙을 위한 인자 없음 • 면역 인자 없음
단백질	• 총단백질 함량 낮음(0.9%) • 단백질의 60%는 소화되기 쉬운 형태의 유청 단백질 : α-lactalbumin, lactoferrin, IgA, lysozyme, bifidus factor • 카세인(casein) 40% : 소화가 용이한 상태의 칼슘과 인산염 결합 • α-lactalbumin 포함 : 알레르기 반응이 적음 • 락토페린 : 세균의 성장에 필요한 철과 결합하여 세균의 성장 억제작용, 영아의 철 흡수 촉진 • 분비형 면역글로불린(IgA) : 로타바이러스(rotavirus), 지아디아균(giardia), 인플루엔자(influenzae), 캠필로박터(*Campylobacter*), *E. coli*, 시겔라(*Shigella*), 인체면역결핍바이러스(HIV) 등 세균의 장내 침입과 증식을 방지 • 라이소자임 : 천연의 항생제로서 체내 세균을 직접 파괴	• 총단백질 함량이 높음 • 유청 단백질이 상당히 적어(20%) 60%에 도달하도록 조정 • 카세인 함량이 약 80%로 높아 40%로 감량 • β-lactoglobulin 포함 : 알레르기 발생이 높음 • 락토페린이 없음 : 조제유 가공 과정에서 락토페린은 파괴됨 • Ig A 대신 Ig G를 함유 • 모유에 함유된 라이소자임의 약 1/30 정도 함유
지질	• 동물성 지질 총 40 g/L • 콜레스테롤 함유 • 긴사슬지방산(뇌 성장에 필요한 아라키돈산)이 총지질의 1~2% • 중간사슬지방산(MCT) : 조제유보다 적음 • 탄수화물·젖당 : 모유 당질의 90%, 우유보다 함량이 높고 영아 설사를 조절 • 칼로리의 50%	• 식물성 기름 총 38 g/L • 콜레스테롤 없음 • 긴사슬지방산 없음 • MCT : 성숙유보다 많음 • 젖당 첨가 • 칼로리의 50%
기타	• 철분 함량은 적으나 흡수율이 49% • NaCl, K, Ca, PO_4 적음 • 페닐알라닌(phenylalanine)과 티로신(tyrosine) 함량은 우유보다 적어 건강한 영아에게 적당한 수준이나 모유 수유를 하는 PKU 영아의 경우는 면밀히 살펴봐야 함 • 타우린 풍부	• 철분 함량은 많으나 흡수율은 4% • NaCl, K, Ca, PO_4 많음 • PKU 영아를 위한 특수 조제유는 함량을 조절함 • 타우린 첨가

2) 모유 영양

(1) 모유 영양의 장점

모유는 신생아기부터 이유기까지 영아에게 가장 우수한 영양 공급원이다. 모유의 성분은 영아가 성장하는 데 필요한 영양소가 적절하게 조성되어 소화와 흡수가 용이한 형태이다.

모유에는 각종 면역 기능을 가진 물질이 함유되어 영아의 장관에서 세균의 침입을 막아 주어 감염에 대한 방어 역할을 한다. 특히 생후 1~5일간 분비되는 초유(colostrum)에는 면역 성분인 비피더스, 면역글로불린(immunoglobulin), 라이소자임, 락토페린, 림프구(lymphocyte) 등의 함량이 많아 신생아를 감염으로부터 보호한다(표 4-15). 초유는 성숙유에 비해 지질과 탄수화물 함량이 적어 에너지 함량은 낮으나 단백질과 무기질 함량은 성숙유보다 높다.

표 4-15 모유의 항감염성 인자

항균 인자(Antimicrobial factors)	항염증성 인자(Anti-inflammatory factors)
S IgA, IgM, IgG 락토페린(lactoferrin) 라이소자임(lysozyme) 보체(complement : C3) 백혈구(leucocytes) 비피더스 인자(bifidus factor) 올리고당(oligosaccharides)	인터류킨(interleukins) 인터페론(interferon) 프로스타글란딘(prostaglandins)

자료 : By Ann Prentice, 1996

모유의 단백질은 우유 단백질에 비해 식품 알레르기의 발생 염려가 없다. 모유에는 필수아미노산과 비필수아미노산이 골고루 함유되어 있고, 특히 시스틴과 타우린이 풍부하여 영아의 성장과 발달에 도움이 된다.

모유의 총지질 함량은 조제유와 비슷하지만(그림 4-7), 모유에는 불포화지방산의 함량이 많아 흡수율이 높고, 필수지방산인 리놀레산과, 영아의 두뇌 발달 및 시각 기능에 중요한 DHA의 함량이 높다. 또한 모유에는 콜레스테롤 함량이 우유보다 높은데, 이는 신생아기에 급속하게 발달하는 중추신경계의 수초(myelin), 세포막 형성 및 스테로이드호르몬 합성에

초유(colostrum) 특유한 맛과 향을 띠며 효소 및 면역체를 다량 함유하고 있는 분만 후 1주일까지 분비되는 유즙
라이소자임(lysozyme) 천연 항생제로서 체내 세균을 직접 파괴하며 모유에 더 많이 함유되어 있음

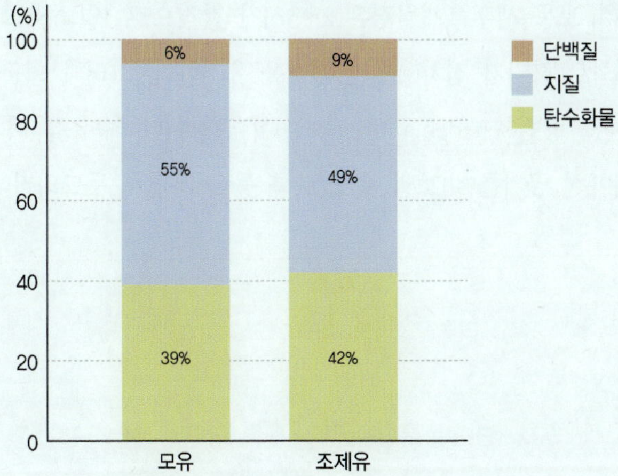

그림 4-7 모유와 조제유의 열량 영양소의 구성

자료 : By Whitney, Understanding Nutrition 9/e, Wadsworth, 2002

중요한 전구체로 사용된다.

모유를 수유하는 동안 모자간의 피부 접촉이 이루어지는데, 이는 아기에게 심리적 안정감을 주고 깊은 유대관계를 형성한다. 수유부는 모유 수유를 통해 산후 회복이 빨라지고 비만을 방지할 수 있으며 유방암의 발생 위험을 감소시킨다.

(2) 수유방법

모유 수유는 산모와 신생아의 영양 상태가 양호한 경우라면 출산 후 즉시 시작하는 것이 바람직하다. 1회 수유시간은 15~20분으로 하고 수유의 횟수와 간격은 영아에 따라 결

Tip

당뇨·비만 산모도 모유 먹이면 자녀 비만 예방

미국 사우스캐롤라이나 대학의 엘리자베스 메이어·데이비스 박사 연구팀은 의학 저널 《당뇨병 치료Diabetes Care》에서 평균 연령 12세의 어린이 1만 5,253명을 대상으로 체중과 엄마의 당뇨 및 비만 여부 등을 조사한 결과, 산모가 당뇨병을 앓고 있거나 비만인 경우에도 모유를 먹이면 자녀가 나중에 비만이 될 확률이 줄어든다고 하였다. 또한 모유만 먹인 경우와 조제유만 먹인 경우를 비교한 결과, 모유를 먹고 자란 아이들은 비만이 될 가능성이 조제유를 먹은 아이들보다 통계적으로 확실히 적은 것으로 나타났다. 이런 차이는 연령과 성별, 사춘기 성장 요인 등의 요인을 감안해도 유효하였다. 메이어·데이비스 박사는 "모유 수유 효과가 당뇨병 엄마를 둔 자녀에게 나타나는 과체중과 당뇨의 악순환을 끊는 데 기여하는 것으로 보인다."고 말하였다.

출처 : 뉴욕 로이터·연합뉴스, 2006

정하는 것이 좋은데, 보통 생후 1개월경은 2~3시간 간격으로 1일 6~8회, 1~3개월은 3시간 간격으로 1일 6회로 하다가 점차 4시간 간격을 유지한다. 그러나 최근에는 영아의 요구가 있을 때 수유하는 방법(self-demand feeding)이 권장된다. 수유를 마친 후에는 영아가 젖을 먹을 때 들이마신 공기를 내보낼 수 있도록 등을 가볍게 두드리거나 쓸어 주어 트림을 시킨다.

Tip

BFHI 운동이란?

BFHI(Baby Friendly Hospital Initiative) 운동이란, '아기에게 친근한 병원 만들기 운동'으로 '병원'이 '성공적인 모유먹이기 10단계(UNICEF, WHO, Wellstat 및 모유 수유 자문관들의 공동 노력으로 개발된 프로그램)'를 실천하여 아기에게 친근한 병원이 되도록 하자는 운동이다. BFHI에서 1990년 어린이를 위한 세계 정상 회담에서 채택한 모유 수유 목표는 "모든 여성이 아기에게 모유를 먹일 수 있어야 하고, 출생 후 4~6개월 동안 모든 아기들은 모유만으로 키워져야 한다. 그 후에도 2년간 또는 그 이상 적절한 보충식과 함께 모유를 먹어야 한다."이다.

자료 : 모유수유정보신문, 2000

Advice 성공적인 모유먹이기 10단계

산모와 신생아 관리를 하는 모든 시설은

1. 모든 병원은 의료 요원을 위한 모유 수유 방침을 가진다.
2. 이 방침을 실행하기 위하여 모든 의료 요원에게 기술을 훈련시킨다.
3. 모유의 장점을 임산부에게 교육시킨다.
4. 태어난 지 30분 이내에 엄마 젖을 물린다.
5. 임산부에게 모유 먹이는 방법을 자세히 가르친다.
6. 갓난아기에게 모유 이외에 다른 음식물을 주지 않는다.
7. 엄마와 아기는 한방을 쓴다.
8. 엄마 젖은 아기가 원할 때마다 먹인다.
9. 아기에게 모유 외에 다른 것을 물리지 않는다.
10. 모유 먹이는 모임을 만들도록 한다.

자료 : 세계보건기구, 유니세프 공동발표, 1989

3) 인공 영양

모유가 부족하거나 모유를 먹일 수 없는 경우에는 조제유로 영양 공급을 한다. 조제유는 우유로 제조된 제품을 많이 사용하지만 우유 알레르기나 대사 장애 등의 특수 상황의 영아는 두유로 조제된 조제유나 카세인을 가수분해한 조제유 등의 특수 조제유를 사용한다. 조제유는 모유 성분과 질적, 양적으로 가깝도록 젖당, 단백질, 지질, 무기질 및 비타민 등을 첨가한다. 단백질의 경우 우유 중의 카세인의 일부를 제거하고 알부민과 글로불린을 증가시킨다. 우유에는 젖당이 적으므로 젖당을 첨가하여 모유와 비슷하게 조정하고 지방 역시 우유의 포화지방산의 일부를 불포화지방산으로 바꾸어 모유와 가깝게 만든다. 우유에 너무 많이 함유되어 있는 칼슘, 인, 나트륨, 칼륨 등의 다량 무기질을 감량하여 모유와 비슷한 비율로 조정하고 철, 아연, 구리 등은 강화한다. 또한 우유에는 각종 비타민과 타우린, 시스틴이 강화된다. 그 밖에 락토페린, DHA와 같은 모유에 함유되어 있는 영양 성분과 면역 성분을 첨가하여 모유와 비슷하도록 한다. 우리나라에서 시판되는 조제유의 성분 및 영양소 함량은 표 4-16과 같다.

표 4-16 우리나라 시판 조제유 성분(단위 : 100 g당)

영양 성분	단위	제품								
		N분유1	N분유2	M분유1	M분유2	H분유1	H분유2	P분유1	P분유2	S분유
열량	kcal	518.2	516.2	514	513	520	515	516	509	526.4
단백질	g	12.5	12	12.5	11.5	12	14	12	12.8	10.9
지질	g	27.4	27	27	26.5	27	27	27	26	28.38
리놀레산	g	4.5	4.5	5	4.2	5	5	4.5	4.2	5.21
α-리놀렌산	mg	540	520	480	480	450	420	0.54		
γ-리놀렌산	mg	10	14	16	20	14	20	15	50	
탄수화물	g	55.4	56.3	55.2	57	56	55	56.3	56	56.8
회분	g	2.2	2.2	2.8	2.5	2.2	2.3	2.2	2.7	
수분	g	2.5	2.5	2.5						
비타민 A	μgRAE	510	540	510	510	540.5	540.5	540	540.5	583
비타민 B_1	mg	0.3	0.45	0.3	0.3	0.4	0.4	0.4	0.3	0.53
비타민 B_2	mg	0.6	0.6	0.6	0.6	0.8	0.8	0.6	0.6	1.166
비타민 B_6	mg	0.2	0.3	0.3	0.3	0.3	0.3	0.4	0.3	0.319
비타민 B_{12}	μg	2	2	2	2	2	2	2	2	1.6
비타민 C	mg	50	50	50	50	50	50	50	50	47.4
비타민 D	μg	8.8	9.3	9.5	9.5	9.5	9.5	12.5	9.5	8.86

(계속)

영양 성분	단위	제품								
		N분유1	N분유2	M분유1	M분유2	H분유1	H분유2	P분유1	P분유2	S분유
비타민 E	mg α-TE	4.4	4.8	4.7	4.7	4.4	4.4	4	6	8.86
비타민 K_1	μg	28	30	30	30	30	30	25	30	58.3
비타민 K_2	μg	25								
판토텐산	mg	3	3	3	3	3	3	3	3	3.03
니아신	mg NE	3	5	5	5	5.3	5.3	5	5	5.52
엽산	μg	100	100	100	100	100	100	100	100	73.9
비오틴	μg	15	18	20	20	20	20	10	60	23.3
베타카로틴	μg	60	100	60	60	60	60	60	60	
타우린	mg	30	35	35	40	34	34	35	35	35
이노시톨	mg	35	35	35	35	35	35	35	35	24.9
칼슘	mg	360	360	360	340	450	450	360	400	409.8
인	mg	200	200	200	180	300	300	240	220	220.8
마그네슘	mg	40	40	40	40	50	50	40	40	31.9
나트륨	mg	140	140	150	140	140	140	140	130	138.4
칼륨	mg	440	440	470	420	450	450	440	450	614
염소	mg	310	310	320	300	310	310	320	320	341.4
철	mg	5	5	6	6	5	6	6	6	9.3
아연	mg	2.6	2.6	3	3.6	3.3	3.3	2.6	2.6	3.9
구리	μg	320	320	320	320	330	330	320	320	365
망간	mg	30	30	30	30	30	30	30	30	50
요오드	μg	60	60	60	60	70	70	60	50	70
셀레늄	μg	3.5	3.5							
콜린	mg	50	50	50	50	50	50	70	84	
아라키돈산	mg	20	22	22	22	20	22	24	108	
DHA	mg	70	72	70	70	70	72	41		
DHA+EPA	mg	156	80							
레시틴	mg	400	400	600						
인지질	mg	400	400							
뉴클레오티드	mg	10	14	16	18	15	15	6	25	23.79
락토페린	mg	75	50	50	50	20	70	50	80	
L-시스틴	mg	190	200	190	210	190	215	200	200	
L-알기닌	mg	300	300	480	360	380	500	300	490	
α-락트알부민	mg	1,800	2,000	1,700	2,000	1,350	1,500	2,000	2,000	
프락토올리고당	mg	700	400	1,000	300					
갈락토올리고당	mg	300	600	1,800	500	500	1,200	1,200		
라피노스	mg	300	200	500	450					

(계속)

영양 성분	단위	제품								
		N분유1	N분유2	M분유1	M분유2	H분유1	H분유2	P분유1	P분유2	S분유
갈락토실락토스	mg	200	600	200	1,000	900				
L-카르니틴	mg	10	10	10	10	10	10	10	10	
락츄로스	mg	500	500	300						
강글리오시드	μg	1,400	2,000	2,500	400	2,500	1,300			
뮤신	mg	10								
시알산	mg	90	180	75	75					
락타데린	mg	2.8								
스핑고마이엘린	mg	40	6	30	5.1	15	3	10		
포스파티딜세린	mg	12	6	10	10	5	20			
카제인포스포펩타이드	mg	40								
포스파티딜콜린	mg	55	140	145	159	100	200			
L-트립토판	mg	200								
리보핵산(RNA)	mg	22								
면역글로불린(IgG)	mg	55	50							
포스파티딜에탄올아민	mg	120	122	120						
GMP	mg	1,175	1,500	1,300	2.3					
UMP	mg	6.07								
AMP	mg	4.12								
CAP	mg	11.28								
무기질	mg	138.4								
사이알릴올리고당	mg	5								
라이소자임	mg	37								

자료 : 2005년 현재

(1) 조유방법

우리나라에서 시판되는 조제유는 모두 분유의 형태이다. 수분 함량을 3% 이하로 건조시킨 것으로 물에 섞어 13%의 용액으로 만들 수 있도록 되어 있다.

조유 시에는 우선 손을 깨끗이 씻고 조유기구인 젖병, 젖꼭지, 병뚜껑 등을 깨끗이 씻어 살균해 놓는다. 조제유를 만드는 데 사용하는 물은 반드시 끓여서 이용해야 하며 조유 지시를 준수해야 한다. 만일 조제유의 농도가 너무 진하면 단백질과 전해질 농도가 높아 영아에게 용질 부하량이 증가하여 신장에 부담을 주게 된다. 반대로 조제유의 농도가 너무 묽으면 성장 발육에 필요한 에너지와 영양소의 공급이 충분하지 않아 영양 장애나 성장 부진이 나타날 수 있다.

(2) 수유방법

수유를 할 때는 조용하고 차분한 분위기에서 영아를 팔로 안아 비스듬히 눕힌다. 영아가 누운 자세로 눈 맞춤(eye contact)을 하며 먹을 수 있도록 한다. 모유이든 조제유이든 수유가 끝나면 영아를 안고 등을 쓸어 주거나 가볍게 두드려 젖과 함께 들이마신 공기를 내보낼 수 있도록 트림을 시킨다. 먹고 남은 조제유를 냉장고에 보관하였다가 다시 먹이는 것은 좋지 않다.

특수 조제유

- 두유 조제유 : 우유 단백질에 대해 알레르기를 나타내거나 유당불내증(lactose intolerance)의 영아에게 사용된다. 단백질 공급원으로 콩을 이용하고 메티오닌을 보강한다. 젖당 대신 옥수수 전분과 설탕(sucrose)을 첨가하고 이외에 비타민과 무기질을 강화하였다. 날콩에 함유된 트립신 저해제(trypsin inhibitor)는 열처리하여 활성을 없앤다.
- 카세인 가수분해 조제유 : 우유와 두유에 모두 특이한 반응을 나타내는 영아에게 우유 단백질을 가수분해한 조제유를 이용한다. 우유 단백질인 카세인이 아미노산이나 작은 펩타이드로 분해되어 있고 지방 흡수 장애가 있는 영아를 위해 지질은 긴사슬지방산 대신 중간사슬지방산(medium chain fatty acid, MCT)을 첨가한다. 값이 비싸고 맛이 좋지 않은 단점이 있지만 특이한 반응을 보이는 영아에게는 필수적이다.

4) 혼합 영양

모유 영양과 인공 영양을 병용해서 영아에게 영양을 공급하는 방법을 혼합 영양이라 한다. 혼합 영양에 의한 양육은 모유가 부족하거나 어머니가 사회 활동으로 인해 일정 시간 동안 수유가 불가능한 경우이다.

혼합 영양을 할 때는 모유와 조제유를 교대로 주는데 모유를 먼저 먹이고 부족한 만큼 조제유로 줄 수 있다. 또한 보통 직장여성의 경우에는 아침과 저녁은 모유 수유를 하고 낮 시간은 조제유를 수유하는 방법이 있다. 그러나 때로는 영아가 모유나 조제유를 민감하게 구분하여 적응하지 못하는 문제가 생기기도 한다.

인공 영양(artificial feeding) 우유, 무당연유, 전지분유, 영아용 조제분유 등 모유 이외의 영양 식품으로 육아하는 방법

6. 이유 영양

영아가 6개월 이상이 되면 유즙만으로는 성장, 발달에 필요한 에너지와 영양소를 충족시키기 어려워지므로 보충식을 주어야 한다. 이유(weanling)는 영아에게 수유를 완전히 중단하는 것이 아니라 유즙 양을 단계적으로 감소시키고 여러 가지 반고형식의 보충식을 주어 점차 성인과 같은 정상적인 식사 형태에 도달하는 과정을 말한다.

1) 이유의 필요성

a. 영양소 공급

영아는 3~4개월까지는 유즙만으로도 필요한 영양소를 충분히 공급받을 수 있다. 그러나 5~6개월이 지나면 모유 분비량이 감소하고 성장 발육이 더욱 활발해져 성장에 필요한 여러 가지 영양소가 부족하게 되어 모유나 조제유 외의 보충식이 필요하다. 특히, 이 시기가 되면 태아기에 여분으로 저장되었던 철, 구리 같은 영양소의 저장량이 고갈된다.

따라서 빈혈이나 저항력 감소로 질병에 걸릴 위험이 증가할 뿐만 아니라 영양 장애가 초래되어 성장 부진을 나타낼 수 있으므로 다른 음식의 보충이 필요하다.

b. 소화 기능 발달

영아가 4~6개월이 되면 타액의 분비량이 증가하고 치아가 생성되며 삼키는 능력이 발달한다. 또한 소화효소의 작용이 증가하면서 소화 흡수 기능이 증강된다. 따라서, 유즙 이외의 다른 식품을 조금씩 주면서 소화기관을 자극하여 발달을 촉진시킨다.

Advice 이유할 때 주의할 점

1. 이유 시작 1개월 전부터 수유의 시각과 간격을 규칙적으로 한다.
2. 이유 시작 전에 채소 수프, 맑은 국을 한 숟가락씩 준다.
3. 이유식은 공복일 때 그리고 기분이 좋을 때에 오전 수유 전에 실시한다.
4. 이유식은 영아의 식욕, 소화 능력에 주의하면서 질, 양 및 식품의 종류를 늘려 간다.
5. 새로운 식품은 1일 한 종류씩 시작하고 한 숟가락씩 늘려 간다.
6. 조리법은 소화되기 쉬운 유동식에서 연식, 고형식의 순으로 진행한다.
7. 조리 시 염분 함량은 0.25% 이하로 하고 자극성 식품이나 향신료는 피한다.
8. 신선한 식품을 사용하고 위생적인 조리와 보관을 한다.

c. 정신 발달 기능

영아는 생후 6개월이면 유즙 이외의 다른 음식에 대한 생리적·심리적 욕구가 생긴다. 즉, 다양한 식품의 종류와 식사 변화에 적응 능력이 나타나게 되고 정신 발달에도 도움이 된다.

d. 올바른 식습관 준비

이유기에는 유즙 이외의 식품에 관심을 갖게 하고, 다양한 식품의 맛과 향에 익숙해지도록 하여 편식을 방지하고 올바른 식습관을 확립하는 데 필요한 준비를 해야 한다.

2) 이유의 시기

이유의 시작은 일반적으로 생후 5~6개월경, 체중이 약 7 kg에 도달하는 시기를 권장하고 있다. 너무 이른 시기에 고형식을 주면 단백질 소화가 불충분하여 알레르기 반응을 일으키기 쉽고 비만아가 될 우려가 있다. 반대로 이유의 시작이 너무 지연되면 영아의 성장 발육이 늦어지고 영양 공급이 불충분해진다.

따라서, 이유는 영아의 섭취 기능과 발달 정도를 고려하여 건강 상태가 양호할 때 시작하는 것이 좋고, 늦어도 생후 7개월에는 시작하는 것이 좋다. 또한 모유 분비 상태나 포유량, 영아의 체질, 건강 상태, 계절에 따라 적절한 시기를 결정하는데 여름은 가급적 피하는 것이 좋다. 그러나 영아마다 성장 속도, 활동 정도, 환경 조건이 다르기 때문에 이유의 시작은 각 영아의 필요와 발달 정도에 따르는 것이 바람직하다.

3) 이유의 진행방법

이유의 진행 과정은 보통 초기, 중기, 후기, 완료기로 분류하여 단계적으로 진행해야 하지만 영아의 건강 및 발달 상태 그리고 섭식 능력에 따라 융통성 있게 실시한다.

a. 이유 초기(생후 4~6개월)

이유식은 하루 1회 정도가 적당하다. 오전 10시경에 공복 상태에서 수유 전에 실시하고 모유나 조제유는 1일 4회 정도로 아직 수유량은 줄이지 않는다. 이 시기에는 음식을 씹지 않고 그대로 삼킬 수 있는 묽은 죽의 형태로 조리한다. 예를 들어 곡류는 입자가 고운 죽이나 미음의 형태로 한 숟가락씩 그 양을 증가시킨다. 과일이나 채소를 삶아 으깬 것, 흰살 생선과 고기 및 달걀노른자를 삶아 곱게 갈아 준다.

b. 이유 중기(생후 7~8개월)

생후 7개월경부터 영아는 작은 덩어리 형태의 음식을 씹지 않고 우물우물해서 넘길 수 있으므로 알갱이가 조금 있는 반고형식을 줄 수 있다. 이때는 차차 유즙 양을 감소시키고 이유식의 횟수와 양을 늘린다. 이유식은 하루 2회로 오전과 오후 한 번씩 실시하고 이유식 후에 유즙은 3회 정도 준다. 이 시기의 식품 종류는 곡류, 감자류, 채소, 과일, 달걀, 콩류, 생선류, 육류 등 모두 가능하나 알레르기를 일으킬 수 있는 식품은 주의하여야 한다. 특히, 달걀흰자와 밀가루음식은 생후 1년경에 안심하고 섭취할 수 있으며, 꿀과 콘시럽에는 보툴리누스균(*C. botulinum*)의 포자가 들어 있어 독성을 나타내므로 1년 미만의 영아에게는 적당하지 않다.

c. 이유 후기(생후 9~12개월)

이 시기는 영양의 주공급원이 유즙에서 이유식으로 완전히 바뀌어 이유식의 횟수는 1일 3회로, 모유나 조제유는 2회로 줄인다. 영아는 잇몸으로 식품을 으깰 수 있으므로 조리 형태는 조금 단단한 것도 가능하여 진밥이나 작게 덩어리진 음식을 줄 수 있다.

d. 이유 완료기(생후 12개월 이후)

생후 12개월 이후는 하루 3회 연식의 형태로 공급할 수 있고 영양소의 대부분을 유즙 이외의 식품으로 섭취할 수 있게 된다. 또한 성인과 유사한 식품의 섭취가 가능해진다. 오전 10시와 오후 3시경에 간식을 2회 주고, 우유를 하루에 300~400 mL를 간식으로 주고 모유는 중단한다.

Advice 올바른 분유·이유식 조제방법

1. 반드시 70°C 이상의 물로 조제한다(손으로 잡았을 때 뜨거운 느낌이 드는지 뜨거운 것을 잘 참는 사람이 견딜 만한 온도).
2. 조제 후에는 흐르는 물로 식힌 후 즉시 수유한다.
3. 한 번 수유하고 남은 분유나 이유식은 보관하지 말고 반드시 버린다.
4. 분유나 이유식 조제 시 젖병과 젖꼭지는 깨끗이 씻어 살균하고 손과 숟가락 등을 청결히 한 후 조제한다.

자료 : 식품의약품안전청, 2006

4) 시판 이유식

시판되는 이유식은 분말, 통조림, 병조림 등의 형태이며, 종류가 다양해지고 간편하여 사용률이 급증하고 있다. 우리나라의 분말 형태의 이유식은 분유를 중심으로 곡류와 어육류, 콩류, 채소, 식물성 기름, 당류 등이 첨가되어 있다. 영아에게 시판 이유식을 줄 때는 분말 형태의 이유식 경우도 미음처럼 개어서 숟가락으로 떠먹이는 것이 좋다. 조제유를 섭취하는 아기가 계속 젖병을 사용하게 되면 이유식 진행을 저해하여 바람직한 식습관 형성에도 영향을 미치게 된다.

5) 영아의 발달과 식품 섭취 형태

건강한 신생아는 연령에 따라 비슷한 행동 발달 과정을 거치며 성장한다. 섭식 기능도 발달하여 음식물을 찾는 행위, 입으로 가져가는 행위 및 삼킴운동 등이 이루어진다. 그림 4-8은 영아의 행동 발달과 섭식 기능의 발달에 따른 섭취 가능한 식품 및 음식의 형태를 정리한 것이다.

Tip

영유아 식품에 대한 안전 관리 강화!

식품의약품안전처는 분유 등 축산물 가공품의 제조부터 가공, 유통, 판매까지 정보를 올바르게 제공하기 위해 「축산물 위생관리법」을 일부 개정(2014년)하여 '축산물 이력관리제도' 도입 및 의무 등록자, 위반 시 처벌 규정을 신설하였다.

영유아가 주로 먹는 축산물은 총리령으로 정하는 이력관리의 등록을 의무적으로 하도록 되어 있고, 위반 시 영업정지 등 명령 및 3년 이하 징역이나 5,000만 원 이하 벌금에 처하도록 하여 아기들이 먹는 조제분유부터 '축산물 이력관리 등록'이 의무화 되었다.

이에 따라 연매출 50억 원 이상의 영유아 식품은 2014년 12월부터 이력추적관리가 의무화되어 소비자가 생산부터 가공, 유통, 소비까지의 식품 정보를 한눈에 볼 수 있게 되었다.

*식품 이력 관리 사이트 www.tfood.go.kr의 식품 이력 정보 조회 서비스에서 언제나 이력 정보를 조회할 수 있습니다.

자료 : 식품의약품안전처, 2014

신생아

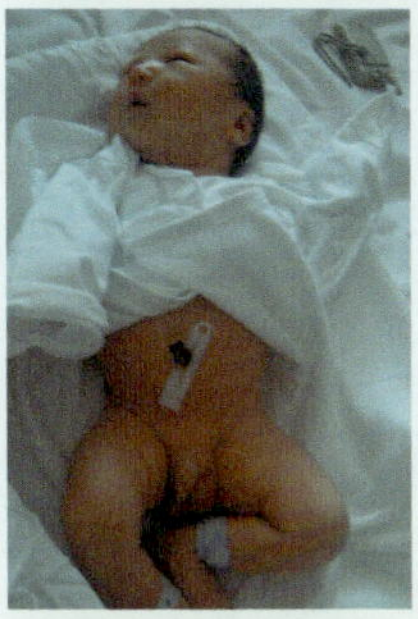

행동 발달
머리는 받쳐 주어야 하고, 머리를 좌우로 돌릴 수 있음

섭식 기능의 발달
반사작용 : 냄새나 자극의 방향으로 고개를 돌림
젖꼭지를 빨고 유즙을 삼킴

섭취 가능 식품
모유 또는 조제유

2~3개월

행동 발달
엎드린 자세에서 머리를 치켜듦

섭식 기능의 발달
젖꼭지를 대면 혀를 밖으로 내밀며 빪

섭취 가능 식품
모유 또는 조제유

4~6개월

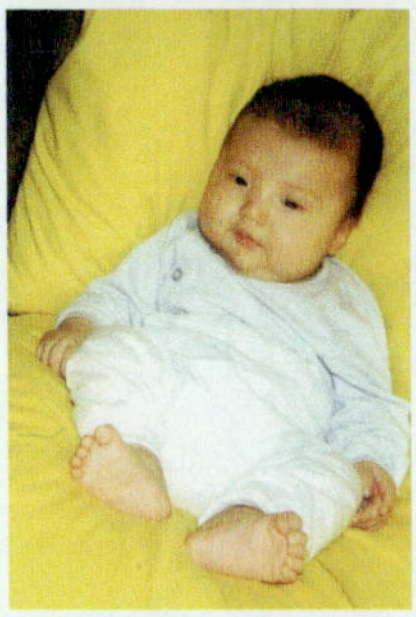

행동 발달
목을 가누고 받쳐 주면 앉음
양팔을 휘감아 물건을 끌어당길 수 있음

섭식 기능의 발달
음식을 삼키기 위해 혀를 앞뒤로 움직임
숟가락을 대면 입을 엶

섭취 가능 식품
모유, 조제유, 이유식의 시작
삶아 으깬 식품 : 미음류, 채소수프(숟가락으로 먹이기)

7~8개월

행동 발달
도움 없이 혼자 앉음
작은 물체를 손으로 집어 올림

섭식 기능의 발달
입 안에 음식을 가둘 수 있고 으깨진 음식을 턱 운동과 혀로 씹기 시작

섭취 가능 식품
모유, 조제유, 부드러운 반고형식 : 걸쭉한 곡류의 죽

8~10개월

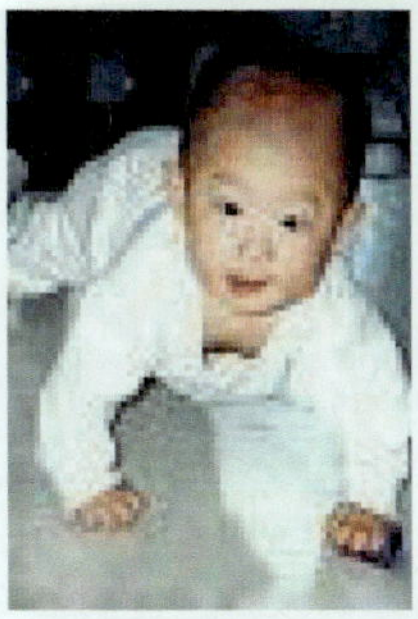

행동 발달
배를 들고 손과 발로 김
경우에 따라 스스로 설 수 있음

섭식 기능의 발달
혀 운동과 씹는 운동이 더욱 발달하고 삼킴 운동이 성숙됨
엄지와 검지로 물건을 잡음
젖병을 잡고 도움을 받아 컵을 사용함

섭취 가능 식품
모유, 조제유, 부드러운 고형식 : 푹 삶은 고기류

11~12개월

행동 발달
혼자 일어서고 한 발자국 걸을 수 있음

섭식 기능의 발달
씹는 능력이 향상되고 빨대로 액체를 마실 수 있음
스스로 컵을 들고 마시고 숟가락으로 먹을 수 있음

섭취 가능 식품
모유, 조제유, 다소 거친 질감의 고형식

12개월 이후

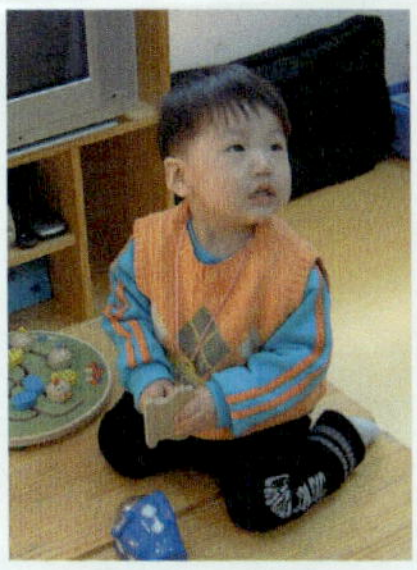

행동 발달
혼자 걷고 뜀

섭식 기능의 발달
성인과 같이 씹고 삼킴
한 손으로 컵을 들고 숟가락 사용이 익숙해짐

섭취 가능 식품
생우유, 성인식과 비슷한 식단

그림 4-8 영아의 발달에 따른 식품 섭취 형태

7. 우리나라 영아의 영양소 섭취 실태

1) 수유 실태

우리나라의 '출산력 및 가족 보건·복지 실태조사'에서 파악된 완전 모유 수유율은 1970년대에는 90.0% 정도이었으나, 1982년 68.9%, 1988년 11.4%, 1997년 14.1%, 2000년에는 10.2%로 지속적인 감소 추세를 보였다. 2000년에 가장 낮은 수준을 보이다가 이후 2009년까지 지속적으로 증가하였으나 2012년에는 다시 감소하는 경향을 보였다. 완전 모유 수유율은 출생아의 생후 1주 26.7%이었다가 생후 2주 53.0%, 생후 3주 59.1%로 오히려 생후 1주보다는 생후 2~3주 시점에 모유 수유율이 증가하다가 생후 3~4개월 미만 시점에는 50.0%, 생후 5~6개월 미만 시점에서 32.2%, 생후 11~12개월 미만 시점에는 2.0%로 영아의 월령 증가와 함께 모유 수유율은 급속하게 감소한다(표 4-17).

세계보건기구에서는 모유 수유 지지를 위해 생후 6개월까지 모유 수유를 실시하도록 권장하고, 모유 수유율 감소에 대응하여 WHO와 UNICEF를 중심으로 한 국제기구에서 1980년대부터 모유 수유 캠페인을 벌이고 있다. 1989년 의료기관의 모유 수유 실행지침인 '성공적인 모유먹이기 10단계'의 권장, 1992년부터 '아기에게 친절한 병원 만들기(Baby Friendly Hospital Initiative, BFHI)' 지정 사업 등이 그 예이다.

국민건강영양조사(2012~2014년)에서 1~3세 조사 대상자의 생후 6개월 시점의 수유 형태

표 4-17 월령별 완전 모유 수유율의 추이

(단위 : %)

구분	2000	2003	2006	2009	2012
1~2개월 미만	35.2	45.6	51.9	65.6	56.7
3~4개월 미만	22.1	34.1	43.4	57.0	50.0
5~6개월 미만	9.5	29.5	26.8	36.2	32.3
11~12개월 미만	1.9	15.5	3.3	1.9	2.0

자료 : 한국보건사회연구원, 2009년 전국 출산력 및 가족 보건·복지 실태조사, 2012

표 4-18 생후 6개월 영아의 수유 형태

(단위 : %)

구분	전체	성별		거주지역	
		남자	여자	동	읍면
모유	45.6	45.2	46.0	45.0	48.9
모유+조제유	17.4	17.0	17.8	18.3	12.1
조제유	37.1	37.9	36.2	36.7	39.0

자료 : 보건복지부 질병관리본부, 국민건강영양조사 제6기 2차년도(2014), 2015

를 조사한 결과(표 4-18), 모유 수유 경험률이 90.4%, 조제유 수유 경험률은 75.4%이며 모유만을 수유받은 영아는 전체의 45.6%로 2009년의 49.3%에 비해 다소 감소하였다. 조제유를 수유하는 이유로는 51%가 '모유의 양 부족'이고 그 다음은 '엄마의 취업'이 16.3%로, 모유 부족과 엄마의 취업으로 모유 수유를 하지 못하는 경우가 거의 70%에 이른다. 모유와 조제유를 함께 수유받은 경우는 17.4%, 조제유만을 수유받은 경우는 37.1%이었다.

2) 이유 실태

국민건강영양조사에서 평균 모유 수유 기간은 9.3개월이었고, 모유와 수유를 함께 공급받은 모유 수유아의 경우 조제유를 섭취하기 시작하는 시기는 평균 9.9주이었으며, 이유 보충식은 평균 6.3개월부터 먹이기 시작하고 시판 우유을 제공하기 시작하는 월령은 평균 14.0개월이다(표 4-19).

표 4-19 평균 모유 수유 기간 및 조제유, 이유 보충식, 시판 우유 시작 시기

구분	전체	성별		거주 지역	
		남아	여아	동	읍면
모유 수유 기간(개월)	9.3	9.2	9.5	9.4	9.2
모유 수유아(모유+조제유)의 조제유 시작 시기(주)	9.9	10.1	9.8	9.7	11.4
이유 보충식의 시작 시기(개월)	6.3	6.3	6.2	6.3	6.2
시판 우유 시작 시기(개월)	14.0	13.8	14.2	13.8	14.9

자료 : 보건복지부 질병관리본부, 국민건강영양조사 제6기 2차년도(2014), 2015

8. 영아기 영양 관련 문제

1) 성장 장애

영아의 신장과 체중이 표준 성장곡선(그림 4-1, 4-2)에서 5백분위수 미만인 경우를 일반적으로 성장 장애로 간주한다. 영아의 성장 장애를 일으키는 가장 중요한 요인은 영양소 섭취의 양적, 질적 결함으로부터 오는 영양 결핍이다. 그 외에 영아의 소화·흡수 장애나 감

성장 장애(failure to thrive) 영아의 신장과 체중의 표준 성장곡선에서 5백분위수 미만인 경우를 성장 장애로 간주하며, 영양소 섭취의 양적, 질적 결함으로 인한 영양 결핍 상태

염, 대사 장애로 발생할 수 있다.

2) 빈혈

영아는 4~6개월이면 체내 보유하고 있던 철의 저장량은 고갈되나 급속한 신체 성장으로 더 많은 철을 필요로 한다. 영아기의 불충분한 영양 섭취와 소화기 질환 및 감염에 의한 출혈 등은 철 결핍성 빈혈을 일으킬 수 있다. 따라서 철 결핍을 예방하기 위해서 적정 시기에 이유를 시작하고 철이 충분히 함유된 식품을 섭취시킨다. 한편, 비타민 C가 풍부한 식품을 함께 섭취한다면 철의 흡수를 증가시킬 수 있다.

3) 식품 알레르기

영아에게 식품 알레르기 반응이 나타나는 경우가 있는데 증상은 주로 습진, 두드러기, 구토, 설사 등이다. 영아기 알레르기 반응은 유전적 요인과 소화기관의 기능이 미숙하여 발생할 수 있다. 따라서 알레르기 가족력이 있다면 모유 수유를 하고 달걀, 밀가루, 땅콩, 생선 등의 식품은 2세까지 주지 않는 것이 좋은 예방법이다.

4) 설사

모유 영양을 하는 영아는 오랫동안 심한 설사를 하는 경우는 드물다. 심한 설사는 수분 손실량을 증가시켜 영아에게 탈수를 일으킨다. 보통 설사를 하는 경우 수유는 계속할 수 있지만 설사가 심할 때에는 모유 영양아는 수유 간격을 연장하고 시간을 단축한다. 인공 영양아의 경우는 조유 농도를 10~11%로 하고 회복하면 13%까지 높여야 하며, 수유 횟수를 줄이고 그 사이에 보리차나 어린이용 이온음료를 조금씩 주어 탈수를 막는다.

5) 선천성 대사 장애

선천성 대사 장애는 태어날 때부터 체내 대사 과정에 필요한 효소가 없거나 부족하여 유즙의 특정 성분을 정상적으로 대사시키지 못하고, 그 비정상적인 대사물이 체내에 축적되어 초래하는 질병이다. 페닐케톤뇨증(phenylketonuria), 갈락토스혈증(galactosemia), 단풍시럽뇨증(maple syrup urine disease), 호모시스틴뇨증(homocystinuria) 등은 비교적 흔한 선천성 대사 장애이다.

선천성 대사 장애의 영양적 관리 목표는 장애를 일으키는 유해물질의 축적을 줄여 합병증을 최소화하고 대사 장애로 생성되지 못하는 물질이나 영양소를 제공하는 것이다. 국내에서는 대사 장애를 가진 영아를 위한 특수 조제유가 제조, 시판되고 있다.

6) 젖병 치아우식증

젖병 치아우식증(baby bottle tooth decay)은 영아기의 특징적인 충치의 한 형태이며(그림 4-9), 우유나 주스가 담긴 젖병을 물고 잠을 자는 영아에게 흔히 나타난다. 잠을 자는 동안은 침의 분비량이 감소하고 발효되기 쉬운 주스나 우유가 치아 주위에 고이게 되면, 세균 번식이 더 왕성해져서 치아를 상하게 된다. 따라서 가급적 취침 전에 유즙이나 과즙을 먹이는 것을 삼가고 영아가 젖병을 문 채 잠들게 하지 않는 것이 바람직하다.

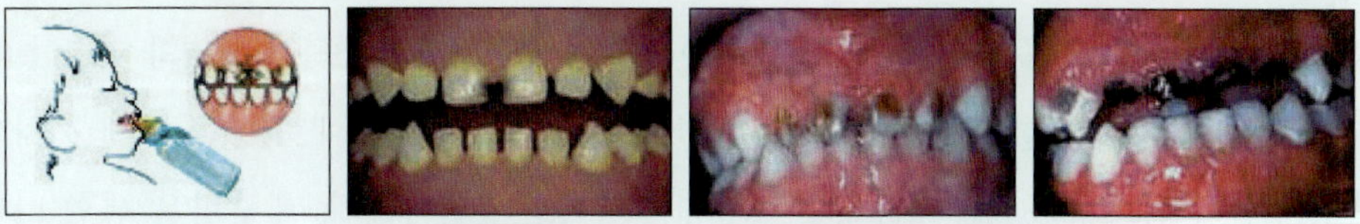

초기 증상 / 중간 진행 / 심한 젖병치아우식증

그림 4-9 젖병 치아우식증

자료 : 그림은 http://health.yahoo.com/topic/oralcare/prevention/article/healthwise/popup/zm2563

사진 : www.ada.org/public/topics/decay_childhood.aspa

9. 미숙아 영양

세계보건기구에서는 임신 기간 37주 이전에 출생한 신생아를 미숙아(premature infant) 또는 조산아(preterm infant)라고 정의하였다.

최근 미숙아 출생률이 점점 증가하여 전체 신생아 출생률 중 미숙아가 차지하는 비율이 8.45% 정도에 이르고 있다. 출생 시 체중이 2.5 kg 미만일 때를 저체중 출생아(low birth

젖병 치아우식증(baby bottle tooth decay) 영아기의 특징적인 충치의 한 형태로, 우유나 주스가 담긴 젖병을 물고 잠을 자는 영아에게 흔히 나타남

미숙아(premature infant) 세계보건기구는 임신 기간 37주 이전에 출생한 신생아를 미숙아 또는 조산아(preterm infant)라고 정의한다. 출생 시 체중이 2.5 kg 미만일 때를 저체중 출생아(low birth weight infant, LBW)라 하며 저체중 출생아의 약 2/3가 미숙아이다. 체중 1.5 kg 미만일 때를 심한 저체중 출생아(very low birth weight infant, VLBW)라 함

weight infant, LBW)라 하며, 저체중 출생아의 약 2/3가 미숙아이다. 특히, 체중 1.5 kg 미만일 때를 심한 저체중 출생아(very low birth weight infant, VLBW)라고 한다. 의료 기술의 발달로 미숙아의 생존율 또한 증가하고 있지만 이들의 적절한 영양 관리를 위하여 더 많은 연구가 필요하다.

2009년(제4기 3차년도) 국민건강영양조사에서 우리나라 영아의 출생 시 평균체중은 3.21 kg이었으며 이 중에서 2.5 kg 미만의 저체중아로 태어난 경우는 5.4%이다. 성별로 보면 여아의 3.4%, 남아의 7.1%가 저체중아로, 남아의 저체중아 출산 비율이 높았다.

조산아 및 저체중 출생아를 포함하는 미숙아를 위한 최상의 영양 관리 목표는 무엇보다도 모체 내에서의 상태와 발육을 되도록 비슷하게 유지시키는 것이다.

1) 미숙아의 영양 생리 및 대사

미숙아에게 열량 부족 상태가 지속되면 체내 열량 저장량이 감소하고 생명의 위험이 따르므로 신속하게 적절한 열량을 공급해야 한다. 특히, 중추신경계에 영향을 크게 끼치게 된다. 인간의 뇌는 태아기부터 생후 1~2년 내에 급속히 발달하는데, 뇌 중량은 생후 12개월이면 성인의 60% 수준에 달한다. 뇌의 발육시기에 저열량, 저단백질의 영양 상태가 지속되면 단백질 합성이 저하되고 중추신경 이상으로 발육 장애를 일으킬 수 있다.

미숙아는 뇌의 발육이 왕성한 임신 후반기를 거치지 못한 채 태어나므로, 출생 후 저열량, 저단백질의 상태가 이어지면 중추신경에 몇 배의 치명적인 영향을 줄 수 있다. 미숙아는 출생 시 체내에 저장된 영양소의 양이 극히 제한적이고, 신체적·대사적으로 모두 미성숙한 상태이므로 주의와 정성을 더 기울여야 한다.

1.5 kg 이하의 미숙아는 처음에는 정맥요법과 수유를 겸하여 수분과 전해질을 소량씩 2~3시간 간격으로 공급하며 소화 상태에 따라 서서히 양을 늘려서 성장에 필요한 영양 섭취가 되도록 주의를 기울인다.

미숙아의 열량 필요량은 신생아의 상태 및 활동 그리고 환경적 요인에 따라 좌우된다. 그러므로 미숙아는 여러 가지를 잘 관찰하여 적절한 영양 섭취를 시키도록 한다. 미숙아의 기초대사율은 생후 1주 동안은 성숙아보다 낮아 1일 에너지 필요량은 50~100 kcal이지만 그 후부터는 높아져서 평균 120 kcal/kg이다.

미숙아의 단백질 필요량은 재태 기간, 출생 시 체중, 미숙아의 상태에 따라 고려되어야 한다. 일반적으로 1일 섭취량은 체중당 3.5~4 g이 적절하다고 하나 질적으로 미숙아에게 충분한 필수아미노산이 섭취되도록 해야 한다.

미숙아에게 지방은 열량원으로 중요하며 또한 인지질과 콜레스테롤은 뇌의 미엘린(myelin) 구성에 필수 성분이다. 태아의 지방 축적량은 태아 후반기에 급속히 증가하여 말기에는 체중의 10~15%까지 축적된다. 그러나 미숙아의 경우, 지방 축적량이 충분하지 못한 상태에서 태어나므로 생후 지방 소비량이 성숙아보다 많아진다.

일반적으로 영아는 간 기능이 미숙하고 담즙의 합성 기능이 저하되어 지방 흡수력도 떨어지는데, 미숙아는 그 정도가 더욱 심하여 부족증이 일어나기 쉽다. 지방의 공급은 총에너지의 40~50%로 하되 리놀레산은 총에너지의 3~4%, 리놀렌산은 1%가 되도록 한다.

또한 미숙아는 일반적으로 지방과 칼슘 등의 흡수가 제한적이고 구리, 아연, 철분 등의 무기질과 지용성 비타민이 부족되기 쉽다.

2) 미숙아의 영양 공급

미숙아는 신체 구성이나 대사 상태가 성숙아와 다르므로 영양 성분이나 면역 성분이 풍부한 초유를 먹이는 것이 중요하다. 조산아에게 조산모의 초유는 지질, 젖당, 칼슘, 인 등을 어느 정도 보충하면 발육과 건강을 위해서 적절하다고 본다. 미숙아에게 가장 이상적인 발육이란 자궁 내에서와 동일한 체중 증가를 말하므로 모유가 영양학적으로 유리하다.

조산 모유는 일반 산모의 모유보다 단백질 농도가 더 높아 영아의 성장을 돕는다. 또 신생아의 혈관과 뇌의 건강한 성장 발달에 필수적인 아라키돈산과 DHA를 정상적으로 함유하므로 중추신경계의 발달에 도움이 된다. 또한 신생아에게 필요한 면역 성분이 다량 함유되어 있어 미숙아에게 나타날 수 있는 감염증, 패혈증, 괴사성 장염 등의 예방에 매우 유리하다. 따라서 미숙아에게 산모의 초유와 모유를 수유하는 것이 영아의 영양소 요구량의 충족과 건강한 발육에 적합하다.

그러나 모유의 성분은 수유 시기에 따라 다르므로 부족한 영양소의 보충을 고려해야 한다. 미숙아는 모유 섭취만으로는 칼슘, 인, 젖당, 지질 등이 부족하기 쉬우므로 이들 영양소를 보충한 모유 강화제가 시판되고 있다. 또한 미숙아용 조제유에는 중간사슬지방산(MCT)을 첨가하여 지질의 소화, 흡수를 용이하게 하였다.

단원정리

1 영아기는 일생 중 성장이 가장 왕성한 시기로서, 체중은 성장의 척도이며 영양 상태 판정의 지표이다. 성장 발달 정도를 평가할 때는 성장곡선을 그려 한국 소아 발육곡선과 비교하여 발육 과정 전체를 관찰하며 평가하여야 한다.

2 신생아의 소화기관은 미성숙 상태이며 영아기 동안 성숙해진다. 영아기의 소화 흡수에 관련된 효소는 모유, 조제유 등의 식사 종류의 질과 양에 따라 적응할 수 있도록 분비된다.

3 영아기는 0~5개월(영아 전기), 6~11개월(영아 후기)의 2개 월령군으로 구분되며 각 기간의 영양소 섭취기준은 모유 중의 영양소 농도와 건강한 영아의 모유 섭취량을 고려하여 산정한다.

4 영아에게 가장 우수한 영양 공급원은 모유이다. 모유의 성분은 영아가 성장하는 데 필요한 영양소가 적절하게 조성되어 소화 흡수가 용이한 형태이다. 모유는 각종 면역 기능을 가진 물질이 함유되어 영아의 장관에서 세균의 침입을 막아 주어 감염에 대한 방어 역할을 한다. 그러나 모유가 부족하거나 모유를 먹일 수 없는 경우에는 조제유로 영양 공급을 한다.

5 6개월 이상된 영아는 유즙만으로는 성장 발달에 필요한 에너지와 영양소를 충족시키기 어려워지므로 모유나 조제유 외에 이유 보충식을 주어야 한다.

6 우리나라 모유 수유율은 2000년 이후 증가 추세에 있으나 모유 수유 기간은 짧아지는 문제가 있다. 국민건강영양조사에서 평균 모유 수유 기간은 9.3개월이었고 이유 보충식은 평균 6.3개월부터 먹이기 시작하는 것으로 나타났다.

7 영아기 영양 관련 문제로는 성장 장애, 빈혈, 식품 알레르기, 설사, 선천성 대사 장애 그리고 젖병치아우식증 등이 발생할 수 있으므로 주의를 기울여야 한다.

8 미숙아를 위한 최상의 영양 관리 목표는 모체 내에서의 상태와 발육과 비슷해지도록 유지시키는 것이다. 국민건강영양조사에서 우리나라 영아의 출생 시 평균체중은 3.21 kg이며 이 중에서 2.5 kg 미만의 저체중아는 5.4%이다.

단원평가

1 영아기 소화 흡수의 특징을 설명하시오.

2 모유가 우유보다 더 우수한 영양 급원이라고 하는 이유를 설명하시오.

3 초유에 대해 설명하시오.

4 이유의 필요성을 설명하시오.

5 미숙아에 대해 설명하시오.

풀이

1. 영아의 입과 위에서 분비되는 리파아제는 지질의 소화를 돕고 소장의 트립신, 키모트립신, 카르복시펩티다아제 등의 효소는 영아가 섭취하는 단백질의 소화를 돕는다.
   소장에서 분비되는 말타아제, 수크라아제, 락타아제의 활성도는 성인과 비슷하나, 췌장 아밀라아제는 생후 4개월 이후에 나타나 탄수화물의 소화가 어려우므로 이유식으로 곡류를 보충하는 것은 생후 4개월이 지나서 시작하는 것이 바람직하다.
2. 모유의 성분은 신생아기부터 이유기까지 영아가 성장하는 데 필요한 영양소가 적절하게 조성되어 소화와 흡수가 용이한 형태이다. 또한 모유에는 각종 면역 기능을 가진 물질이 함유되어 영아의 장관에서 세균의 침입을 막아 주어 감염에 대한 방어 역할도 하므로 영아에게 가장 우수한 영양 공급원이다.
3. 초유는 생후 1~5일간 분비되며 성숙유에 비해 지질과 탄수화물 함량이 적어 에너지 함량은 낮으나 단백질과 무기질의 함량은 성숙유보다 높다. 초유에는 면역 성분인 비피더스, 면역글로불린, 라이소자임, 락토페린, 림프구 등의 함량이 많아 신생아를 감염으로부터 보호하게 된다.
4. 영아가 5~6개월이 지나면 유즙만으로는 영양소를 충분히 공급받을 수 없게 되므로 성장 발육을 위한 추가 영양소 공급이 필요하다. 이유를 통해 소화 기능 발달, 정신 발달 기능을 향상시키고 올바른 식습관 형성을 위해서도 이유를 실시해야 한다.
5. 세계보건기구에서는 임신 기간 37주 이전에 출생한 신생아를 미숙아 또는 조산아로 정의한다. 출생 시 체중이 2.5 kg 미만일 때를 저체중 출생아라고 하며 이들의 약 2/3가 미숙아이다. 미숙아는 신체 구성이나 대사 상태가 성숙아와 다르므로 영양 성분이나 면역 성분이 풍부한 초유를 먹이는 것이 바람직하다. 조산아에게 초유는 지질, 젖당, 칼슘, 인 등을 어느 정도 보충시켜 발육과 건강을 위해서 적절하다. 미숙아에게 가장 이상적인 발육이란 자궁 내에서와 동일한 체중 증가를 말하므로 모유가 영양학적으로 유리하다.

05

유아기 영양

1. 유아기의 특성
2. 유아의 영양소 섭취기준
3. 유아의 식생활 및 간식
4. 유아기의 영양 문제
5. 유아의 영양 지도

1. 유아기의 특성

유아기는 영아기 이후부터 아동기 전까지의 시기로 급속한 성장을 보이는 영아기에 비해 성장 속도는 감소하나 성장 발육은 여전히 왕성하다. 이 시기는 신체 활동량의 증가로 신체의 성장뿐만 아니라 운동 능력, 지능·언어 능력, 사회성 발달 및 정서적인 면에서 보다 복잡하게 발달하며 음식에 대한 선택 능력과 기호가 뚜렷해진다. 신체의 기능, 즉 소화·흡수·대사 능력은 성인보다 아직 미숙하여 식품 선택이나 식사 지도 시 부모의 세심하고 충분한 배려가 필요하다. 유아기의 식습관은 이후 성인 건강의 밑거름이 되므로 유아기부터 올바른 식습관을 습득하도록 지도하여야 한다.

1) 신장과 체중

유아기는 느리지만 꾸준한 성장을 나타내는 것이 특징이다. 유아기에는 체중이 연간 약 1.8~2.7 kg 증가하고, 신장은 1~8세 사이에 연간 7~8 cm씩 성장하는데 4세가 되면 출생 시의 2배인 약 100 cm 정도가 된다. 체중보다는 신장의 증가 속도가 빠르다. 이 시기에는 체중과 신장이 균형을 유지하며 성장하는 것이 중요하나 갑작스런 성장곡선의 변화는 영양적 불균형과 함께 건강상의 문제가 있음을 나타낸다.

2) 기타 성장

체지방 비율은 영아기에 비해 유아기에는 감소하나 사춘기가 되면 다시 급격히 증가한다. 유아는 연령이 증가함에 따라 골격과 근육량이 점차로 증가하게 되는데, 이는 유아가 서고, 걷고 움직이며 활동하는 데 더 많은 근육을 필요로 하기 때문이다. 유아는 몸통에 비해 팔과 다리의 성장이 두드러져서 영아 때의 통통하게 살찐 모습은 점차 사라진다. 여아가 남아보다 피하지방의 축적이 더 많다. 부적당한 단백질 섭취는 정상적인 골격 형성에 영향을 주며, 과량의 단백질 섭취는 칼슘의 보유를 방해한다.

뇌의 용량은 4세에는 성인의 75%가량 되고 6~8세에는 100%로 거의 성인과 같은 수준으로 발달하게 된다. 이때의 유아는 독립적으로 자기 스스로 먹는 것을 배우는 등 매우 빠른 속도로 섭식 기술과 식행동이 발달하게 된다. 자아가 발달하기 시작하고 호기심이 많아지며 독립심이 발달되는 시기이다.

유아기 때는 정신적 발달이 현저하다. 지능 및 정서 발달이 뚜렷해지고 사용하는 언어의

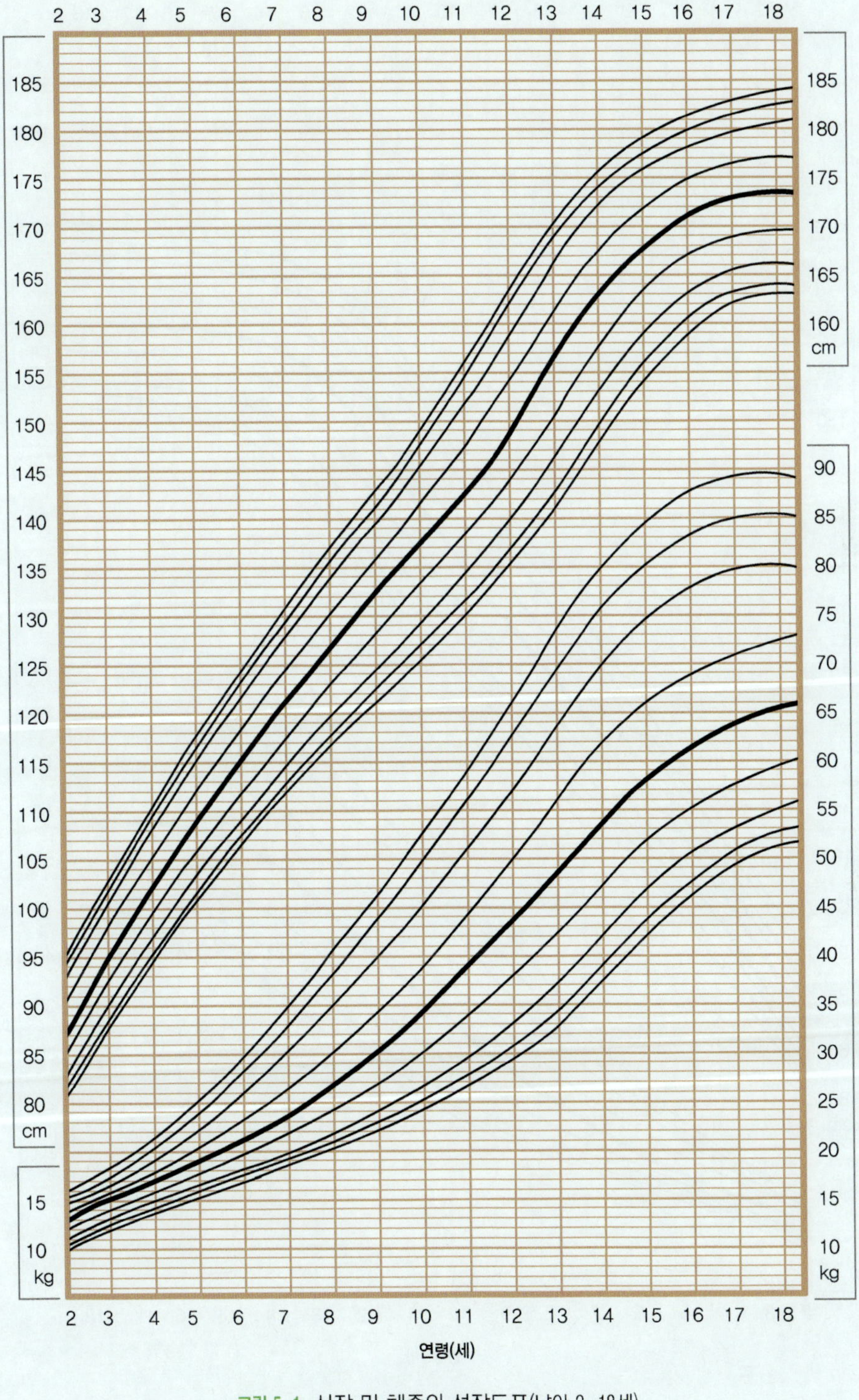

그림 5-1 신장 및 체중의 성장도표(남아 2~18세)

자료 : 보건복지부 질병관리본부, 소아·청소년 표준 성장도표, 2007

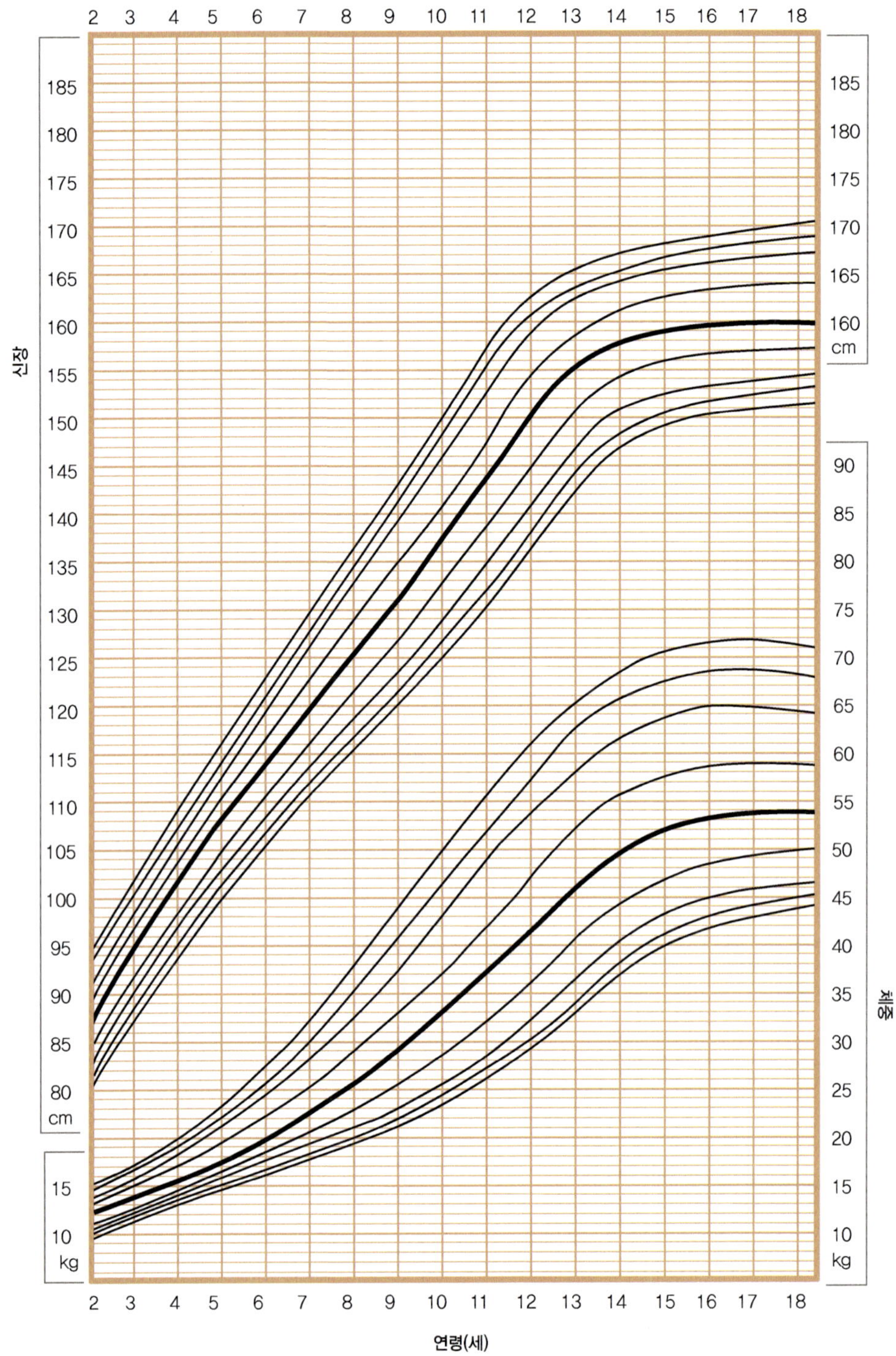

그림 5-2 신장 및 체중의 성장도표(여아 2~18세)

자료 : 보건복지부 질병관리본부, 소아·청소년 표준 성장도표, 2007

수가 늘며 사회성도 증가하여 또래 집단과의 관계가 풍성해지고 운동도 활발해진다.

2. 유아의 영양소 섭취기준

한국인 영양소 섭취기준에서는 유아기를 유아 전기(1~2세)와 후기(3~5세)로 구분하고 있으며, 에너지와 영양소 권장량에 있어서는 남녀의 차이가 없다. 유아기는 근육과 골격, 모든 기관이 성장·발달하는 시기이다. 유아는 체중에 비해 체표면적이 넓고 활동량은 늘어나기 때문에 에너지 및 영양소 필요량이 전체적으로 증가하고 성인기보다 체중당 더 많은 에너지를 필요로 한다.

1) 에너지

유아의 에너지 필요량은 기초대사율, 성장률, 활동대사량, 식품의 특이동적 작용 등에 의해 결정되며 신체 발달의 정도와 활동량에 따라 개인차가 크다.

유아의 에너지 필요추정량은 에너지 소비량에다가 성장에 따른 추가 필요량을 더하여 산출하였다. 1~2세 유아의 성장 에너지 소요량을 남녀 모두 [89×체중(kg)-100]+20(성장에너지) kcal/일로 책정하였다. 1~2세 유아의 에너지 필요추정량은 1,000 kcal/일로 정하였으며, 3~5세 유아는 1,400 kcal/일로 산정하였다(표 5-1).

2) 단백질

유아기에는 새로운 조직의 합성, 조직의 유지, 체구성의 변화 및 성장을 위해 충분한 단백질이 요구된다. 급격한 성장이 이루어지는 시기이므로 충분한 양의 단백질 섭취가 필요하다. 이 시기의 단백질 필요량은 신체 조직 형성 및 성장 속도의 직접적인 영향을 받는다. 또한 급속한 성장을 위해 충분한 에너지 섭취가 중요한데 만약 에너지 섭취가 부족하게 되면 단백질이 에너지 급원으로 사용되므로 성장 속도가 늦어질 수 있다. 부족한 단백질 섭

표 5-1 유아의 1일 에너지 필요추정량과 단백질 권장섭취량

연령(세)	에너지(kcal)	신장(cm)	체중(kg)	단백질(g)
1~2	1,000	86.4	12.5	15
3~5	1,400	105.4	17.4	20

자료 : 보건복지부, 2015 한국인 영양소 섭취기준, 2015

취는 유아의 뇌 성장의 지표인 머리둘레 증가에 영향을 미친다. 유아 1~2세의 권장섭취량은 하루 15 g이며 3~5세는 20 g/일로 정하고 있다(표 5-1).

3) 무기질

(1) 칼슘

칼슘은 인체의 구성과 성장에 필요한 주요 영양소로, 골격의 성장 및 유지를 위해서는 충분한 양의 칼슘 섭취가 필요하다. 유아의 1일 권장섭취량은 1~2세에서 500 mg, 3~5세에서 600 mg으로 설정되었다. 우유 및 유제품은 칼슘 공급에 가장 좋은 급원으로 우유 중의 젖당은 칼슘의 흡수율을 증가시키는 작용을 한다. 반면 흡수율은 유제품보다 떨어지지만 전곡류, 콩류, 청록색 잎채소, 종자류, 견과류 등에도 상당량의 칼슘이 함유되어 있다. 우유 및 유제품을 섭취하지 않거나 제한적으로 섭취하는 유아는 칼슘이 결핍될 우려가 있다. 우유에 대한 알레르기 반응이나 유당불내증이 있는 유아에게는 칼슘이 강화된 두유를 공급하는 것이 좋다. 최근 가공식품의 이용이 급속히 늘어나면서 인의 섭취량이 크게 증가하고 있다. 인 섭취량의 증가는 칼슘과 인의 불균형을 초래하여 유아의 골격 발달에 좋지 않은 영향을 미치므로 주의가 필요하다. 칼슘과 인의 비율은 대체로 1:1이 적당한 것으로 알려져 있다.

(2) 철분

철 결핍성 빈혈은 전 세계적으로 가장 흔한 영양 결핍 증상의 하나이지만, 철이 부족하면 철 결핍성 빈혈 이외에도 학습 능력, 발달 장애, 인지 능력 손상 등의 위험이 발생한다. 철 결핍은 특히 3세 이하의 유아에게서 자주 나타난다. 그러나 유아기에 철의 섭취가 부족하다고 해서 철 결핍성 빈혈이 즉시 나타나지는 않는다. 생후 1년간 영아기에 철이 많이 보강된 각종 조제유나 이유식의 섭취를 통해 체내에 상당량의 철이 저장되어 있기 때문이다.

표 5-2 유아의 1일 무기질 권장섭취량

연령 (세)	칼슘 (mg)	인 (mg)	철 (mg)	아연 (mg)	구리 (μg)	마그네슘 (mg)	요오드 (μg)	망간[†] (mg)	불소[†] (mg)	셀레늄 (μg)
1~2	500	450	6	3	280	80	80	1.5	0.6	23
3~5	600	550	6	4	320	100	90	2.0	0.8	25

[†]충분섭취량

자료 : 보건복지부, 2015 한국인 영양소 섭취기준, 2015

철의 권장량 산정 시에는 기본적 손실량 이외에 성장에 동반되는 철 축적을 위해 헤모글로빈 철 증가량, 비저장성 조직철의 증가 및 저장철의 증가를 필요로 한다. 유아기의 1일 철 권장섭취량은 1~2세 및 3~5세 모두 6 mg이다. 철 강화식품, 달걀, 육류, 견과류 등이 철의 좋은 급원 식품이며 비타민 C가 함유된 식품을 함께 섭취하면 철의 흡수율을 높일 수 있다.

(3) 아연

아연은 단백질 합성과 정상적인 성장을 위한 필수 영양소이다. 아연이 부족하면 성장 지연, 식욕 감퇴, 설사, 탈모, 면역 능력 감소 등의 결과를 가져온다. 아연의 주요 급원 식품은 육류, 해산물, 전곡류, 콩류 등으로 동물성 급원 식품이 식물성 급원 식품에 비해 체내에서의 흡수율이 높다. 동물성 식품의 섭취량이 비교적 적은 저소득층의 유아나 편식이 심한 유아에게 아연 결핍의 가능성이 크다. 유아의 1일 아연 권장섭취량은 1~2세에 3 mg이고, 3~5세에 4 mg으로 설정되었다.

4) 비타민

비타민은 정상적인 성장 발육에 매우 중요한 영양소로 대사 과정에 필수적인 역할을 수행한다. 지용성 비타민인 비타민 A는 세포의 분화와 성장에 중요한 역할을 하고 질병에 대한 저항력을 증가시키며 녹황색 채소와 동물성 식품에 많이 함유되어 있다. 비타민 D는 골격 성장을 위해 꼭 필요한 영양소이므로 성장기 동안 충분히 섭취해야 하며 1일 5 μg을 충분섭취량으로 정하였다.

수용성 비타민인 비타민 B군은 왕성한 성장 발육기의 유아에게 있어서는 매우 중요한 영양소로, 에너지와 단백질 대사에 중추적인 역할을 담당한다. 에너지 섭취에 영향을 받는 티아민(비타민 B_1)의 권장섭취량은 1~2세 및 3~5세 모두 0.5 mg이다. 단백질 섭취량이 증가하면 비타민 B_6의 섭취도 증가하는데 1~2세에는 0.6 mg, 3~5세에는 0.7 mg을 권장한

표 5-3 유아의 1일 비타민 권장섭취량

연령 (세)	비타민 A (μg RAE)	비타민 D† (μg)	비타민 E† (mg α-TE)	비타민 K† (μg)	비타민 C (mg)	비타민 B_1 (mg)	비타민 B_2 (mg)	비타민 B_6 (mg)	니아신 (mg NE)	엽산 (μg DFE)	비타민 B_{12} (μg)
1~2	300	5	5	25	35	0.5	0.5	0.6	6	150	0.9
3~5	350	5	6	30	40	0.5	0.6	0.7	7	180	1.1

†충분섭취량

자료 : 보건복지부, 2015 한국인 영양소 섭취기준, 2015

다. 성장기에는 혈액량이 크게 증가하므로 엽산과 비타민 B_{12}도 충분히 섭취해야 한다.

비타민 C는 콜라겐 합성의 필수인자이고 감염에 대한 저항력을 키우는 데 관여하며 성장기에 필요한 영양소이다. 유아의 1일 비타민 섭취기준은 표 5-3과 같다.

3. 유아의 식생활 및 간식

유아기의 식생활은 이유 완료기의 식사에서 성인과 거의 같은 식사 형태로 이행시키는 과정에 있으며, 일상생활의 중심에 있는 식사를 통한 생활습관과 기본예절을 몸에 익히는 데 그 목적이 있다. 따라서 이 시기의 식사는 영양소 섭취기준을 만족시킬 뿐 아니라 색채, 형태를 고려하여 보다 다양하고 풍성한 식사를 마련하는 것이 바람직하다.

유아의 경우 아침, 점심, 저녁의 세 끼 식사만으로는 성장과 발육에 필요한 에너지와 영양소를 충족시키기에 부족하므로 간식이 필요하다. 유아기는 신체 크기에 비해 많은 영양소를 필요로 한다. 소화 기능 및 저작 능력이 충분히 발달하지 않아 세 끼의 식사로 필요한 영양소를 모두 섭취하려고 하면 소화기에 부담을 줄 수 있으므로 연령, 활동량, 유아의 식욕 등을 고려하여 간식을 1~2회 제공하는 것이 바람직하다. 식사시간과 간식시간은 가능한 한 일정한 시간을 정하여 준다. 양육자의 형편에 따라 식사가 불규칙해지면 생체 리듬이 깨지고 소화, 흡수, 대사 과정 및 식욕 등에도 영향을 미친다. 간식은 유아 전기에는 오전 10시와 오후 3시경에 2회로 나누어서 주고 유아 후기에는 오후에 한 번 주는 것이 바람직하며, 하루 에너지 필요량의 10~15%가 적당하다. 유아에게 간식은 식사와는 또 다른 즐거움으로 기분 전환과 피로 회복, 편안함을 동시에 제공하지만, 양육자는 실제 식생활에서의 식사에 영향이 나타나지 않도록 간식의 질과 양을 고려하여야 한다. 간식은 세 끼 식

채소, 과일, 우유, 유제품
간식으로 좋은 식품

케이크류, 사탕류, 탄산음료
간식으로 좋지 않은 식품

그림 5-3 좋은 간식과 나쁜 간식

사에서 부족하기 쉬운 영양소를 중심으로 식품을 선택하여 에너지, 단백질, 칼슘, 비타민, 수분 등 유아에게 필요한 영양소를 충족시키고 영양 밀도가 높은 식품을 신중하게 선택하는 것이 좋다.

4. 유아기의 영양 문제

1) 식욕 부진

유아기는 영아기에 비해 성장 속도가 떨어지고 식욕과 식품 기호가 불안정하여 식사량이나 식욕이 식사 환경에 따라 쉽게 변하는 특성이 있으며 개인차가 크다. 3~4세경의 유아들은 음식에 대한 싫고 좋음의 감정이 뚜렷해 싫은 것에 대해 거부반응을 보이기도 한다. 이러한 현상은 누구에게나 있는 일시적이고 생리적인 현상이므로 크게 걱정할 필요는 없으나 먹는 것을 억지로 강요하면 식욕 부진이 일어날 수 있다.

식욕 부진의 원인으로는 여러 가지가 있는데 영양소의 불균형과 부족, 과다한 간식의 섭취, 좋은 않은 식사 환경, 잘못된 이유식(이유의 조리방법이 단조로운 경우, 이유식이 너무 늦게까지 진행되는 경우, 당분과 지방의 과잉 섭취), 운동 부족 등을 들 수 있다. 또한 부모의 지나친 관심 또는 무관심, 과잉 간섭과 질책으로 인한 욕구 불만 등으로 나타날 수도 있다. 유아에게 빈혈, 신경 장애, 결핵 및 기생충 감염, 신장염 등의 급성 및 만성 질환이 있거나 충치 등이 있어도 식욕 부진으로 이어지기 쉽다.

식욕 부진에 대한 대책으로는 우선 원인을 파악하여야 한다. 충분한 운동을 하고 식사는 먹거나 안 먹거나 정해진 시간 내에 끝내도록 하며, 간식은 적당히 주어 공복감이 생기도록 한다. 식단을 다양하게 구성하고, 식품 재료나 조리방법 및 식사 환경 등에 변화를 주는 것도 한 방법으로 또래 친구들을 불러 함께 식사하게 하는 것도 식욕 부진 해소에 도움이 된다.

2) 편식

편식이란 특정 식품만을 섭취하거나 다른 어떤 식품을 섭취하지 않는 경우로 흔히 나타난다. 특정 식품을 좋아하고 싫어하는 경향이 다소 있어도 이로 인해 영양소의 균형이 깨

편식(imbalanced diet) 식사 내용이 한 쪽으로 치우치는 것으로 영양 균형이 깨져 발육이나 건강에 장애를 초래할 수 있는 상태

지거나 발육과 건강에 장애를 초래하는 등의 문제가 없으면 크게 걱정하지 않아도 된다.

어떤 종류의 식품을 싫어해도 유사한 식품을 섭취한다면 적어도 영양적으로는 큰 문제가 없다. 유아기는 식품의 기호가 불안정하여 식품 성분의 조직과 맛에 대한 개인차가 있으며, 조리법과 먹는 장소, 연령에 따른 생리 기능의 변화에 의해서도 식품 기호가 변할 수 있다.

편식의 원인은 매우 다양하나 가정의 식사 환경과 부모의 영향을 많이 받게 된다. 유아들은 너무 뜨겁거나 찬 음식보다는 적온의 음식을 좋아하며, 비교적 싱겁고 자극적이지 않으며 향이 강하지 않은 것을 좋아한다. 너무 짜거나 매운 음식, 향신료를 너무 많이 넣은 음식은 유아에게 적당하지 않다. 유아는 식품 선택 시 자주 먹어본 음식을 선호하고 자주 먹어보지 않은 음식은 기피하는 경향이 있으므로 싫어하는 식품도 다양한 조리법을 개발하여 여러 가지 음식을 경험하게 하는 것이 중요하다.

(1) 편식의 원인

- 이유기 때 다양한 음식을 제공받지 못했을 때
- 가족이나 부모가 편식을 할 때
- 불규칙한 간식 습관이 있을 때
- 음식을 강제로 먹이려고 할 때
- 식욕 부진이 있을 때

Tip

편식하는 아이 이렇게 고치세요

일단 '화내고 윽박지르는 것은 금물'이라는 것이 전문가들의 공통된 견해이다. 먹기 싫은 것을 억지로 먹는 것은 아이들 입장에선 큰 스트레스이므로 조급한 마음에 감정적으로 대응하다가는 부모와 자녀 관계만 망가진다. 아이가 좋아하는 캐릭터 인형을 들고 인형 목소리를 흉내 내면 잘 먹기도 한다.

반면 식탁에서 아이를 야단치는 일이 잦을 경우, 아이는 식탁에만 앉으면 기분이 나빠져 더 투정을 부린다. '식탁은 즐거운 곳'이라는 인식을 심는 것부터 시작하자. 타고난 성격상 외부 자극(낯선 음식)에 대한 거부감이 큰 아이들도 있다. 아이들은 버섯이 징그럽게 생겼다는 이유로, 해파리는 이름에 파리가 들어간다는 이유로 기피하기도 한다. 그럴 때는 재료의 형태를 바꿔서 눈에 띄지 않게 먹여 보는 것도 좋은 방법이다.

자료 : 조선일보, 2006. 8. 18

(2) 편식의 교정

- 부모나 가족이 모두 편식하지 않는다.
- 새로운 음식을 처음 줄 때는 조금만 준다.
- 음식을 거부할 때 강압적으로 먹이지 말고 서서히 양과 횟수를 늘려 익숙해지도록 한다.
- 유아가 싫어하는 식품은 다양한 조리법을 사용하여 새로운 음식으로 만들어 준다.
- 새로운 음식은 한 번에 한 가지씩 준다.
- 즐거운 식사 환경을 조성하고, 적당한 공복 상태가 되도록 한다.

3) 식품 알레르기

식품 알레르기는 영유아기부터 아동기에 잘 나타나며 증상으로는 구토, 설사, 두드러기, 습진 등이 나타난다. 알레르기의 주요 원인으로는 소화기관과 면역 체계의 발달이 미숙하여 식품 중 항원을 갖는 성분을 잘 처리하지 못하기 때문이다. 유아의 성장 발달에 따라 여러 가지 식품의 알레르기가 감소하나 가족력이 있으면 알레르기 발생 비율이 높다고 한다. 알레르기를 일으키는 식품으로는 우유, 땅콩, 달걀, 생선, 초콜릿 등을 들 수 있다. 알레르기 반응이 일어나면 우선 원인 식품을 찾아내어 공급을 중단해야 한다.

4) 충치

3세 이전 유아의 경우 잘못된 식습관으로 인해 충치가 많이 발생한다. 2세가 넘도록 젖병을 물고 잠자리에 드는 유아는 젖병 치아우식증에 걸리기 쉽다. 유치는 3세가 되면 거의 완성되어 모두 20개의 치아가 형성된다. 건강한 영구치를 얻을 수 있는 좋은 방법은 유치를 건강하게 관리하는 것이다. 당분이 많이 함유되어 있는 식품이나 음료는 치아 건강을 위해 섭취를 자제하는 것이 바람직하다. 간식은 충치 생성을 억제하는 식품으로 선택하는 것이 중요하며, 양치질 등 구강 위생에 신경을 써야 한다.

5) 빈혈

철 결핍은 세계적으로 만연되어 있는 영양 결핍증으로 가장 흔한 것이 철 결핍성 빈혈이

식품 알레르기(food allergy) 식품 중에 함유되어 있는 특정 성분이 항원이 되어 발생하는 알레르기 반응으로 주로 밀가루, 우유, 달걀, 새우, 메밀 등이 원인

다. 건강한 어린이는 출생 시 충분한 철을 체내에 저장하고 있기 때문에 생후 4~6개월 이전에는 철 결핍성 빈혈이 드물다. 그러나 체내 철 저장량이 고갈되는 6개월에서 3세 사이에는 급속한 성장으로 인해 증가된 철의 필요량이 식사로부터 충족되지 않을 경우 철 결핍성 빈혈이 발생되기 쉽다.

철 결핍성 빈혈을 예방하기 위해서는 특별히 철의 흡수율이 높은 살코기, 쇠간, 생선, 달걀노른자 등의 식품들을 다양한 조리법을 이용하여 먹기 좋게 제공하는 것이 필요하다.

5. 유아의 영양 지도

유아원 영양 지도의 목적은 급식 효과를 높이며 올바른 식습관과 식사 기호를 형성시키고 바람직한 식사 태도를 몸에 배게 하는 데 있다.

1) 식사 지도

유아기의 식습관은 평생의 식습관에 영향을 끼치므로 좋은 식습관을 형성하기 위해서는 균형 잡힌 식사와 더불어 식사 환경이 매우 중요하다. 유아기에는 점차 식품에 대한 관심이 증가하고 혼자서도 먹을 수 있게 되므로, 식기는 깨지지 않는 소재로 청결하여야 하며 색이나 모양 등은 어린이의 연령이나 기호를 고려하여 적당한 것을 선택하도록 한다.

어린이 스스로 먹는 식습관을 익히는 일은 쉽지 않다. 식사 도구인 수저의 사용법을 익히게 하고 식사 예절을 스스로 터득할 수 있도록 하는 등의 섭식 기술은 단시간에 형성되는 것이 아니므로 인내를 가지고 지도하는 것이 중요하다. 음식을 흘리거나 쏟았을 때도 야단치기보다는 자유롭게 마음 놓고 먹을 수 있는 분위기를 만들어 주어야 한다. 즐거운 식사 분위기를 조성하는 데 부모의 영향이 가장 크게 작용한다. 유아는 가족과의 식사시간을 통해 사회성을 배우고 식사 예절과 식습관을 배워 모방하게 되는데, 이때 부모와 형제·자매는 중요한 역할 모델이 된다.

최근 유아의 식사는 지질의 과다 섭취, 탄산음료, 패스트푸드 등 가공식품의 섭취가 증가하는 반면 채소, 과일의 섭취는 적고 특히 우유의 섭취량이 감소하는 등 식사의 질이 저하되는 경우가 많다. 유아의 성장과 발달에 필요한 영양소가 골고루 함유된 균형 잡힌 다양한 식사를 제공하는 것은 부모를 포함한 양육자의 책임이 크다.

유아의 식사 지도 시에는 다음 사항을 고려하여야 한다.

① 유아는 채소가 가지고 있는 특유의 향과 맛 또는 질감 때문에 채소를 별로 좋아하지 않으나 채소가 좋은 식품이라는 것을 이해할 수 있도록 지도한다.

② 지질의 과잉 섭취는 비만과 성인병의 위험 인자가 될 수 있다.

③ 맛에 대한 기호도가 형성되는 시기이므로 다양한 식품을 접해 볼 수 있도록 한다.

④ 짜게 먹는 습관이 5세 이전에 형성된다는 보고가 있으므로 짠맛에 길들이지 않도록 주의한다.

⑤ 유아는 소화기관의 용량은 작고 에너지 필요량은 많아 음식을 소량씩 여러 번에 나

Advice 영유아를 위한 식생활 지침

생후 6개월까지는 반드시 모유를 먹이자.

- 초유는 꼭 먹이도록 합니다.
- 모유를 먹일 수 없는 경우에만 조제유를 먹입니다.
- 조제유는 정해진 양대로 물에 타서 먹입니다.
- 수유 시에는 아기를 안고 먹이며 수유 후에는 꼭 트림을 시킵니다.
- 자는 동안에는 젖병을 물리지 않습니다.

이유 보충식은 성장 단계에 맞추어 먹이자.

- 이유 보충식은 생후 만 4개월 이후 6개월 사이에 시작합니다.
- 이유 보충식은 여러 식품을 섞지 말고 한 가지씩 시작합니다.
- 이유 보충식은 신선한 재료를 사용하여 간을 하지 않고 조리해서 먹입니다.
- 이유 보충식은 숟가락으로 떠먹입니다.
- 과일주스를 먹일 때는 컵에 담아 먹입니다.

유아의 성장과 식욕에 따라 알맞게 먹이자.

- 일정한 장소에서 먹입니다.
- 쫓아다니며 억지로 먹이지 않습니다.
- 한꺼번에 많이 먹이지 않습니다.

곡류, 과일, 채소, 생선, 고기, 유제품 등 다양한 식품을 먹이자.

- 과일, 채소, 우유 및 유제품 등의 간식을 매일 2~3회 규칙적으로 먹입니다.
- 유아 음식은 싱겁고 담백하게 조리합니다.
- 유아 음식은 씹을 수 있는 크기와 형태로 조리합니다.

자료 : 보건복지부, 2010

누어 주도록 한다. 1회 분량은 식욕에 따라 조절하도록 하며 식사와 간식을 규칙적으로 제공한다.

⑥ 식사시간이 즐거운 시간이 될 수 있도록 편안하게 식사할 수 있는 환경과 정서적 분위기를 조성하여야 한다.

2) 유아원 급식

직업을 가진 여성 인구의 증가와 적극적인 사회 진출로 유아 대상의 보육시설이 급증하였으며, 많은 유아는 어린이집, 유아원, 유치원 등에서 하루의 상당 시간을 보내고 있다. 이들 보육시설에서는 유아에게 식사뿐 아니라 간식을 제공하고 있어 이 기관들의 급식이 유아의 영양 상태에 미치는 영향이 매우 크다는 것을 알 수 있다.

유아원 영양 지도의 목적은 급식 효과를 높이고 올바른 식습관과 식사 기호를 형성시키며 바람직한 식사 태도를 몸에 배게 하는 데 있다. 유아원에서는 어린이에게 급식과 간식을 제공하므로 교사는 이들 음식의 내용에 대해 알기 쉽도록 식사 지도를 하여 이해도를 높인다. 또한 식사 중의 태도와 예절, 식사 전후의 인사, 손 씻기·양치질 등의 보건 위생 등 올바른 식습관이 몸에 배도록 반복 교육하고, 규칙적인 식사시간을 지키고 천천히 잘 씹어 먹으며 즐거운 대화를 하는 식습관을 갖도록 지도한다. 유아원 같은 시설에서는 많은 어린이가 집단으로 식사를 함으로써 가정에서 고치지 못한 습관을 수정하는 기회를 제공하기도 한다. 항상 영양적으로 균형 잡힌 식사, 가정의 식사를 보완하는 식사와 간식의 섭취를 통하여 올바른 식습관이 형성되도록 지도한다.

어린이급식관리지원센터

설립 목적

식품의약품안전처는 어린이집, 유치원, 지역아동센터 등 어린이에게 단체급식을 제공하는 집단 급식소를 대상으로 체계적이고 철저한 위생 관리 및 영양 관리를 지원하기 위하여 어린이급식관리지원센터를 설립하였다.

1. 학부모의 신뢰 : 전문가에 의한 단체급식 관리로 국민의 신뢰 확보
2. 단체급식의 체계화 : 식자재의 위생적 관리와 양질의 급식을 위한 체계적 관리
3. 어린이의 균형 성장 : 어린이 성장 발달 단계에 맞게 영양 성분 균형을 맞춘 식단 제안

사업 내용

※ 위생 관리 지원사업

1. 단체급식소 위생 관리 실태 파악 및 컨설팅
2. 방문 위생교육
   1) 원장 및 조리종사자 대상
      - 계절별 위생 관리 및 식중독 예방
      - 시설 설비 및 기기 위생 관리
      - 복장 등 개인위생
      - 식품첨가물 안전 교육
   2) 어린이 대상
      - 손 씻기 등 식습관 교육
      - 식품첨가물 등 안전한 먹을거리 교육
   3) 학부모
      - 주방 위생 교육 및 계절 식단

※ 영양 관리 지원사업

1. 식단 작성 및 보급
2. 표준 레시피 개발 및 보급
3. 방문 영양 교육

* 2015년 기준 각 시·도 센터에서 190여 개의 어린이 급식관리지원센터를 운영하고 있다.

단원정리

1 유아기는 전기와 후기로 구분되며 이 시기의 성장 속도는 낮고 완만하나 성장 발육은 여전히 왕성하다.

2 신체 활동량의 증가로 여러 영양소의 필요량이 증가하고 신체 조절 능력과 운동 능력, 사회인지적 능력, 지능 및 정서적인 면에서 보다 복잡하게 발달하며 식습관을 결정짓는 중요한 시기이다.

3 유아기에는 식품 선택 능력이 생기고 기호도 확실해지며 성인 건강의 밑거름이 되는 식습관이 확립되는 시기이므로 올바른 생활습관을 습득하도록 지도해야 한다.

단원평가

1 유아기 영양의 특성에 대해 설명하시오.

2 간식 선택 시 주의할 점을 설명하시오.

3 간식의 적당한 양은 1일 에너지의 몇 %가 적당한지 설명하시오.

4 유아기 식욕 부진의 원인과 그 대처 방안에 대해 설명하시오.

5 유아의 편식을 예방하기 위한 방법에 대해 설명하시오.

풀이

1. 영아기에 비해 성장 속도는 감소하나 여전히 성장 발육이 왕성하고 신체 활동량이 증가하며 학습과 탐구 및 사회 활동이 시작될 뿐만 아니라 독립적인 식생활로 발전하며 섭식 기술과 식행동이 크게 발달한다.
2. 제철 식품으로 신선해야 하고 정규 식사에 영향을 주지 않아야 한다. 어린이의 시각적·미적 감각을 만족시켜 줄 수 있는 것으로 수분과 무기질, 비타민을 공급할 수 있는 식품으로 선택한다.
3. 간식 양은 유아의 연령, 체격, 식욕, 소화 능력에 따라 다르나 하루 에너지 필요량의 10~15% 정도가 적당하다.
4. 식욕 부진의 원인으로는 운동 부족, 잘못된 이유식, 심한 활동으로 인한 피로감, 과다한 간식의 섭취, 부모의 지나친 관심 또는 무관심, 과잉보호 등을 들 수 있다. 대책으로는 적당한 공복감이 생기도록 운동을 충분히 시키고, 식단을 다양하게 변화시켜 아이의 기호에 맞는 식품 선택과 조리방법으로 식사 환경에 변화를 준다.
5. 유아의 편식은 강제적인 교정을 피하고 자연스럽게 고쳐 나가도록 하는 것이 바람직하다. 이유기 때부터 광범위한 식품을 사용하는 등 다양한 식품의 선택과 조리법이 필요하고, 부모나 가족이 편식하지 않으며 싫어하는 음식을 강요하지 않는다. 싫어하는 식품의 조리법을 개선하여 즐거운 식사 환경을 조성한다.

06

아동기 영양

1. 아동기 특징

아동기는 6세에서 11세까지의 초등학교 아동에 해당한다. 이 시기는 체중과 신장의 증가 속도는 완만하나 꾸준한 성장을 보이며, 후반기에 들어서면서 남녀의 구분이 점차 뚜렷해진다.

여아의 성장 속도가 남아에 비해 2~3년 정도 빠른데 신장은 여아의 경우 10~12세, 남아의 경우에는 12~14세에 급성장기를 맞이하게 된다. 체중은 여아가 10~13세, 남아는 12~14세에 가장 많이 증가하나 성장 발달 양상은 개인에 따라 많은 차이를 보인다. 신체 발육에 있어서는 비교적 완만한 성장을 보이지만 내장기관이나 조직은 그 기능이 충실해지고 골격의 형성도 뚜렷해진다. 두뇌의 성장은 6~10세 사이에 성인과 거의 비슷해지고 신체의 크기에 비해 머리 크기는 작아진다. 생식기관들은 사춘기 이전에는 활동이 적지만 사춘기부터는 급격한 성장을 이룬다. 흉선, 편도선과 같은 림프조직의 경우에는 아동기 때 성인의 2배 정도의 성장을 보이지만 그 후 점차 감소한다. 아동기의 소년은 근육량의 증가로 몸통이 커지고 소녀는 피하지방의 증가로 엉덩이와 대퇴부가 커진다. 골격의 성장도 뚜렷하고 다리가 길어진다.

2. 아동기의 영양소 섭취기준

한국인 영양소 섭취기준에서는 아동기를 남녀별로 6~8세, 9~11세로 구분하여 영양소 필요량을 설정하였다. 충분한 열량과 단백질, 칼슘, 철분 공급이 중요하며 활동량이 많은 남아의 경우 에너지와 단백질의 섭취량을 여아보다 높게 설정하고 있다.

1) 에너지

아동의 에너지 필요량은 기초대사량, 휴식대사량, 성장 속도, 활동 등에 의해 결정된다. 아동의 에너지 필요량은 같은 연령이라도 체격과 활동량이 개인에 따라 차이가 많기 때문에 에너지 필요량 역시 개인차가 크다. 한 조사에 의하면 하루 소비하는 에너지의 내용은 기초대사에 50%, 신체 성장에 12%, 신체 활동에 25%, 배설되는 에너지가 8%라고 한다.

사춘기(puberty) 신체 성장에 따라 생식 기능이 가능한 청소년기

표 6-1 아동기의 1일 에너지 및 단백질 섭취기준

성별	연령 (세)	신장 (cm)	체중 (kg)	에너지 필요추정량 (kcal)	단백질 권장섭취량 (g)
남아	6~8	126.4	26.5	1,700	30
	9~11	142.9	38.2	2,100	40
여아	6~8	125.0	25.0	1,500	25
	9~11	142.9	35.7	1,800	40

자료 : 보건복지부, 2015 한국인 영양소 섭취기준, 2015

학령기 아동의 1일 에너지 필요추정량은 6~8세 남아의 경우 1,700 kcal, 9~11세는 2,100 kcal로, 여아의 경우 6~8세에 1,500 kcal, 9~11세 1,800 kcal로 설정되어 있다(표 6-1).

성장에 필요한 에너지는 6~8세에는 하루 20 kcal를, 9~11세에는 25 kcal를 추가하여 책정하였으며 신체 활동은 저활동적 수준을 적용하여 산출하였다.

아동 3~8세

남아 : 88.5-61.9×연령(세)+PA[26.7×체중(kg)+903×신장(m)]+20(성장 에너지) kcal/일

PA*=1.0(비활동적), 1.13(저활동적), 1.26(활동적), 1.42(매우 활동적)

여아 : 135.3-30.8×연령(세)+PA[100×체중(kg)+934×신장(m)]+20(성장 에너지) kcal/일

PA*=1.0(비활동적), 1.16(저활동적), 1.31(활동적), 1.56(매우 활동적)

*PA=Physical Activity

2) 단백질

단백질은 근육, 결합조직 등 신체 조직을 구성하고 효소, 호르몬, 항체로서 중요한 기능을 가지며 새로운 조직과 합성, 생리 기능의 조절, 기존 조직의 유지 및 신체 구성성분의 변화를 위해서 충분히 공급되어야 한다.

아동기의 단백질 1일 권장섭취량은 6~8세의 남녀 아동 각각 30 g과 25 g이며, 9~11세의 남녀 아동 모두 40 g을 권장하고 있다.

3) 당류

당류 섭취와 건강과의 관계에 과학적 근거가 확인되면서 당류 섭취량에 대한 관심이 높아지게 되었다. 당류란 과당, 포도당, 갈락토스와 같은 단당류와 자당, 맥아당, 젖당과 같은

이당류를 통칭하는 개념으로 우리가 일반적으로 섭취하는 당류는 식품에 내재하는 당과 가공 및 조리 시에 첨가하는 첨가당으로 구분할 수 있다. 총당류란 식품에 내재하거나 식품을 가공, 조리하면서 첨가하는 포도당, 과당, 갈락토스 등의 단당류와 맥아당, 젖당, 자당 등의 이당류의 총량을 말한다. 첨가당은 식품의 제조 과정이나 조리 시에 첨가되는 당과 시럽으로 백설탕, 흑설탕, 옥수수시럽, 고농도의 과당 시럽, 단풍밀 시럽, 맥아 시럽, 팬케이크 시럽, 꿀, 물엿, 당밀, 덱스트로스 등을 포함한다.

2014년에 발표된 우리나라 국민의 1일 평균 총당류 섭취량은 61.4 g이었고, 이를 에너지 비율로 환산하면 전체적으로 1일 평균 에너지 섭취량의 12.8%를 당류로 섭취하였다. 총당류의 에너지 섭취 비율이 20% 이상이면 대사증후군의 위험도가 증가하는 것으로 나타났다. 한편, 우리나라 국민의 당류 섭취 형태는 식품에 내재하는 당류보다 식품을 가공 또는 조리할 때 첨가하는 당류의 섭취량이 많은 것으로 나타났다. 최근 세계보건기구에서는 건강 위해를 줄이기 위해 첨가당의 섭취를 에너지 비율의 10%에서 5%로 낮추도록 지침을 바꾸어 제공하였다. 한국인의 1일 총당류의 섭취기준은 총에너지 섭취량의 10~20%로 제한하고, 식품의 조리 및 가공 시 첨가되는 첨가당의 섭취는 총에너지 섭취량의 10%를 넘지 않도록 하였다. 첨가당의 주요 급원으로는 설탕, 액상 과당, 물엿, 당밀, 꿀, 시럽, 농축 과일 주스 등이 있다.

4) 지질

지질의 섭취기준은 에너지 적정 비율을 설정하였다. 영아의 경우에만 충분섭취량을 설정하였다. 영유아와 3~18세 경우 총지방의 충분섭취량과 에너지 적정 비율은 25 g/일과 15~30%로 2010년 섭취기준과 동일하게 유지하였고, 포화지방산은 총에너지 섭취량의 8% 미만, 트랜스지방산은 1% 미만으로 섭취할 것을 추가로 제정하였다(표 6-2). 식사 계획 및 평가에서 각 지방산의 에너지 섭취 비율을 고려할 것을 권장하였다.

표 6-2 지질의 에너지 적정 비율

연령(세)	지방	n-6 지방산	n-3 지방산	포화지방산	트랜스지방산
1~2	20~35%	4~10%	1% 내외	-	-
3~18	15~30%	4~10%	1% 내외	<8%	<1%
19세 이상	15~30%	4~10%	1% 내외	<7%	<1%

5) 무기질

무기질의 섭취가 부족한 경우에는 성장률이 저하되고 골격의 석회화와 철 부족으로 인한 철 결핍성 빈혈이 발생할 수 있다. 무기질의 1일 권장섭취량은 표 6-3에 나타내었다.

표 6-3 무기질의 1일 영양소 섭취기준(권장섭취량)

성별	연령 (세)	칼슘 (mg)	인 (mg)	마그네슘 (mg)	철 (mg)	아연 (mg)	구리 (μg)	불소† (mg)	망간† (mg)	요오드 (μg)	나트륨† (g)
남아	6~8	700	600	160	9	6	440	1.0	2.5	100	1.2
	9~11	800	1,200	230	10	8	580	2.0	3.0	110	1.4
여아	6~8	700	550	150	8	5	440	1.0	2.5	100	1.2
	9~11	800	1,200	210	10	8	580	2.0	3.0	110	1.4

† : 충분섭취량

자료 : 보건복지부, 2015 한국인 영양소 섭취기준, 2015

칼슘은 골격 발달과 치아 형성에 관여하는 중요한 영양소로, 섭취가 부족하면 구루병, 골연화증, 골다공증과 같은 결핍증이 나타난다. 우유나 유제품은 칼슘 급원으로 좋은 식품이며 이들 식품이 제한된 어린이의 경우 칼슘 결핍의 위험이 증가한다. 우리나라 아동의 칼슘 권장섭취량은 남녀 아동 모두 6~8세는 1일 700 mg으로, 9~11세는 800 mg으로 설정되었다.

아동기 철 필요량은 기본적 손실량, 성장에 따른 혈액량의 증가, 철 저장량 등에 기인하며, 육류와 같은 동물성 식품에는 헴철(heme iron)의 흡수율이 높으나 곡류, 채소류 등에는 비헴철(nonheme iron)이 많아 흡수율이 낮다. 비타민 C를 함유한 식품과 같이 섭취하면 비헴철의 흡수율이 증가한다. 아동기 철 권장섭취량은 남녀 각각 6~8세 9 mg과 8 mg이고, 9~11세에서는 남녀 동일하게 10 mg으로 설정되었다.

아연은 정상적인 단백질 합성과 성장에 필수적인 영양소이다. 성장기에 아연의 필요량이 충분히 공급되지 않으면 저장된 아연이 고갈됨으로써 혈장의 아연 농도가 낮아진다고 한다. 아연이 부족한 식사를 하게 되면 성장 지연, 면역 기능 저하, 식욕 감퇴, 미각의 변화 등의 결핍 증상이 나타난다. 학령기 아동의 1일 아연 권장섭취량은 6~8세 남녀 각각 6 mg과 5 mg이며 9~11세에는 남녀 모두 8 mg이다.

6) 비타민

비타민은 주요한 대사 과정에 관여하므로 정상적인 성장과 발육에 매우 중요한 영양소

표 6-4 비타민의 1일 영양소 섭취기준(권장섭취량)

성별	연령(세)	비타민A (μg RAE)	비타민D† (μg)	비타민E† (mg α-TE)	비타민K† (μg)	비타민C (mg)	비타민 B_1 (mg)
남아	6~8	450	5	7	45	55	0.7
	9~11	600	5	9	55	70	0.9
여아	6~8	400	5	7	45	60	0.7
	9~11	550	5	9	55	80	0.9

성별	연령(세)	비타민 B_2 (mg)	비타민 B_6 (mg)	비타민 B_{12} (mg)	엽산 (μg DFE)	니아신 (mg NE)	판토텐산† (mg)	비오틴† (μg)
남아	6~8	0.9	0.9	1.3	220	9	3	15
	9~11	1.2	1.1	1.7	300	12	4	20
여아	6~8	0.8	0.9	1.3	220	9	3	15
	9~11	1.0	1.1	1.7	300	12	4	20

† : 충분섭취량

자료 : 보건복지부, 2015 한국인 영양소 섭취기준, 2015

이다. 우리나라 아동의 1일 비타민 영양소 섭취기준은 표 6-4와 같다. 비타민 A의 권장섭취량은 남자는 6~8세 450 μg RAE, 9~11세 600 μg RAE, 여자는 6~8세 400 μg RAE, 9~11세 550 μg RAE로 설정되어 있다. 일반적으로 채소와 과일을 많이 섭취하지 않는 아동들은 비타민 A와 비타민 C의 섭취가 부족하기 쉬우며 골격성장을 위해 충분한 비타민 D의 섭취가 요구된다.

3. 아동기의 식사 지도

1) 식사구성안

이 시기는 학교생활을 통해 규칙적인 생활이 가능한 시기로 아침, 점심, 저녁의 세 끼 식사 내용을 충실히 해야 하며 부족한 부분은 간식을 통해 채울 수 있도록 한다.

한 끼의 식단은 식사구성안의 각 식품군이 포함되도록 하며 영양 밀도가 높은 음식을 주도록 한다. 고기, 생선, 달걀, 콩 등의 단백질 식품과 칼슘 공급을 위한 하루 2컵 이상의 우유를 섭취하도록 해야 하며, 비타민 C 급원 식품인 과일도 일정량 포함되어야 하고 녹황색 채소도 섭취할 수 있도록 한다. 표 6-5에 한국인 영양소 섭취기준에 따른 식사구성안을 이용하여 권장섭취 패턴을 제시하였다.

표 6-5 아동기의 6~11세 남아를 위한 권장 식단

(회 분량)

메뉴	분량	아침	점심	저녁	간식
		쌀밥 호박된장국 달걀찜 감자피망볶음 김구이	잡곡밥 어묵국 두부구이 깻잎간장조림 오이생채	현미밥 미역국 데리야끼치킨 숙주나물 시금치나물 배추김치	우유 과자 바나나요구르트
곡류	3회	쌀밥 170 g(0.8) 감자 140 g(0.3)	잡곡밥 170 g(0.8)	현미밥 170 g(0.8)	과자 20 g(0.3)
고기·생선·달걀·콩류	3.5회	달걀 60 g(1)	어묵 30 g(1) 두부 40 g(0.5)	닭고기 60 g(1)	
채소류	7회	애호박 35 g(1) 당근, 양파 14 g(0.2) 피망 35 g(0.5) 김 2 g(1)	무 35 g(0.5) 깻잎 25 g(0.3) 오이 70 g(1)	미역 15 g(0.5) 숙주 35 g(0.5) 시금치 70 g(1) 배추김치 40 g(1)	
과일류	1회				바나나 100 g(1)
우유·유제품류	2회				우유 200 mL(1) 요구르트(액상) 150 mL(1)

자료 : 보건복지부, 2015 한국인 영양소 섭취기준, 2015

2) 식습관 지도

아동기는 일생 동안 지속될 수 있는 식습관이 형성되는 시기이므로 올바른 식생활과 생활습관을 갖도록 가르치기에 적합한 시기이다. 아동은 스스로 독립적인 의사 결정을 하고 스스로 식품을 선택할 수 있으며 식품에 대한 기호도 확립된다. 이때 부모의 식습관이나 식행동 등이 아동에게 큰 영향을 끼친다. 부모는 영양 교육이나 역할 모델을 통해 식사의 중요성을 인식시키고 식사 예절과 올바른 식습관을 형성할 수 있도록 지도하여야 한다.

4. 학교급식

학교급식은 성장기 아동들에게 영양적으로 균형 잡힌 식사를 제공하여 체력 향상을 도모하고 올바른 식습관을 형성함으로써 국민의 식생활 개선 및 국가의 식량·영양 정책에 기여하기 위해 학교에서 공급하는 식사를 말한다.

학교급식(school meals) 학교에서 공급하는 단체급식

1953년 우리나라에서 학교급식이 처음으로 시작된 이후 다양한 형태로 시행되어 왔다. 학생들의 심신 건강과 발달을 돕고 국민의 식생활 개선을 목적으로 1981년 「학교급식법」이 제정되어 그 목적, 방법, 시설 등의 제도적 규정이 마련되었다. 학교급식의 목적은 영양적으로 균형 잡힌 식사의 제공뿐 아니라 건강과 영양에 대한 체계적인 교육을 실시하여 식사에 대한 올바른 이해와 식품 선택의 능력을 배양하고 바람직한 식습관을 형성할 수 있도록 하는 데 있다.

1996년 「학교급식법」의 개정으로 학교급식의 운영이 직접 운영방식 이외에 위탁 급식 형태도 가능하게 되었다. 현재 거의 대부분의 학교에서 급식을 실시하고 있으며 그 현황은 표 6-6에 나타낸 것과 같다.

표 6-6 급식학교 현황

구 분	학교 수(교)			학생 수(천 명)			운영 형태(교)	
	전체	급식	%	전체	급식	%	직영(%)	위탁(%)
초등학교	5,823	5,823	100	3,677	3,609	98.2	5,813(99.8)	10(0.2)
중 학 교	3,080	3,076	99.9	2,036	2,015	99.0	2,573(83.6)	503(16.4)
고등학교	2,191	2,181	99.5	1,892	1,810	95.7	1,476(67.7)	705(32.3)
특수학교	149	145	97.3	23	22	95.7	141(97.2)	4(2.8)
계	11,243	11,225	99.8	7,628	7,456	97.7	10,003(89.1)	1,222(10.9)

자료 : 교육부, 2008

학교급식에서 영양 교사는 점심 한 끼의 식사를, 에너지와 단백질을 포함하여 무기질, 비타민 등 1일 영양 권장량의 1/3을 충족시키는 범위에서 영양소를 보완하여 계획해야 한다. 또한 학생들의 음식에 대한 기호 및 안전과 위생 등도 고려하여 식단을 구성해야 한다.

5. 아동기의 영양과 관련된 문제들

1) 비만

우리나라 아동의 소아 비만 유병률은 날로 증가하고 있는 추세이다. 선진국에서도 비만 아동의 비율이 점차 증가되어 심각한 영양 문제를 야기하고 있다. 비만은 유전, 환경 등의 요인에 영향을 받으나, 대부분의 단순성 비만은 에너지 섭취의 불균형으로 인해 발생한다. 에너지 함량이 높은 식품의 과다한 섭취와 운동 부족이 비만증을 초래한다. 근래 아동들의 생활은 컴퓨터 사용과 TV 시청, 게임, 학원 공부 등 앉아 있는 시간이 많아지고 밖에서 노는 시간은 부족하여 활동량이 감소하고 있는데, 이로 인해 비만율이 증가하고 있다. 소아 비만은 고혈압, 당뇨병, 관상동맥 질환 등의 성인 질병 발생과 관련이 있으며 성인기 비만으로 이행될 수 있다.

이 시기의 비만은 건강상의 문제뿐 아니라 심리적으로도 위축되어 고립감, 자신의 외모에 대한 열등감이 커지며, 주위 친구들의 놀림 등에 의해 소극적으로 행동하게 된다. 비만을 치료하고 관리하기 위해서는 식사요법, 운동요법, 행동수정요법, 영양 상담 등을 통한 관리가 이루어져야 한다. 식사요법은 무리한 체중 감량보다는 과잉 섭취하고 있는 잘못된 식사량의 조절과 식사 습관을 수정하는 것이 바람직하다. 탄수화물과 지질의 섭취량을 조정

Advice 어린이를 위한 식생활 지침

음식은 다양하게 골고루 먹자.

- 편식하지 않고 골고루 먹습니다.
- 끼니마다 다양한 채소 반찬을 먹습니다.
- 생선, 살코기, 콩 제품, 달걀 등 단백질 식품을 매일 한 번 이상 먹습니다.
- 우유를 매일 두 컵 정도 마십니다.

많이 움직이고, 먹는 양은 알맞게 먹자.

- 매일 한 시간 이상 적극적으로 신체 활동을 합니다.
- 나이에 맞는 키와 몸무게를 알아서, 표준 체형을 유지합니다.
- TV 시청과 컴퓨터 게임을 모두 합해서 하루에 두 시간 이내로 제한합니다.
- 식사와 간식은 적당한 양을 규칙적으로 먹습니다.

식사는 제때에, 싱겁게 먹자.

- 아침식사는 꼭 먹습니다.
- 음식은 천천히 꼭꼭 씹어 먹습니다.
- 짠 음식, 단 음식, 기름진 음식을 적게 먹습니다.

간식은 안전하고, 슬기롭게 먹자.

- 간식으로는 신선한 과일과 우유 등을 먹습니다.
- 과자나 탄산음료·패스트푸드를 자주 먹지 않습니다.
- 불량식품을 구별할 줄 알고 먹지 않으려고 노력합니다.
- 식품의 영양표시와 유통기한을 확인하고 선택합니다.

식사는 가족과 함께 예의 바르게 먹자.

- 가족과 함께 식사하도록 노력합니다.
- 음식을 먹기 전에 반드시 손을 씻습니다.
- 음식은 바른 자세로 앉아서 감사한 마음으로 먹습니다.
- 음식은 먹을 만큼 담아서 먹고 남기지 않습니다.

자료 : 보건복지부, 2010

한 에너지 제한 식사를 기본으로 하며, 식사 조절 시에는 아동이 좋아하는 음식을 무조건 제외시키거나 식습관을 심하게 변화시키는 것보다는 현재의 식사 형태를 수정하거나 대체하는 방식이 바람직하다. 즉, 개인의 생활습관에 적절하게 맞추어 식사를 계획한다. 운동요법은 규칙적인 운동을 충분히 실시하여 활동량을 증가시키는 것이 도움이 된다. 앉아서 하는 컴퓨터게임, 비디오게임 등과 같은 놀이보다는 밖에서 뛰어 놀기만 하여도 충분한 운동이 되므로 활동량을 증가시킨다. 행동수정요법은 식사일지 및 활동일지를 쓰게 함으로써 비만을 초래하는 잘못된 식습관과 생활습관을 교정하여 행동의 변화를 가져오는 것으로, 음식 섭취량을 감소하고 활동량과 운동량을 증가시켜 체중 감량의 효과를 높이는 것이다. 비만아들은 심리적·정신적 안정이 매우 중요하다. 이들은 친구 관계, 이성 관계 등을 지나치게 걱정하고, 정서 불안으로 적응 능력의 저하를 보이는 경우가 많다. 비만은 우울증, 학습 장애, 신체장애, 대인공포증, 등교 거부 등의 문제를 가져올 수 있는데, 이러한 경우에는 소아정신과 의사의 도움이 필요하다.

2) 철 결핍성 빈혈

아동에게 철이 결핍되면 학습 의욕이 저하되고 면역 능력이 떨어져 자주 아프게 된다. 성장기에는 철의 요구량이 증가하나 식사로부터 이를 충족하기는 어려워 철 결핍이 되기 쉽다.

철 결핍성 빈혈을 예방하기 위해서는 철 함량이 높은 식품을 충분히 섭취해야 한다. 육류에 함유되어 있는 헴철은 흡수율이 높으나, 우리나라 식사에는 비헴철이 대부분을 차지하고 있어 비타민 C가 들어 있는 식품과 함께 섭취하는 것이 비헴철의 흡수를 효율적으로 높일 수 있다. 헤모글로빈 농도가 10 g/dL이면 철 결핍성 빈혈로 진단된다.

3) 충치

성장기 아동의 치아 건강 상태는 일생 동안의 영양 상태에 큰 영향을 미친다. 충치는 식생활과 관련된 질환 중에서 가장 흔한 증세로 이 시기의 치아 관리는 매우 중요하다. 구강 내의 *Streptococcus mutans*가 가장 큰 원인으로, 이 균은 음식 중에 있는 설탕을 영양분

충치(dental caries) 치아 표면에 붙은 박테리아가 당 대사로 만들어진 산에 의해 치아가 침식되는 질환

사탕, 캐러멜, 케이크, 과자
충치 유발성이 높은 식품

육류, 난류, 콩류, 채소류, 과일류
충치 유발성이 낮은 식품

그림 6-1 충치에 좋은 음식과 나쁜 음식

으로 하여 번식한다. 이 당은 점착성 다당류를 만들어 치아 표면에 붙어서 *St. mutans*가 만들어 낸 산과 독소에 의해 치아를 침식해 들어가는데, 이것이 바로 충치이다. 따라서 충치는 당분이 많이 함유된 간식을 섭취하는 아동에게서 생기기 쉽다. 간식의 횟수도 충치 발생에 영향을 주므로 간식의 횟수가 늘어날수록 충치 발생 가능성은 증가한다.

충치를 예방하기 위해서는 첫째, 당의 섭취가 지나치지 않도록 하고 사탕, 과자, 점도가 높은 음식의 섭취를 제한한다. 둘째, 세균 번식을 억제하고 바른 칫솔질로 입안을 항상 청결하게 한다. 셋째, 세균에 대한 저항력을 높이기 위해 치아 자체의 저항력을 키우고 양질의 단백질과 칼슘, 비타민 등을 함유한 식품을 충분히 섭취한다. 넷째, 유치의 건강, 즉 유치가 건강하게 보존되는 것에 따라 영구치의 건강이 좌우되므로 유치에서 영구치로 이행되는 과정에서 정상적인 순서와 시기에 유의하고 영구치의 구조와 배열에 이상이 없도록 한다. 다섯째, 간식의 선택에 유의한다.

4) 아침식사의 결식

학령기 아동들의 생활은 학원이나 과외 등으로 본래 학교생활 이외의 시간이 늘어나고 취침시간이 늦어지는 등의 이유로 아침을 거르는 경우가 많아졌다. 아침 결식의 원인으로는 기상시각이 늦어져 등교 준비시간의 부족과 식욕이 없는 아동의 수가 늘어나는 것이다.

아침을 먹지 않고 학교에 가는 아동을 대상으로 한 연구에 의하면 아침을 거르면 수업에 집중력이 떨어지고 학습 능력이 저하되며 학습 수행 능력도 떨어진다고 보고되었다. 어린이의 두뇌는 에너지원으로 포도당이 필요한데 장시간 공복 상태가 지속되면 간에 저장되었던 글리코젠이 고갈되므로 뇌와 신경계가 정상적인 활동을 할 수 없게 되는 것이다. 따라서 충분한 식사를 통해 필요한 에너지를 공급하여야 한다.

5) 주의력 결핍 과잉행동장애

최근 주의력 결핍 과잉행동장애(attention deficit hyperactivity disorder, ADHD)로 학교생활에 잘 적응하지 못해 정신과 병원을 찾는 아동이 크게 증가하고 있다. ADHD는 우울증 다음으로 흔히 경험하는 질환 중의 하나로, 보통 초등학교 저학년에서 3~5%의 빈도로 발생하는데 규칙적인 생활을 해야 하는 유치원이나 초등학교에 입학하면서 증세가 더 두드러지는 경향이 있다. 그대로 방치하면 학습 장애 및 행동 장애, 우울증, 폭행, 가출 등의 이상행동으로 발전할 수도 있다.

증상은 과잉 활동, 집중력 결핍, 충동적인 행동, 감정 불안, 주의 산만 등으로 나타나며, 그 원인은 정확하게 밝혀져 있지 않아 식사요법, 약물요법, 행동 수정 등 다양한 치료방법이 복합적으로 적용되고 있다. 소아 알레르기 전문의인 파인골드(Feingold)의 연구에 의하면 식품 속에 들어 있는 살리실산염, 인공 색소, 향료 등이 어린이에게 과잉 행동을 유발시킨다고 보고하고 있으나, 특정 성분을 제한한 식사가 과잉행동증 치료에 효과를 보였다는 연구 결과도 있어 일관된 결과를 나타내지 못하고 있다.

6) 만성 질환

성인병 또는 만성 질환이라 알려진 고혈압, 고지혈증, 비만, 심장 질환 등의 발병은 어린 시기부터 위험 인자를 감소시키는 것이 중요하다. 예를 들어 아동기에 높은 혈압은 성인이 되어 고혈압을 나타내기 쉽다. 고혈압은 식생활의 변화와 관련이 있는데, 특히 나트륨의 과도한 섭취는 혈압을 높이는 것과 관련이 있으므로 저염 식사가 필요하며, 정상 혈압을 유지하기 위해서 올바른 식사 지도와 과일이나 채소가 풍부한 식사를 권장한다. 과도한 에너지 섭취는 비만을 일으키고 인슐린의 과잉 분비로 고지혈증이 되기 쉽다. 유아기 때부터 형성된 식습관과 운동 습관, 학업이나 인간관계에서 생기는 스트레스, 욕구 불만이 쌓여 과식을 계속하면 혈중 콜레스테롤이나 중성지방이 증가한다. 심혈관계 질환의 위험 인자를 가지고 있는 아동들의 경우에는 콜레스테롤이나 포화지방이 적게 함유되어 있는 식사를 권장한다. 채소와 해조류, 콩류, 곡류, 식이섬유소를 섭취하는 것이 중요하며 베타카로틴, 비타민 C, 비타민 E 등 항산화작용을 하는 영양소가 많이 함유된 식품을 섭취하도록 한다.

Advice 올바른 식사 요령

- 하루 세 끼 식사를 균형 있게 규칙적으로 먹도록 한다.
- 식사시간은 적어도 20~30분으로 하며 가급적이면 식사는 천천히 한다.
- 간식은 허용된 열량 범위 안에서 섭취한다.
- 설탕, 꿀 등의 단순당이 많이 들어 있는 식품이나 음식을 피한다(탄산음료, 케이크, 초콜릿 등).
- 비타민과 무기질이 풍부한 채소와 과일을 충분히 섭취한다.
- 패스트푸드(피자, 햄버거 등)와 가공식품은 적게 먹도록 한다.
- 패스트푸드는 비만의 원인인 열량과 포화지방산의 함량이 높고, 성인병 발병의 원인인 나트륨 함량도 높다. 또한 함께 먹어야 할 비타민과 무기질이 적어 균형이 맞지 않게 된다.
- 음식이 짜거나 매우면 식욕이 더 자극되므로 싱겁게 먹도록 한다.
- 식사는 정해진 시간에 한다. 그래야만 간식과 과식을 피하게 된다.
- 혼자 식사하는 것을 피하고 다른 사람과 같이 대화를 하면서 식사하게 되면 식사량을 조절할 수 있어 과식하지 않게 된다.
- 식사일기를 쓴다.
- 매일의 식사 기록은 체중 조절 목표를 위해서 매우 중요하다.
- 매일 먹은 양을 기록하고 평가하는 것은 스스로를 돌이켜 볼 수 있으며 또한 바람직한 방향으로 실천할 수 있도록 해준다.

단원정리

1 아동기는 6세에서 11세까지의 초등학교 아동에 해당되며, 신체 성장 속도는 지속적이고 완만하나 고학년으로 갈수록 발육이 빨라지고 신장의 증가도 두드러진다.

2 신체적·정신적 성장 발달과 더불어 인격 형성의 중요한 시기로 자아 개념의 발달, 제2의 급속한 성장과 성 성숙을 준비하는 시기이므로 적정한 영양 공급을 통해 성장 발육과 심신의 건전한 발달을 도모하고 식품 섭취 및 식품의 기호 확립 등 식생활에 대한 기초적 영양 지식을 이해시켜 올바른 식습관을 형성하도록 한다.

단원평가

1 학동기 아동의 성장 특성에 대하여 설명하시오.

2 비만 아동의 치료방법에 대하여 설명하시오.

3 학교급식의 목적을 설명하시오.

4 주의력 결핍 과잉행동장애에 대하여 설명하시오.

풀이

1. 학동기는 신장과 체중의 증가 속도는 완만하나 꾸준한 성장이 이루어지는 시기로, 학령기 후반에 들어서면서 남녀의 구분이 점차 뚜렷해지며 근육량은 남아가 여아에 비해 증가하고 피하지방량은 여아가 남아보다 많아진다.
2. 비만을 치료하기 위한 방법으로는 행동수정, 식사요법, 운동 및 활동량의 증가 등을 들 수 있다. 행동수정요법은 식사 및 활동 일지를 적음으로써 비만을 유발케 하는 문제 행동을 규명하고 주변의 자극을 통제할 수 있도록 하는 것이다. 식사요법은 전반적인 열량 섭취를 줄이되 각종 영양소가 균형 잡힌 식사를 하도록 유도하며, 신체 활동량을 늘리고 적절한 운동을 한다.
3. 학교급식은 학생들에게 영양적으로 균형 잡힌 식사를 제공함으로써 바람직한 식습관 확립, 영양 개선과 건강 증진, 체위 향상, 국민의 식생활 개선에 공헌하는 데 그 목적이 있다.
4. 주의력 결핍 과잉행동장애는 과도한 운동성, 충동성, 집중력 부족, 끈기 부족 등 특별한 항목에 기초하여 임상적으로 진단하는데, 원인으로는 유전, 식사, 환경 등의 복합적 요인이 검토되고 있으나 아직 정확히 밝혀지지는 않았다. 그대로 방치하면 학습 장애, 우울증, 가출, 약물 남용 등의 이상 행동으로 발전할 수 있어 전문의와의 상담이 필요하다.

07

청소년기 영양

1. 청소년기의 특성
2. 사춘기 변화에 영향을 미치는 요인
3. 청소년기 영양과 영양소 섭취기준
4. 청소년기 식행동
5. 청소년기의 섭식 장애
6. 청소년기 영양 관련 문제

1. 청소년기의 특성

청소년기는 영아기 이후 가장 급속한 성장 발육이 이루어지는 시기로, 신체적·정신적·성적 성숙이 활발하게 일어나고 영양소의 필요량도 그 어느 때보다 높은 것이 특징이다. 사춘기의 변화로는 성적 성숙, 신장과 체중의 증가, 신체 구성성분의 변화 등이며 사춘기가 시작되는 연령이나 진행되는 속도는 개인차가 크다.

각 기관의 급격한 성장에 따른 변화와 함께 사춘기에는 제2차 성징이 나타난다. 제2차 성징의 발현은 남녀 모두 성호르몬에 의해 생식기관이 성숙하여 변화한다. 남자는 사춘기의 시작이 여자보다 2년 정도 늦으며 14세경에 절정에 이르는데, 성선자극호르몬의 분비 촉진으로 정자의 생성, 테스토스테론, 안드로겐의 분비가 증가된다. 또 음모의 발현, 고환의 성장, 전립선 등의 성기 발육과 체모의 발현 및 변성 등의 변화가 사춘기의 시작을 알린다. 남자는 근육량의 증가로 어깨가 넓어지고 체지방량 비율은 감소한다. 여자는 10~11세를 전후로 사춘기가 시작되며 에스트로겐의 분비가 촉진되어 유방의 발달, 월경의 시작, 음모와 체모의 발현, 피하지방의 증가로 여성 특유의 체형을 갖추게 되고 난소, 자궁 등의 발육이 일어난다. 에스트로겐의 분비가 많아져 엉덩이둘레가 넓어지고 지방조직이 증가한다.

2. 사춘기 변화에 영향을 미치는 요인

1) 성적 성숙도

제2차 성징의 평가에는 Tanner에 의한 성적 성숙도(sexual maturity rating, SMR) 평가법이 이용되고 있다. 남녀의 성기 발달 및 여아의 유방 발달 단계를 사춘기 전의 1단계에서부터 완전히 성숙한 5단계까지 분류하고 있다. 성적 성숙도의 척도는 남자의 경우는 고환과 음경의 발달 정도와 음모의 출현에 따라서, 여자의 경우는 유방의 발달과 음모의 출현 정도에 따라서 각각 1단계에서 5단계로 나누어 측정한다(표 7-1).

2) 신체 및 심리 발달

사춘기의 변화로는 신장과 체중의 증가, 신체 조성의 변화, 성적 성숙 등이 모두 포함된

제2차 성징(secondary sexual characteristics) 사춘기에 호르몬 변화의 작용으로 나타나는 남성과 여성의 신체적 변화 및 성적 성숙
성적 성숙도(sexual maturity rating, SMR) 사춘기의 성적 성숙 정도를 나타내는 척도

표 7-1 성적 성숙도

분류	남아	여아
1단계	•사춘기 전 : 음모 없음 •사춘기 전 : 음경, 고환, 음낭 변화 없음	•사춘기 전 : 음모 없음 •사춘기 전 : 미성숙으로 유두만 돌출
2단계	•음모 약간 출현 •음경 변화 없음 •음낭과 고환은 커지기 시작, 음낭의 피부색이 붉어짐	•음모는 드문드문 출현 •유방은 조금 부풀어 오르고 유륜이 커짐
3단계	•음모는 색이 검어지고 구부러짐 •음경 비대 •고환과 음낭 확대	•음모는 색깔이 검게 변하고 구부러지며 양도 많아짐 •유방은 더욱 커져 돌출
4단계	•음모는 성인과 비슷하나 드문드문 대퇴부 안쪽까지 미치지 못함 •음경은 비대 •고환은 더 커지고 음낭은 갈색으로 착색되며 커짐	•음모는 성인과 비슷하나 드문드문 대퇴부 안쪽까지 미치지 못함 •유방은 비대해지고 유륜과 유두는 더 커지면서 둔덕이 생김
5단계	•음모는 성인과 같으며 대퇴부 안쪽 •음경, 음낭, 고환은 성인과 같은 크기	•음모는 성인과 같으며 대퇴부 안쪽 •유방은 성인과 같은 모양이 됨

자료 : J. M. Tanner, Endocrine and Genetic Diseases of Childhood and Adolescence, 1975

다. 사춘기가 시작되는 연령이나 기간, 속도는 개인차가 크다. 사춘기에는 영아기 이후 신장과 체중이 급격히 증가하는 제2 급성장기를 맞는다.

(1) 신장과 체중

2010 청소년 통계 자료(통계청)에 따르면 청소년의 신장과 체중은 2008년에 12세 남자 청소년의 신장은 158.1 cm로 1980년(144.2 cm)보다 13.9 cm 자랐고(표 7-2), 체중은 50.8 kg으로 1980년(35.6 kg)보다 15.2 kg 늘었다. 17세 청소년의 신장을 보면 남자 173.9 cm, 여자 161.2 cm로 10년 전(1998)에 비해 각각 1.3 cm, 0.7 cm 자랐다. 12세 청소년의 체중은 남자는 50.8 kg, 여자는 48.1 kg으로 과거부터 꾸준히 증가하였으며 1980년에 비해 15.2 kg, 10.0 kg이 늘었다(표 7-2, 7-3).

(2) 정신적·심리적 변화

사춘기에는 신체적인 면에서의 성숙이 이루어질 뿐만 아니라 자아에 눈뜨기 시작하는 시기로 자의식이 강하며 사물을 추상적이고 논리적으로 생각할 수 있게 된다. 정신 발달 면에서는 자아 정체성의 확립과 자립을 위해 변화를 겪으며 성에 대한 관심으로 이성을 의식하게 되고 감정은 불안정하고 고민이 많아진다. 또한 남의 눈에 비쳐지는 자신의 모습에 신경을 쓰게 된다. 일상생활과 식습관에서 가족보다는 친구들의 영향을 많이 받는다.

표 7-2 청소년의 신장

(단위 : cm)

연도	12세		13세		14세		15세		16세		17세	
	남	여	남	여	남	여	남	여	남	여	남	여
1980	144.2	146.5	150.4	150.7	156.8	153.8	162.2	155.7	165.6	156.5	167.4	157.2
1990	150.1	150.9	157.0	154.6	162.5	156.6	166.8	157.6	168.9	158.1	170.1	158.6
1998	153.6	153.7	160.8	156.8	166.3	158.7	169.8	159.3	172.0	159.9	172.6	160.5
2008	158.1	155.9	164.3	158.4	169.1	159.7	172.0	160.5	173.3	160.8	173.9	161.2
2008-1980	13.9	9.4	13.9	7.7	12.3	5.9	9.8	4.8	7.7	4.3	6.5	4.0

자료 : 교육과학기술부·한국교육개발원, 교육통계연보

표 7-3 청소년의 체중

(단위 : kg)

연도	12세		13세		14세		15세		16세		17세	
	남	여	남	여	남	여	남	여	남	여	남	여
1980	35.6	38.1	40.0	42.7	45.9	46.3	51.9	49.4	55.5	51.5	58.5	52.4
1990	41.7	42.6	47.1	46.9	51.9	49.6	56.3	51.5	58.9	52.7	61.3	53.5
1998	45.9	45.8	51.5	49.6	56.0	52.2	60.0	53.4	62.3	54.1	64.1	54.8
2008	50.8	48.1	56.7	51.5	61.4	53.3	63.8	53.8	65.8	54.4	67.7	55.1
2008-1980	15.2	10.0	16.7	8.8	15.5	7.0	11.9	4.4	10.3	2.9	9.2	2.7

자료 : 교육과학기술부·한국교육개발원, 교육통계연보

3) 영양

영양 상태는 체중과 체지방 성분에 영향을 줄 수 있으며 사춘기의 시작과 밀접한 관계가 있는 것으로 나타났다. 역학조사 연구에 의하면 일정한 체중(48 kg)과 체지방량(17~22%)에 도달해야 초경의 시작과 함께 사춘기를 맞게 되는데, 최근 영양 상태가 좋아짐에 따라 초경의 개시 연령이 점차 빨라지고 있다. 영양 결핍이나 부족은 신체의 성장과 성적 성숙이 지연됨으로써 사춘기의 개시를 더디게 한다.

초경(menarche) 월경의 시작

3. 청소년기 영양과 영양소 섭취기준

1) 에너지

청소년기의 에너지 권장량은 기초대사량과 활동 수준, 사춘기의 신체 급성장 발달에 필요한 에너지 요구량에 의해 결정된다. 청소년의 에너지 필요추정량은 에너지 소비량에 성장에 소요되는 에너지를 부가하여 산정하였다.

12~18세

남자 : 88.5 − 61.9 × 연령(세) + PA[26.7 × 체중(kg) + 903 × 신장(m)] + 25(성장 에너지) kcal/일

PA=1.0(비활동적), 1.13(저활동적), 1.26(활동적), 1.42(매우 활동적)

여자 : 135.3 − 30.8 × 연령(세) + PA[100 × 체중(kg) + 934 × 신장(m)] + 25(성장 에너지) kcal/일

PA=1.0(비활동적), 1.16(저활동적), 1.31(활동적), 1.56(매우 활동적)

2) 단백질

청소년기의 단백질 권장량은 신체 유지와 새로운 조직의 합성에 필요한 단백질 요구량에 의해 결정된다. 12~18세 사이에는 성장을 위해 필요한 단백질량이 높게 유지된다. 청소년 각자의 최고 성장 시기는 다를 수 있으므로 연령보다는 성장 추이에 따라 단백질 섭취량이 증가되어야 한다. 만약 이 시기에 단백질 섭취가 부족하게 되면 신체 성장과 성적 성숙이 지연될 수 있다.

청소년기의 에너지와 단백질 권장 섭취기준은 표 7-4에 나타내었다. 성장에 따른 체중의 증가로 단백질 권장섭취량은 남자의 경우 12~14세와 15~18세는 각각 55 g과 65 g이고 여자는 12~18세에서 모두 50g의 단백질 섭취가 권장된다.

표 7-4 청소년기의 1일 에너지 필요추정량과 단백질 섭취기준

성별	연령 (세)	체중 (kg)	에너지 필요추정량 (kcal/일)	평균필요량 (g)	권장섭취량 (g)
남자	12~14	52.9	2,500	45	55
	15~18	63.1	2,700	50	65
여자	12~14	48.5	2,000	40	50
	15~18	53.1	2,000	40	50

자료 : 보건복지부, 2015 한국인 영양소 섭취기준, 2015

3) 무기질

청소년기에는 골격과 근육, 혈액이 왕성하게 성장하는 시기이므로 무기질이 많이 필요할 때이다. 〈표 7-5〉에 청소년의 1일 무기질 권장섭취량을 제시하였다.

표 7-5 청소년기의 1일 무기질 권장섭취량

성별	연령(세)	칼슘 (mg)	인 (mg)	철 (mg)	아연 (mg)	마그네슘 (mg)	요오드 (μg)	셀레늄 (μg)	구리 (μg)
남자	12~14	1,000	1,200	14	8	320	130	60	740
	15~18	900	1,200	14	10	400	130	65	840
여자	12~14	900	1,200	16	8	290	130	60	740
	15~18	800	1,200	14	9	340	130	65	840

자료 : 보건복지부, 2015 한국인 영양소 섭취기준, 2015

(1) 칼슘

칼슘은 골격 형성에 중요한 영양소이므로 청소년기에 충분한 칼슘 섭취는 필수이다. 청소년기는 최대 칼슘 축적률을 보이는 시기로, 골격 칼슘 축적량, 소변을 통한 손실량, 불감손실량과 흡수율을 고려하여 평균필요량을 산출하였다. 12~14세의 칼슘 권장섭취량은 남녀 각각 1일 1,000 mg과 900 mg으로 높은데, 남자의 경우 골격 내 칼슘 축적률이 커서 여자보다 크고 단단한 골격을 형성한다. 15~18세의 권장섭취량은 남녀 각각 900 mg, 800 mg으로 설정되었다. 칼슘의 우수 급원인 우유를 섭취하지 않고 1일 권장량의 칼슘인 800~1000 mg을 섭취하기는 쉽지 않다.

(2) 철

청소년기에는 신장과 체중의 급속한 증가로 근육량, 혈액량, 호흡계 효소의 증가에 따라 철분 요구량이 많아지며, 여자 청소년의 경우에는 월경의 개시로 매달 철분 손실이 늘어나기 때문에 철 필요량은 더 증가하게 된다. 청소년은 기본적인 철 손실량과 헤모글로빈의 증가, 조직 철 함량의 증가에 필요한 요구량을 추정하였으며 15~18세 소녀의 경우 월경으로 인한 철 손실량을 추가하여 평균필요량을 설정하였다. 철 흡수율은 모두 12%로 가정하여 평균필요량을 설정하였으며 여기에 변이계수 15%를 사용하여 철 권장섭취량을 책정하였다.

12~14세의 경우는 남녀 각각 14 mg과 16 mg, 15~18세의 경우는 남녀 모두 14 mg의 철

섭취를 권장하고 있다.

(3) 아연

청소년기는 급속한 신체 성장과 성적 성숙이 이루어지는 시기이므로 아연의 섭취가 중요하다. 아연은 체내 단백질 합성과 핵산 대사에서 중요한 역할을 하며, 청소년기에 성장하는 동안 많은 양의 아연이 근육과 뼈에 저장된다. 근육량이 증가하고 세포분열이 왕성하게 이루어지는 청소년기에는 아연 결핍의 위험이 크다. 아연이 결핍된 청소년은 성장이 지연되고 성적인 발달도 늦어진다. 아연의 권장섭취량은 12~14세의 경우 남녀 모두 8 mg, 15~18세의 경우는 남녀 각각 10 mg과 9 mg으로 책정하였다.

4) 비타민

청소년기에는 급속한 성장을 위해 필요한 비타민들이 충분히 공급되어야 한다. 비타민 A는 시력, 성장, 세포 분화와 증식, 생식, 면역 능력에 반드시 필요함에도 불구하고, 청소년들의 비타민 A 섭취량이 권장량에 미치지 못하고 있다는 보고가 있다.

비타민 D는 골격이 빠르게 성장하는 청소년기에 요구량이 증가하며, 골격의 석회질화와 관련하여 칼슘과 인의 항상성 유지에 관여한다. 비타민 D의 충분섭취량은 12~14세와 15~18세에서 남녀 모두 10 μg으로 설정되었다.

표 7-6 청소년기의 1일 비타민 권장섭취량

비타민 \ 연령 및 성별	12~14세		15~18세	
	남자	여자	남자	여자
비타민 A (μg RAE)	750	650	850	600
비타민 D† (μg)	10	10	10	10
비타민 E† (mg α-TE)	10	10	11	11
비타민 C (mg)	90	100	105	95
비타민 B_1 (mg)	1.1	1.1	1.3	1.2
비타민 B_2 (mg)	1.5	1.2	1.7	1.2
비타민 B_6 (mg)	1.5	1.4	1.5	1.4
비타민 B_{12} (mg)	2.3	2.3	2.7	2.4
니아신 (mg NE)	15	15	17	14
엽산 (μg DFE)	360	360	400	400

† 충분섭취량

자료 : 보건복지부, 2015 한국인 영양소 섭취기준, 2015

Tip

사춘기 영양 특징

① 신체 발육 및 성 성숙에 따라 각 영양소의 필요량은 최대가 되며 남녀의 차가 크다.
② 골단이 폐쇄하는 시기이나 골질량은 남녀 모두 최대량이 되는 시기로, 칼슘 부족이 되지 않도록 규칙적으로 균형 있는 식사를 섭취하고, 단백질의 풍부한 섭취와 운동을 계속할 필요가 있다.
③ 여자에게는 피하지방층이 증가하는 시기이나 날씬하고자 하는 욕망이 강하게 존재하여 영양 섭취의 불균형을 가져오기 쉽다. 또한 초경 후에 빈혈이 나타나기 쉽다.
④ 가족과 함께하는 생활은 줄어들고 자기중심적인 생활 리듬과 기호 중심, 간편 지향의 식생활에 빠지기 쉽다.
⑤ 잘못된 식품 선택으로 식사 리듬이 흐트러지고 운동 부족이 생기는 등 영양상 문제가 많이 발생할 수 있다.

비타민 C는 생체 내에서 여러 가지 효소반응의 조효소로 쓰이며 신경전달물질의 합성, 철의 흡수, 상처 회복 등의 기능에 관여하며 콜라겐 합성에 필수적인 성분으로서 흡연하는 청소년의 경우 비타민 C를 더 많이 섭취하도록 해야 한다. 비타민 C 권장섭취량은 12~14세의 남녀는 각각 90 mg, 100 mg이며, 15~18세의 남녀는 각각 105 mg, 95 mg으로 책정하였다.

티아민(비타민 B_1), 리보플라빈(비타민 B_2), 니아신 등은 에너지 대사에 필수적이므로 이들의 섭취량도 증가하게 된다. 세포분열과 성장에 중요한 비타민 B_{12}의 섭취는 이 시기에 매우 중요하다.

급격한 세포 성장과 질소 대사와 관련되는 수많은 효소계의 작용을 위해서 비타민 B_6의 필요량도 증가한다. 비타민 B_6는 단백질 섭취량이 증가할수록 요구량이 늘어나며 근육량이 급격하게 증가하는 청소년들에게 충분히 공급되어야 한다. 몇 가지 비타민의 권장섭취량을 〈표 7-6〉에 정리하였다.

4. 청소년기 식행동

1) 불규칙한 식사

청소년기의 영양 상태가 불량해지는 원인으로는 불규칙한 식사와 결식을 들 수 있다. 2009년 청소년 건강행태조사(2005년 교육과학기술부, 보건복지부 질병관리본부 자료)에 따르면 우리나라 청소년의 주 5일 이상 아침 결식률은 2009년 전체 27.1%, 남학생 28.2%, 여학생 25.9%로 조사되었다. 10대 소녀들의 경우 날씬해지기 위해 식사를 거르는 경우가 많은데,

열량은 낮으면서도 영양가 높은 식사의 필요성을 깨닫고 성장이 왕성한 시기에 식사를 규칙적으로 할 수 있도록 가정과 학교에서 관심을 가져야 한다.

Advice 청소년을 위한 식생활 지침

각 식품군을 매일 골고루 먹자.

- 밥과 다양한 채소, 생선, 육류를 포함 하는 반찬을 골고루 매일 먹습니다.
- 간식으로는 신선한 과일을 주로 먹습니다.
- 우유를 매일 2컵 이상 마십니다.

짠 음식과 기름진 음식을 적게 먹자.

- 짠 음식, 짠 국물을 적게 먹습니다.
- 인스턴트 음식을 적게 먹습니다.
- 튀긴 음식과 패스트푸드를 적게 먹습니다.

건강 체중을 바로 알고, 알맞게 먹자.

- 내 키에 따른 건강 체중을 압니다.
- 매일 한 시간 이상 적극적으로 신체 활동을 합니다.
- 무리한 다이어트를 하지 않습니다.
- TV 시청과 컴퓨터 게임을 모두 합해서 하루에 두 시간 이내로 제한합니다.

물이 아닌 음료를 적게 마시자.

- 물을 자주 충분히 마십니다.
- 탄산음료, 가당 음료를 적게 마십니다.
- 술을 절대 마시지 않습니다.

식사를 거르거나 과식하지 말자.

- 아침식사를 거르지 않습니다.
- 식사는 제 시간에 천천히 먹습니다.
- 배가 고프더라도 한꺼번에 많이 먹지 않습니다.

위생적인 음식을 선택하자.

- 불량식품을 먹지 않습니다.
- 식품의 영양표시와 유통기한을 확인하고 선택합니다.

자료 : 보건복지부, 2010

2) 패스트푸드

청소년기에는 정규 식사 외에 영양소 요구량의 증가로 간식이 매우 중요하나, 간식으로 선택된 식품이 대부분 열량 과잉인 경우가 많아 질적인 면에서 문제가 된다. 최근에는 시간과 장소에 구애 없이 간편하게 먹을 수 있는 패스트푸드의 섭취가 증가하여 비만 등 여러 질환에 노출될 확률이 높아지고 있다.

패스트푸드는 열량과 지질, 나트륨의 함량은 높고, 비타민과 무기질 및 섬유소의 함량은 매우 낮다. 특히 칼슘, 철, 리보플라빈, 비타민 A, 비타민 C, 엽산의 함량이 낮으므로 청량음료보다는 우유와 함께 섭취하는 것이 바람직하다. 또한 과일주스나 샐러드를 선택하여 함께 먹는다면 영양적 가치를 향상시킬 수 있다.

Tip

패스트푸드점에서 생긴 일

초등 6년 45% 주 1~2회 햄버거 '꿀꺽'

패스트푸드 등에 사용되는 트랜스지방을 금지하자는 세계적인 열풍이 우리나라에도 번지고 있다. 트랜스지방이 심혈관 질환을 일으킨다며 이미 미국 뉴욕 주에서 식당 사용을 금지한 데 이어 인도 등에서는 패스트푸드 포장지에 "어린이를 위한 것은 아니다."라는 경고문의 삽입을 추진하고 있다.

우리나라에서도 한국교원단체총연합회(이하 교총)는 햄버거나 피자, 콜라 등 패스트푸드와 탄산음료에 담배나 술병처럼 '건강 유해 경고문' 표기 의무화를 추진하고, 탄산음료 자판기를 학교 내에서 철거토록 하는 캠페인을 시작했다. '패스트푸드 덜 먹기 운동'에 본격 시동을 건 것이다.

햄버거+감자튀김+콜라 등 세트 메뉴와 트랜스지방이 많은 감자튀김(프렌치 프라이드)이 문제로, 감자튀김 1봉지(100 g)에 든 트랜스지방은 4.6 g이나 된다. 세계보건기구가 제시한 성인의 하루 섭취 제한량(2.2 g)의 2배를 넘어 동맥경화증 등 심장 질환을 쉽게 일으킬 수 있다고 한다. 이것이 포장지에 표기되면 그만큼 덜 먹게 될 것이라고 전문가들은 말한다.

패스트푸드점 생긴 뒤 초중고 비만 남 3배, 여 1.7배

미국식품의약국은 트랜스지방이 제품에 얼마나 들어 있는지를 포장지에 표시토록 이미 의무화했다. 우리나라도 2007년 12월부터 빵, 캔디나 음료류에 비만이나 당뇨, 심혈관 질환의 원인이 되는 트랜스 지방·콜레스테롤 등의 함량이 얼마인지 표기하도록 의무화했다. 이를 어길 때는 영업정지 등의 처분을 받게 된다.

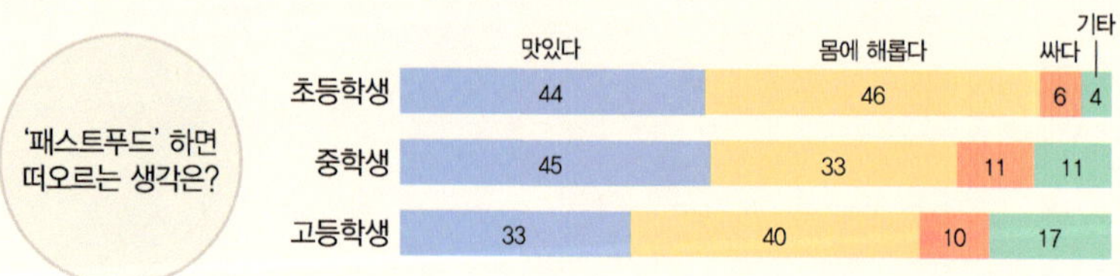

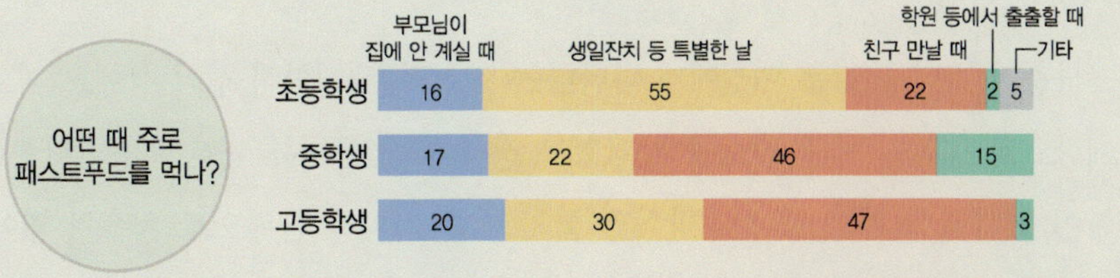

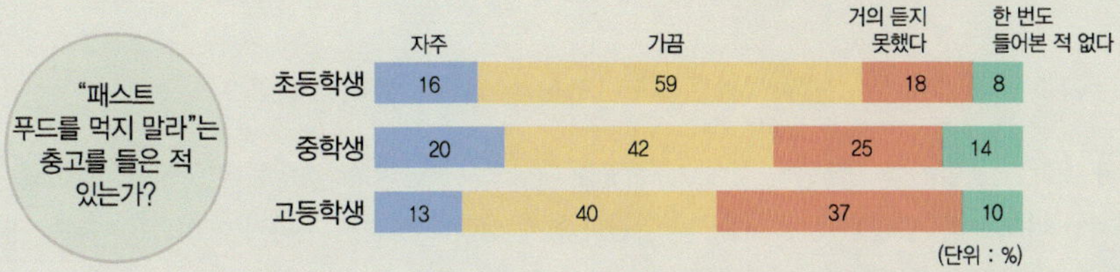

초등학생 10% "거의 매일 패스트푸드 먹는다"

교총의 조사에 따르면 우리나라 초등학생들은 10명 중 1명이 일주일에 3~4번이나 패스트푸드를 먹는 것으로 나타났으며 서울 지역 초중고 학생들의 비만율은 1981년 3%에서 20여 년 만인 2005년에는 12%로 4배나 늘어났다.

부모들의 무관심이 비만을 부른다

무엇보다 패스트푸드에 대한 부모와 청소년들의 인식 변화가 필요하다. 특히 맞벌이부부가 늘어 아이들의 식사를 챙겨 주지 못하면서 패스트푸드가 식사 대용으로 쉽게 자리 잡았다.

우리나라 패스트푸드점들의 변화 노력도 부족하다. 일본 도쿄의 패스트푸드점에서는 세트메뉴를 시킬 때 사이드메뉴를 감자튀김(프렌치 프라이드), 샐러드, 너겟(닭조각) 중 한 개 선택할 수 있다. 음료도 탄산음료, 녹차, 야채주스 등 3종류가 제시된다. 일본이 세트메뉴에 샐러드와 녹차를 넣은 것은 2002년. '감자튀김+탄산음료'가 열량이 높아 비만을 유발한다는 비판 때문이었다. 하지만 우리나라 패스트푸드점은 아직도 감자튀김과 탄산음료 세트가 주류이다.

자료 : 조선일보, 2006. 12. 15

5. 청소년기의 섭식 장애

우리 사회에 만연해 있는 지나치게 마른 체형이 곧 '아름다움'이라는 잘못된 인식이 청소년기의 신체 형성에 큰 영향을 끼쳐 신경성 거식증(anorexia nervosa)과 신경성 탐식증(bulimia nervosa)과 같은 섭식 장애를 유발한다.

신경성 거식증(anorexia nervosa) 신경성 식욕부진증이라고도 함. 자신의 신체 이미지에 대한 잘못된 인식으로 병적인 체중 감소를 가져오는 식행동 장애의 한 유형으로, 조기 발견 및 진단, 영양학적 지원과 정신과적 치료가 필요

신경성 탐식증(bulimia nervosa) 폭식증이라고도 함. 다량의 음식물을 섭취한 후 후회와 자책으로 우울해 하며 구토하거나 하제를 복용하는 심리적 장애로 심리 치료와 영양적 치료를 병행해야 함

1) 신경성 거식증

사춘기 소녀나 젊은 여성에게 나타나는 정신적·생리학적 섭식 장애로 과도한 영양 섭취 제한으로 병적인 체중 감소를 가져오고 정상 체중 유지를 거부하며 말랐음에도 불구하고 살이 쪘다고 느끼는 등 사고방식과 삶의 대한 가치가 한편으로 치우쳐 있어 인지 장애도

Tip

'날씬' 선호문화 '거식증' 환자 늘어난다

최근 노르웨이 대학 연구팀은 노르웨이의 십대 2,600명을 대상으로 5년 이상 진행된 연구에서 거식증을 가진 여성들의 가장 심각한 문제인 먹고 토하는 증상이, 남자친구나 남편과 함께 생활하는 순간 사라지는 것으로 나타났다고 발표했다. 연구팀은 물론 치료는 아니지만 거식증을 가진 여성들의 증상이 동거나 결혼 등에 의해 개선될 수 있었다고 밝혔다.

이미 전 세계적으로 유명한 가수나 배우 등이 거식증 등이 원인이 되어 사망한 경우는 많으며, 최근에는 그 환자층이 일반인에게로 점점 가속화되어 확대되고 있다.

전문가들은 "거식증뿐 아니라 식욕과 관련된 식이 장애는 주로 스트레스나 사회적 시선에 대한 자신의 왜곡된 판단에 의한 것이기 때문에 오히려 문명이 발달하고 기본적인 식욕이 해결되는 곳에서 더욱 많이 일어난다."고 설명한다.

사망률 10%가 넘는 거식증, 가장 대표적인 식이 장애는 거식증이나 폭식증이다

거식증은 날씬해지기 위해 극단적으로 음식을 거부하거나 인위적인 구토, 설사약 복용 등의 행동을 하는 경우인데, 이와 같은 행동 때문에 체중이 적정 체중에 비해 15% 이상 감소하게 되며 심할 때에는 30% 이상까지 감소되기도 한다. 이로 인해 탈모증, 체온 저하뿐 아니라 전해질 불균형으로 인한 신장 및 심장 기능의 장애 등도 합병증으로 올 수 있다.

자료 : 헬스조선 메디컬투데이, 2006

Tip

브라질서 거식증 사망자 또 발생…… 다이어트 논란 가열

브라질에서 최근 한 여성 모델이 거식증으로 사망한 데 이어 이번에는 여대생이 같은 증세로 숨지는 사건이 발생하면서 지나친 다이어트의 폐해를 둘러싼 논란이 가열되고 있다. 18일 현지 언론의 보도에 따르면 상파울루 시에서 273 km 떨어진 아라라콰라 지역에 거주하는 여대생 카를라 소브라도 카잘레(21)가 지난 16일 거식증에 따른 심장마비로 사망한 것으로 확인됐다고 한다.

숨질 당시 카를라는 키 174 cm, 체중 55 kg으로 비교적 정상에 가까웠으나, 어릴 때부터 살을 빼기 위해 복용해 온 약물 때문에 거식증과 함께 심한 신경쇠약에 시달려 온 것으로 알려졌다.

지난 14일 모델 아나 카롤리나 레스톤 마칸(21)이 거식증으로 사망한 지 이틀 만에 같은 사건이 발생하자 브라질 내 패션업계에서도 깡마른 모델에 대한 선호를 지양해야 한다는 움직임이 점차 확산되고 있다.

브라질에서 활동하는 모델의 거의 90%를 보유하고 있는 메가(Mega), 엘리트(Elite), 레키프(L'equipe), 포드(Ford), 마릴린(Marilyn) 등 유명 모델 에이전시들은 "앞으로 모델 지망생과 계약을 체결할 때는 반드시 건강진단서를 제출하도록 하고 계약 후에도 정기적으로 건강검진을 받도록 할 계획"이라고 밝혔다.

자료 : 상파울루=연합뉴스, 2006. 11. 18

문제가 되는 질환이다. 생물학적 이론에 의하면 시상하부의 이상으로 호르몬의 불균형이 초래되고 그로 인해 증세가 나타난다고 한다. 심리적인 면에 의해 어느 기간 동안 영양 섭취를 제한하게 되는데, 이것은 날씬하고자 하는 지나친 집착과 열망, 살이 찌는 것에 대한 두려움과 공포가 이면에 자리 잡고 있는 데 기인한다.

신경성 거식증은 주로 청소년기 여자에게 나타나며, 환자의 일부는 약간의 체중 초과에 해당되었던 사람이 체중 증가를 두려워해 음식을 외면하고 거부함으로써 적정 체중보다 20~40% 정도 감소하기도 한다. 극심한 체중 감소로 무월경 상태가 되는 경우도 있다. 피로감과 무기력증이 나타나며 심장이 천천히 뛰고 집중력이 떨어진다. 신장 이상, 근육 경련 등의 증상이 발생하기도 한다. 조기 발견 및 진단이 필요하며 영양적 지원과 정신과적 치료가 필요하다.

2) 신경성 탐식증

폭식증이라고도 하며, 다량의 음식물을 섭취한 후 스스로 유도하는 구토와 설사를 반복한다. 식습관에 문제가 있음을 알면서도 고칠 수 없다고 두려워하며, 폭식 후에 후회하고 스스로 자책하면서 우울해 한다. 탐식증 환자의 체중은 기복이 심하며 월경 불순이 나타난다. 갑자기 다량의 음식물을 섭취함에 따라 위 확장증, 위 파열이 오기도 하며 구토가 반복되면서 타액선의 확장, 치아 손상, 기관지염, 얼굴의 모세혈관 조직의 파열, 식도염 등이 발생하기도 한다. 섭취한 과량의 에너지를 제거하기 위해 하제를 사용하지만, 남용 시에는 과량의 체액 손실과 그로 인한 쇼크를 유발한다. 설사와 잦은 구토로 인한 수분과 전해질의 불균형으로 신부전이나 심부전이 나타날 수도 있다. 치료는 심리 치료와 영양적 치료가 병행되어야 한다.

6. 청소년기 영양 관련 문제

1) 고혈압

청소년기의 고혈압은 성인만큼 흔하지는 않아서 중요성이 덜 인식되고 있으나, 평생 지속될 수 있고 소아기 혈압이 성인이 되었을 때의 혈압 수준을 나타내므로 소홀히 할 수 없다. 예전의 청소년 고혈압은 성인과 비교했을 때 대부분 특별한 원인이 있는 2차성이었으나, 최근에는 특별한 원인이 없는 본태성 고혈압이 성인만의 문제가 아닌 청소년에서도 증가하고 있으며 유년기부터 시작되기도 한다는 것이 점점 분명해지고 있다. 따라서 성인의 심혈관 질환과 관련된 청소년기의 생활습관 및 위험 요소를 파악하여 적극적으로 예방해야 한다.

청소년기에 있어서 2차적 요인에 의한 고혈압은 성인보다 높으며 치료를 위해서는 심할 경우 식사요법과 약물요법이 권장된다.

청소년이 즐겨 먹는 식품들에는 나트륨과 포화지방산의 함량이 높은 것이 많으므로 이에 대한 영양 교육과 행동 수정이 요구되며 가족력이 있을 경우 나트륨과 에너지 섭취를 조절하는 영양 치료를 장기간 계속해야 한다.

2) 청소년 비만

청소년기 비만은 성인기 고혈압, 고지혈증 및 대사증후군 같은 만성 질환으로 이행될 가능성이 크다. 비만은 비정상적으로 체중이 많이 나가는 상태이며 여러 복합적인 요인의 작용으로 나타난다. 과식과 편식, 운동 부족 등과 밀접한 관계가 있으며 서구화된 식생활에 기인한다. 비만 청소년의 행동 패턴은 대인관계나 주변 환경에 소극적인 태도를 보이고, 우울증과 자신의 신체에 대한 부정적 반응을 나타내기도 한다. 치료로는 저열량 식사와 운동요법이 권장된다.

3) 흡연

담배 속에는 4,000종 이상의 화학물질과 60여 종의 발암물질이 포함되어 있어 각종 질병을 유발한다. 이 유해물질은 대부분 오랜 시간을 두고 몸에 축적되어 조직과 장기에 병적 변화를 일으킨다. 특히 신체적 성장이 완성되지 않은 청소년기의 흡연은 암 발생, 심혈관계 질병의 발생 가능성을 높인다. 전국의 남자 고등학생을 대상으로 실시한 한 흡연 실태조사에 의하면 흡연하게 된 동기로 스트레스를 해소하기 위해(30.3%), 친구를 따라(27.1%), 호기심(24.7%) 등을 꼽고 있는데, 이 중에서 가장 문제가 되는 것은 스트레스를 해소하기 위해서 담배를 피우는 것이라 지적하였다. 그러므로 스트레스 해소의 효과적인 방안을 제시하여 스트레스를 흡연으로 풀려고 하는 잘못된 생각을 바로 잡아 주어야 할 것이다.

2015년 '청소년 건강 행태 온라인조사'에 의한 청소년 흡연율을 보면 2015년 전체 7.8%, 남학생 11.9%, 여학생 3.2%이다. 이는 조사가 시작된 이후 가장 낮은 수치로 전년 대비 남학생은 15%, 여학생은 20%의 감소율을 보였다. 이는 2015년 담뱃값 인상, 금연교육 강화,

Tip

흡연, 내 몸 속에서 일어나고 있는 일

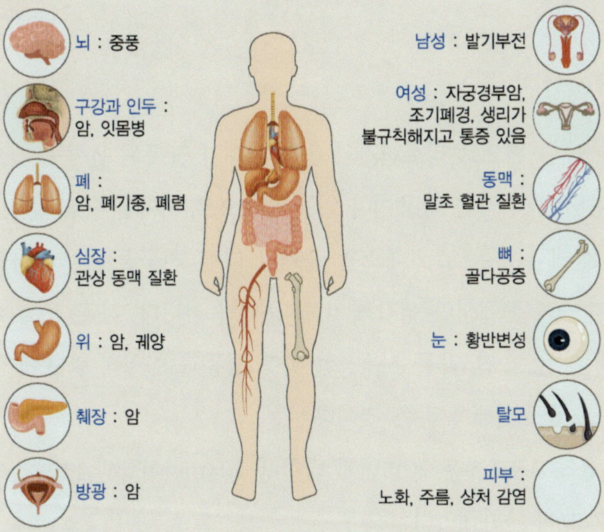

담배에는 4,000종 이상의 화학물질과 60여 종의 발암물질이 있어 건강에 치명적이다. 흡연을 하면 직접 연기가 닿는 구강암, 폐암뿐만 아니라 혈액을 타고 발암물질이 전신에 퍼져 가족 암을 유발합니다.

자료 : 금연경찰 리플릿 중

※ 최근 30일 동안 1일 이상 흡연한 사람의 분율

그림 7-1 청소년의 현재 흡연률* 추이

자료 : 통계청, e나라지표

사회적인 인식 변화 등의 영향으로 청소년 흡연을 억제한 것으로 보인다.

청소년 흡연의 심각성은 흡연 시작 연령이 낮을수록 폐암 및 각종 암으로 인한 사망률이 높아질 뿐만 아니라 10대 임신부의 흡연은 유산 및 조산율과 기형아 출생률, 신생아 사망률을 높이기 때문이다. 갈수록 흡연 시작 연령이 낮아지고 있어 흡연 방지 및 절제 방안을 계획하고 실행하는 것이 시급한 과제이다.

청소년 흡연을 예방하기 위해서는 청소년을 미래의 고객으로 유도하는 담배 제조사들의 담배 광고 및 판매를 규제하는 법적 규제와 제한이 필요하다. 공교육 및 사회교육을 통한 계몽과 규제, 건전한 생활 태도를 가지도록 사회적·문화적 공감대도 형성해야 한다.

4) 음주

우리나라는 음주에 대해서는 관대한 편으로 청소년기의 음주 행태가 잘못된 음주 습관으로 악화될 가능성이 크며, 본드 흡입 등의 약물 사용이나 일탈 행동으로 이어질 수도 있다.

청소년의 음주는 단순한 호기심에서 혹은 스트레스를 풀거나 다른 친구들로부터 따돌림을 당하지 않기 위해 하게 된다는 수준에서만 생각해 버릴 문제가 아니다. 다른 문제 행동, 즉 사고 폭력으로 인한 상해, 자살, 흡연, 약물 사용, 성 위험 행동과 인지적 발달에 영향을 주기 때문에 다른 비행보다도 중요시해야 하는 것이다.

우리나라 청소년의 현재 음주율(중 1~고 3)은 2015년에 남학생 20.0%, 여학생 13.1%, 전체 16.7%이며, 그 추이를 〈그림 7-2〉에 나타내었다.

청소년의 지나친 음주는 영양학적으로 몇 가지 문제를 내포하고 있다. 알코올의 열량은 1 kg당 7 kcal로 당질보다 많으나 다른 영양소는 거의 함유되어 있지 않으므로 알코올을 다량 섭취하면 영양상의 불균형을 초래하게 된다. 또한 간이 알코올에 대한 해독작용을 못하면 간과 췌장의 손상을 가져올 수도 있다.

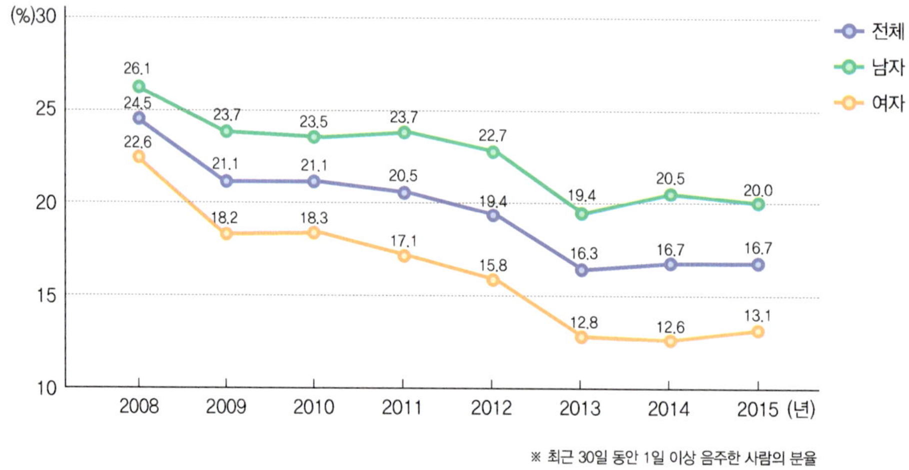

그림 7-2 청소년의 현재* 음주율 추이

자료 : 통계청, e 나라지표

5) 약제

우리나라 청소년의 평생 약물 경험은 한 조사에 의하면 남학생 0.9%, 여학생 0.4%, 전체 0.7%로, 청소년기에는 호기심으로 여러 약제를 접하게 될 가능성이 크다. 이러한 약제의 이용은 논리적 사고 능력, 인지 능력, 사회성에 나쁜 영향을 미치고 부정적 성격, 비행 행동, 교우관계의 변화를 가져와서 정신적·육체적으로 치명적인 결과를 맞게 된다. 이러한 약물을 남용하면 규칙적인 식사 습관 및 건강 유지에 필요한 생활습관을 잃게 되므로 영양과 건강 상태가 나빠진다.

6) 여드름

10대 및 청소년의 약 85%에서 발견되는 여드름의 발생은 사춘기의 호르몬 분비와 관련

Tip

고카페인 음료 주의하세요

자료 : 식품의약품안전처

이 있다. 청소년기에는 피지의 분비가 증가됨에 따라 피지선에 염증을 일으키는 박테리아의 증식이 용이해지고 이에 따라 여드름이 발생하는데, 이는 안드로겐, 피지선 크기, 피지 생성량, 스트레스, 월경 중 호르몬 분비의 변화, 수면 부족 등에 의해 영향을 받는다. 남자가 여자보다 여드름이 더 흔한 것은 남성호르몬인 테스토스테론의 영향이 크기 때문이다. 스트레스도 부신의 안드로겐의 분비를 증가시켜 여드름을 악화시킨다.

단원정리

1 청소년기에는 영양소 필요량이 생애 주기의 어느 때보다도 높은 것이 특징으로 신체의 성장과 발육이 왕성하고 신체적·정신적·사회적 변화를 다양하게 겪으며 성적 성숙으로 인한 발육이 활발하게 일어난다.

2 불규칙한 생활습관과 과도한 학업 등으로 인해 영양 문제를 초래할 수 있으나 이 시기에 규칙적이고 바람직한 식습관 및 건강한 생활습관을 실천하면 노화 예방 및 성인이 되어 건강한 생활을 오랫동안 영위할 수 있다.

단원평가

1 청소년기 성장의 특징을 설명하시오.

2 청소년기 성장과 성숙에 작용하는 호르몬은 무엇인지 설명하시오.

3 사춘기 시기의 신체 발달 특징을 설명하시오.

4 신경성 거식증과 탐식증에 대하여 설명하시오.

풀이

1. 청소년기에는 영아기 이후 가장 급속한 성장을 보인다. 사춘기의 시작은 여자가 남자보다 빠르며, 사춘기에는 성호르몬의 증가로 2차 성징과 생식 기능이 나타난다.
2. 사춘기의 시작을 좌우하는 가장 중요한 요인은 성호르몬으로 에스트로겐, 테스토스테론, 안드로겐, 프로게스테론 등이 그 역할을 담당한다. 안드로겐은 강력한 동화작용을 촉진하는 호르몬으로 단백질 합성을 증가시키고, 남성의 경우 고환에서 분비되는 테스토스테론과 결합하여 여성보다 더 크게 성장하도록 하며 더 많은 근육량과 골격을 유지하도록 한다.
3. 남자는 테스토스테론의 생산이 많아져 어깨가 넓어지고 근육량이 늘어나며 변성, 음모의 발달, 고환의 성장 등과 같은 2차 성징이 발현된다. 여자는 에스트로겐의 분비가 많아져 엉덩이둘레가 넓어지고 지방조직이 증가한다.
4. 신경성 거식증은 마른 체형에 대한 지나친 집착과 선망에서 비롯되며, 말랐음에도 살이 쪘다고 생각해 음식을 외면하고 피하는 반면에, 탐식증은 때론 음식을 잘 먹다가도 토하거나 다량의 하제를 복용함으로써 먹은 것을 배출하며, 돌연 먹는 것을 중단하기도 하는데 이 경우는 신체적으로나 정신적으로 뚜렷한 장애를 동반한다.

성인 영양

PART IV

제8장 성인기 영양 | 제9장 노년기 영양

08

성인기 영양

1. 성인기의 특징
2. 성인기의 영양소 섭취기준
3. 중년기 건강을 위한 지침
4. 성인기 영양의 중요성
5. 영양과 생활습관병
6. 갱년기의 영양

성인기는 사춘기가 끝난 시점부터 노년기에 접어들기 전까지의 기간을 말하며, 사회적·경제적으로 안정된 시기이며 신체적·생리적으로도 완숙기에 해당한다. 대체로 20~64세를 가리키므로 거의 45년에 달하여 생애주기에 있어 가장 긴 기간이다. 이를 세분하여 성인 전기(장년기, 20~30대)와 성인 후기(중년기, 40~50대)로 구분하기도 하는데 장년기는 신체의 조직 기능을 최대로 발휘할 수 있으며, 중년기는 각종 성인병을 조심해야 하는 시기이기도 하다. 이 시기는 또한 생식 능력을 갖춘 성인들이 새로운 생명을 잉태하는 데서 시작되므로 이들에게 유전적 요인이 건강과 수명에 영향을 미치기도 하지만, 무엇보다도 올바른 식생활과 규칙적인 운동 등의 생활방식이 중요하다. 신체적 변화가 적으나 건강과 복지를 위하여 다양한 평생 건강 관리 프로그램이 요구된다.

과거 40~50년 동안 빠른 경제 성장을 보인 나라일수록 풍부한 식단으로의 변화가 건강에 좋지 않은 결과를 가져온 역학적 관계를 보이고 있다. 생활이 편리해지고, 식생활이 풍요로워져 여분의 에너지가 축적되어 비만을 유발하게 되는 생활습관성 질환을 높이고 있다. 그러므로 성인기에는 이러한 질환을 예방하기 위한 식생활 관리가 필요하며, 이것은 곧 노화를 지연시키는 좋은 방법이기도 하다.

1. 성인기의 특징

성인기는 사춘기의 급격한 성장 발달과는 달리 신체적·생리적 변화가 거의 없으며 기능적으로도 일생을 통해 가장 안정된 시기이나, 연령상 정신적·신체적·사회적 활동력이 가장 왕성한 시기이므로 건강에 소홀할 수 없는 시기이기도 하다. 신체적 성장 및 발달은 완료되나 성숙 과정은 계속 진행되어 체조직과 세포는 동적인 평형 상태를 유지하게 되는데 이러한 재구성(remodelling) 과정을 위해서는 에너지를 비롯하여 양호한 영양 공급이 성인기에도 필요하다.

1) 신체적 특징

대부분의 신체기관은 18세경에 생리적 성숙에 이르나, 근골격계는 20대 초반에 완성되고 최대 골질량은 30대 초반까지 증가한다. 20~30대 초반에 신체의 크기, 체력 및 성숙도가 정점에 달한다.

2) 생리적 특징

차츰 심신의 기능이 저하되기 시작하는데 사회적으로 중견 계층의 책임과 임무가 과중한 시기이다. 체중은 지속적으로 증가하여 체질량 지수도 증가하게 된다. 근육은 줄어들고 지방은 늘어나 성인기의 건강 상태를 불량하게 할 수 있다. 비만과 관련성이 높은 질병인 제2형 당뇨병, 고지혈증, 심·순환기계 질환, 고혈압, 체중 과부하로 인한 골·관절염 및 암 발병률을 높인다.

30대 이후 고령화에 따른 생리 기능의 저하가 수반되는데 그 생리 기능이 직선적으로 저하되고 있다(그림 8-1).

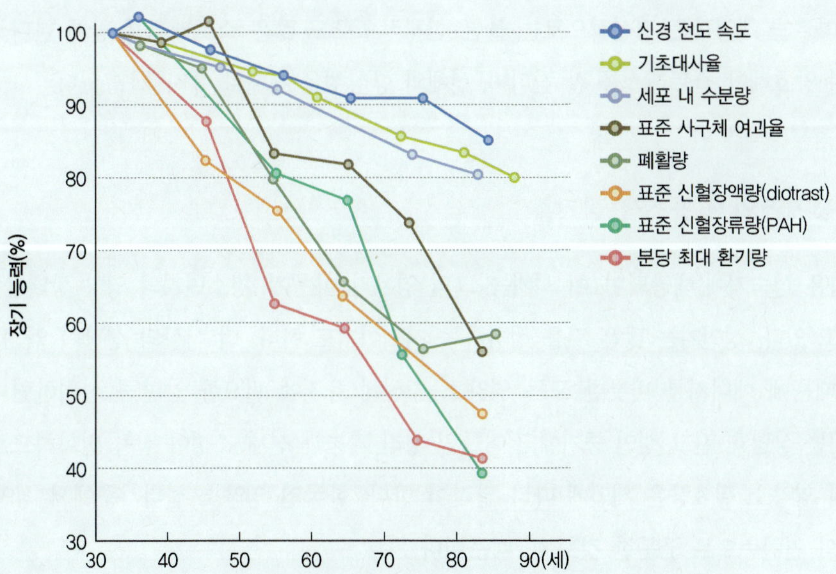

그림 8-1 30세를 100으로 하였을 때 연령에 따른 각 장기 능력의 변화

3) 사회적·심리적 특징

성인기는 신체적 변화보다는 사회 심리적 요인이 영양 상태에 큰 영향을 미친다. 남성의 경우 연봉제, 능력별 대우 등 심한 경쟁 체제 속에서 스트레스가 많이 쌓이게 된다. 여성의 경우는 가사 노동, 육아와 자녀교육에 대한 부담, 특히 직장여성인 경우 일과 가정을 병행해야 하는 이중 부담을 안고 있다. 또한 가족, 직장, 사회에서 중추적인 위치에 있게 되므로 책임감으로 인한 스트레스를 많이 받게 된다.

중년기는 사회적, 경제적 지위가 정점에 도달하나 성취감 뒤에 얼마 후 하강과 은퇴를 감지하여 무기력해지기 쉬운 시기이기도 하다. 특히 조기퇴직을 한 경우에는 경제적 압박, 소외감, 우울 등 사회 심리적 변화가 클 뿐 아니라 신체적으로도 갱년기 증상이 나타나는 등 여러 변화를 겪게 된다. 더구나 중년기 이후의 여성들에게는 폐경을 전후한 갱년기 증상으로 심리적 불안, 우울증 등이 오기 쉽다.

성인기의 가족 형태는 자녀가 있는 부부 가족, 자녀가 없는 부부 가족, 자녀 있는 편모 또는 편부, 독신 등 다양하며, 다양한 가족 형태는 식품 구매, 음식 조리, 외식의 빈도 등에 영향을 끼친다. 주부들의 활발한 사회 진출은 가사에 할애할 시간이 부족해 가공식품이나 조리된 음식에 대한 의존도가 커지고, 바람직한 식생활 형태가 무너져 에너지와 지질의 과다 섭취를 유발해 체중 증가를 가져오는 원인으로 작용하기도 한다. 한편, 성인으로서의 삶에 따르는 책임감은 정신적으로는 물론 신체적으로도 많은 스트레스를 받게 한다. 영양 상태가 양호해야 스트레스를 잘 견디며, 신체의 항상성을 제대로 유지할 수 있다.

2. 성인기의 영양소 섭취기준

성인은 성숙기에 해당되며, 이 시기는 그의 영아기, 아동기, 청소년기의 영양 상태를 반영해 주고 있다. 성인기는 많은 것을 성취하는 시기이기도 하다. 더 이상의 성장이 없는 시기이기 때문에 에너지를 비롯한 모든 영양소는 신체 유지에 필요한 양만큼 섭취하면 된다. 성인기는 상당히 길고 성인 중기에 접어들면 생리 기능과 신체 조성이 점차 변화하므로, 성인기의 영양소 필요량은 개인에 따라 달라야 한다. 한국인 영양소 섭취기준에서 성인기를 세 개의 연령층으로 구분한 것도 이 때문이다.

성인기의 영양 권장량은 성별에 따라서도 많이 다르다. 남성과 여성 간의 신체 크기나 체중 및 체조성, 노동 강도가 크게 다르기 때문이다. 여자는 남자에 비해 신장이 작고 체중 및 근육량이 적으므로 에너지와 단백질의 필요량을 남자에 비해 20~25% 정도 적게 권장하고 있다.

이러한 이유로 한국인의 성인기 영양소 섭취기준은 남녀 각각 19~29세, 30~39세, 50~64세의 세 연령층으로 구분하여 설정하였다. 각 연령층의 기준 신장은 각 인구 집단의 중앙값으로 하였으나 기준 체중은 BMI 22를 기준으로 하여 신장 대비 산출값으로 정하였다.

1) 에너지

성장을 위한 에너지는 필요하지 않으며, 원활한 정신적·육체적 활동을 하는 에너지만이 필요하다. 즉, 활동대사와 휴식대사, 그리고 식사가 유발하는 발열작용(diet induced thermogenesis, DIT)에 에너지가 소모되므로 에너지 필요추정량은 다음과 같다.

성인의 에너지 필요추정량 산출공식에 적용되는 신체 활동 단계별 계수

• 성인 남자 : 662 − 9.53 × 연령(세) + PA[5.91 × 체중(kg) + 539.6 × 신장(m)]

PA = 1.0(비활동적), 1.11(저활동적), 1.25(활동적), 1.48(매우 활동적)

• 성인 여자 : 354 − 6.91 × 연령(세) + PA[9.36 × 체중(kg) + 726 × 신장(m)]

PA = 1.0(비활동적), 1.12(저활동적), 1.27(활동적), 1.45(매우 활동적)

자료 : 보건복지부, 2015 한국인 영양소 섭취기준, 2015

2015년 설정된 한국인 영양소 섭취기준에서 성인의 에너지 추정량은 남녀 각각 연령과 체중, 신장 및 신체 활동 수준을 고려하여 위의 식을 이용해 산출하였다. 신체 활동계수는 남녀 모두 저활동적 수준을 적용하였다.

연령층이 높을수록 에너지 필요추정량이 줄어든 것은 체중과 신장이 낮고, 기초대사량 및 활동대사량이 감소하기 때문이다. 여자가 남자보다 400~500 kcal 정도 낮은 이유는 체중과 활동대사량이 적고, 단위체중당 휴식대사량이 적기 때문이다(표 8-1).

표 8-1 성별, 연령별 성인의 신장과 체중 및 에너지 필요추정량

성별	연령(세)	신장(cm)	체중(kg)	필요추정량(kcal/일)
남자	19~29	174.8	68.7	2,600
	30~49	172.0	66.6	2,400
	50~64	168.4	63.8	2,200
여자	19~29	161.5	56.1	2,100
	30~49	159.0	54.4	1,900
	50~64	155.4	51.9	1,800

자료 : 보건복지부, 2015 한국인 영양소 섭취기준, 2015

2) 탄수화물

탄수화물의 에너지 적정 비율은 성인의 경우 55~65%로 정하였다(표 8-2).

표 8-2 탄수화물, 지질 및 단백질의 에너지 적정 비율

영양 \ 연령	1~2세	3~18세	19세 이상
탄수화물	55~65%	55~65%	55~65%
총지방	20~35%	15~30%	15~30%
단백질	7~20%	7~20%	7~20%

1) 1~2세, 3~18세 섭취기준을 설정할 과학적 근거가 부족함.

자료 : 보건복지부, 2015 한국인 영양소 섭취기준, 2015

3) 지질

지질의 섭취는 에너지 함량이 높기 때문에 소화기 부담의 경감, 지용성 비타민의 섭취 및 흡수 촉진, 필수지방산의 공급, 비타민 B_1의 절약, 세포막 및 뇌, 신경 기능의 유지 등에 있어 매우 중요하다. 그러나 포화지방산과 콜레스테롤의 함량이 높은 식사는 성인병, 특히 순환계 질환의 발병 증가와 깊은 관련이 있고, 고지방 식사는 비만을 유발시킬 수 있으며 나아가 암 발생률을 증가시킨다. 동물성 지방의 섭취 억제는 동맥경화증은 예방하지만 이의 과도한 억제는 동물성 식품이 공급하는 양질의 단백질을 비롯한 각종 영양소의 섭취가 감소되어 영양 불균형을 초래할 수 있다.

혈청 총콜레스테롤 수치는 허혈성 심장 질환의 발생을 높이지만 혈청 콜레스테롤 수치가 낮은 일본인에게서 뇌출혈 증상의 비율이 높다는 보고도 있다. 이는 혈청 콜레스테롤을 과도하게 억제하는 식사는 저영양으로 기인하는 여러 가지 문제를 유발시킬 수 있음을 의미한다. 철분과 아연의 주요 급원인 육류, 칼슘과 비타민 B_2의 주요 급원인 유제품에는 포화지방과 콜레스테롤이 많으므로 살코기, 저지방우유 등을 이용하면 좋다. 또 불포화도가 높은 식물성 유지를 사용하면 포화지방의 섭취를 줄일 수 있다.

우리나라에서는 지질의 섭취를 다음과 같이 권장한다.

① 섭취하는 칼로리의 20%를 성인의 권장량으로 설정하였다.

② 지방산의 균형 잡힌 섭취를 위해 다불포화지방산, 단일불포화지방산, 포화지방산의 비를 1:1:1로 하고 다불포화지방산과 포화지방산의 섭취를 각각 총열량의 6% 수준으로 하는 것이 바람직하다.

③ n-3 지방산의 생체 내 기능의 중요성을 감안하여 n-6:n-3의 섭취 비율을 4:1~10:1의 범위로 하며 n-3지방산의 섭취를 강조하기 위해 등푸른생선, 콩, 콩 제품, 들기름 등의 섭취를 권장한다.

④ 관상동맥 질환의 위험도가 높은 성인의 경우 콜레스테롤 섭취량이 하루 300 mg을 초과하지 않도록 한다.

⑤ 총지방 에너지 적정 비율 : 지질의 총에너지 적정 비율은 성인의 경우 15~25%로 정하였다.

⑥ 필수지방산 에너지 적정 비율 : n-6 다중불포화지방산의 에너지 적정 비율을 4~10%, n-3 다중불포화지방산의 적정 비율은 0.5~1.0%로 하였다.

4) 단백질

성인기에는 새로운 조직의 합성이 없으므로 기존 체조직을 유지하기 위한 구조단백질과 효소, 호르몬 생성, 운반 및 저장, 항체, 운반체 등 기능성 단백질, 그리고 체액 및 산·염기 평형 등을 위해 아미노산이 요구된다. 또한 신체 에너지원으로 쓰이거나 포도당 합성을 위한 탄소를 제공한다.

성인기의 단백질 평균필요량은 체내의 질소가 배설되는 양과 식사를 통한 질소 섭취량이 균형을 이루는 최소의 수준이다. 최근 잘 조절된 질소 균형 실험 자료를 메타분석(meta analysis)한 결과, 우리나라 성인의 체중 kg당 단백질의 평균필요량은 0.73 g이었고, 한국인 영양소 섭취기준에서도 이 값을 이용하여 성별, 연령별 기준 체중에 맞추어 산출하였다. 10차 개정에서는 스트레스에 의한 손실은 가산하지 않았다.

성인의 단백질 권장섭취량은 0.73 g/kg/일 × 1.25 = 평균체중 × 0.91 g/kg/일로 정하는데, 성인 남자는 0.83 g/kg/일이고 여기에 체중을 감안하면 55 g이 되어, 과거에 비해 낮아진 것을 알 수 있다. 한국 성인의 단백질 필요량은 0.73 g/kg/일, 혼합 식이로의 단백질 안정 섭취량은 남녀 모두 0.91 g/kg/일로 책정되어 남자 60~65 g, 여자 50~55 g으로 정하였다(표 8-3).

표 8-3 성별, 연령별 성인의 단백질 평균필요량과 권장섭취량

성별	연령(세)	평균필요량(g)	권장섭취량(g)
남자	19~29	50	65
	30~49	50	60
	50~64	50	60
여자	19~29	45	55
	30~49	40	50
	50~64	40	50

자료 : 보건복지부, 2015 한국인 영양소 섭취기준, 2015

5) 식이섬유(복합 당질)

도정이 덜 된 곡류, 콩류, 채소, 과일 등에는 복합 당질과 섬유소가 풍부하여 여러 가지 생활습관으로 인한 질병의 발현 위험을 감소시킨다. 식물성 식품으로 구성된 식사는 지질 함량이 적고 수용성 섬유소가 대장 기능의 개선, 혈장 콜레스테롤의 농도 저하, 혈당반응의 개선 등으로 심혈관 질환의 발병과 특정 암 발생의 위험을 감소시키는 생리적 기능을 발휘한다. 섬유소는 또한 식사의 에너지 밀도를 낮추고 만복감을 가지게 하므로 비만 조절에도 도움이 될 수 있다.

녹황색 채소에 함유된 카로티노이드는 특정한 형태의 암에 대해 억제작용을 하며, 식이섬유소는 대장과 위장관의 기능을 적절히 유지하는 데 도움을 준다. 최근 서구화된 식생활로 인해 대장암과 직장암 발병률이 증가하고 있으므로 채소를 통해 식이섬유소를 충분히 섭취해야 한다.

19세에서 64세까지의 성인에 대한 충분섭취량은 성별, 연령군별 1일 에너지 섭취량 중앙값(kcal/일)을 토대로 정하였다.

- 남자 :
  - 19~29세 : 12 g/1,000 kcal × 2,162 kcal/일 = 25.9 g/일 → 25 g/일
  - 30~49세 : 12 g/1,000 kcal × 2,167 kcal/일 = 26.0 g/일 → 25 g/일
  - 50~64세 : 12 g/1,000 kcal × 1,997 kcal/일 = 24.0 g/일 → 25 g/일
- 여자 :
  - 19~29세 : 12 g/1,000 kcal × 1,537 kcal/일 = 18.4 g/일 → 20 g/일
  - 30~49세 : 12 g/1,000 kcal × 1,556 kcal/일 = 18.7 g/일 → 20 g/일
  - 50~64세 : 12 g/1,000 kcal × 1,466 kcal/일 = 17.6 g/일 → 20 g/일

식이섬유는 흡수되지 않으므로 이의 영양 상태를 반영할 만한 지표는 없다. 결핍 시 변비 현상이 있으나 필수영양소처럼 생리적·임상적 결핍증은 나타나지 않는다. 식이섬유의 섭취가 불충분할 때 위협받을 수 있는 잠재적 건강상의 문제인 고혈압이나 고지혈증, 심동맥·심혈관 질환, 위장관 질환, 대장암, 유방암, 당뇨병, 비만 등의 위험을 감소시키고 최적의 건강을 유지하기 위해 식이섬유 섭취량은 충분해야 한다(Williams, 2006).

식이섬유의 평균필요량을 추정하기에 충분한 학문적 기초는 부족하나, 우리나라에 선진국형 질환이 나타나기 전 우리 국민의 평균 식이섬유 추정섭취량인 12 g/1,000 kcal를 근거로 성별, 연령별 에너지 섭취량 중앙값(kcal/일)을 토대로 산출하여 실제 섭취량보다 높게 조정하였다(표 8-4).

표 8-4 성별, 연령별 성인의 식이섬유 충분섭취량

성별	연령(세)	충분섭취량(g)	성별	연령(세)	충분섭취량 (g)
남자	19~29	25	여자	19~29	20
	30~49	25		30~49	20
	50~64	25		50~64	20

에너지 섭취량 중앙값은 2007~2008년도 국민건강영양조사 내용임.

자료 : 보건복지부, 2015 한국인 영양소 섭취기준, 2015

6) 수분

한국 성인의 수분 섭취는 남자의 경우 19~29세와 30~49세는 각각 2,600 mL/일, 2,500 mL/일을 권장하고 있으며 여자의 경우 19~29세와 30~49세는 2,100 mL/일과 2,000 mL/일을 권하고 있다(표 8-5). 성인의 식이섬유와 수분의 충분섭취량은 모두 에너지 섭취량에 따라 달라지므로 연령이 증가할수록 감소한다.

7) 비타민

a. 비타민 A

비타민 A는 세포 성장, 상피, 기관, 장기의 정상적인 성장 및 분화, 생식, 면역 기능의 유지와 증진, 시력과 관련된 것으로 알려져 있다. 비타민 A의 결핍 시에는 암순응반응이 저하된다. 성인의 비타민 A 필요량은 영양 상태가 좋은 사람들이 체내의 비타민 A 풀(pool)을 유지하기 위해 식사 중에 섭취하는 비타민 A의 양을 기초로 다음과 같은 식을 이용하여 계산하였다.

비타민 A가 제거된 식사를 할 경우, 체내에 저장된 비타민 A의 손실률은 0.5%로 계산하였다. 간에 저장된 비타민 A의 최소 용인 손실량은 20 μg/g인데, 간의 무게와 체중 비율(1:33)을 고려하여 0.03을 적용하였다. 신체 전체 대 간에 저장된 비타민 A의 비율은 10:9로서 1.1을 적용하였고 섭취한 비타민 A의 저장 효율은 40%로 간주하였다.

스트레스 상태나 비타민 A의 섭취가 낮을 때 증가되는 필요량을 충족하기 위한 비타민 A 저장량을 가정하는 1일 비타민 A 섭취량이 결정될 수 있는데, 이 값이 비타민 A의 평균필요량을 추정하는 데 사용될 수 있다.

비타민 A의 평균필요량은 간 비타민 A의 반감기를 계산한 것에 기초하여 20%의 변이계수를 사용하여 설정되었다. 비타민 A의 권장섭취량은 평균필요량의 140%에 해당된다.

표 8-5 한국인의 1일 수분 섭취기준

(단위 : mL/일)

	연령군	고체 음식	물	음료	액체	총수분 충분섭취량
영아	0~5(개월)				700	700
	6~11	300			500	800
유아	1~2(세)	300	538	0	800	1,100
	3~5	400	587	0	1,100	1,500
남자	6~8(세)	900	705	0	900	1,800
	9~11	1,100	749	0	1,000	2,100
	12~14	1,300	756	0	1,000	2,300
	15~18	1,400	891	0	1,200	2,600
	19~29	1,400	975	34	1,200	2,600
	30~49	1,300	1,017	105	1,200	2,500
	50~64	1,200	929	44	1,000	2,200
	65~74	1,100	746	24	1,000	2,100
	75 이상	1,100	517	11	1,000	2,100
여자	6~8(세)	800	636	0	900	1,700
	9~11	1,000	643	0	900	1,900
	12~14	1,100	684	0	900	2,000
	15~18	1,100	651	0	900	2,000
	19~29	1,100	766	24	1,000	2,100
	30~49	1,000	779	15	1,000	2,000
	50~64	1,000	764	12	900	1,900
	65~74	900	506	3	900	1,800
	75 이상	900	398	0	900	1,800
임신부						+200
수유부					+500	+700

자료 : 보건복지부, 2015 한국인 영양소 섭취기준, 2015

비타민 A 평균필요량 추정방법

$$A \times B \times C \times D \times E \times F$$

A : 비타민 A가 제거된 식사를 할 때 하루에 손실되는 신체 비타민 A의 저장률(%)

B : 용인될 수 있는 최소의 간 비타민 A 저장량(μg/g)

C : 체중에 대한 간 무게 비율

D : 특정 연령층과 성별에 해당되는 기준체중(g)

E : 전신에 비례하여 간에 저장된 비타민 A의 비율

F : 섭취한 비타민 A의 저장 효율

19~29세 남자의 권장섭취량은 800 μgRAE/일이고, 여자의 권장섭취량은 650 μgRAE/일로 설정되었다. 비타민 A의 상한섭취량은 성인 남녀 모두 3,000 μgRAE/일로 정하고 있다.

b. 비타민 D

비타민 D는 장관 내 칼슘의 흡수를 촉진하고, 뼈의 재구축을 조절하며, 골밀도 유지에 매우 중요한 영양소이다. 햇빛을 쬐면 피부에서 합성되는 유일한 영양소이므로 연령층에 따라 실외 활동량이 다른 점을 감안해야 한다. 한국 성인 남녀의 혈청 비타민 D 수준은 남자가 평균 26.0 mg/mL, 여자는 23.3 mg/mL로 적정하므로 한국 성인의 비타민 D 충분섭취량은 남녀 모두 10 μg/일로 정하였다.

c. 비타민 E

비타민 E는 세포막에 존재하며, 불포화지방산의 산화를 억제시킨다. 불포화지방산 1 g당 0.4 mg의 비타민 E의 산화를 억제시킨다. 결핍 시에는 지방 흡수 장애를 초래하여 신경 증상(소뇌실조, 심부 감각 장애 등)을 일으키는 것으로 알려져 있다.

비타민 E의 상한섭취량은 인체를 대상으로 한 용량반응 평가를 적용하여 540 mg RRR-α-tocopherol(800 IU)을 최대무독성량으로 하고 불확실계수 1.0을 적용하여 얻은 540 mg을 상한섭취량으로 하였다.

성인의 상한섭취량 = 최대 무독성량/불확실계수 = 540 mg/1.0 mg = 540 mg(800 IU)/일

d. 비타민 K

비타민 K는 비타민 K_1과 비타민 K_2로 구분된다. 비타민 K_1은 녹색 채소에 많이 함유되어 있으며, 비타민 K_2는 유제품, 난류, 육류, 과일과 일반 채소류에 많이 함유되어 있다.

비타민 K의 필요량은 적은 편이고 대부분의 식품에 다량 함유되어 있으며 장내세균으로부터 일부 합성된다. 충분섭취량은 성인 남자는 75 μg/일, 성인 여자는 65 μg/일로 정하였다. 비타민 K에 대한 상한섭취량을 설정하기에는 인체 또는 동물 실험 자료가 충분하지 않으므로 상한섭취량은 미설정으로 두었다.

e. 비타민 C

비타민 C는 항산화작용을 하는 대표적인 수용성 비타민이다. 생체 내에서 여러 가지 효소반응의 조효소로 쓰이며, 콜라겐 형성과 카르니틴, 신경전달물질의 합성, 철의 흡수, 면역

기능, 상처 회복 등에 관여한다. 결핍 시에는 괴혈병에 걸리는 것으로 알려져 있는데 그 예방을 위해서는 최소한 6~12 mg/일이 필요하다.

여자는 남자에 비해 무지방 신체질량, 총 신체 수분, 신체 크기 등이 작으므로 요구량도 적을 것이라고 가정할 수 있으나, 고갈-보충 연구(depletion-repletion study)와 혈장 비타민 C의 농도가 성인 남자와 큰 차이를 보이지 않아 여자도 75 mg/일로 정하였다. 비타민 C 권장섭취량은 평균필요량에 15 %의 변이계수를 더하여 100 mg/일로 상향 조정하였다.

f. 니아신

니아신은 니코틴산, 니코틴아미드 및 그 유도체들 중 생리활성을 나타내는 화합물을 말한다. 니아신의 조효소는 nicotinamide adenine dinucleotide(NAD) 및 nicotinamide adenine dinucleotide phosphate(NADP)인데 생체 내 수많은 산화환원반응에 관여한다.

NAD는 탄수화물 대사, 지방산 대사, 세포 내 호흡, 알코올 대사에 관여하고 NADP는 지방산 합성 및 스테로이드 합성에 관여한다. NAD는 5탄당 인산회로에 관여하며, ADP-ribosylation 반응에 관여하므로 니아신은 DNA 복구, 유전자 안전성(genomic stability), 면역에도 영향을 끼친다.

섭취한 니코틴산과 니코틴아미드는 위장과 소장에서 빠른 속도로 흡수된다. 낮은 농도에서는 Na^+-의존 촉진적 확산 메커니즘으로 흡수되나 높은 농도에서는 수동적 확산에 의해 주로 흡수된다. 간과 소장에 있는 glycohydrolase에 의해 NAD로부터 니코틴아미드가 유리된 후 각 조직으로 운반되고 각 조직에서 NAD 및 NADP로 전환된다.

간은 세포외액의 니코틴아미드 농도를 조절하는데 이 농도는 조직의 NAD 및 NADP 농도를 조절하게 된다. 아미노산인 트립토판은 간과 신장에서 니아신으로 전환될 수 있는데 전환율은 60:1 정도이다.

철, 리보플라빈 또는 비타민 B_6의 영양 상태가 불량한 경우 트립토판이 니아신으로 전환되는 효율이 감소한다. 과량의 니아신은 간에 저장되거나 간에서 메틸화되어 N^1-methyl nicotinamide로 전환된 후 N^1-methyl nicotinamide, 2- 또는 4-pyridone oxidation product와 함께 소변으로 배출된다.

니아신 결핍은 펠라그라를 유발하는데, 펠라그라는 햇빛에 노출된 피부의 염증, 소화관 점막의 염증, 구토, 변비 또는 설사, 연한 홍색 혀(bright red tongue)와 같은 소화관 장애, 우울증, 무감각, 구토, 피로, 기억 상실과 같은 신경 장애를 나타낸다.

식품 강화 또는 첨가에 사용하는 니아신은 유리형이므로 체내 이용률이 높다. 니아신의 급원 식품으로는 쇠고기, 돼지고기, 생선, 내장, 달걀, 우유, 밀가루 등이 있으며, 조리가 안 된 식품의 니아신은 주로 NAD, NADP 형태로 존재하나 조리 또는 가공 중에 효소에 의해 가수분해될 수 있다. 니아신은 열, 조리, 장기간 보존에 안정하다.

우리나라 성인 남자의 니아신 평균필요량은 12 mgNE/일이고, 여성은 남자보다 에너지 소모량이 10% 정도 적다고 하여 11 mgNE/일로 정하였다. 니아신 권장섭취량은 필요량에 변이계수를 15%로 간주하여 평균필요량의 130%에 해당되는 값으로, 남자는 16 mgNE/일, 여자는 14 mgNE/일로 정하였다(표 8-6).

g. 엽산

엽산(folic acid)은 프테로일글루탐산(pteroylglutamic acid)과 그와 비슷한 활성을 가진 유도체들을 총체적으로 일컫는다. 식품과 존재하는 엽산의 주된 형태는 환원형으로서, 다양한 형태의 단일 탄산 단위와 글루탐산이 약 1~6개까지 추가로 연결된 프테로일폴리글루타메이트(pteroylpolyglutamate)이다. 반면, 엽산 보충제나 식품 중에 강화된 엽산은 비교적 안정된 folic acid의 형태로 들어 있다.

엽산 섭취량이 부족하면 가장 먼저 혈청 엽산 농도가 감소하고, 점차 적혈구 엽산 농도가 감소하며 효모시스테인 농도는 증가하게 된다. 이와 함께 골수와 세포분열이 빨리 일어나는 세포에 거대적아구성 변화가 생기고 빈혈이 나타난다.

엽산 결핍 시 나타나는 빈혈은 거대적아구성 빈혈로 허약감, 피로, 불안정, 가슴 두근거림 등의 증세를 수반한다. 또한 엽산이 결핍되면 세포분열이 빨리 일어나는 위장 점막에

표 8-6 18개 영양소 권장섭취량 및 상한섭취량

영양소	권장섭취량	상한섭취량	영양소	권장섭취량	상한섭취량
비타민 A	750 μg	3,000 μg	나트륨	1.5 g*	2.0 g**
비타민 D	10 μg*	100 μg	마그네슘	370 g	350 g
비타민 E	12 mg*	540 mg	철	10 mg	45 mg
비타민 C	100 mg	2,000 mg	아연	10 mg	35 mg
니아신	16 mg	35 mg	구리	800 μg	10,000 μg
비타민 B_6	1.5 mg	100 mg	요오드	150 μg	2,400 μg
엽산	400 μg	1,000 μg	셀레늄	60 μg	400 μg
칼슘	800 mg	2,500 mg	망간	4.0 mg	11 mg
인	700 mg	3,500 mg	불소	3.0 mg	10 mg

※30~49세 성인 남성 기준

*충분섭취량 **목표섭취량

자료 : 보건복지부, 2015 한국인 영양소 섭취기준, 2015

영향을 주어 위장 장애가 나타난다. 임신 초기에 엽산이 부족하면 태아의 신경관 형성에 장애가 생겨 신경관이 손상된 기형아를 출산할 확률이 높다. 필요량 추정을 위해서는 적혈구 엽산 농도를 측정하는데, 이는 조직의 엽산 저장량을 잘 반영하므로 엽산 영양 상태를 판정하는 좋은 지표이다.

식품 중에 있는 다양한 형태의 엽산은 약 50% 정도 흡수되며, 엽산 강화식품의 흡수율은 약 85%로 추정된다. 그러므로 식품에 첨가된 folic acid는 식품 중의 folate에 비해 1.7배(85/50) 이용률이 높다. 따라서 이를 고려하여 식이엽산당량(dietary folate equivalents)을 만들어 사용하고 있으며 식이엽산당량으로 섭취기준을 정하였다.

$$\text{Dietary Folate Equivalents(DFEs)} = \mu\text{g of food folate} + (1.7 \times \mu\text{g of folic acid})$$

이에 의거하여 남자 성인의 평균필요량은 320 μgDFE/일로 정하였으며, 권장섭취량은 400 μgDEF/일로 정하였다(표 8-7).

표 8-7 성별, 연령별 성인의 엽산의 평균필요량, 권장섭취량 및 상한섭취량

성별	연령(세)	평균필요량(μgDFE/일)	권장섭취량(μgDFE/일)	상한섭취량(μgDFE/일)
남 자	19~29	320	400	1,000
	30~49	320	400	1,000
	50~64	320	400	1,000
여 자	19~29	320	400	1,000
	30~49	320	400	1,000
	50~64	320	400	1,000

자료 : 보건복지부, 2015 한국인 영양소 섭취기준, 2015

8) 무기질

a. 칼슘

칼슘은 인체에 가장 많이 존재하는 영양소로서 성인 체중의 약 1~2%를 차지한다. 체내 칼슘의 99% 이상이 치아와 뼈에 존재하고, 1%는 혈액, 세포외액, 근육, 다른 조직에 존재하면서 혈관의 수축과 이완, 근육 수축, 신경 전달, 효소, 호르몬 대사 과정 등에 관여한다. 뼈에서 칼슘은 대부분 수산화인회석의 형태로 존재한다.

성인 20~29세 동안에 골밀도가 최대로 형성되며 장골의 성장은 끝나지만 골질의 강화는 계속된다. 최대 골질량의 연령은 골격 부위와 성에 따라 다양하게 나타나지만 성인 이후 약 10년 동안 골질량의 축적은 계속된다.

성인기는 성장기 및 노년기에 비해 칼슘 결핍에 의해 심각한 장애를 나타내는 경우는 드물다. 그러나 노년기가 되면 골다공증의 발생 빈도가 현저히 증가하므로 성인기부터 충분한 칼슘을 섭취해야 한다.

우리나라 성인의 평균 칼슘 필요량이 520 mg이고, 불가피 손실량은 체중 1 $kg^{0.75}$×1 mg을 적용하여 산출하면 약 20 mg이 되며, 흡수율 30%를 적용하면 산출량은 67 mg(20/0.3)이 된다. 따라서 평균필요량은 587 mg(526+67)이 된다. 평균필요량에 2표준편차를 고려하면 칼슘 권장량은 704 mg이 되어 권장섭취량은 800 mg(남자)로 설정하였다(표 8-8).

표 8-8 성별, 연령별 성인의 칼슘의 평균필요량, 권장섭취량 및 상한섭취량

성별	연령(세)	평균필요량(mg)	권장섭취량(mg)	상한섭취량(mg)
남자	19~29	650	800	2,500
	30~49	630	800	2,500
	50~64	600	750	2,000
여자	19~29	530	700	2,500
	30~49	510	700	2,500
	50~64	580	800	2,000

자료 : 보건복지부, 2015 한국인 영양소 섭취기준, 2015

b. 인

인은 자연계에서 대부분 산소와 결합하여 인산의 형태로 존재한다. 인은 신생아 체중의 약 0.5%를 차지하고, 그 후 차츰 증가하여 성인의 경우 체중의 0.65~1.1%를 차지하여 성인 남자의 체내에 약 700 g 정도 함유되어 있다. 체내에 있는 인의 85%는 칼슘과 결합하여 뼈와 치아를 구성하고 있으며, 골격 내 인과 칼슘의 비율은 대략 1:2를 이루고 있다. 그 나머지는 혈액과 기타 조직에 분포되어 있다. 혈중 인의 농도는 40 mg/100 mL이고 대부분 적혈구의 인지질과 혈장 지단백의 형태로 존재한다.

인은 세포막의 주요 구성 요소인 인지질과 DNA, RNA 등 핵산과 뉴클레오티드의 구성 요소이다. 산 염기 평형을 조절하는 완충작용에 의한 정상 pH 유지와 대사 과정에서 생긴 에너지의 저장과 이동, 인산화반응에 의한 여러 효소의 활성화 등에 관여한다.

식품으로 섭취한 인은 소장에서 유리된 무기 인산염의 형태로 주로 농도에 의존하는 수

동적 과정에 의해 비교적 쉽게 흡수된다. 영아는 모유의 인 중 85~90%를 흡수하며 우유에 함유된 인의 65~70%를 흡수한다.

우리나라 성인의 평균필요량은 남녀 모두 580 mg으로, 권장섭취량은 변이계수 10%를 고려하여 남녀 모두 700 mg으로 설정하였다(표 8-6 참고).

c. 칼륨

칼륨은 세포내액에 가장 다량(신체 총량의 약 95%) 함유되어 있는 양이온으로 세포막의 전위를 유지하고 세포내액의 이온 세기를 결정한다. 이온화된 칼륨은 나트륨 이온과 함께 신경 및 근육 세포의 흥분과 자극 전달을 조절하여 근육의 수축과 이완을 조절하는데, 특히 심장 박동의 유지에 중요한 역할을 한다. 또한 세포외액의 나트륨 이온과 함께 세포의 삼투압과 수분 평형을 유지하는 기능을 한다.

체액의 산 알칼리 균형을 유지시켜 주며 혈당이 글리코겐으로 전환되어 저장되거나 단백질이 저장될 때 칼륨과 함께 저장된다. 칼륨을 다량 섭취하면 나트륨의 배출을 증가시켜 혈압을 강화시키는 효과도 있다. 칼륨은 우리나라 성인의 평균필요량을 설정하기에 자료가 충분치 않아 미국의 영양섭취기준을 적용하여 성인의 칼륨 충분섭취량을 1일 3.5 g으로 설정하였다.

3. 중년기 건강을 위한 지침

규칙적인 신체 활동과 열량의 균형은 신체 구성, 심장 기능 및 혈청 지질 등에 좋은 영향을 미친다.

① 열량 균형 : 세포로 유입되는 포도당의 양과 그 이용률을 증가시킨다.

② 지질 섭취 : 동물성 포화지방의 섭취를 줄이고 식물성 불포화지방 섭취를 늘리며, 트랜스지방의 섭취를 가급적 피한다.

③ 신체 조성 : 육체적 운동은 근섬유를 강화시키고 나이에 따른 근육량 감소와 체지방 증가를 막아 주며 골격 형성을 자극하여 뼈를 튼튼하게 하고 골 손실을 막아 준다.

④ 심장 혈관 효율 : 심장의 펌프 기능이 향상되어 운동이나 휴식 때에 최대 산소 소모량이 증가되며 심장 박동수는 감소시키고, 동맥 내의 지방 축적을 감소시킴으로써 혈압을 낮추거나 적절한 수준의 혈압을 유지하게 한다.

⑤ 혈청 지질 수준 : HDL 콜레스테롤의 증가로 콜레스테롤 분자가 동맥 벽으로 들어오

기 전에 혈액으로부터 제거된다. 이로써 관상동맥 질환을 예방하고 LDL 콜레스테롤은 감소시킨다.

4. 성인기 영양의 중요성

'건강하다'는 것은 정신적·육체적 질병이 없는 것만을 의미하는 것이 아니라, 만성 질환을 유발할 수 있는 위험 요소를 최소화하고 신체적으로 활력 있는 상태(dynamic state)를 유지한다는 개념을 함축하고 있다. 그 밖에 건강을 위해서는 전염병에 대한 저항력과 생식능력이 있어야 하며, 인생을 즐길 줄 알아야 한다. 또한 성인기의 영양 상태는 노화에 영향을 끼치는 중요한 인자로 성인기의 양호한 영양은 노화의 시기와 속도를 늦추고 만성 퇴행성 질환을 예방할 수 있다.

성인기에 올 수 있는 질병으로는 생활습관병이 있다. 이를 대사증후군(metabolic syndrome)이라 하는데, 인슐린 저항성의 증가와 함께 고혈압, 고지혈증, 저HDL혈증, 복부 비만 등이 나타내는 장애로 비만이 주원인이 되어 발생하는 경우가 많다.

1) 보호 영양

성장은 단계별로 순서대로 진행되나 성인기 이후 진행되는 노화는 성장과 달리 정해진 순서대로 진행하지 않는다. 성인기의 영양 상태에 따라 노화의 시기와 진행 속도는 개인마다 다르다. 따라서 노화의 시기와 속도, 그리고 만성 퇴행성 질환의 발병을 예방하고 지연시키기 위해서 영양 상태는 매우 중요하다. 이러한 일련의 계획을 '보호 영양 패러다임'이라 한다.

이의 핵심적 내용은 과일, 채소, 곡류, 콩류 등 식물성 식품을 적정 수준으로 최대한 섭취하고, 규칙적인 운동과 표준체중을 유지하는 것을 강조한다. 식물성 위주의 식사는 소화기와 간 등 여러 기관의 만성 질환에 대한 저항력을 갖출 수 있도록 하는 영양적 지원을

생활습관병(life habit disease) 비만, 당뇨, 고혈압, 동맥경화, 심장질환 등을 포함하는 성인병으로 각종 좋지 않은 생활습관과 관련하여 발생하며 생활습관의 개선으로 인해 질병 발생 방지 및 예방 효과 있음

대사증후군(metabolic syndrome) 비만, 이상 지질혈증, 당내능 장애, 고혈압 등의 건강을 해치는 요인들이 만성적 그리고 복합적으로 나타나 심혈관 질환 발생 위험을 높이는 대사 장애

보호 영양 패러다임 성인기의 영양 상태에 따라 노화의 시기와 진행 속도가 개인마다 달라지기에 영양 상태는 매우 중요하다. 이러한 일련의 계획을 말함

말한다. 소화기계는 독성물질의 흡수를 방어하는 등 면역계로서의 기능을 수행하며, 간은 효소적 무독화를 통해 발암 전구물질이나 기타 독성물질들을 제거한다.

2) 식물성 식품 위주의 식사

식물성 식품 위주의 식사는 식물성 식품 이외에 생선, 조류, 저지방 육류, 우유 및 유제품을 최소한 포함하는 점에서 채식주의 식사와는 구별되며, 주로 곡류, 콩류, 채소, 과실류, 버섯류 등으로 구성된다. 식물성 식품들은 필수영양분 이외에 식물성 화학물질이라고 불리는 많은 종류의 비영양 성분을 함유한다. 이들은 식물체 내에서 생물학적 활성을 나타낸다. 즉, 자신을 미생물의 침입으로부터 보호하는 방어 체계를 갖추며, 산화적 손상을 방지하고, 색과 향 또는 풍미를 갖게 한다.

이러한 것에는 플라보노이드, 카로티노이드, 안토시아닌 등이 있다.

3) 식물성 화학물질

식물성 화학물질의 효과는 체내에서 항산화작용을 비롯하여 항암 및 심혈관 질환의 예방과 치료 등 성인병 예방에 효과가 있다는 다수의 연구 결과가 있다. 암 예방 효과는 식물체 화합물질들이 암 발생을 감소시키는 차단 인자 또는 억제 인자로 작용하기 때문인데, 이들은 체내에서 발암물질을 해독하는 효소계의 활성을 유도하거나 반응성 발암물질을 잡아가두거나 암 진행 과정에서 요구되는 세포 내 반응을 차단하는 작용 등을 한다.

억제 인자의 작용은 세포 수준에서 암화 과정이 일어나지 않도록 한다. 심장 질환에 대한 예방 효과는 식물체 화합물질들이 LDL-콜레스테롤의 산화를 막고, 콜레스테롤의 합성과 흡수를 저해하며, 혈압과 혈액응고 등에 작용하기 때문인 것으로 보인다.

이러한 성분들에는 터핀, 페놀, 티올, 리그닌 등이 있으며, 강력한 항산화 기능과 대사 조절작용을 통해 만성 퇴행성 질병의 발생을 억제한다.

a. 터핀

강력한 항산화제로서 카로티노이드, 리모노이드(limonoids) 등은 식물성 화학물질 중에서 가장 큰 부류이며, 식물성 식품에 대부분 함유되어 있다.

카로티노이드는 식물체에 존재하는 황색, 주황색, 적색을 띠는 천연 색소로 600여 종 이상 존재하며, 토마토, 파슬리, 오렌지, 자몽, 시금치 등에 함유되어 있다. 카로티노이드의 한

표 8-9 식물성 화학물질과 급원 식품

	종류	급원 식품
터핀(terpenes)	카로티노이드(carotenoids)	토마토, 파슬리, 오렌지, 자몽, 시금치 등
	리코펜(lycopene) 등	
	리모노이드(limonoids)	자몽, 오렌지 등
페놀(phenols)	플라보노이드(flavonoids)	양파, 차, 케일, 브로콜리, 포도, 사과, 곡류 등
	케르세틴(quercetin) 등	
	이소플라본(isoflavone)	
	제니스타인(genistein) 등	대두 및 콩류
티올(")	글루코시날레이트 (glucosynalates)	브로콜리, 콜리플라워, 브루셀스프라우트 등
	인돌(indole) 등	
	알킬 시스테인 설폭사이드 (alkyl cysteine sulfoxides)	케일, 양배추, 마늘, 파, 부추, 양파 등
	황화 알릴(alkyl sulfides) 등	
리그닌(lignins)	마타이레시놀(matairesinols)	아마인, 해바라기씨, 밀 배아, 귀리, 메밀, 오트밀, 보리 등

종류인 리코펜(lycopene)은 토마토에 많으며, 활성산소 억제작용을 하고 자유기를 파괴하는 효과가 β-카로틴의 2배 정도로 커서 암세포의 성장을 억제하는 효과가 크다.

리모노이드는 터핀(terpenes)의 한 종류로 자몽 등 감귤류에 많이 함유되어 있으며, 1단계 및 2단계 효소의 해독계를 활성화하여 발암물질의 수용성을 높이고 배출을 촉진한다.

b. 페놀

페놀(phenols)은 식물체에서 산화적 손상을 방지하는 역할을 하는 물질로, 플라보노이드(flavonoids)와 이소플라본(isoflavones) 등이 있다. 플라보노이드는 식물체에 청색, 적청색, 자색 등을 띠게 하는 식물체 색소물질로 800종 이상이 있다. 또한 플라보노이드는 슈퍼옥사이드 음이온이나 단일산소 같은 자유기를 제거하고 금속이온을 격리하여, 양파, 케일, 브로콜리, 포도, 사과, 곡류 등이 암 발생 위험을 감소시키는 작용을 하게 한다.

차, 양파, 사과 등을 통해 플라보노이드 섭취량을 늘린 경우에는 관상심장 질환 발생이 낮아진다. 포도주에 있는 식물체 화학물질들은 프랑스의 패러독스라고 알려진 현상으로, 포화지방 섭취량이 높은 프랑스에서 심장순환계 질병 발생이 낮은 이유를 설명하고 있다. 이소플라본은 대두와 대두식품 등 콩류에 있으며, 에스트로겐과 구조가 유사하므로 에스트로겐의 작용물질 또는 길항물질로서의 양방향성 기능을 가지며, 심장 질환의 위험을 감소시킨다. 또한 콩단백이 고콜레스테롤혈증을 유의하게 개선시키는데, 콩은 동맥의 탄력성을 증대시키고 LDL 산화를 방어하는 효과가 있다. 콩은 전립선암을 예방할 수 있는데, 이는 테스토스테론이 암세포의 성장을 촉진하지 못하도록 에스트로겐 유사작용물질로 방해작용을 하기 때문이다.

c. 티올

티올(thiols)은 브로콜리, 콜리플라워, 브루셀스프라우트, 케일, 양배추 등 십자화과 채소류에 들어 있는 유황을 함유하는 물질이다. 티올에는 인돌(indoles)을 비롯해 유기 황화합물을 함유하는 여러 종류의 물질이 있다. 이러한 유기 황화합물들은 발암물질이나 기타 이물질의 해독 과정에 관련된 효소의 활성을 증가시킨다. 유기 황화합물들은 마늘, 실파, 부추 등의 파, 마늘류나 양파와 채소류에서도 발견된다. 마늘의 황화알릴류(allyl sulfides)와 다른 유기 화합물들은 발암물질의 활성화를 억제하는 것으로 보이며, 간의 2단계 해독계 효소인 글루타티온-S-전이효소(glutathione-S-transferase) 생산을 증가시키고 변이 과정을 저해하며, 대식세포와 T-림프구의 활성을 증가시킨다.

d. 리그닌

리그닌(lignins)은 아마씨에 다량 함유되어 있으며 이 외에 밀의 배아를 비롯해 귀리, 메밀, 오트밀, 보리 등에 들어 있다. 식물성 리그닌은 장내 박테리아에 의해 포유동물 리그닌으로 되면서 항세포분열성 및 항산화제 활성을 갖게 된다. 리그닌은 성호르몬의 대사를 방해하는 성질로 인해 호르몬-민감성 암 발생에 보호 효과를 나타낸다. 동물실험 결과, 리그닌이 순환 혈액으로부터 에스트로겐 제거를 촉진하며 암 발생 위험을 감소시키는 성호르몬 결합 글로불린 농도를 상향 조절하는 작용을 한다.

4) 소화관의 건강 상태

식물성 식품들은 소화관의 건강을 지지하는 측면에서도 보호 영양 패러다임에서 중추적 역할을 한다. 소화관의 건강 상태는 소화관의 고유 기능, 즉 ① 영양소가 체순환에 들어가도록 하는 흡수 기능, ② 여러 독소를 차단하는 방어 기능을 수행하는 데 영향을 끼친다.

소화관의 건강 상태가 저하되면 여러 영양소의 흡수율이 저하될 뿐만 아니라 장 점막의 투과성이 항진되어 항원이나 병원체에 대한 방어 기능이 손상된다. 소화관의 건강 상태에 영향을 끼치는 두 가지 주요 인자는 장내 박테리아와 장관 점막의 상태이다.

a. 장내 박테리아

장관에는 상당한 양의 미생물이 존재하는데, 100조 정도의 박테리아로 추정된다. 결장 내용물의 35~50%를 박테리아가 차지하고 있고, 500종 이상의 많은 미생물이 사는데, 이 중에는 유익한 종도 있고 병원성을 갖는 등 유해한 종도 있다(표 8-10).

표 8-10 장내 박테리아의 종류와 기능

구분	주요 박테리아	기능
유익균	비피도박테리아(*Bifidobacteria*)	• 비타민, 짧은사슬지방산, 단백질 등을 생산해 숙주에 영양원을 제공
	유산균(*Lactobacillus*)	• 음식물의 소화, 흡수를 도움
	유박테륨(*Eubacterium*)	• 병원성 미생물의 생육과 침투를 막음 • 장 점막에 부착해 국소적 면역반응을 자극함
유해균	베일로넬라속(*Veillonella*)	• 암모니아, 유화수소 같은 부패성 물질을 생산함
	가스괴저균(*Clostridium perfringens*)	• 일차성 담즙산을 이차성 담즙산으로 전변시킴 • 병원성을 자극함
	포도상구균(*Staphylococcus*)	• 항암물질 등 독성물질을 생산함
	프로테우스(*Proteus*)	

장관이 최적의 기능을 수행하려면 이들 두 종 사이에 균형이 유지되어야 한다. 장내 미생물의 불균형 상태에서는 식품에 들어 있는 잠재적 발암물질이나 식품 외에 담배 또는 약물에 함유된 암 유발물질들의 활성화가 촉진될 수 있다.

b. 미생물 보충제와 생균제

미생물 보충제(prebiotics)와 생균제(probiotics)라는 물질로부터 소화관의 건강을 지원하는 효과를 얻을 수 있다. 보충제는 소화되지 않는 식품 성분으로 이미 결장에 공생하는 박테리아의 성장을 자극해 숙주의 건강을 향상시킨다. 생균제는 직접 장내 박테리아의 균형을 잡는 데 효과적이다.

식이섬유와 프락토올리고당(fructooligosaccharides, FOS)이 미생물 보충제로 많이 쓰인다. 신당류(neosugars)로 불리는 FOS는 3~10개의 단당류로 구성되어 있으며, 비소화성 결합으로 연결되어 있어 소장에서 가수분해되지 않고 대장으로 넘어간다.

미생물 보충제(prebiotics) 소화되지 않은 식품 성분으로 장내에 유익한 박테리아의 성장을 자극하는 물질
생균제(probiotics) 유산균이나 비피도박테리아 등을 식품화한 제제

이들 FOS의 급원 식품은 꿀, 맥주, 양파, 아스파라거스, 바나나, 단풍나무수액 당, 귀리 등이다. FOS는 대장에서 비피도박테리아나 유산균 같은 유익한 박테리아의 성장을 자극함으로써 살모넬라나 클로스트리디움 같은 병원성 미생물을 감소시킨다.

생균제는 유산균과 비피도박테리아가 널리 이용된다. 이들은 유해한 박테리아의 과다 증식을 억제해 장내균총을 직접 재군집한다. 또한 이들 균은 유기산을 생성하므로 장내 pH를 낮추고 병원성인 산-민감성 박테리아의 증식을 방해한다. 발효식품, 낙농 제품, 생배양 요거트(케피, kefir), 사워크라우트(sauerkraut), 된장, 두부 등이 유산균의 균주원으로 사용된다.

c. 장 점막의 영양 상태

소화관의 흡수력은 장 점막세포의 영양 상태와 관련되어 있다. 소화관의 점막은 상피세포로 구성된 얇고 반투과성이며, 세포와 세포 간의 경절 연접(tight junction)으로 매우 밀착해 있다. 점막이 파열되면 장의 투과성이 달라져서 장관 내의 박테리아나 소화되지 않은 음식 성분 또는 독소 등이 방어벽을 넘게 된다.

장 점막의 투과성 양상이 어떤 원인에 의해 결정되는지는 불분명하나 식사 섭취 상태와 장내 박테리아의 불균형에 의한 것으로 생각되며, 이는 음식물의 통과 속도 및 연동운동 지연이 장관 투과성 항진에 영향을 끼친다. 이는 식이섬유소 섭취 부족에 의한 것으로, 장 점막세포의 에너지원이 뷰티르산(butyrate), 아세트산(acetic acid), 프로피온산(propionic acid) 등인 점을 생각하면 이들 짧은사슬지방산의 생성과 관련해 식이섬유, 특히 수용성 섬유소 섭취가 중요하다.

항생제는 미생물 제제로 생명을 위협하는 박테리아를 막아 주지만, 이들은 병원성 균뿐만 아니라 유익한 균도 사멸시키게 되므로 주의해야 한다. 생균제는 항생제로 인해 유익균이 죽은 후에 다시 자리 잡도록 도와주는 역할을 한다.

5) 무독화계

우리의 몸은 이물질로부터 자신의 몸을 보호하기 위해 외부 환경과 접하는 부위로부터 일차적인 방어벽을 구축하고 있다. 그러나 이물질이 이들 방어벽을 넘어 체내에 들어오면 생체 내 무독화계(detoxification)가 이를 처리한다. 이 무독화시키는 체계에는 장내에 존재

무독화체계(detoxification) 이물질이 들어오면 우리 몸은 1차적인 방어벽을 구축하여 막는데 이 방어벽을 넘어 체내에 들어오면 생체 내 무독체계가 이를 처리한다. 이 무독화시키는 체계에는 장내에 존재하는 면역조직과 간에 있는 효소계가 있음

하는 면역조직과 간에 있는 효소계가 있다.

a. 장 림프양 조직

소화관의 점막은 내인성 및 외인성 독소물질이 체내에 들어오지 않도록 일차적인 방어벽 역할을 수행한다. 그러나 독소가 장 점막을 뚫고 들어가면 이들 물질은 장 림프양 조직의 활동에 의해 포획된다. 장 림프조직(gut-associated lymphoid tissue, GALT)은 체내 항체 생산의 70%를 담당하며 림프구도 가장 많고 전신 면역계와는 별도로 분비성 면역글로불린 A(secretory immunoglobulin A, sIg A)을 분비한다. GALT에서 분비된 sIg A는 박테리아나 바이러스 또는 이물질 등에 부착해 이들이 체내로 침입하지 못하도록 하며 박테리아의 효소를 불활성화시키거나 독소를 무독화시키는 역할을 한다. 비피도박테리아나 사카로마이시스 등 특정 유익균은 sIg A의 분비를 촉진한다.

b. 간 무독화 효소계

항원이나 독소가 GALT의 방어선도 뚫고 순환혈액에 침입하게 되면 이들은 간으로 수송된다. 간 세포는 연속적인 두 단계의 무독화계를 통해 이들 독소를 수용화시키고 체외로 배출시키는데, 이를 '생전환(biotransformation)'이라 한다. 제1 단계는 일군의 효소에 의해 수행되는 과정으로, 이물질들이 글루타티온(glutathione) 등과 접합(conjugation)되어 수용성이 커진다. 제2 단계도 일련의 효소에 의해 진행되며 1단계에서 생성된 대사물질을 글루쿠론산(glucuronic acid)이나 글루타티온 또는 글리신(glycine) 등과 2차적으로 포합해 독성을 약화시키고 소변 또는 대변을 통해 쉽게 체외로 배출되도록 한다.

두 단계 간의 균형 유지는 매우 중요하다. 1단계에서 생전환된 산물이 2단계에서 처리되지 않으면 본래 물질보다 오히려 더 강한 독성을 나타낼 수 있기 때문이다. 예를 들면, 담배연기 성분 중 비교적 무해한 물질도 1단계에서 생전환되면 활성형 발암물질의 성질을 갖게 되는데 2단계 처리가 완료되면 독성이 없어진다.

간의 무독화 효소계는 간 세포의 영양 상태에 따라 영향을 받는데, 영양 상태가 양호해야 최적의 기능이 발휘되며 영양 결핍은 기능을 감퇴시킬 수 있다. 예를 들어 인돌류의 경우, 브로콜리와 콜리플라워 및 기타 십자화과 채소류에 함유된 식물체 화학물질로 제1 단계 경로를 현저하게 촉진시킨다.

또한 파나 마늘 등의 채소류에 들어 있는 유기 황화합물들은 제2단계에 관여하는 효소들의 활성을 현저하게 항진시키는 것으로 알려져 있으며, 동물실험에서 암 발병률을 유의

하게 낮추었다.

그러므로 보호 영양(성인기에 최고의 신체 기능을 유지하고 성인병 발생을 예방하기 위한 영양)을 위해서는 비만이 되지 않도록 적정량의 에너지 섭취와 비타민, 무기질 등 미량 영양소가 풍부한 식사를 하며, 소화관의 통합력과 체내 무독화계의 활성을 유지하기 위해 식물체 화학물질을 풍부하게 함유하는 식사를 해야 한다.

5. 영양과 생활습관병

1) 대사증후군

생활습관병이라 불리는 비만, 당뇨병, 고혈압, 동맥경화증, 심장 질환, 뇌졸중 등을 공통 변인으로 갖는 일종의 만성 퇴행성 질환군이다. 이들 질환이 한 사람에서 중복 발생하는 경우가 많다. 예를 들어, 당뇨 환자의 과반수는 고혈압이나 고지혈증 또는 복부 비만을 동반하며 고혈압 환자의 1/3 정도는 당뇨를 가지고 있다. 이와 같은 질환군을 몰랐을 때는 X 증후군이라고 하였으나, 최근에는 인슐린 저항성 증후군(insulin resistance syndrome) 또는 대사증후군(metabolic syndrome)이라고 한다.

세계보건기구에서는 1988년에 대사증후군이라는 용어를 표 8-11과 같이 정의하였다. 즉, 표 8-11의 항목 중에서 기본적으로 1)항과 2)항을 가지고 있으면서 3)~6)항 중 두 항목 이상을 수반하는 경우를 가리킨다.

표 8-11 대사증후군의 정의

1) 포도당 조절 손상증 또는 당뇨병
2) 인슐린 저항증
3) 고혈압(≥ 130/80 mmHg)
4) 고중성지방혈증(≥ 150 mg/dL) 그리고/또는 저 HDL-콜레스테롤혈증(40 mg/dL), 여자(48 mg/dL)
5) 복부 비만(남자 WHR ≥ 0.90, 여자 WHR ≥ 0.85 그리고 또는 BMI ≥ 30 kg/m^2)
6) 알부민뇨증(소변 알부민 ≥ 20 mg/dL 또는 소변 알부민/크레아티닌 ≥ 30 mg/g)

a. 대사증후군의 병리

대사증후군은 그림 8-3과 같이 말초조직세포의 인슐린 저항성 증가가 핵심 요소로, 혈당을 처리하는 능력이 떨어지면 췌장은 이를 보상하기 위해 인슐린 분비량을 늘리므로 고인슐린혈증이 나타난다.

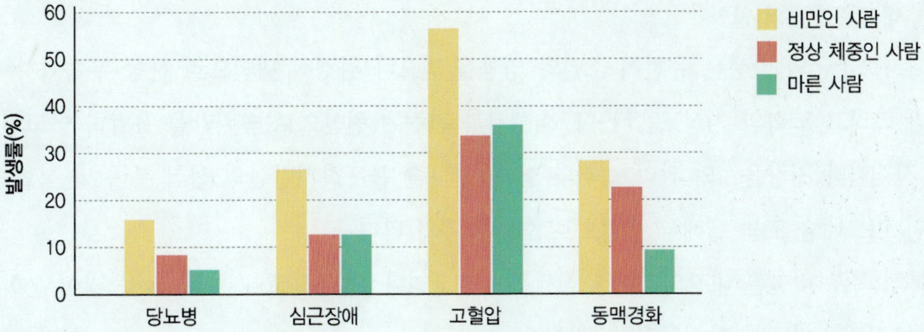

그림 8-2 비만인 사람의 생활습관병 발생률

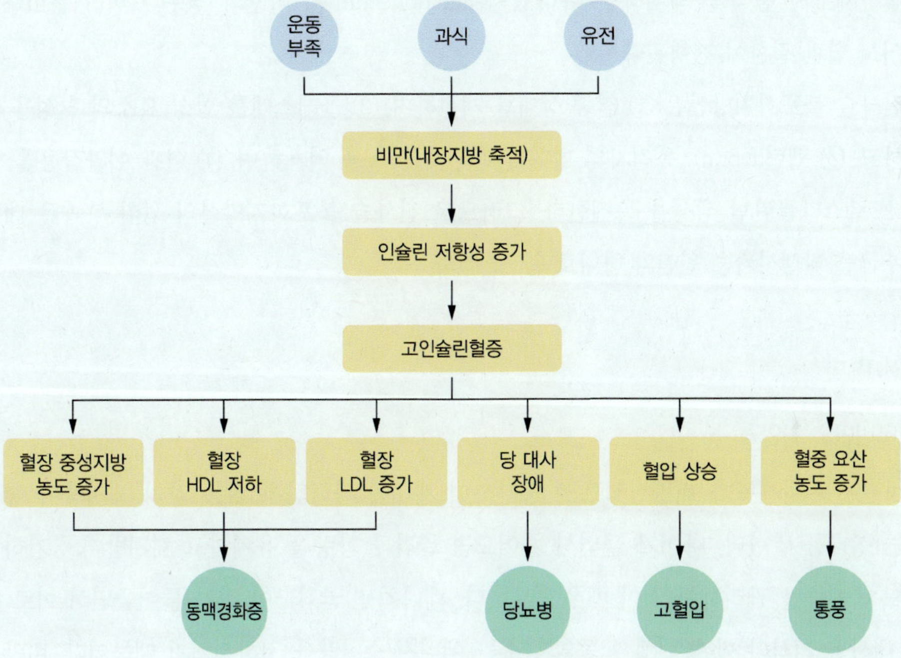

그림 8-3 대사증후군의 병리

그러나 인슐린의 저항성이 증가되어 있어 당 대사는 개선되지 않는다. 오히려 과잉으로 존재하는 인슐린이 혈압을 올리고 혈중 지질 농도를 증가시키는 등 대사를 교란시켜 결과적으로는 동맥경화증을 일으킨다. 대사증후군은 이와 같이 비만으로 유발된 인슐린 저항성 증가와 깊은 연관성이 있다. 이외에 만성 염증 상태와 관련이 있다는 주장도 있다.

b. 대사증후군의 원인

대사증후군의 발생은 유전적 소인의 영향을 받으나 환경적 변인으로 운동 부족과 복부 비만 그리고 노화의 영향도 받는다. 식생활과 관련된 원인으로는 비만을 유발하는 고열량의 간식이나 청량음료의 과다 섭취와 함께, 긴사슬 불포화지방산의 섭취 부족 및 복합 비타민, 마그네슘 또는 셀레늄 결핍으로 오는 경우가 많다.

특히 복부 비만은 내장의 지방조직세포에서 생리활성물질(adipocytokines)을 많이 분비시킨다. 플라스미노겐 활성물질 저해제(plasminogen activator inhibitor-1, PAI-1)는 혈관 평활근의 섬유화 과정과 혈전 형성에 중요 역할을 하므로 혈관 질환을 유발시킨다. 한편 혈관 평활근세포의 증식을 억제하는 아디포넥틴(adiponectin)은 비만의 경우 오히려 분비량이 줄어서 혈관 질환이 진행된다.

긴사슬 불포화지방산은 ① 염증 상태를 개선하며, ② 콜레스테롤 합성 요소의 활성을 저해하고, ③ 렙틴(leptin) 유전자의 발현을 촉진해 식욕을 억제하며, ④ 혈관 이완작용을 하는 프로스타글란딘 생성을 촉진한다. 그러므로 긴사슬 불포화지방산의 섭취 부족은 대사증후군을 발생시키는 원인의 하나로 볼 수 있다.

2) 비만

(1) 비만의 원인

비만은 지방세포가 비정상적으로 증가하여 체내에 과다하게 많은 양의 체지방이 쌓여 있는 상태를 말한다. 나이가 들면서 줄어드는 골격근 함량을 유지하고 체지방이 증가하지 않도록 체중을 관리하는 것이 매우 중요하다. 왜냐하면 골격근이 점차 줄어들면서 이로 인해 대사율 저하와 함께 신체 활동의 감소는 에너지 소비량을 저하시키기 때문이다. 비만은 단순히 키에 비해 체중이 많이 나가는 상태를 일컫는 말이 아니며, 한 가지가 아닌 복합적 원인으로 생긴다. 기본적으로 섭취 에너지에 비해 소비 에너지가 적을 때에 에너지 과잉으로 생긴다. 이는 불규칙한 식습관, 과다한 열량의 음식 선호, 운동량 부족 등의 원인과 유전적 요인이 복합적으로 작용하여 발생한다.

2015년에 수행한 국민건강영양조사 자료에 의하면 우리나라는 아직 성인 중 체질량 지

아디포넥틴(adiponectin) 지방조직에서 분비되는 항동맥경화성 물질로 평활근 증식에 강한 억제 효과를 나타냄

렙틴(leptin) 지방조직에서 분비되는 물질로 에너지 소비를 촉진하고 식욕을 억제함

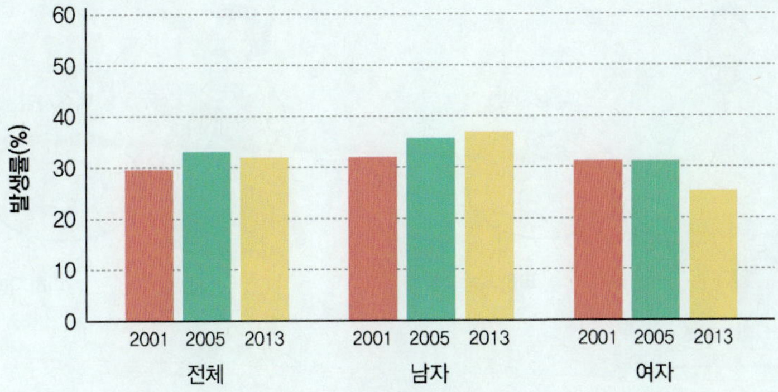

그림 8-4 우리나라 성인의 비만 유병률 변화

표 8-12 우리나라 성인 남녀의 비만 유병률(BMI ≥ 25)

연령(세)	남자(%)	여자(%)
19~29	29.3	14.4
30~39	47.1	17.9
40~49	41.5	25.7
50~59	40.8	33.7
60~69	29.3	42.7
70 이상	26.2	38.6

참고 : BMI(body mass index) = 몸무게(kg) / 키²(m)
체질량 지수라 하며, 신장과 체중을 이용하여 지방량을 추정한 것이다.
18.5에서 22.9는 정상, 23에서 24.9는 과체중, 25 이상이면 비만으로 판정한다.

자료 : 보건복지부, 2015 한국인 영양소 섭취기준, 2015

수 25 이상인 성인이 30% 정도이다. 그러나 심각한 것은 소아 비만율이 증가하고 있다는 사실이다(질병관리본부, 2013).

(2) 비만의 유형

a. 상체 비만

복부에 지방이 많은 사과형(apple type) 체형은 남성에게 많아 남성형 비만이라고 한다. 이러한 경우에는 고혈압, 심혈관계 질환, 당뇨병의 발생률이 높다.

b. 하체 비만

둔부와 대퇴부에 지방이 많은 서양배형(pear type) 비만은 여성에게 많아 여성형 비만이라고도 한다. 여성도 상체 비만이면 당뇨병, 동맥경화, 고혈압 등의 합병증이 많이 생긴다.

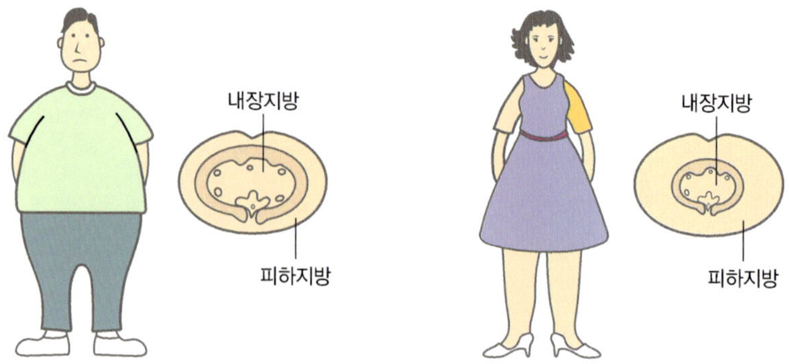

그림 8-5 내장지방형 비만과 피하지방형 비만

c. 상체 비만과 하체 비만의 판정

허리와 엉덩이둘레의 비율로 판정한다. 즉, 남성은 1.0, 여성은 0.9를 기준으로, 이 비율이 높아지면 체지방의 정도(비만도)와 무관하게 여러 질환에 대한 위험률이 증가한다.

3) 고혈압

혈압에 영향을 끼치는 인자로는 유전적 소인(본태성 고혈압) 이외에 여러 가지 식생활 인자와 생활습관 인자가 있다. 식생활 인자로는 에너지와 나트륨, 칼륨, 칼슘 등 몇몇 무기질 섭취가 있고 생활습관 인자로는 음주, 운동, 스트레스 등이 있다. 고혈압이 지속되면 뇌졸중, 관상심장병, 신장 장애의 위험이 증가한다. 비만과 혈압 간의 상관관계는 잘 입증되어 있으며, 비만한 사람은 고혈압의 위험이 크게 증가한다. 또한 이들이 체중을 줄일 경우에는 혈압이 감소한다. 1일 28 g 이상의 알코올을 섭취하면 고혈압의 빈도가 증가한다. 또한 하루 6 g 이상의 소금이나 2,400 mg 이상의 나트륨을 섭취했을 때 혈압이 오르고 뇌졸중이 올 수 있다. 나트륨을 제한하고 칼륨과 칼슘을 함유한 식품은 마음껏 먹게 하는 것이 고혈압에 좋다.

4) 고지혈증

고지혈증은 지단백의 합성이 증가하거나 또는 분해가 감소되어 혈액 중에 콜레스테롤이나 중성지방이 과다하게 증가해 있는 상태를 말한다. 비만인에게 고지혈증이 흔하다. 이들은 혈중에 중성지방과 LDL-apoB가 높고, HDL-콜레스테롤이 낮은 것이 특징이다. 이러한 현상은 복부 비만의 경우 흔히 나타나며, 복부에 지방이 많으면 small dense LDL particle

그림 8-6 죽음의 사중주

이 증가하게 된다. 이러한 경우 동맥경화증과 관상동맥 심장 질환의 위험도를 높이므로 문제가 된다. 이들 과다한 지질이 혈관 내피세포에 손상을 입힐 수 있고 또한 동맥벽에 침착되어 죽상종을 형성하기 때문이다.

최근 보도자료(국민건강영양조사, 2014 국민건강통계)에 의하면 우리나라 23세 이상 성인의 고콜레스테롤혈증 유병률이 14.6%로 계속 증가하고 있다.

그러므로 고지혈증을 예방하기 위해서는 콜레스테롤을 비롯해 지방을 과다하게 섭취하지 않도록 하고, 총지질과 에너지 섭취도 제한하고, 식이섬유 섭취를 통해 콜레스테롤 풀(pool)을 감소시키려는 노력이 필요하다.

5) 제2형 당뇨병

45세 이상의 연령은 제2형 당뇨병(인슐린 비의존형 당뇨병)의 위험 인자 중 하나이다. 제2형 당뇨병과 연관된 위험 요인으로는 성, 연령, 민족 등 교정이 불가능한 것들과 비만, 식사, 신체 활동량 저하 등과 같은 교정이 가능한 것들이 있다. 이러한 위험 인자들은 제2형 당뇨병 발생에 영향을 미치므로 위험 요인이 많은 사람은 비만하지 않아도 당뇨병이 생길 수 있다. 그런데 이 중 비만만으로도 제2형 당뇨병을 유발하기에 충분하다.

제2형 당뇨병은 일반적으로 인슐린 저항성 및 고인슐린혈증과 연관되어 있으나, 한국에서는 인슐린 분비 기능 이상으로 인한 인슐린 분비 저하와 연관되어 있는 경우가 더 많다. 제2형 당뇨병이나 내당 능력 저하와 고지혈증, 고혈압, 복부 비만과 같은 다른 심혈관계 위험 요인이 동반 발생한다는 사실은 잘 알려져 있다. 이러한 현상을 대사증후군이라고 한다.

세계보건기구에서는 대사증후군을 내당능 장애나 당뇨병, 또는 인슐린 저항성이 있으면서 ① 혈압 상승 ② 혈장 중성지방 상승 ③ 중심성 비만 ④ 미세 알부민뇨 중 2개 이상이 동반된 경우라고 정의하고 있다.

최근 보도자료(통계청, 사망 원인 통계, 2014)에 의하면 우리나라 20세 이상 당뇨병 유병률이 20.7(단위 명/인구 10만 명)로 계속 증가 추세를 보였다.

당뇨병은 여러 급·만성 합병증을 가져오므로 정상 혈당 유지를 최우선 목표로 식생활을 관리하는 것이 중요하다. 당뇨병성 신경병증, 신증, 망막증 및 고혈압이나 고지혈증 모두 혈당을 정상 농도로 유지함으로써 예방하거나 발생을 늦출 수 있다.

식생활 관리에 있어 표준체중을 유지하는 데 필요한 열량을 3대 에너지 영양소 배분이 적정하도록 섭취하는 것이 가장 중요하다. 그리고 포화지방산 섭취는 줄이고 불포화지방산의 섭취는 늘리며 콜레스테롤과 단순 당질이나 소금 섭취를 제한하고 식이섬유를 충분히 공급한다. 또한 단백질 영양 불량과, 아연이나 크롬 또는 철 부족이 췌장의 베타-세포의 기능을 저하시키는 것으로 알려져 있으므로 이들 영양소를 충분히 섭취하도록 한다.

6) 암

암은 성인기의 건강을 위협하는 고혈압, 고지혈증 및 심장 순환기계 질환과 함께 중요한 질환이다. 암 발생과 관련해 유전 인자의 영향은 약 5% 정도로 보인다. 이는 시대 환경 인

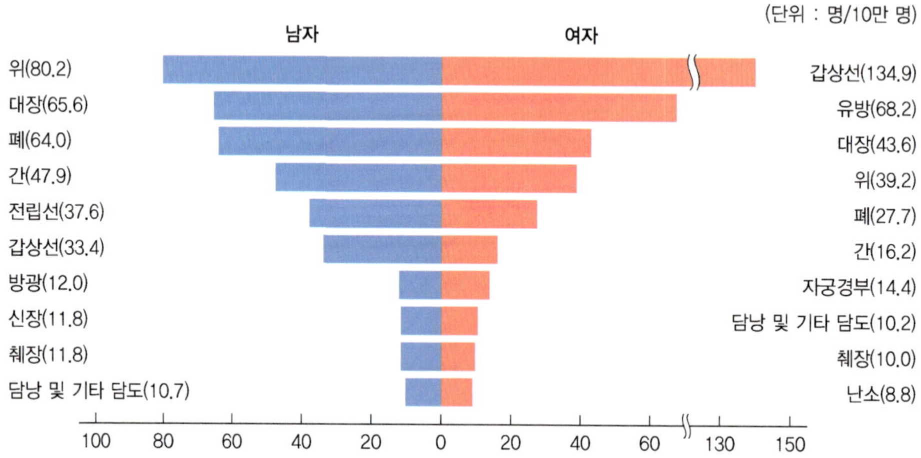

※ 우리나라 국민들이 기대수명(81세)까지 생존할 경우 암에 걸릴 확률은 36.6%였으며, 남자(78세)는 5명 중 2명(38.3%), 여자(85세)는 3명 중 1명(35.0%)에서 암이 발생할 것으로 추정되었다.

그림 8-7 한국인의 부위별 암 발생률 현황

자의 영향력이 크다는 점을 시사해 주고 있다. 미국 국립암협회에 따르면 음식이 35%로 가장 높은 관련성을 보이고, 그 다음으로 흡연 30%와 만성 감염 10%, 기타 요인으로 음주와 방사선이 각각 3%를 차지하였다. 여러 부위의 암 중에서 위암을 비롯해 대장암, 간암, 췌장암, 폐암, 유방암, 난소암, 방광암 및 전립선암이 식생활 인자와 높은 상관성이 있다고 최근에 밝혀졌다.

6. 갱년기의 영양

최근 의학계나 일반인까지 갱년기에 관한 관심도가 높아지면서 각 의료기관에는 갱년기 클리닉이 급격히 증설되고 있다.

갱년기(climacteric)란 국제폐경기학회의 정의에 의하면 "생식기에서 비생식기로 이행되는 시기"라고 한다. 일반적으로 갱년기는 난소의 배란 기능이나 내분비 기능이 저하되기 시작하는 40세경부터 배란 기능이 정지하는 폐경기까지의 기간을 말한다.

남성에게도 여성의 폐경기에 해당하는 시기가 있어서 나이가 들면서 신체적 기능의 저하와 정신적·심리적 변화를 체험하게 된다.

또한 갱년기는 질병 상태도 아니고 건강 상태도 아닌 반건강 상태로 볼 수 있다. 한편, 신체적 기능 저하는 예비 능력이나 영양소의 체내 저장 능력이 떨어지면서 비타민의 결핍 상태가 나타난다. 그로 인해서 비타민의 혈중 농도가 낮아지고 요 중 배설량도 떨어지게 되면 대사가 원활하지 못하고 효소의 활성이나 대사산물에도 변동이 온다. 그중에서도 비타민 B_1 같은 것이 대표적인 예이다.

여성은 일생을 통해서 남성과 달리 최고 신장 속도(PHV) 연령인 평균 11.1세부터 생리적 특성을 보이며 변화를 겪는다. 최고 신장 속도의 1년 후 초조(初潮)가 시작되면서 체지방 축적이 증가하고 에스트로겐(estrogen)과 프로게스테론(progesterone) 등의 여성호르몬을 분비한다. 그 이후 임신, 분만, 산욕의 시기를 거치는데 이때 육체적, 정신적 변화를 가장 왕성하게 체험하게 된다. 그러다가 40대부터 시작하여 50대에 폐경기에 이르는데 평균 폐경 연령은 49세로 본다. 이런 폐경기를 전후하여 여성호르몬 분비가 급격히 감소하면서 생리적 조화가 깨지고 영양 대사의 이상으로 여러 가지 병적 증상 또는 질병을 나타내 보이는 동시에

갱년기(climacteric) 40대에서 50대 전후 노년기 이전으로, 폐경이 가장 큰 원인이며 폐경과 동시에 일어나는 여러 증상과 질병까지 동반되는 생리적 변화가 큰 과도기적 시기

정신적인 면까지 크게 영향을 미친다. 개인차가 크나 때로는 견디기 어려운 상태까지 가기도 하고 때로는 노화 과정상의 현상으로 보고 방치하여 치료 시기를 놓치는 경우도 많다.

2006년도 한국 여성의 평균수명이 78세인 점을 볼 때 폐경 연령인 49세를 뺀 나머지 30년을 어떻게 살 것이냐를 생각한다면, 또 다른 인생의 시작으로 보아 바른 지식과 정보 그리고 치료법을 통해서 건강하게 넘겨야 할 것이다. 이러한 생리적 특성을 잘 이해하고 대비하여 적절한 대응과 치료 그리고 적절한 영양 섭취를 통해서 건강한 갱년기를 보내게 되면 또한 건강한 노년기를 맞을 수 있으리라 본다. 65세 이후를 노년기로 본다면 49세부터 갱년기는 약 15년간이므로 잠시의 극복이 아니다.

현재로는 아직 갱년기에 관한 연구가 많지 않은 상태이며 영양에 관해서도 그 자료가 극히 미비한 단계이므로 보고되는 대로 차츰 보충하고자 한다.

1) 갱년기

갱년기는 40대에서 50대 중심의 노년기 이전으로, 폐경이 가장 큰 원인이며 폐경과 동시에 일어나는 여러 증상과 질병까지 동반되는 생리적으로 변화가 큰 과도기적 시기를 말한다. 주로 폐경에 이어서 일어나는 여성호르몬의 분비 감소가 그 시작인데, 흔히 여성호르몬제를 투여하면 증세가 없어지고 젊어진다고 하여 정확한 진단과 처방 없이 사용하다가 부작용으로 질 출혈이나 유방암 같은 질병의 유병률을 높이는 예도 있으므로 주의해야 한다. 최근에는 자연적 폐경 이외에도 폐경 이전에 자궁 절제수술이나 특별한 이유로 조기 난소 부전증 환자의 수가 급증하고 있어서 갱년기 자체의 치료 외에 그로 인해 발생하는 심혈관 질환이나 골다공증 등과 병행하여 치료하는 등 주의를 기울여야 한다.

갱년기는 다시 폐경 전후기 또는 난소 부전증과도 동일하게 설명할 수 있다. 사추기(思秋期)라고 할 정도로 우울증이 심하고 정신적, 감정적 컨트롤이 어려울 정도로 민감하며 그 기복이 심하여 가족이나 주위의 이해가 필요하다. 여기에는 투약 치료와 함께 적절한 영양 공급과 영양 균형 그리고 규칙적인 식습관과 적절한 운동이 무엇보다 중요하다.

2) 갱년기의 생리적 특징

a. 에스트로겐 분비 감소로 인한 부족증

평균 폐경 연령인 49.3세를 0으로 했을 때 에스트로겐 수치는 난소 부전 약 5년 전부터 감소한다. 폐경 여성의 82%는 1년 이상, 25%는 5년 이상 에스트로겐 결핍으로 급성 증상을 경험한다. 우선 심혈관운동과 수면 장애로 심한 생활 장애를 보인다. 서서히 나타나는 것으로는 관절이 뻣뻣해져서 관절 자체의 이상이나 노화현상으로 혼동하기 쉽다. 후기 증상으로는 피부와 인대의 교원질 소실, 혈류 감소, 신경자극전달의 감소로 관련된 신체 부위의 기능에 변화를 가져온다. 생식기와 방광을 예로 들면 생식기에서는 성적 흥분과 윤활 빈약, 감각이 소실되며, 방광과 요도에서는 빈뇨, 야뇨, 요실금 등이 일어난다.

b. 난포자극호르몬(follicle-stimulating hormone, FSH) 생성의 증가

뇌하수체에서 분비되는 FSH는 에스트로겐의 감소에 따라 그 생성이 증가한다(그림 8-8).

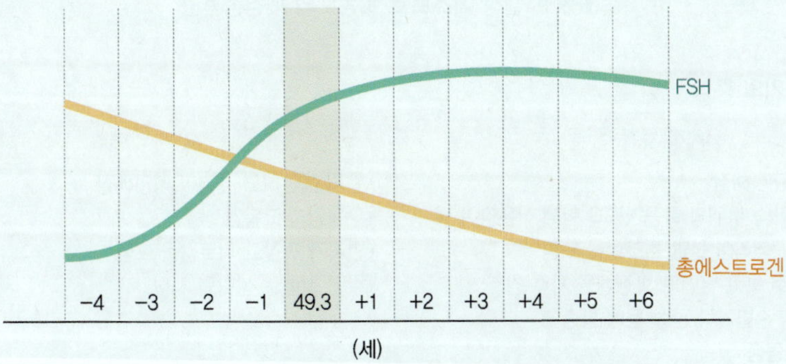

그림 8-8 갱년기의 에스트로겐과 FSH의 변화

c. 프로게스테론의 생산 정지

이와 같은 호르몬 분비의 변화에 따른 관상동맥 심질환, 골다공증, 비뇨생식기 질환, 정신 질환 등을 대표적인 발병으로 꼽는다(그림 8-9).

3) 갱년기의 일반 증상

폐경 전후로 시작된 갱년기 증상은 광범위하며 환자에 따라서 다르나 종합해 보면 표 8-13과 같이 정리할 수 있다. 흔히 경험하는 일반적 증상들로는 홍조를 비롯하여 두통, 불안감, 기억력 감퇴, 우울증, 빈뇨, 건성 피부와 모발, 피로감, 근력 감퇴, 수면 부족, 과민, 식은땀 등이 있다.

폐경기 증상은 여성의 25%가 난소 부전 후 2~5년간 홍조와 비뇨생식기의 증상을 경험

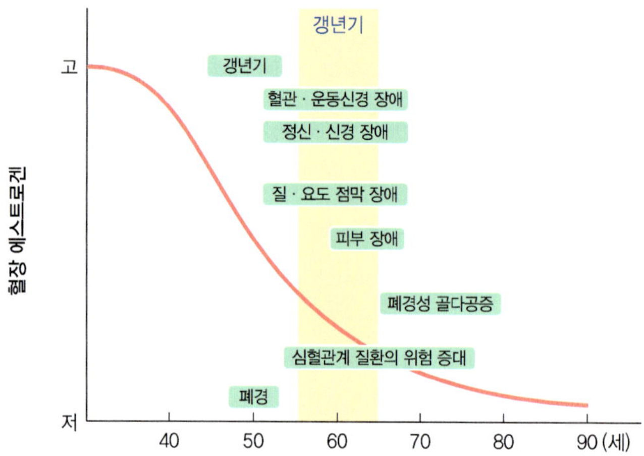

그림 8-9 혈장 에스트로겐 농도와 폐경증후군

표 8-13 폐경기의 증상

신체적 자각 증세	정신적 변화
• 월경이 불규칙해짐 • 얼굴과 앞가슴 부위의 화끈거림과 함께 식은땀이 남 • 심장이 두근거리며 불안 초조함을 느낌 • 소변을 자주 보고 밤에도 화장실을 자주 감 • 팔목, 발목, 손발가락 관절 등에 통증 • 두통, 어지럼증 • 상복부 팽만감	• 왠지 불안하고 신경이 예민해짐 • 우울감과 고독감 • 만사가 귀찮고 피로감을 느낌 • 수면 장애로 생활력 저하

한다. 갱년기 클리닉에서 사용하는 폐경기 증상에 관한 설문지를 소개한다(표 8-14).

4) 갱년기 환자의 분류

a. 갱년기 여성

많은 여성들이 폐경 수년 전부터 혈관운동증상(vasomotor symptoms)을 경험하며 40~45세의 여성 중 38%가 월경주기 중 홍조를 보였고(Upton, 1988), 50세 전후의 남성과 여성에서 증상의 빈도를 비교해 보면 여성은 폐경이 가까워짐에 따라 빈도가 증가한다고 보고하였다(Bungay 등, 1980).

그 이유로는 난포 활성도의 감소, 혈장 내 에스트로겐 농도의 변동(감소), 전반적인 난소 분비 기능 감소, FSH의 증가에 의한 것이다. 이 경우에는 호르몬 대체요법(hormon replacement therapy, HRT)으로 에스트로겐과 프로게스테론을 유지시켜 준다. 때로 불규칙

표 8-14 폐경기 증상에 관한 설문지

지난 한 달간 다음을 경험하셨습니까?	없다	가끔	자주	당신에게 진짜 문제가 됩니까?	
1. 얼굴이 잠깐씩 화끈거리며 달아오른다.	0	1	2	예	아니오
2. 가슴이 두근거린다.	0	1	2	예	아니오
3. 머리가 아프다.	0	1	2	예	아니오
4. 잠을 설친다.	0	1	2	예	아니오
5. 가슴이 아프거나 답답하다.	0	1	2	예	아니오
6. 숨이 가쁘다.	0	1	2	예	아니오
7. 손발이 저린다.	0	1	2	예	아니오
8. 기운이 없거나 쉽게 피로하다.	0	1	2	예	아니오
9. 관절이 여기저기 아프다.	0	1	2	예	아니오
10. 기억력이 감퇴하였다.	0	1	2	예	아니오
11. 괜히 불안하다.	0	1	2	예	아니오
12. 우울하다.	0	1	2	예	아니오
13. 혼자 외출하기가 겁난다.	0	1	2	예	아니오
14. 재채기나 달릴 때 소변을 지린다.	0	1	2	예	아니오
15. 질 주위가 건조하다.	0	1	2	예	아니오
16. 성욕이 감소하였다.	0	1	2	예	아니오
17. 부부관계 시 불안하다.	0	1	2	예	아니오
18. 집안일을 할 때 어려움이 있다.	0	1	2	예	아니오
19. 일터에서 일을 할 때 어려움이 있다.	0	1	2	예	아니오
20. 다른 불편한 증세가 있으면 기록하십시오.					
MENSI SCORE(0~38) :				'예'의 횟수 :	

한 출혈과 그 외의 부작용이 있을 수 있으며 3~6개월 정도 치료 후에 효과를 평가할 수 있고 1~2년 지속할 수 있다.

b. 조기 난소 부전증

자궁 절제수술이나 특발성 원인으로 인한 조기 폐경, 그리고 방사선 치료나 화학요법의 결과로 조기 난소 부전을 일으키는 경우에 해당된다. 폐경 후의 상태가 20~30년 이상 지속되며 젊은 나이에도 심한 증상을 경험하게 된다. 연구 보고에 의하면 조기 폐경이나 난소 절제수술을 한 여성은 난소가 있는 여성에 비해서 심혈관 질환의 위험이 7배로 높고 심근경색증의 발병률도 증가한다. 자연 폐경 후 20년(자연 연령 70세)이 지난 여성군과 수술 후 폐경 20년(자연 연령 50세)이 지난 여성군의 골밀도를 비교하면 거의 유사하게 나타났다 (Richelson, 1984). 즉 일찍 폐경이 될수록 50세라도 골밀도가 70세에 가까운 수준으로 일찍 떨어진다는 것이다.

c. 폐경기 노인 여성

심한 조직 변화, 질 위축과 탈출, 비뇨기 증상 등 지속적인 증상을 보인다. 60대에 호르몬 치료를 하면 비뇨생식기와 방광의 증상이 호전되며 프로게스테론 단독요법으로는 소퇴성 출혈, 골의 유지, 70%의 여성에서 안면 홍조가 개선되었다고 한다(Paterson, 1982).

> **단계별 폐경 증상**
> - 초기 : 생리 불규칙, 생리통 심해짐, 불안증, 안면 홍조, 근육통, 두근거림, 우울증
> - 중기 : 비뇨생식기 이상, 피부 이상
> - 후기 : 심혈관 질환 증가, 골다공증 증가

5) 호르몬 치료의 종류

현재는 에스트로겐을 중심으로 한 단독요법인 에스트로겐 대체요법(estrogen replacement therapy, ERT)과 다른 호르몬을 병합해서 투여하는 HRT 치료가 시행되고 있는데, 이는 환자의 폐경 증상과 분류에 따라서 처방되나 각각 장단점이 있고 때로는 부작용을 보이므로 정확한 진단과 처방에 따른 치료를 받아야 한다.

최근에는 에스트로겐과 프로게스테론을 병행해서 투여함으로써 상호 보완적 역할을 하게 하며 유방암 같은 부작용을 훨씬 줄일 수 있다고 한다. 이 방법도 8년 이상의 장기 치료, 즉 총 20년 이상인 때 그 위험성이 1.47배로 증가한다고 한다(Brinton, 1986).

Advice 성인을 위한 식생활 지침

각 식품군을 골고루 먹자.

- 곡류는 다양하게, 전곡을 많이 먹습니다.
- 다양한 색깔의 채소를 매일 먹습니다.
- 다양한 제철 과일을 매일 먹습니다.
- 간식으로 우유, 요구르트, 치즈와 같은 유제품을 먹습니다.
- 가임기 여성은 기름기 적은 붉은 살코기를 적절히 먹습니다.

활동량을 늘이고 건강 체중을 유지하자.

- 일상생활에서 많이 움직입니다.
- 매일 30분 이상 운동을 합니다.
- 건강 체중을 유지합니다.
- 활동량에 맞추어 에너지 섭취량을 조절합니다.

청결한 음식을 알맞게 먹자.

- 식품 구매나 외식 시 청결한 것을 선택합니다.
- 음식은 먹을 만큼만 준비하고, 먹을 만큼만 주문합니다.
- 매일 세 끼 식사를 규칙적으로 합니다.
- 밥과 다양한 반찬으로 균형 잡힌 식생활을 합니다.

짠 음식은 피하고 싱겁게 먹자.

- 음식 준비할 때 소금, 간장 등을 보다 적게 사용합니다.
- 국물은 짜지 않게 만들고, 적게 먹습니다.
- 음식을 먹을 때 소금, 간장 등을 더 넣지 않습니다.
- 김치는 덜 짜게 만들어 먹습니다.

지방이 많은 고기나 튀긴 음식을 적게 먹자.

- 고기는 지방을 떼고 먹습니다.
- 튀긴 음식은 적게 먹습니다.
- 음식을 만들 때, 기름을 적게 사용합니다.

술을 마실 때는 그 양을 제한하자.

- 남자는 하루 2잔, 여자는 1잔 이상 마시지 않습니다.
- 임산부는 절대로 술을 마시지 않습니다.

자료 : 보건복지부, 2010

단원정리

1 성장이 완료된 후 성인기에 일어나는 생리적 변화와 생명현상의 유지에 요구되는 영양 권장량, 영양과 만성 퇴행성 질병과의 관련성, 방어 영양의 내용 및 생활습관이 건강에 미치는 영향에 대해 이해하고, 이를 성인의 영양 관리에 활용할 수 있는 능력을 기른다.

2 성인기는 인생에 가장 길고도 안정된 시기이자 격동기이기 때문에 더더욱 건강을 지켜내야 하는 때이다. 이 시기는 새로운 생명을 잉태하는 데서 시작되므로 새로운 가족 구성이 형성되며 유전적 요인을 바탕으로 올바른 식생활이 매우 중요하다.

3 가족의 식생활은 다양한 가족 형태와 주부의 취업으로 인해 간소화되고 있는 실정이므로 우려되는 시기이기도 하다.

4 비만이 발생하지 않도록 활동량을 늘리고, 적정 수준의 에너지를 섭취한다. 소화관의 통합력과 체내 무독화계의 활성을 유지하기 위해 식물성 화학물질을 풍부하게 함유하는 식사를 섭취한다.

단원평가

1 성인기의 왕성한 활동과 책임을 가능케 하는 가장 우선해야 하는 생활습관은 무엇인지 설명하시오.

2 우리나라 성인 여성의 건강 문제로 가장 주목할 부분은 무엇인지 설명하시오.

3 성인병 예방을 위한 식사지침으로 옳은 것은 무엇인지 설명하시오.

4 흡연을 할 경우 권장량의 50%를 더 섭취하도록 하는 영양소는 무엇인지 설명하시오.

풀이

1. 올바른 식생활과 규칙적인 운동
2. 폐경기 전후 증후군에 관한 관리, 운동 부족
3. 각 식품군을 골고루 섭취하기, 청결한 음식을 알맞게 섭취하기, 싱겁게 먹기, 지방이 많은 고기나 튀긴 음식은 적게, 술은 적당히 섭취할 것
4. 흡연은 담배 한 개비당 체내 비타민 C 25 mg씩을 파괴하므로 4개비면 하루 권장량 100 mg/일을 파괴시킨다. 또한 체내 각종 미네랄과 비타민도 함께 소진시킨다.
니코틴뿐만 아니라 암을 유발하는 나프탈렌, 니켈, 벤젠, 비소, 카드뮴 등 몸에 해로운 물질들이 많이 들어 있어서 이들 담배 속 유해물질의 해독을 돕는 토마토, 복숭아, 당근, 브로콜리, 노란 단호박 등의 섭취를 늘린다.

09

노년기 영양

1. 노인 인구의 변화
2. 노화 이론
3. 노년기의 생리적 변화
4. 노인의 영양소 섭취기준
5. 적절한 식품의 선택

경제 성장과 의학 기술의 급속한 발달, 그리고 생활 수준 향상 등으로 인한 식생활의 개선은 인간의 평균수명을 연장시키고 있다. 또한 출산율이 감소되면서 젊은 연령층의 인구에 비해 노인 인구의 비율은 증가하고 있다.

새로운 밀레니엄 시대에는 공중보건 측면에서 노화 과정을 지연시키는 것이 중요한 목표일 수 있다. 국제연합은 지난 1999년을 '세계 노인의 해'로 정하고 신체적, 사회적 및 정신적 모든 영역에서 '활기찬 노년 생활'을 강조하였다.

노화는 정상적인 생리 기능의 점차적 퇴화를 초래하므로 노인의 올바른 영양 관리를 위해서는 생리적 변화에 대한 연구도 중요하지만, 사회적·경제적·심리적 변화에 따른 측면도 고려해야 한다. 고령화에 따라 활동량 감소로 섭취 열량을 줄여야 하고 만성 질환의 이환율이 높으므로 지질 섭취량을 성인 권장량 이상으로 섭취하지 않는 것이 바람직하다. 한편 노인의 식사에서 부족하기 쉬운 미량 영양소의 보충이 중요하며, 특히 여러 가지 약물에 의해 해로운 영향을 받을 수 있으므로 약물 복용에 주의해야 한다.

1. 노인 인구의 변화

2005년 우리나라는 65세 이상의 인구가 9.3%로 고령사회에 진입하였고 2010년은 11%, 2013년에는 12.2%, 2020년에는 15.7%, 2030년이 되면 24.3%, 2050년에는 38.2%로 급증할 것으로 추산된다(통계청, 고령자 통계자료, 2013).

미국의 경우 총인구 증가율이 1990~2050년까지 19% 정도 성장할 것으로 예상되는 데 비해, 65세 이상의 인구수는 거의 120% 정도, 85세 이상은 400% 이상 증가할 것으로 예상된다. 2050년까지 미국 인구의 4명 중 1명 정도가 65세 이상이고, 20명 중 1명 정도가 85세 이상이 되는 것으로 추산된다. 이는 20세기 초반에 65세 이상 인구가 25명 중 1명 미만인 상황과는 대조적이다(U.S. Dept. of Commerce, 1990).

최근 일본인의 평균수명은 현저히 증가하여 2020년 전후가 되면 65세 이상의 노인 인구는 약 20~25%에 달할 것으로 추산되고 있다. 그중에서도 노인 인구의 증가는 아시아에 집중되어 금세기 말에는 세계 노인 인구의 절반이 아시아인으로 예상되며, 동남아시아에 약 2억의 노인이 살게 될 것이라 한다.

노화(aging) 나이가 경과함에 따라 신체적, 정신적 기능이 쇠퇴하는 것
수명(life span) 인간이 생명을 유지할 수 있는 최대 연령

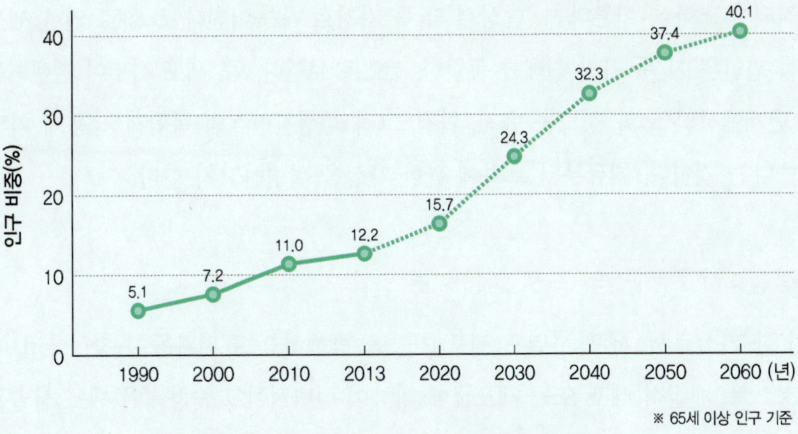

그림 9-1 한국의 노인 인구 비중 전망

자료 : 통계청, 2013

유엔은 전체 인구에서 65세 이상 노인 인구가 차지하는 비율이 7%이면 '고령화 사회(aging society)', 14%이면 '고령사회(aged society)', 20%이면 '초고령사회(super-aged society)'로 분류하고 있다. 우리나라는 2000년에 이미 고령화 사회가 되었다. 노인 인구가 증가함에 따라 사회는 노인을 위한 새로운 역할을 정립할 필요가 있다.

미국 인구 보고서는 노년기를 다시 세 그룹으로 분류하였다.

- 65~74세 : 젊은 노인(the young-old)
- 75~84세 : 일반 노인(the old-old)
- 85세 이상 : 고령 노인(the oldest-old)

2. 노화 이론

노화란 생물학적으로 수정 당시부터 전 생애에 걸쳐 지속되는 일련의 과정을 일컫는 말이다. 한 유기체가 늙어간다는 것은 세포 수의 감소와 더불어 그 기능도 저하된다는 것을 의미한다. 모든 생명체에서 나타나는 노화 과정을 아직 충분히 이해할 수는 없다. 그러나 우리가 어느 정도로 건강을 유지하면서 얼마나 살 수 있는가는 타고난 유전 요인 이외에 변화가 가능한 환경과 생활방식에 의해 달려 있는 것은 확실하다.

인간은 왜 늙는 것일까? 지금까지 제기된 주요 노화 이론은 크게 유전자에 의해 생물체의 노화와 수명이 예정되어 있다는 '예정설'과 여러 해로운 인자들에 의한 생체물질의 손상이 축적되어 노화에 이른다는 '손상설'의 두 가지로 나누어진다. 노화로 인한 세포 사멸의 실제적 원인은 이 두 가지 견해를 종합한 것으로 보인다. 즉, 세포 사멸이 진행되는 속도와 일정 단계에서의 노화 정도는 유전, 환경, 그리고 생활방식의 복합적 작용에 의해서 영향을 받는다는 것이다. 지금부터 노화에 관한 가설을 설명하고자 한다.

1) 예정설 : 세포 사멸의 프로그램 이론

노화의 한 가설로서, 세포 사멸은 세포 기능을 방해하는 유전자들이 활성화될 때 나타난다는 것으로, 개별적 세포 또는 세포군에 대하여 선택적이고 순차적인 세포 사멸을 일으키기 때문에 세포 사멸의 프로그램화라고 한다. 즉, 성장한 세포들이 사멸하기 전에 몇 차례 분열하는 것이 관찰되는데, 이때에 늙은 개체의 세포들은 어린 개체의 세포들보다 사멸하기 전의 분열 횟수가 적다. 따라서 장수하는 경우는 수명이 짧은 경우보다 사멸하기 전의 세포분열 횟수가 훨씬 많을 것이다. 한 유기체 내의 세포들이 분열을 멈추고 사멸을 계속한다면, 총 세포 수는 점차 감소할 것이고 기관의 기능도 퇴화하게 될 것이다.

2) 세포분열의 제한설

헤이플릭(Hayflick)은 모든 세포는 세포 수명 동안에 세포분열 횟수를 결정하는 유전자 암호를 갖고 있다고 말하였다. 즉, 세포가 분열한 후에 세포들은 죽어가기 시작한다. 예를 들면, 파리의 체세포들에게 3일의 수명과 15회의 분열 횟수가 있다면 그 파리는 45일을 살 수 있다. 이러한 세포분열 이론에 따라 헤이플릭은 인체의 세포는 40~60회 분열한다는 것을 근거로 인간의 잠재 수명이 110~120세라고 추산하였다. 대부분의 인체 세포는 재생(예를 들면 혈액, 간, 콩팥, 피부세포)이 되나 척수와 신경 및 뇌세포들은 재생되지 못한다.

그러나 사람이 늙어서 죽기보다는 만성 질환으로 사망하는 경우가 더 많으므로, 이 이론은 사람을 통해 증명하기가 쉽지 않다.

3) 텔로미어설

유전시계이론이라고도 한다. '텔로미어(telomeres)'란 세포의 염색체 끝부분의 유전자 조각으로, 세포분열 때 다른 염색체는 정확히 2배로 복제되어 나눠지는데 유독 텔로미어는 한 번 분열할 때마다 그 길이가 조금씩 짧아진다. 결국 아주 짧아지게 되면 그 세포의 분열이 멈추고 수명을 다하게 된다고 한다. 염색체 복제 기능의 상실은 노화를 초래하게 된다. 즉, 새로운 세포들이 생성될 수도 없고, 이미 존재하고 있는 세포들도 기능을 발휘할 수 없게 된다. 따라서 최근 텔로미어의 상실을 방지하고, 세포분열을 연장할 수 있는 방법들을 모색하는 연구에 초점이 맞춰지고 있다.

4) 손상설 : 노쇠현상설

유전 정보를 반복 사용하다 보면 모두 소모되어 노화를 초래한다는 이론이다. 유전 정보의 소모는 세포 손상에서 비롯되며 죽은 세포와 부산물의 축적으로 일어난다. 세포 손상은 DNA 합성의 오류를 비롯해서 포도당 농도의 상승 또는 자유기의 공격 등으로 발생한다. 자유기는 반응력이 극히 높고 활성이 강한 화학물질로, 정상적인 대사 과정이나 환경적 요인에 의해 생성된다. 이들은 세포의 단백질, 지질, 탄수화물 또는 DNA 분자에 산화적 손상을 유발한다. 이때 생성된 독성물질들이 간접적인 세포 손상을 일으킨다. 눈에 띄는 예로는 나이가 든 사람의 피부에서 볼 수 있는 갈색 점이다. 이러한 점들은 피부에 축적되는 지질 대사산물들의 결집체라 할 수 있다. 한편, 자유기에 의해 일어나는 세포 손상은 심혈관 질환이나 암과 같은 여러 만성 질환으로 발전한다.

5) 산화 스트레스설

반응성이 크고 불안정한 산소 화합물의 생성에서 기인하는 산화적 스트레스로, 정상적인 대사 과정에서 생성되는 불안정한 산소는 세포막을 공격하면서 세포 손상을 초래하고 정상적인 대사 과정을 변경시킨다. 흡연, 오존, 방사선, 환경오염 등은 활성산소 생성을 증가시킨다. 불안정한 산소 화합물은 항산화제와 결합되었을 때에 중화된다. 이러한 항산화제와의 결합은 세포 기능을 정상화하는 데 중요하다. 인체는 카탈라아제(catalase), 글루타티오닌(glutathionine), 과산화물환원효소, 수퍼옥사이드 디스뮤타제(superoxide dismutase) 등 항산화효소를 생성한다.

하지만, 식품을 통해서도 항산화제 요구량을 충족할 수 있다. 항산화제에는 셀레늄, 비타민 E, 비타민 C와 파이토케미컬(phytochemical) 등이 있으며 β-카로틴, 라이코펜, 플라보노이드, 이소플라본 등도 항산화제로 노화와 질병을 예방할 수 있다.

6) 대사 속도설

산화 스트레스설과 유사하며, 빠르게 진행되는 삶의 과정은 노화를 촉진한다는 것으로, 대사 속도가 빠르고 에너지 소모가 크면 모든 체조직의 교체가 크게 증가한다. 그러므로 빠른 대사 속도는 수명을 단축하고 느린 대사 과정은 생명을 연장한다는 것이다.

7) 유리기설

생체 내 산화반응의 중간산물로서, 반응력이 극히 높고 파괴적인 이온화된 분자인 자유유리기는 세포의 정상적 기능이 손상되고, 이와 같은 손상이 축적되면 결국 세포가 죽게 된다. 이것이 조직 및 생체의 기능 감퇴와 형태적 변화를 일으킴으로써 노화가 된다는 것이 유리기설(free radical theory)이다.

대부분의 과학자들은 앞에서 살펴본 여러 메커니즘들이 동시에 노화에 영향을 미치는 것으로 생각한다. 다시 말하면 노화란 일부는 유전적으로 프로그램화된 변화이고, 일부는 환경적 마모로 인하여 일어난다고 볼 수 있다.

Tip

- 평균수명(mean longevity) 또는 기대 수명(life expectancy at birth) : 평균수명은 영아에서 노인에 이르기까지 전체 인구의 사망 시 연령을 평균한 것이고, 기대 수명은 0세에서 기대 여명을 가리키는 것으로서 평균수명과 같은 말이다.
- 기대 여명(life expectancy) : 어느 연령에서 예견할 수 있는 남아 있는 삶의 기간을 말하며, 0세에서의 기대 여명을 기대수명이라고 한다. 예를 들어 현재 30세인 사람의 기대 여명이 70세라면, 이는 30세 이후에 사망한 사람들의 사망 연령을 평균한 값으로서 40년을 더 살 수 있다는 것을 의미한다.
- 최고 수명(maximum longevity) : 가장 오래 산 사람들의 사망 시 연령으로서, 약 120세로 추정된다.
- 건강 수명(heathy life longevity) : 일상생활의 활동에 제한 없이 건강하게 살 수 있는 기대 여명을 건강 수명이라 정의한다. 측정방법에 따라 질병이나 사고에 의한 상병, 거동 부자유 등의 활동 제한이 없는 건강 여명(disability-free life expectancy), 사망과 상병의 공통 지표로서 일상생활 활동의 제한과 함께 통증/불편, 불안/우울 등 주관적 인식도 고려하여 산출한 건강 보정 기대 여명(health-adjusted life expectancy) 등이 제시되었다. 예를 들어 우리나라 남자의 출생 시 건강 수명이 63.3세로 추정될 때 출생 시 기대 수명이 70.6세라면, 7.3년간은 질병 및 사고로 활동 장애 속에서 산다는 뜻이다.

기대 수명(life expectancy) 한 인구 집단의 평균수명

1. 노인성 치매
   - 알츠하이머성 치매(alzheimer's disease) : 뇌 기능의 비가역적 손실로 기억 상실, 무력감, 방향 감각 상실, 성격 장애 등을 초래하는 질환이다. 처음의 증상은 약속이나 이름을 잊는 것 같은 사소한 기억 상실로 시작하다가 점차 무능력해지고, 익숙한 환경에서도 방향 감각을 잃기 시작하며 성격이 변하기도 한다. 미국의 경우 65세 이상의 인구 중 5%가량이, 80세 이상 인구에서는 20%가량이 알츠하이머성 치매를 갖고 있다. 병이 진행됨에 따라 더욱 혼동을 일으키며, 자신의 이름을 잊고 가족들을 알아볼 수 없으며 누워서만 지낸다. 유전적 요인이 크다. 유전 요인 이외의 치매 원인을 찾고자 많은 연구가 계속되고 있다. 최근 다수의 연구를 통해 비타민 E를 고용량 복용함으로써 알츠하이머 질환으로 인한 기능 손실을 지연시킬 수 있음이 보고되고 있다.
   - 복합 경색 치매(multiinfarct dementia) : 뇌혈관 장애나 뇌졸중 등으로 인해 일어난다. 그러므로 비만 방지, 나트륨 제한, 칼슘과 칼륨 섭취 증가, 알코올 섭취 제한 등을 해야 한다.
   - 알코올성 치매 : 만성적인 음주 습관으로 뇌 손상이 일어난 것으로 술이 취하지 않은 상태에서도 술에 취한 것처럼 기억력과 인지력이 손상된다. 그러나 금주를 계속하면 개선된다.
   - 니아신 또는 비타민 B_1 결핍으로 인한 치매 : 니아신 결핍으로 인한 펠라그라는 피부 질환과 더불어 치매 증세를 보인다. 그러나 니아신 복용으로 개선될 수 있다.
2. 건망증(dementia) : 기억력, 사고력, 또는 판단력 손상을 초래하는 정신력의 감퇴현상이다.
   - 기억력 감퇴 : 비타민 B_{12}, 비타민 C 섭취
   - 문제 해결 능력의 감소 : 비타민 B_2, 엽산, 비타민 B_{12}, 비타민 C 섭취
   - 건망증 : 비타민 B_1, 니아신, 아연 섭취
   - 인지 능력 장애 : 엽산, 비타민 B_6, 비타민 B_{12}, 철분 섭취
   - 뇌조직 퇴화 : 비타민 B_6 섭취
3. 골관절염(osteoarthritis) : 관절의 연골조직 퇴화에 의한 것으로, 노인에게 나타나는 만성적인 염증이다.
4. 망막 퇴화(macular degeneration) : 망막종양 황반(macula)으로 인해 시력 상실을 초래하는 질병이다.
5. 백내장(cataracts) : 시각을 방해하는 수정체 표면의 뿌연 반점으로 인한 안과 질환이다.
6. 치근질환(periodontal disease) : 치아를 둘러싸고 치아를 지지하는 치주의 구조적 손상에 의해 나타나는 질병으로, 치아가 없는 노인에게서 많이 발생한다.

3. 노년기의 생리적 변화

나이가 들수록 우리들은 서로 다른 사람이 되어간다. 음식에 대한 맛, 소화, 여러 가지 영양소의 흡수, 대사 능력 등이 달라진다. 근육과 뼈 무기질의 점진적 손실이 일어난다.

노화(aging)란 나이가 경과함에 따라 신체적, 정신적 기능이 쇠퇴하는 현상으로, 노화 과정은 반드시 65세 이후에만 한정된 것이 아니다. 점차 나이가 들면서 내부적으로 이미 변화가 일어난다. 예컨대 눈의 조절력은 10대 청소년기를 기점으로 서서히 쇠퇴하기 시작하며, 운동 기능은 20대 전후를 최고로, 그리고 생식 기능은 사춘기에 급격히 성장하여 30대부터는 저하된다.

종합적인 정신 기능이나 기억력은 50세 또는 70세가 되어도 비교적 유지가 가능하다. 영양과 대사는 출생 후에 가장 활발하고 성장과 동시에 감소하며, 성인기 이후에는 대체로 일정하다. 그러나 60세 이후에는 감소한다.

1) 입과 치아

나이가 들수록 맛과 냄새에 대한 민감성이 떨어지기 때문에 많은 노인들이 식품의 맛과 향에 대한 감지력이 줄어든다. 나이가 들수록 혀의 미뢰 수가 감소하여 맛과 향의 인지에 대한 역치가 상승한다. 약 60~70세 노인은 일반적으로 맛과 냄새에 대해 상당히 둔감해진다.

이러한 변화는 일부 약물과 미각을 감소시키는 아연 결핍과 같은 무기질 결핍 등으로 심화될 수 있고, 짜고 매운 맛에 대한 선호도가 발달되는 등의 미각 변화는 식품 선택에 영향을 미치며 음식에 대한 즐거움을 제한하여 식욕을 저하시키고 음식 섭취량을 감소시킨다.

치아는 건강을 유지하는 데 매우 중요하다. 그런데 미국에서 50세 이상 25%와 75세 이상 50%는 치아가 없으며 이들 중 대부분은 틀니가 없거나 잘못된 틀니를 하고 있다고 한다. 또한 치근 질환도 노인에게는 일반적이다. 씹는 힘이 감소하고 나머지 치아를 느슨하게 하며 치아를 지탱하는 턱뼈에도 손상을 준다. 노인들이 일반적으로 사용하는 의약품과 탈수 증상은 타액 분비를 감소시키고 식품의 맛과 미각에 영향을 주는 건조 구강(dry mouth)을 유발하기도 한다.

2) 소화계

위는 여러 가지 중요한 기능을 갖고 있다. 음식을 삼키고 소화액과 혼합시키며 장으로

표 9-1 노화로 인한 인체 기관의 생리적 기능 변화

기관	노화현상
피부	• 건조증, 피부 주름, 색소 침착, 탄력성 감소, 모세혈관 확장
신장	• 신혈류 감소 • 소변 농축력 감소와 염분 보존력 감소 • 사구체 여과율 감소 • 소변 크레아티닌 배설 능력 감소
소화기	• 치아 문제, 저작 기능 감소 • 근육 소실로 인한 장 운동성 감소 • 타액 분비 감소 • 췌장의 소화액 분비 감소 • 위축성 위염에 의한 위산과 펩신 분비 감소 • 소장 흡수력 감소, 소화효소 활성 능력 감소
심혈관	• 심장벽 두께 증가 • 콜라겐 침착과 탄력성 감소 • 수축 시 혈압 증가
호흡기	• 조직의 탄력성 감소 • 폐활량 감소 • 최대 호흡량 감소
내분비	• 인슐린 저항성 • 갑상선자극호르몬의 증가, 갑상선호르몬(T_4)의 감소
신경	• 감각·인지 기능 저하 • 근육반응 저하 • 인지와 기억력 저하 • 뇌세포 소실
대사성 골질환	• 골밀도 감소 : 비타민 D와 칼슘 섭취, 대사 및 흡수 저하

자료 : 대한노인당뇨병학회(노인당뇨병소연구회), 2003

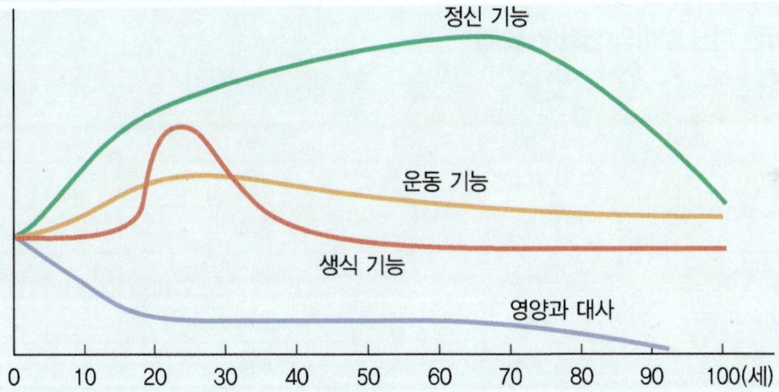

그림 9-2 연령에 따른 여러 기능의 변화

이동시킨다. 이러한 기능들이 노년기에는 감소한다. 위의 중량은 20세까지 증가하고, 그 이후에는 계속 유지되거나 80세를 넘기면 감소하기 시작한다. 위의 수축력 등 운동 기능도 나이가 들어감에 따라 감퇴되며 근층의 위축이나 경화현상이 나타난다.

위축성 위염은 거의 80세 성인의 40% 정도 나타나며 60세 성인에서는 4명 중 1명 정도 나타난다. 위 내막세포의 손상은 영양학적 건강과 관련해 심각한 문제를 일으킨다. 철, 칼슘, 비타민 B_6, 비타민 B_{12}, 엽산 등의 흡수력이 감소되면서 위의 정상적인 낮은 산도가 올라간다. 이는 바로 작은창자 내 박테리아의 과도한 성장을 유발하여 영양소가 흡수되는 것

을 방해하며, 위세포의 내인성 인자 분비 감소는 비타민 B_{12}의 흡수를 감소시켜 빈혈을 유발한다.

노인에서 간 기능이 감소되면서 여러 가지 약물의 제거율이 저하되고 부작용의 가능성은 높아진다. 또한 간은 콜레스테롤과 비타민 A를 효과적으로 대사하지 못해 혈청 콜레스테롤 농도의 상승을 유발하고 다량의 비타민 A에 대한 민감성을 증가시킨다.

유당(lactose) 활성은 나이가 들수록 감소한다.

변비는 노인에게 나타나는 일반적인 증상이다. 거동이 불편하고 수분 섭취가 부족하며 식이섬유소가 낮은 식품 섭취 등이 주원인이다. 신체 활동을 증가시키고 식이섬유소를 더 많이 섭취하며, 하루에 6~8컵의 물을 마시는 것이 몸에 좋다.

표 9-2 비타민 B_{12}의 흡수율

(단위 : %)

투여량	20~35세	60~90(세)	투여량	20~35세	60~90(세)
250γ	33	0	1,000γ	90	40

※ γ = mcg

표 9-3 연령에 따른 위산 분비의 변화(Poland)

연령(세)	사람 수	무산증 예의 수	무산증의 비율(%)
19~29	866	46	5.3
30~39	1,354	137	9.5
40~49	1,299	224	16.7
50~59	1,043	250	24.0
60 이상	642	227	35.4
계	5,204	884	16.9

3) 근육

나이가 들면서 지방세포와 결합조직은 점차 근섬유로 대치된다. 이 과정은 체조성을 변화시켜 제지방조직(fat-free mass, 주로 근육)은 감소하고 체지방은 증가한다(Frontera 등, 1991).

제지방조직은 주로 기초대사율을 결정하는 주요 인자로 30세 이후 10년마다 약 2%씩 낮아지므로 에너지 필요량을 감소시킨다. 나이가 많아지면 근육조직이 약해지며, 돌연한 변화에 대한 대처가 잘 안 된다.

대부분 정상적인 노화에 기인하기는 하지만 체조성의 변화는 나이보다 활동량 부족에 의해 더 많이 일어날 수 있다(Evans, 1992). 일생 적당한 운동을 한 60세 노인은 20세의 활동적인 사람과 비슷한 체지방과 체조성을 가진다.

a. 노인 운동

최근 80~90세 노인군에서 운동 효과를 연구한 결과, 8주 동안의 근육 강화 훈련 후에 근력이 평균 160% 향상되었고 근육량은 10%까지 증가하였다. 고령의 노인에서도 단기간의 운동 프로그램이 효과가 있었다(Fiatarone 등, 1994).

규칙적인 육체 활동은 노인에게 매우 긍정적 효과를 준다. 운동은 근육량을 보존하고 근력, 평형 유지 및 이동성을 증가시키며 기초대사율이 감소되지 않도록 유지해 준다. 운동 또한 노인성 질환(고혈압, 심장병, 당뇨병)에 뚜렷한 효과가 있다. 표 9-4는 운동과 건강에 좋은 식사로 인해 긍정적으로 영향을 받는 신체 변화 목록이다.

표 9-4 건전한 식사와 운동에 의해 영향을 받는 신체 변화

항목	증감	항목	증감
근육량	증가	골밀도	증가
체지방	감소	고혈압	감소
최대 산소 소비량	증가	호흡 기능	증가
혈중 LDL	감소	혈중 중성지방	감소
혈중 HDL	증가		

4) 뼈와 관절

30대 중반부터 뼈 손실이 시작되면서 나이가 들수록 골밀도는 감소되어 골다공증이 나타난다. 특히 여자는 더욱 심해서 60대의 50%, 80대의 80%에 나타난다. 남자는 이보다 적어서 60~90세의 20%에 나타난다고 보고되어 있다. 그러나 이와 같은 골다공증은 혈액 중의 단백질량이나 칼슘량과는 무관한 것으로 알려졌다. 연골 중의 특수 성분인 갈락토사민(galactosamine)과 우론산(uronic acid)은 연령의 증가에 따라 감소되며, 관절의 가동도도 감퇴된다. 그것은 관절 운동에 관련하는 근육의 힘, 탄성, 저항하는 근육 간의 협조가 잘 이루어지지 않게 변화하는 현상과 관계가 있다. 그림 9-4는 칼슘 보충 시 폐경기 여성의 골밀도 변화를, 그림 9-5는 운동에 의한 질병과 조기 사망 감소를 보여 주고 있다.

5) 체구성성분과 체중

체지방 증가와 근육량 감소 및 골 손실 수반과 체지방 축적은 만성 퇴행성 질환의 위험

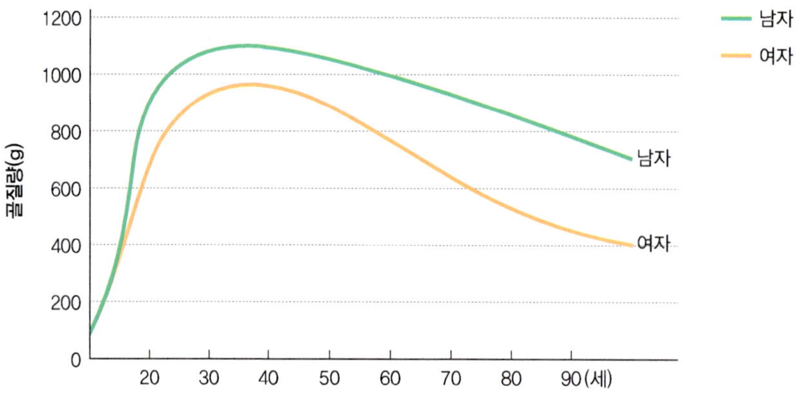

그림 9-3 연령에 따른 남녀의 골질량 변화

자료 : Kretchmer N, Zimmermannm(1997), Developmental Nutrition, p.626

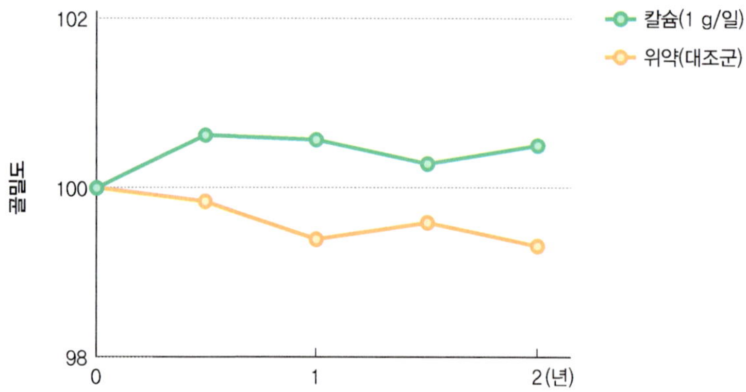

그림 9-4 칼슘 보충제를 투여했을 때 폐경기 여성의 골밀도 변화

자료 : Kretchmer N, Zimmermannm(1997), Developmental Nutrition, p.626

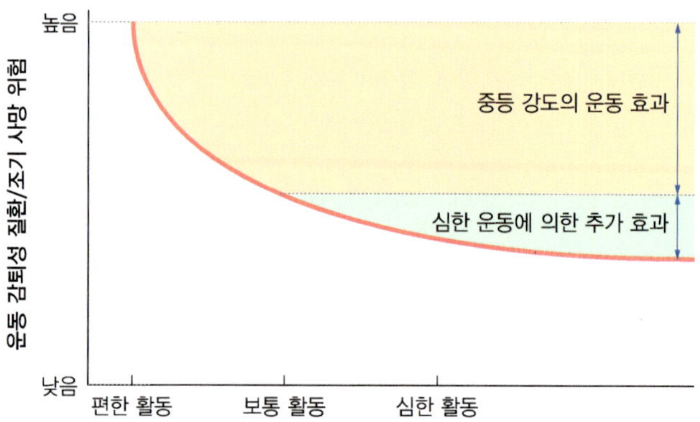

그림 9-5 운동에 의한 운동 감퇴성 질병과 조기 사망 위험 감소 비교

자료 : Cobin et al(2001), Fundamental Concepts of Fitness and Wellness, p.97

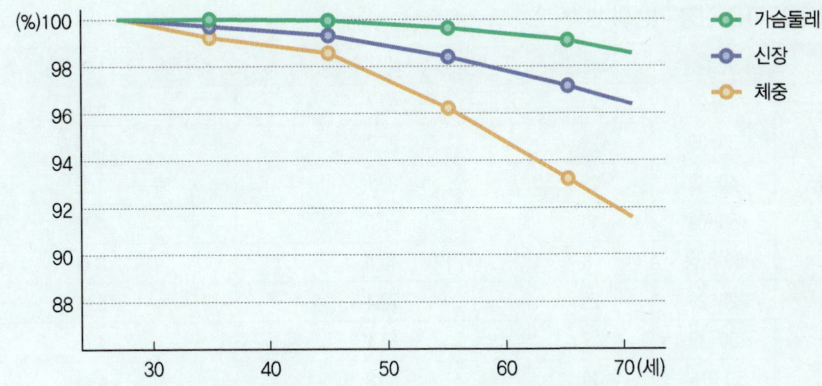

그림 9-6 25~30세를 100으로 했을 때 연령에 따른 체격의 변화

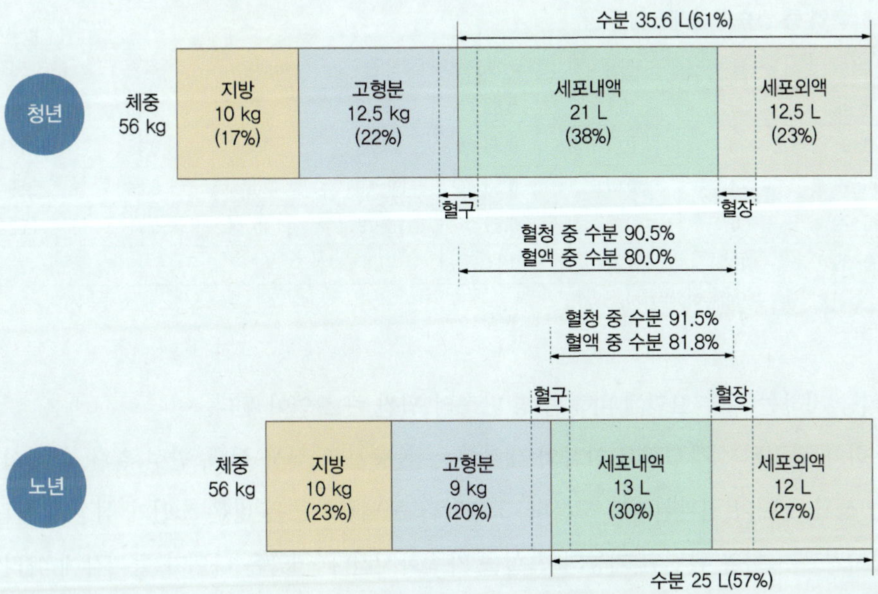

그림 9-7 수분을 중심으로 한 체조성의 총괄 모형도

도를 높이나, 노인은 과다한 체지방으로 인한 위험성이 중장년기보다 덜한 편이다.

6) 심혈관계

펌프로서의 심장 기능은 나이가 들어감에 따라 약해진다. 심장 배출량과 최대 심장 박동률도 점진적으로 감소한다. 평균 70세 성인에 있어서 최대 심장 박동률은 20세의 3/4 정도에 불과하다. 심장은 60세가 지나면 현저하게 심장의 박동과 박출이 감퇴한다. 심혈관계

표 9-5 연령에 따른 심장 기능의 변화

성별	연령	사례 수	심장의 1회 박출량(mL)	심장의 1분간 박출량(L/min)
남자	19~29	24	92.4	6.51
	30~39	29	86.7	6.19
	40~49	29	82.1	5.52
	50~59	18	66.8	4.75
	60 이상	8	48.5	3.74
여자	20~29	29	70.4	5.19
	30~49	27	67.4	4.76
	50 이상	10	62.8	4.34

자료 : 김천호, 생애주기영양학, 수학사, 2000

표 9-6 동맥 중 칼슘과 콜레스테롤 양

(단위 : g/100 g)

연령	사례 수	칼슘	콜레스테롤	연령	사례 수	칼슘	콜레스테롤
태 아	3	0.1	0.63	40~49	16	0.48	2.28
0~9	28	0.07	0.38	50~59	16	0.46	1.76
10~19	8	0.07	0.53	60~69	20	0.84	5.59
20~29	6	0.18	0.99	70~79	15	0.71	4.62
30~39	10	0.32	1.13				

자료 : 김천호, 생애주기영양학, 수학사, 2000

의 기능 저하는 다른 요인에 비해 수명 단축의 훨씬 큰 요인이 된다.

노화와 관련된 심장혈관계 악화의 대부분은 불충분한 식사 선택, 만성 질환, 앉아서 일하는 생활 형태의 결과일지도 모른다. 고혈압과 동맥경화증은 많은 노인의 심장과 혈관을 손상시키고 노화와 관련된 기능의 손실을 가속화시킨다. 혈압은 나이가 들어감에 따라 높아지며, 미국 고령 인구의 절반이 고혈압을 앓고 있을 정도이다.

4. 노인의 영양소 섭취기준

노년기는 매우 넓은 연령 범위를 가지므로 영양 필요량을 결정하기 어렵다. 또한 영양 상태에 영향을 주는 질병의 이환율이 높고 경제적 제한, 사회적 고립, 정신적 소외감과 같은 사회적·경제적 상황이 식욕이나 식생활에 부정적인 영향을 끼친다. 또한 점점 증가하는 고령 인구와 함께 이들의 사회적·경제적 생활 여건이 독거노인, 저소득층 노인, 고소득층 노인 등으로 다양해지고 있어 노인의 영양 관리도 그에 맞추어 다변화되어야 할 필요성이 있다.

표 9-7 노인의 영양소 섭취기준

영양소 \ 성별과 연령(세)	남자		여자	
	65~74(세)	75(세) 이상	65~74(세)	75(세) 이상
에너지(kcal)*	2,000	2,000	1,600	1,600
단백질(g)	55	55	45	45
비타민 A(μg RAE)	700	700	550	550
비타민 D(μg)**	15	15	15	15
비타민 E(mg)**	12	12	12	12
비타민 K(μg)**	75	75	65	65
비타민 C(mg)	100	100	100	100
비타민 B_1(mg)	1.2	1.2	1.1	1.1
비타민 B_2(mg)	1.5	1.5	1.2	1.2
니아신(mg NE)	16	16	14	14
비타민 B_6(mg)	1.5	1.5	1.4	1.4
엽산(μg)	400	400	400	400
비타민 B_{12}(mg)	2.4	2.4	2.4	2.4
칼슘(mg)	700	700	800	800
인(mg)	700	700	700	700
철(mg)	9	9	8	7
아연(mg)	9	9	7	7

*필요추정량, **충분섭취량, 그 외는 권장섭취량

자료 : 보건복지부, 2015 한국인 영양소 섭취기준, 2015

노화의 진행 과정에서 영양은 어떤 역할을 하는 것일까? 영양 상태의 양호는 적어도 영양 불량을 예방할 수 있으며, 만성 퇴행성 질환의 출현을 지연시킬 수 있다. 즉, 노인에게 흔히 나타나는 심혈관계 질환, 고혈압, 당뇨병, 암, 골다공증 등은 모두 영양과 관련된 질병이다.

노인에 대한 영양 권장량을 설정하는 것은 쉽지 않다. 현재 사용되고 있는 한국인 영양소 섭취기준은 건강한 노인 인구 집단의 영양 필요량에 기초하여 설정된 것이다. 일반적으로 나이가 많아지면서 청·장년층 성인의 영양 필요량에 비해 에너지와 에너지 대사에 관여하는 영양소의 필요량은 감소한다.

1) 에너지

노년기의 에너지 필요량은 성인기에 비해 감소한다. 우선 근육량이 적어지고 이로 인해 기초대사율이 감소하며, 신체 활동량도 줄어들기 때문이다. 또한 성인에 비해 동일한 활동이라도 소비 열량이 감소한다. 즉, 체내에서의 신진대사 정도가 저하되어 기초대사 기준치가 감소하는 현상이 나타난다. 이것은 노화와 더불어 신장과 체중이 감소하여 기초대사량과 관계되는 체표면적이 작아지기 때문이다.

60세 이상이 되면 일반적으로 노인의 식사 섭취량이 줄어들고 그로 인해 에너지 섭취도 감소하여 영양 불량이 초래되기 쉽다.

우리나라 노인의 에너지 섭취기준은 성별에 따라 차이가 있다. 노인 남성(65~74세, 75세 이상)은 2,000 kcal/일, 노인 여성(65~74세, 75세 이상)은 1,600 kcal/일이다.

2) 단백질

노화로 인한 단백질 필요량의 감소는 없는 것으로 보인다. 노인의 경우 열량 섭취 비율에서 단백질 비율을 더 높여야 하는 이유는 감소되는 근육량과 면역 기능, 그리고 상처 회복 기능을 회복하기 위함이다. 적절한 열량 섭취와 함께 양질의 단백질 섭취, 적당한 운동요법은 노인의 질소 평형을 쉽게 유지할 수 있다. 노인의 경우 단백질 이용 효율은 감소하나 체중당 근육의 비율이 감소하여 체중당 단백질 필요량은 젊은 성인과 동일하다고 볼 수 있다.

일부 국가에서는 단백질 섭취기준에서 성인보다 노인의 경우 +25%를 제안하기도 하나 아직은 실험 단계이며, 많은 선진국에서 성인과 동일한 섭취량으로 정하고 있다. 노인들은 식품 섭취량이 매우 적기 때문에 식사를 통하여 충분한 단백질을 섭취하기는 어려울 수 있다.

노인의 경우 체중 1 kg당 0.825 g/일의 단백질을 섭취하면 질소 평형을 유지할 수 있다. 우리나라 노인의 단백질 권장섭취량은 남자의 경우 55 g/일이고, 여자는 45 g/일이다.

3) 수분

음료수 및 식품 섭취, 신진대사 결과로 생긴 대사수가 체내 수분의 공급원이다. 젊은 사람들은 갈증을 느껴 적당한 수분을 섭취하게 되지만, 노인들은 탈수나 갈증에 대한 민감도가 떨어지므로 자발적인 수분 섭취가 어렵다.

인체에서 수분은 생화학적 반응의 용매로서 체내 대사열을 흡수하는 생리적 특성이 있다. 수분은 혈액량을 유지하는 필수 성분이며 체내에서 영양소를 공급하거나 노폐물을 배설하는 운반 매체로도 중요하다. 노화는 체내 수분 함량을 감소시키고(체중의 45~50%), 또는 갈증반응이 둔화되기 때문에 수분 섭취가 줄어들기 쉽고, 신장에서의 수분 보유 효율이 감소해 수분 손실이 증가하기 쉽다. 수분 섭취가 감소하는 우울증 환자나 이뇨제를 복용하는 경우 탈수 위험이 높다. 탈수는 혼미, 무기력을 초래하고 약물 대사를 변경시킬 수 있다.

따라서 노인을 위한 수분의 섭취기준은 충분섭취량으로 노인 남성의 경우 2,100 mL/일, 노인 여성의 경우 1,800 mL/일을 권장하였다.

4) 비타민과 무기질 필요량

비타민 E와 비타민 C 그리고 대부분의 비타민들은 노인에서의 1일 필요량과 젊은 성인에서의 1일 필요량이 동일하다. 그러나 비타민 A, 비타민 D 그리고 비타민 B_6의 1일 필요량은 나이에 따라 변화하는 것으로 나타났다.

a. 비타민 B_6

60세 이상 성인의 비타민 B_6 필요량은 현 권장량보다 더 높은 것으로 나타났으며, 특히 여성의 경우 비타민 흡수율이 떨어지기 때문인 것으로 보인다. 비타민 B_6 결핍은 면역 체계의 기능과 관련이 있기 때문에 노인에 있어서 충분한 비타민 B_6의 섭취는 매우 중요하다고 할 수 있다.

b. 비타민 B_{12}

비타민 B군 중 노인기에 가장 문제가 되는 것은 비타민 B_{12}일 수 있다. 노화가 진행되면서 혈중 비타민 B_{12} 농도가 감소하고 그 대사산물의 농도가 상승, 흡수율 감소 등, 비타민 B_{12} 영양 상태가 불량해진다. 특히 노인 중 30%가량은 위축성 위염을 앓고 있기 때문에 염증과 위산이나 펩신 분비 감소로 인한 내인적 요소의 저하가 비타민 B_{12} 흡수 불량을 악화시키기도 한다.

장기간의 비타민 B_{12} 결핍은 신경 질환, 즉 정신 기능과 인격 장애, 신체 운동 기능 상실 등을 유도한다. 비타민 B_{12} 결핍을 예방하려면 비타민 B_{12}가 강화된 아침식사용 시리얼이나 콩 제품, 그리고 보충제를 섭취하여야 한다.

c. 엽산

엽산의 흡수나 체내 이용률은 노년기에 변화가 없으나 위염이나 심한 음주는 비타민 B_{12}와 마찬가지로 흡수 장애를 초래하여 엽산 결핍 또는 악성 빈혈이 나타나기도 한다. 노인의 엽산 결핍은 비타민 B_{12} 결핍증의 2차적 증상일 수도 있으므로 반드시 엽산 보충으로 치료해야 한다.

노화가 진행되는 동안 엽산의 흡수 및 이용이 감소된다는 연구가 없으므로 65세 이상 집단의 평균필요량도 젊은 성인의 값과 같이 320 μg/일로 설정하였다. 권장섭취량은 여기에 20%를 더한 400 μg/일이다.

d. 비타민 D와 칼슘

비타민 D는 칼슘 흡수를 촉진하는 작용을 하므로 비타민 D 결핍은 골다공증, 골연화증이나 골절을 쉽게 초래할 수 있다. 노인들은 유제품 섭취가 적은 관계로 비타민 D 섭취량이 저조하고 칼슘 섭취도 부족하기 쉽다. 노화는 피부에서의 비타민 D 전구체 합성률이나 신장에서의 활성형 비타민 D로의 전환율을 저하시킨다. 또한 장에서의 칼슘 흡수는 나이에 따라 감소한다.

비타민 D는 혈중 칼슘과 인의 수준을 정상 범위로 조절하고 평형을 유지한다. 혈중 칼슘과 인의 농도는 근육신경 기능이나 뼈의 무기질화를 적절히 할 수 있는 범위 내에서 조절된다. 또한 1,25$(OH)_2D_3$는 조직 내의 핵수용체와 상호작용하여 유전자 수준에서 작용하며 많은 종양세포와 정상세포의 증식을 억제하는 작용을 하며 칼슘의 흡수를 돕는다.

반면 비타민 D의 섭취가 과잉일 때는 체내 인산과 칼슘의 과잉으로 골질, 신장, 동맥, 평활근 등에 칼슘의 침착이 일어나 석회화가 일어나기도 하므로 과잉 섭취는 주의해야 한다.

나이가 들어 노년기에는 피부에서 비타민 D 합성량이 감소한다. 65세 이후에는 20대에 비해 비타민 D의 합성이 1/4로 감소한다.

노인의 경우 노화로 인한 퇴행성 질환이 많아 햇볕에 노출되는 시간이 제한되고 피부에서 비타민 D_3의 합성 능력이 감소되어 25$(OH)D_3$와 1,25$(OH)_2D_3$의 수준이 연령과 함께 감소한다. 노인 인구 증가와 함께 골다공증과 골절률의 증가가 심각한 사회 문제로 부각되므로 성인기에 비해 충분섭취량이 증가해야 할 필요가 있다. 그러므로 50세 이상의 노인들의 충분섭취량은 15 μg으로 정하였다. 상한섭취량은 100 μg/일로 정하였다.

폐경기 여성의 경우 만성 질환 및 골다공증 예방에 초점을 두어 추가로 손실되는 양을 감안하여 칼슘 권장섭취량을 800 mg으로 산출하였다. 노인의 경우 칼슘 대사가 많이 알려져 있지는 않지만 남성과 여성 모두 연령이 증가함에 따라 칼슘 흡수는 감소된다. 노인 남성의 경우 성인과 마찬가지로 700 mg을 유지하도록 하였다.

e. 아연과 마그네슘

젊은 성인과 비교해 볼 때 노인은 식품으로부터 섭취한 아연과 마그네슘의 흡수가 감소한다. 이와 같은 현상은 노화로 인한 장 기능의 감퇴로 흡수율이 감소하기 때문인지, 아니면 아연과 마그네슘의 체내 필요량이 감소하여 흡수할 필요성이 감소하기 때문인지에 대한 연구는 아직 진행 중이다. 노인에게서 나타나는 아연 결핍 증상으로는 식욕과 맛에 대한 감각이 떨어지고 상처로 인한 회복이 느린 것을 들 수 있다.

아연 권장량은 남자는 65세 이상에서 9 mg/일이고 여자는 7 mg/일이다. 마그네슘은 50세 이상의 성인과 동일하게 평균필요량은 남자 305 mg/일, 여자는 235 mg/일로 정하였고, 권장섭취량은 남자 370 mg/일, 여자 280 mg/일로 정하였다.

f. 철분

노인기에는 철분의 흡수가 나빠져서 노인성 빈혈 증세가 많이 나타난다. 나이가 들어감에 따라 미각, 후각의 감퇴는 음식 섭취량이 적어지고 소화관의 기능 저하는 철의 흡수를 억제시킨다. 그중에서 철분 흡수에 유리한 육류 섭취가 적어지고 흡수율을 저하시키는 식물성 식품을 주로 선택하는 것도 문제이다.

폐경 이후 노인 여성에게서 철분의 요구량은 감소한다. 노인의 경우 젊은 여성에 비해 철 권장량이 증가한다고 하나 우리나라 노인들의 경우, 철의 섭취가 부족하다는 보고와 노인기의 소화·흡수 기능 감소 등을 감안할 때 노인 남성의 경우 성인기와 동일한 양을 섭취할 것을 권장한다. 노인 남자의 철 평균필요량은 7 mg/일, 여자는 65~74세는 6 mg/일, 75세 이상은 5 mg/일이며, 소화력의 감소를 고려하여 권장섭취량은 남자는 9 mg/일, 여자는 65~74세는 8 mg/일, 75세 이상은 7 mg/일로 정하였다.

g. 나트륨

노인의 식생활은 기름기가 적고 입맛이 개운하며 밥맛을 좋게 하는 음식을 선호하게 된다. 미각이 둔해지므로 농도가 높은 식염을 포함한 조미료(소스 등) 종류를 많이 사용하게 된다.

체내에 흡수된 식염은 세포 외에 분포되어 혈장, 세포간질액의 주성분이 된다. 식염을 과잉 섭취하면 세포외액이 증가되어 전신 부종이 일어나고 심장에 부담을 주어 고혈압이나 동맥경화증을 조장한다.

식염 섭취량과 고혈압 발병률은 비례하므로 고혈압의 치료와 예방에는 감염식이 효과적이다. 밥이 주식인 경우 특히 식염을 과잉 섭취하게 되어 실제로 1일 평균 20~30 g으로 개인에 따라 훨씬 많은 양을 섭취하기도 한다.

나트륨의 충분섭취량을 50~64세 남녀 모두 1.5 g/일, 65~74세의 경우는 남녀 모두 1.3 g/일, 75세 이상은 1.1 g/일로 정하였다.

5. 적절한 식품의 선택

노인들은 일반적으로 과일, 채소 및 유제품 및 육류 섭취량이 적다. 쇼핑도 어렵고 음식을 준비하는 과정과 음식을 씹고 삼키는 일도 힘들고 외롭게 혼자 식사를 하는 경우도 많아서 식사량이 적어진다. 쇼핑을 자주 하지 못하므로 건조된 상태의 식품이나 병조림 또는 통조림이나 냉동된 과일과 채소를 구입하는 것도 필요하다. 신선한 채소와 과일은 쉽게 상하므로 적은 양을 구입해서 눈에 띄는 곳에 보관하는 것이 좋다. 씹고 삼키는 일이 어려운 경우 수분 함량이 높은 촉촉한 음식을 마련하거나 국물이나 찌개와 함께 먹도록 한다. 유제품의 섭취를 늘리기 위해서는 요구르트, 호상 요구르트, 치즈 또는 우유가 함유된 식품을 선택하도록 안내하여야 한다.

그림 9-8 70세 이상 노인을 위한 식품 피라미드

각 식품군을 매일 골고루 먹자.

- 고기, 생선, 달걀, 콩 등의 반찬을 매일 먹습니다.
- 다양한 채소 반찬을 매끼 먹습니다.
- 다양한 우유 제품과 두유를 매일 먹습니다.
- 신선한 제철 과일을 매일 먹습니다.

짠 음식을 피하고 싱겁게 먹자.

- 음식을 싱겁게 먹습니다.
- 국과 찌개의 국물을 적게 먹습니다.
- 음식에 소금이나 양념을 더 넣지 않습니다.

식사는 규칙적이고 안전하게 하자.

- 세 끼 식사를 꼭 합니다.
- 외식할 때에는 영양과 위생을 고려하여 선택합니다.
- 오래된 음식을 먹지 않고, 신선하고 청결한 음식을 먹습니다.
- 식사로 건강을 지키고, 식이 보충제가 필요한 경우는 신중하게 선택합니다.

물은 많이 마시고 술은 적게 마시자.

- 목이 마르지 않더라도 물을 자주 충분히 마십니다.
- 술은 하루 1잔을 넘기지 않습니다.
- 술을 마실 때에는 반드시 다른 음식과 같이 먹습니다.

활동량을 늘리고 건강한 체중을 갖자.

- 앉아 있는 시간을 줄이고 가능한 한 많이 움직입니다.
- 건강 체중을 알고, 나의 체중이 되도록 노력합니다.
- 매일 최소 30분 이상 숨이 찰 정도로 유산소운동을 합니다.
- 일주일에 최소 2회, 20분 이상 힘이 들 정도로 근육운동을 합니다.

자료 : 보건복지부, 2010

Advice 일본 노인들을 위한 식사 지침

1. 저영양에 주의하기 : 체중 저하는 주의 신호

2. 조리법을 고안, 다양한 식생활을 시도하기 : 무엇이든 먹되, 과식은 금물

3. 부식부터 먹기 : 나이가 들수록 반찬이 중요

4. 식생활에 리듬을 싣기 : 식사는 천천히, 부족하지 않도록

5. 신체를 자주 움직이기 : 공복감은 최고의 입맛을 냄

6. 식생활의 지혜를 습관화하기 : 식생활의 지혜는 건강의 나침반

7. 맛있게, 즐겁게 식사하기 : 풍요로운 마음을 육성하기

단원정리

1 노화에 따른 생리적 변화, 영양소 필요량, 영양과 관련된 질병을 이해하고 노인의 영양 관리에 활용한다.

2 고령화에 따라 활동량이 줄어들기 때문에 열량을 감소해야 하며, 만성 질환의 이환율이 높으므로 지질 섭취량을 성인권장량 이상으로 섭취하지 않는 것이 바람직하다.

3 노인 식사에서 부족하기 쉬운 미량 영양소의 보충이 중요하며, 특히 여러 가지 약물에 의해 해로운 영향을 받을 수 있으므로 약물 복용에 주의해야 한다.

단원평가

1 평균수명이란 무엇인지 설명하시오.

2 노화의 원인을 이해하고자 제시되고 있는 학설들을 말하시오.

3 노인 영양 시 고려할 점에는 어떤 것들이 있는지 설명하시오.

4 노인기에 필요량이 감소되는 영양소는 어떤 것이 있는지 설명하시오.

5 노년기에 성인기보다 늘려야 하는 영양소는 어떤 것이 있는지 설명하시오.

6 과잉 섭취 시 노인성 치매를 일으킬 것이라 추측되는 무기질로는 어떤 것이 있는지 설명하시오.

7 노년기의 면역 기능 장애와 특히 관련이 있는 영양소는 무엇인지 설명하시오.

풀이

1. 영아에서 노인에 이르기까지 전체 인구의 사망 시 연령을 평균한 것. 즉 1년 사이에 죽은 사람의 총나이를 죽은 사람 수로 나눈 것(일정 지역 국민의 수명을 평균한 것)
2. 예정설, 세포분열의 제한설, 텔로미어설, 손상설, 산화스트레스설, 대사속도설, 유리기설 등
3. 각 식품군을 매일 골고루, 싱겁게 먹으며, 식사는 규칙적이고 안전하게 한다. 물을 많이 마시고 술은 적게, 그리고 활동량을 늘리고 건강 체중을 유지하도록 노력한다.
4. 에너지, 단백질, 칼슘, 나트륨, 불소, 아연
5. 비타민 D
6. 아연(Zn), 그 밖에 치매 종류별로 필요한 영양소는 교재 본문을 참고한다.
7. 아연, 마그네슘(숙면에 도움)

특수 환경 영양

PART V

제10장 운동과 영양 | 제11장 노동과 영양 | 제12장 스트레스와 영양

10

운동과 영양

1. 운동의 의의
2. 운동이 신체 기능에 미치는 영향
3. 운동 과정 중 신체의 각 부분에 일어나는 변화
4. 운동 효율에 영향을 미치는 인자
5. 운동과 영양
6. 각종 운동의 에너지 소비량
7. 운동선수를 위한 식사

1. 운동의 의의

최근에는 어린이의 체격과 체형이 향상되고, 성인의 평균수명이 두드러지게 연장되고 있다. 그러나 수명이 길어지고 체격과 체형이 양호해지는 것만으로는 건강의 의미가 없다고 본다. 여기에 운동을 통하여 활동을 원활히 할 수 있도록 체력을 키우고, 가령자에게는 수시로 생리 기능을 자극시킴으로써 건강을 유지할 수 있다고 보며, 동시에 운동선수는 운동의 기록을 향상시킬 수 있다.

생리적으로 인간은 심장·순환계, 호흡계, 소화기계, 뇌·신경계, 내분비계, 배설계, 생식계 등의 기능이 상호간의 복잡한 작용에 의하여 전체가 조화, 통합되면서 활동이 이루어진다.

한편, 운동에 관계되는 기능은 첫째, 한 번 습득이 되면 언제든지 발휘할 수 있는 것, 둘째, 수시로 자극을 주지 않으면 그 기능이 쇠퇴하나 자극이 적절할 때에는 그 기능이 유지되고 증진되는 것이라는 2가지 특징으로 분류할 수 있다.

예를 들어, 자전거를 타는 기술을 한 번 습득하고 나면 요령과 방법이 대뇌피질에 기억되어 어느 정도 시간이 지나도 탈 수 있다. 이것이 전자에 해당하는 특징이며, 빠르게 그리고 익숙하게 타기 위해서 연습을 반복하고 이 연습에 의해서 그 기능이 향상된다면 그것은 후자에 속하는 특징이다. 이것을 트레이닝 효과라고 하며, 근육, 호흡, 심장, 혈액순환 등의 기능이 최고에 달하는 것을 말한다. 즉, 후자에 속하는 생리 기능을 반복, 단련시키는 것이 건강 증진이라는 측면에서 보는 운동의 의의라고 할 수 있다.

반면에 그 기능의 향상에는 한도가 있고 그 한도 이상으로 과도하게 계속하면 기능 장애를 일으켜서 오히려 위축현상과 질병을 일으키므로 이 점에 유의하여 무리 없이 최대의 운동 효과를 발휘하도록 해야 한다.

2. 운동이 신체 기능에 미치는 영향

운동은 신체 전체의 생리 기능이 동원되는 총합적 기능이다. 이런 운동이 일어나는 데에는 우선 대뇌피질 전두엽에서 사고 작용에 의해 운동을 지시하면 두정엽에 자극을 보낸다. 이에 따라 운동신경을 통하여 필요한 근육에 자극을 전달하고 근육이 수축, 이완하면서 운동이 일어난다.

체내에서는 교감신경이 긴장되고 아드레날린 분비가 촉진되며, 심장 기능이 고조됨과 동시에 근육 내의 모세혈관이 확장되고 혈류가 증가되면서 근육운동에 대처한다.

그리고 운동이 시작되면 근육 내의 열량 소비에 의해 대사가 촉진된다. 따라서 폐로부터의 산소 공급량도 증가하여 호흡 기능도 촉진된다. 또한 뇌, 신경, 근육, 폐, 심장, 혈관이 동원되어 움직이는데 이것을 종합, 통제하는 신경과 호르몬의 조절이 이루어져야만 운동이 일어날 수 있다.

한편, 목적을 가지고 운동하는 경우에는 눈, 코, 피부 등의 감각계 운동에 의해서 열 생산이 항진하면 체온 조절을 위한 발한과 이에 따른 수분과 전해질의 평형 유지, 신장에 의한 배설 기능이 활발해진다.

1) 운동에 의한 형태의 발달

신장, 체중, 체격, 체형 등의 발달은 본질적으로 유전적인 영향이 크기 때문에 운동에 의한 직접적인 영향에 관해서 이야기하기는 곤란하다. 그러나 성장기의 운동은 근육의 수축·이완 작용에 따라서 근육이 부착되어 있는 골격에 자극을 줌으로써 폭이나 길이가 증대되고, 적절한 영양 공급과 동시에 장기적으로 트레이닝을 하면 근육과 골격의 발달로 체형을 향상시킨다는 예가 많다.

2) 운동에 의한 근육의 발달

운동을 함으로써 가장 직접적으로 영향을 받는 것은 골격근의 활동성 증대이다. 결과적으로 근육의 두께와 횡단면적이 증가한다. 계속될 때는 최대 근력의 증가, 근육 내 모세혈관의 증대, 혈류량의 증가로 근육 내 대사 효율이 높아지며, 지구력(持久力)도 증가한다. 그러므로 운동에 의한 자극으로 근육의 발달이 촉진된다고 할 수 있다.

3) 운동이 체내의 중간대사 과정에 미치는 영향

근육이 수축하기 위해서는 열량이 필요하고, 운동을 할 때에는 근육 내의 대사가 촉진된다. 여기에 근육을 수축시키는 에너지는 근육 내의 ATP로서 고에너지 인산 화합물로부터 공급을 받아 우선 소비된다. 그러나 근육 내에 존재하는 ATP 양은 적으므로 다음에는 같은 근육 내에 있는 크레아틴인산(creatine phosphate)으로부터 에너지가, 그리고 유리된 인산이 ADP를 ATP로 전환시켜서 다시 에너지로 공급하게 된다. 이 크레아틴인산도 근육 내의 양이 적으므로 운동이 계속되면 근육 내 글리코젠의 무기적 분해에 의한 ATP의 공급이 일어나며 근육 내에는 젖산이 축적된다. 이런 과정에 호흡 없이, 즉 외부로부터 산소의 보급 없이 운동이 일어난다면 지속될 수 없다.

만일, 호흡에 의해서 산소가 보급되어 혈액순환으로 근육에 운반되면 근육 내의 대사는 산화 과정인 크레브스 회로(Kreb's cycle)를 따라 대량의 ATP 공급이 가능하다. 이 에너지 공급과 운동에 의한 에너지 소비와의 균형이 잡히면 유기적 운동으로서 지속적인 운동이 가능해진다.

4) 운동이 호흡·심장·순환 기능에 미치는 영향

앞에서 설명한 바와 같이 운동을 지속적으로 하기 위해서는 운동이 일어나고 있는 근육에 산소와 영양소를 보급하고 대사산물인 이산화탄소와 노폐물을 제거하지 않으면 안 된다. 즉, 지속적인 운동에는 필연적으로 호흡 기능과 심장·순환 기능이 움직이도록 자극시켜야 한다.

예를 들면, 호흡 기능의 경우 운동 시에는 심호흡 수가 증가하고, 개인차는 있지만 단련이 잘 된 사람은 최대 운동 시 환기량이 안정 시의 20배에 달하며, 산소의 수요량과 소비량의 균형이 잘 잡힐 때는 장시간 계속될 수 있다. 격심한 운동에서는 호흡에 따른 산소 공급이 한계에 달하게 되어 운동의 지속시간에 제한을 받게 된다. 그러므로 사람의 최대 운동 능력은 그 사람의 호흡에 따른 최대 산소 섭취량에 의해서 결정된다. 그리고 심박 수는 최대 1분간 200회 이상, 심박출량도 안정 시의 약 7배나 상승할 수 있다. 동시에 혈압도 상승하고 혈류량도 증대된다. 예를 들어, 분당 박출량에 있어서 근육으로 분배되는 양이 안정 시에는 전 박출량의 약 20%이지만 가벼운 운동 시에는 약 47%, 심한 운동 시에는 약 88%까지 달한다. 이는 운동이 일어나고 있는 근육 속에서 혈액이 순환되지 않으면 그 근육의 기능이 유지되지 못한다는 의미인 것이다.

5) 운동이 뇌·신경계·평형 기능 등에 미치는 영향

운동이 이루어질 때는 많은 근육이 협조적으로 수축과 이완을 일으키며, 여기에 명령을 전달하는 운동신경계와 감각신경계의 섬세한 기능이 작용한다. 따라서 팔과 다리의 굴곡 운동이 일어날 때는 굴근(屈筋)의 수축과 동시에 여기에 대응되는 신근(伸筋)에 이완 명령을 내림으로써 하나하나의 굴근, 신근에 대한 미묘한 신경작용에 따라 원활한 운동이 일어나게 된다. 이때의 명령은 물론 대뇌피질에서 한다.

운동의 기본이 되는 평형 기능은 시각, 청각, 근육 내의 근방추(筋紡錘) 및 건기관(腱器官)

등의 α환에 의한 근육 긴장의 유지 외에 평형기관들의 작용이 평형을 유지하도록 한다. 즉, 각종 운동을 할 때에는 운동에 대응하여 뇌신경계의 흥분을 높이고, 적응성, 협조성을 향상시켜서 평형 기능을 훈련시키게 된다.

6) 운동이 내분비 기능에 미치는 영향

운동이 진행되는 데는 자율신경계 및 내분비계가 중요한 역할을 하는데, 여기에도 또한 상호간의 긴밀한 협조가 필요하다. 안정 시에는 항상성을 유지하지만 운동 시에는 운동의 종류 및 강도에 따라 노르아드레날린(noradrenalin), 아드레날린(adrenalin), 글루카곤(glucagon), 코티졸(cortisol) 등의 긴급 호르몬을 분비(insulin은 억제)하면서 내부 환경의 항상성을 변화시키며 운동에 적합하도록 대처한다. 운동 초기부터 나타나지만 장기화하면 어느 정도 억제, 조절된다.

그러므로 운동은 서서히 시작하도록 하며, 심한 운동은 준비운동과 많은 훈련이 따라야 적응과 성과가 오른다.

7) 운동이 정신 기능에 미치는 영향

운동이란 활동 욕구를 만족시키고 기분 전환, 정서와 감정 등을 안정시키며 대인관계에도 협조성이나 신뢰성을 길러 준다.

적당한 운동은 산소의 운반에 직접 관여하는 적혈구와 적혈구 중의 헤모글로빈을 증가시키고 산소 운반 능력도 증대시킨다. 그리고 혈액 중 알칼리의 양을 증가시킴으로써 운동에 의해 생성되는 젖산을 중화시켜 주고 체내 대사 과정도 운동에 대응하여 원활하게 되며 이에 따라 자율신경계, 내분비 기능 등도 신속히 대처하게 된다. 그 결과, 운동에 의해 소비되는 열량도 최소한으로 낮추고 효율은 상승한다. 그러므로 적절한 전신운동은 전신의 기능에 좋은 영향을 미친다. 단, 적절한 운동이란 운동의 질과 양, 강도와 지속시간의 설정 그리고 운동 전에 실시한 메디컬 체크(medical check, 의학적 점검)에 따라 적절한 운동처방이 중요하다.

3. 운동 과정 중 신체의 각 부분에 일어나는 변화

1) 운동이 시작될 때 신체의 상태

운동을 시작하려고 할 때 우선 정신적 긴장으로 교감신경이 긴장되면서 안면 혈관이 수축되어 창백해지고 심박 수가 증가하여 땀이 난다. 근육도 긴장으로 준비 태세를 갖추며 위의 운동이 억제되고 소화액의 분비도 저하된다. 교감신경의 긴장으로 부신수질의 아드레날린, 노르아드레날린 등 카테콜아민(catecholamine)의 분비를 촉진시킴으로써 전신에서 준비 태세를 갖춘다.

2) 운동 중의 상태

운동을 개시함과 동시에 자신의 의지에 의해 대뇌에서 운동신경에 명령이 전해짐으로써 골격근이 수의적이면서도 협조적으로 수축과 이완을 반복하여 지속적인 운동이 진행된다.

이와 같이 근육운동에 의해서 호흡중추도 자극을 받아 호흡운동을 촉진시키며, 한편으로는 근육 펌프작용에 의해 정맥 혈액이 증가하여 혈액순환이 활발해진다. 또한 부신수질인 아드레날린, 노르아드레날린 등의 호르몬에 의한 기능 항진 및 말초혈관의 수축작용으로 혈압이 상승한다.

3) 운동 후의 상태

운동이 끝나고 수의적 근육운동이 정지되어서 생체 내에서의 근육운동 그리고 그 밖의 여러 종류의 변화를 정상적인 상태로 회복시키는 데는 많은 노력이 필요하다. 따라서 운동이 끝났다고 곧 안정 시의 상태로 회복되는 것은 아니다. 예를 들면, 운동 중에 부족하였던 산소가 보충되어야 하며, 축적되었던 근육이나 혈액 중의 젖산을 처리하도록 소비된 열량의 보충이 있어야 한다. 심박 수나 혈압, 호흡수 등은 비교적 단시간에 감소하고 일시적으로는 안정 시의 수준보다 떨어졌다가 안정된 상태로 되돌아오는 것이 보통이다. 이것은 운동 진행 중에 비해서 근육 중의 혈류 공급이 격감하고 심장 반사나 혈관운동신경의 반사적 기구, 그리고 아드레날린 등 여러 종류의 호르몬 분비 감소 등에 의한 것이라고 본다.

a. 소화·흡수 기능에 미치는 영향

운동이 시작될 때부터 정신적 또는 신경의 긴장으로 위장 운동이 억제되면서 소화액의 분비가 저하되어 운동을 진행하는 중에도 지속되므로 운동 중의 적극적인 영양 공급은 무리이다. 비교적 소화·흡수가 용이한 포도당 정도로 에너지를 공급하는 것이 무난하다. 한편, 탈수에 유의하며 체액의 전해질 균형과 수분 공급이 필요하다.

그러나 운동이 끝난 후에는 운동 중일 때보다 소화 기능이 촉진되리라 생각되지만 운동의 강도에 따라서는 심하게 저하되기도 한다. 격심한 운동 후에는 유리염산, 총산도 등의 위액이 억제되지만, 식후 또는 가벼운 운동 후에는 위액 분비가 활발하고 동시에 소화 기능도 촉진된다.

운동 중의 위내 온도, pH, 위 X선 연속촬영 결과에 따르면 중등 정도 이하의 운동에서는 위 기능에 크게 변화를 주지 않으나, 심한 운동 시에는 그 강도에 따라서 위산 분비의 저하, 위산도의 감소, 위 운동의 억제를 보인다. 그 밖에 자율신경의 지배를 받는 장기관과 췌장도 같은 경향을 보인다.

b. 체내의 수분과 전해질 변동이 흡수 기능에 미치는 영향

가벼운 운동일 때는 별도로 생각하더라도 땀이 날 정도의 운동을 계속할 때에는 체내의 체열 평형을 유지하기 위하여 체내 수분 대사가 촉진되어 운동 전보다 절대량의 수분과 땀에 포함되어 있는 무기질, 전해질, 특히 식염의 손실이 일어난다. 따라서 운동 후에 수분과 그 밖의 전해질을 보급하면 신속하게 흡수되어 손실이 다시 보완된다.

한편, 손실된 수분과 전해질과 식염의 절대량까지의 공급은 필수적이다. 이때 단지 수분만이 아니고 체액과 동등한 전해질이나 열량원으로서 포도당 등이 함유된 운동음료를 권장한다. 유의할 점은 손실된 수분량 이상으로 과도하게 섭취하면 오히려 소화기에 부담을 주며, 전해질도 마찬가지로 과잉 섭취하는 때에는 체액의 pH, 삼투압 등에 역효과를 나타낸다는 것이다.

4. 운동 효율에 영향을 미치는 인자

1) 피로

운동은 운동선수뿐만 아니라 노인이나 어린이에게까지 적절한 만큼 권장되고 있다. 운동을 하는 것이 물론 좋으나 피로와 무리가 없도록 주의를 기울여야 한다. 운동은 자기가 가진 모든 체력을 동원하여 그 기술을 발휘하는 순간 격한 전신적 활동이 요구된다. 이에 따라 필연적으로 피로가 발생하게 된다. 신체 운동상 비교적 정적인 궁도나 사격 같은 운동도 신체 일부의 강한 긴장과 체력이 동원되므로 피로해진다. 동시에 긴장으로 인한 정신적 피로도 무시할 수 없다. 이러한 피로는 두통이나 근육 통증 등 부분적인 것에서부터 신체 전체의 조절 기능이 저하되는 증세를 보이기도 한다.

그 전형적인 예로는 다음과 같은 사항을 들 수 있다.

① 안면의 이상 : 우선 안색이 나빠지고 피부와 눈에 생기가 없어지며 안면 근육의 탄력이 없어지고 무표정하게 된다.

② 건강미의 상실 : 피로하면 의욕이 없어지고, 말을 하기 싫어하며 혼자 있고 싶어 하고 자세가 처진다.

③ 호흡 순환의 변화 : 호흡이 고르지 못하며 맥박이 빠르고 불규칙해진다. 조금만 운동을 해도 곧 지친다.

④ 근육의 변화 : 피로로 인한 근력의 저하가 보인다. 근육의 탄성이 없어지고 어깨나 근육에 통증이 온다.

⑤ 신경의 변화 : 피로는 중추신경계에 영향을 주므로 동작에 탄력이 없고 생각대로 움직여 주지 않는다. 그러므로 운동 기록이 저하되고 휴식이나 안정을 취하기 어려우며 균형이 깨진다. 때로는 두통, 흉통도 일어난다.

⑥ 정신의 변화 : 정신적으로도 불안정하여 감정적으로 쉽게 격해지고 능률이 떨어지며 주의력이 산만해지고 실수를 하게 된다.

⑦ 소화기의 변화 : 대체로 식욕이 떨어지고 타액의 분비 등이 불량해지며 소화 능력이 떨어진다.

이러한 생리적 현상인 피로로 인해 체력을 소모하게 되므로 평소 가벼운 운동으로 체력을 증진시켜야 하는데, 최근에는 적극적인 휴식을 권장하고 있다. 즉, 가만히 있는 것보다 적극적으로 알맞게 움직이는 것이 더 효과적이라는 사실이 주목되고 있다. 예를 들어, 음악을 들으며 즐겁게 율동을 하거나 오락 등을 하는 것은 넓은 의미에서의 적극적인 휴식이라고 본다.

2) 과로

피로가 만성화되면 과로 상태가 되어 자연히 운동 기록이 저하된다. 과로는 건강을 해치고 질병의 원인이 되기도 하는데, 그 증세는 다음과 같다.

체중이 감소하고, 권태감이 지속되며, 충분한 숙면이 어렵고 활동적인 일에 대해 기피현상이 일어나며 커피나 흡연량이 증가한다. 그리고 소화기의 증상으로 식욕 부진, 설사, 변비 등이 생긴다.

운동선수는 과로를 예방하기 위해서 되도록이면 훈련이 각 개인에게 적합하도록 계획을 세워 무리 없이 각자의 체력에 맞는 연습을 시켜야 한다. 무엇보다 감독이나 선수 자신이 가장 주의해야 하며, 상호간의 이해가 요구된다. 5일이나 1주일에 한 번은 반드시 휴일을 두고 장기 훈련에 대한 점진적인 훈련을 계속하는 것이 중요하다.

3) 준비운동

워밍업(warming up)이란 운동을 시작하기 전에 하는 준비운동으로, 중요한 것은 글자 그대로 몸을 따뜻하게 해서 체온을 상승시키는 것인데, 문제는 어떤 방법으로 체온을 상승시키는 것이 운동의 효율상 유리한가 하는 점이다. 그림 10-1은 워밍업 전, 워밍업 후, 입욕(入浴) 후의 세 가지 상태에서 일정한 운동을 했을 때의 운동 효율을 나타낸 것이다. 워밍업

Tip

운동 중독증

하루라도 운동을 하지 않으면 온몸이 쑤시고 몸이 무거워져서 회식 모임도 마다하고 운동하러 가는 경우를 운동 중독, 의학적으로는 '운동과잉증후군'이라 부른다. 휴식 기간 없이 이어진 과도한 운동으로 운동 능력이 떨어지고 운동 후에도 충분히 회복되지 않는 증상이다. 같은 양을 운동해도 효과는 줄어들고, 이 때문에 더 심한 운동을 하다 보니 피로가 누적되는 악순환이 이어진다.

운동 중독은 운동 부하가 과도하거나 회복시간이 부족하면 발생한다. 하지만 대부분의 운동 중독증 환자들은 약간의 피로는 운동을 열심히 하면 누구나 생기는 것으로 여긴다. 자신의 운동량이 지나쳐도 그냥 정상적인 반응이라고 생각해 버리는 경향이 많고, 그래서 병이 있어도 문제의 심각성을 알지 못한다.

다음의 7가지 항목 중 3개 이상이면 운동 중독증으로 진단한다(드코버리빌의 진단 기준).

1. 같은 운동량에서 운동 효과가 점점 떨어지고 있다.
2. 운동을 하지 않으면 불안, 피곤과 같은 금단 증상이 발생한다.
3. 운동을 계획한 시간보다 초과해서 더 많이 하게 된다.
4. 운동을 그만두거나 줄이려고 마음먹지만 실패한다.
5. 운동 때문에 일부러 휴가를 내거나 여가시간을 만든다.
6. 운동 때문에 직장, 종교, 사회 활동이나 다른 여가 활동을 줄이거나 포기한다.
7. 운동으로 인한 신체적 질환을 앓고 있으면서도 운동을 줄이거나 멈추지 못한다.

준비운동(warming up) 운동을 하기 전에 하는 운동으로, 워밍업 후에는 에너지 소비가 적고 운동의 효율은 높음

운동중독증(exercise addiction) 운동 부하가 과도하거나 회복시간이 부족하면 발생하는데, 하루라도 운동을 하지 않으면 몸이 무거워서 모임도 마다하고 운동하러 가는 경우로 '운동과잉증후군'이라고도 함

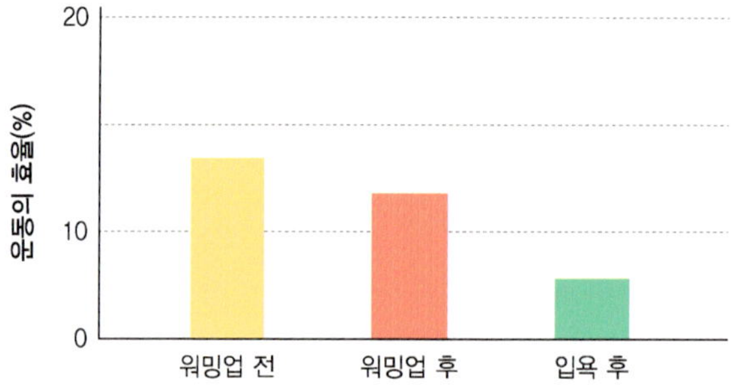

그림 10-1 준비운동이 운동에 미치는 영향

후에는 에너지 소비가 적고 운동의 효율이 가장 높았다. 동일하게 체온을 올렸어도 입욕 후에는 가장 나쁜 성적을 보였다. 이와 같이 워밍업은 운동의 기록을 향상시키는데, 이것은 중추신경의 흥분성을 높여서 자율신경계의 조절을 원만하게 하고 근육의 탄성을 지속시키며, 관절의 유연성에 효과를 준다. 뿐만 아니라 호흡·순환 기능이 개선되어 격심한 운동 직후에 보이는 고통스러운 상태(dead point)를 훨씬 경감시킨다.

워밍업은 우선 가벼운 유연성 체조로부터 시작하여 관절의 유연성을 높인 다음, 조깅 등의 전체적인 운동에 의해 체온을 높인다. 시간은 원칙적으로 15~30분 정도로 미훈련자는 짧게, 훈련자는 길게 한다. 그리고 겨울에는 길게, 여름에는 짧게 하고, 종목별로는 순간적으로 강한 힘을 내는 운동은 짧게, 지구적인 운동은 길게 한다.

4) 슬럼프

슬럼프(slump)는 운동선수이면 대개가 경험하는 것으로 극히 컨디션이 나쁜 상태를 말하며, 조사에 의하면 80%가 슬럼프를 경험했다고 한다. 주의할 것은 그것이 사실상 슬럼프인가를 확인하는 것인데, 운동 기록이나 기술이 후퇴할 경우에 그것이 슬럼프임을 알게 된다.

슬럼프의 원인으로는 다음과 같은 것을 들 수 있다.

① 과로

② 폼(form)의 변화 : 고도의 기술을 습득하려고 폼을 변경했을 때 일어나는데, 물론 더 향상된 기술과 기록을 얻는 경우도 종종 있다.

슬럼프(slump) 운동선수가 대개 경험하는 것으로 극히 컨디션이 나쁜 상태를 말하는데 과로, 폼의 변화, 질병, 사고에 의한 질병과 상처, 정신적 원인 등에 의해 발생

③ 정신적 원인 : 고민, 가정불화, 운동부 내에서의 인간관계 등에서 오기도 하는데, 청소년이나 특히 여자선수들은 정신적 스트레스에 약하고 민감한 경향이 있다. 반대로 좋은 정신적 환경에 의해 도움이 되는 때도 있다.

④ 질병 : 신염, 결핵 등은 자각 증상이 뚜렷이 나타나지 않기 때문에 조기 발견이 어렵고 동시에 운동을 중지시킨다.

⑤ 사고에 의한 질병과 상처

5) 수면

인간은 주간에 활동하고 야간에 휴식한다. 이것이 태어나서부터 계속 반복되며, 그 결과 주간에는 교감신경계가 긴장하여 활동하기 좋은 상태로 되고, 야간에는 부교감신경계에 의해 휴식하게 된다. 그러므로 운동 경기가 야간에 진행된다든지 또는 피로하도록 오락을 즐긴다든지 하면 수면 장애가 일어난다. 수면을 취하는 비결은 규칙적인 생활로 일정한 시간에 일정한 양을 취하는 습관을 익히는 것이다.

6) 영양

영양상 가장 중요한 점이라면 무엇을 얼마만큼 섭취하는 것이 좋은가를 정하는 것이다. 물론 성별, 연령, 신체의 크기, 하루의 활동 상태에 따라 다르므로 우선 몇 칼로리가 필요

운동에 의한 영양소 요구량 변화의 요인

1. 운동 중의 변화

- 운동에 따른 열량의 소비 증대
- 활동근의 효소 요구량 증대
- 활동근의 근육 온도 상승
- 활동근의 혈류량 증가
- 근육세포·근육 단백질의 붕괴
- 효소 섭취량의 증대
- 체온 상승과 피부 혈류의 증가
- 발한과 그 밖의 영양소 손실

2. 회복기의 변화

- 근육 글리코젠 축적량의 증가
- 근육 및 근육단백질 합성의 증가
- 모세혈관의 발달
- 기초대사량의 상승
- 소화 흡수율 상승
- 간·소화관 및 신장에서 배설 기능의 항진

3. 지구성 트레이닝에 의한 효과

- 운동 시 지방 연소율 증가
- 심폐 기능의 향상

한가를 계산한다. 운동선수의 영양 섭취 중 1차적인 것은 필요한 만큼의 열량을 섭취하는 일이다.

대개 운동선수에게 필요한 열량은 2,000~5,000 kcal이나 알맞은 양을 섭취하고 있는지 알기 위해서 가장 간단한 방법으로 체중을 매일 측정하여 거의 일정하게 유지되고 있으면 자신이 섭취하고 있는 식사 중의 열량이 충분한 것이다.

5. 운동과 영양

인체는 자동차와 같은 기계에 많이 비유된다. 아무리 성능이 좋은 기계라도 최대의 성능을 올리기 위해서는 우선 좋은 재료로 만들어져야 하고, 움직이기 시작하면 양질의 연료를 공급함으로써 우수한 작동이 되며, 다음으로는 완전무결한 정비가 필요하다. 인체에 있어서도 마찬가지로 운동을 하기 위해서는 튼튼한 신체가 기초가 된다. 그리고 훈련에 의해 신체가 정비되고, 영양의 섭취가 적절할 때 좋은 성과를 기대할 수 있게 된다.

근육의 수축은 화학적 에너지가 기계적 에너지로 변화됨으로써 일어나고, 그 화학적 에너지는 당질, 지질, 단백질 등의 영양소가 산화될 때 만들어진다. 한편, 근육운동은 일시적으로는 무산소 상태에서도 일어날 수 있으나, 그때의 산소 부족이 운동 후의 산소로 보충된다. 그러므로 근육운동이 일어나는 데에는 에너지원인 영양소와 그것이 산화되는 데 필요한 산소의 공급이 절대적 요소가 된다.

1) 열량

에너지는 3가지 경로를 통해서 근육 중에 ATP 형태로 공급되는데, 즉 ATP-PC계에 의한 것(anaerobic 운동), 젖산계에 의한 것(anaerobic 운동), 유산소계에 의한 것(aerobic 운동)이다.

a. ATP-PC계

크레아틴인산(creatine phosphate, PC)은 ATP 재합성에 관계하는 고에너지 인산 화합물의 일종이다. PC는 근육 중에 저장되며 분해될 때 에너지를 방출한다.

방출 에너지는 근육 수축 시에 ATP 재합성에 이용된다. 이 반응계에서는 1몰의 PC에서 1몰의 ATP가 재합성되지만 ATP, PC의 근육 저장량이 적으므로 얻어지는 에너지에도 한계가 있다. 그래서 점프, 골프, 사격, 스윙 등 수 초 사이에 동작이 끝나는 운동의 에너지원으로 이용된다.

b. 젖산계

이것은 염기성 해당계를 말하는데 산소가 없이 당질이 분해되는 과정에 ATP가 합성된다. 젖산이 근육이나 혈액 중에 축적되면 일시적으로 근육에 피로가 생긴다. 이때 얻어지는 에너지는 1~3분간의 최대 노력으로 이루어지는 운동으로, 예를 들면 전력을 다해 달리는 400~800 m 달리기나 1,500 m 달리기에서 마지막 들어올 때에 이용된다.

c. 유산소계

이것은 근육세포 내의 미토콘드리아 안에서 진행되는데 근육세포 내에는 다른 세포에 비해서 미토콘드리아가 많다. 근육 내에서 ATP 생산의 에너지원이 되는 것에는 당질, 지질, 단백질이 있는데 운동에 한해서는 단백질을 연소하여 사용하지 않는다. 따라서 당질과 지질에 의해 ATP가 재합성된다. 단시간에 이루어지는 최대 운동 능력의 에너지원은 당질, 즉 포도당에 의존하다가 3분 이상 장시간 지속되는 운동, 예를 들면 마라톤과 같은 장시간 지구성 운동 에너지는 유산소계의 지질 분해에 의존하게 된다.

운동에 의해 소비되는 열량 중 우선 기초대사량은 근육이 발달되어 있을수록 또는 보통보다 격심한 운동일 때 5~10% 높아진다.

열량원으로 당질과 지질의 공급이 충분할 때에 단백질은 거의 이용되지 않는다. 그리고 당질보다는 지질이 장시간 다량의 열량이 필요할 때에 위장의 부담을 적게 주며 효율적이

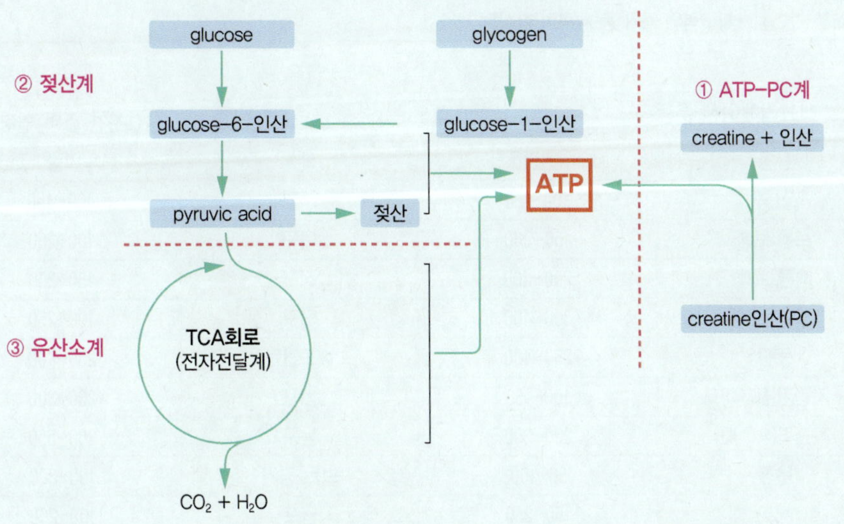

그림 10-2 에너지 공급 메커니즘

다. 일반적으로 당질, 단백질, 지질의 중량비는 4:1:1(열량으로 환산하면 55%, 14%, 31%)이 효과적이라고 하지만 수영, 마라톤 그리고 동계 운동 등 내한성을 필요로 하는 운동에서는 열량원으로 지질을 증가시키고, 혈중 산소가 낮은 상태에서 이루어지는 과격한 운동이나 등산 등에서는 연소하기 어려운 지질의 양을 감소시키는 것이 좋다.

운동 시 열량은 운동의 강도나 지속시간에 따라 다르며 참고로 각 운동을 1시간 지속했을 때의 소비 열량은 표 10-2와 같다. 레크리에이션 운동에서는 1시간당 500 kcal를 넘는 예가 거의 없고, 여자는 남자의 70~80%로 계산하면 된다.

하이킹(등산)이나 사이클링(자전거 타기)을 할 때 공복감과 피로감을 흔히 경험하게 되는데 하루 등산을 한다고 할 때 휴식시간을 빼고 5시간에 20 km를 걷는다고 하면(약 3만 걸음) 남자는 약 800 kcal, 여자는 650 kcal가 소비된다.

표 10-1 유산소 운동의 효과

	운동 효과	
골근육계	•모세혈관의 밀도가 증가 •산화효소의 활성이 높아짐	•미오글로빈(myoglobin)의 증가 •체지방이 감소하고 제지방 체중이 증가
호흡 순환계	•심장이 커지거나 중량이 증가함 •심박출량, 특히 1회 박출량이 증가 •혈압이 개선됨 •섬유소 용해 능력이 개선됨	•모세관의 밀도가 증가함 •환기량, 특히 1회 환기량이 증가함 •혈청 지질이 개선됨
기타	•스트레스 해소에 좋음 •인슐린의 절약이나 혈당치의 상승을 억제함 •지구력의 증가 등 체력이 향상됨	•어깨 등의 피로 회복이 뛰어남

표 10-2 레크리에이션 운동

(1시간 소비 열량, 남자)

운동	소비 열량(kcal)	운동	소비 열량(kcal)
산책	100~150	수영	400~450
보통 보행	150~200	야구	100~250
빠른 보행	200~300	정구	150~350
뛰어서 보행	300~400	탁구	100~250
등산	250~400	배드민턴	200~400
자전거(천천히)	100~150	배구	200~300
자전거(빠르게)	200~300	농구	300~550
운전	50~100	보트 경기	100~300
체조	150~250	골프	100~200
줄넘기	300~450		

한편, 열량의 출납 계산은 소화·흡수에 의한 손실을 계산해서 안전율로 10%의 여유를 주는데 운동선수의 경기 시 또는 격심한 훈련, 정신적 흥분, 연습에 의한 피로가 있을 때는 소화 기능이 감퇴되므로 15~20% 정도 안전율로 여유를 두어 계산한다.

운동선수의 하루 소비 열량과 섭취 열량을 비교할 때 열량 출납은 거의 균형이 잡힌다고 본다. 체내의 저장 열량이 부족할 때는 혈당치가 저하되며 공복감을 느끼는데 이때마다 식품을 섭취하면 열량 출납은 거의 균형을 이루므로 자유롭게 외식이 가능한 합숙일 때는 공급해야 할 열량에 크게 신경을 쓰지 않아도 된다. 그러나 과격한 훈련을 하는 운동선수는 피로감이 심할 때 소화 기능이 감퇴되고 식욕이 떨어지므로 소화가 잘 되는 식품을 선택하여 식단을 작성하고 조리방법 등에 많은 연구를 해야 한다.

한편, 체중은 일정하게 유지되지만 음료를 좋아하는 사람은 소비 열량보다 섭취 열량이 과중하기 쉬운데(절대적 과식) 여분의 열량이 지방으로 전환, 축적되어 체중이 증가하며, 전반적으로 정적인 생활을 하는 사람도 소비 열량이 적으므로 상대적 과식이 되어 체중 증가가 일어난다. 반대로 섭취 열량이 소비 열량보다 적으면 체지방이 열량으로 쓰여져서 체중이 감소한다.

표 10-3은 체중 1 kg을 감소시키는 데 필요한 운동시간이며, 열량 출납의 불균형으로 비만이 된 경우에는 절식을 하든가 또는 적극적인 신체 활동으로 부족되는 열량을 체지방으로 대치하면 감량이 된다.

이론적으로 계산해 보면 지방조직에는 약 20%의 수분이 들어 있으므로 1 kg의 체중을 감소시키기 위해서는 800 g의 지방을 제거해야 하는데 이것을 열량으로 환산하면 7,200

표 10-3 체중 1 kg을 감소시키는 데 필요한 운동시간

운동 종류	운동시간	운동 종류	운동시간
사 색	1,000	테니스	35
독 서	500	배드민턴	30
일반 사무	170	청 소	25
산 책	60	등 산	25
하이킹	45	미용체조	25
세 탁	40	줄넘기	20
골 프	40	축 구	18
배 구	35	농 구	17
자전거	35	마라톤	6
탁 구	35	보트 경기	6

표 10-4 각종 운동의 1시간당 소비 열량

(단위 : kcal)

운동 종류	소비 열량	운동 종류	소비 열량
수영	400~450	골프	210
축구	240~450	댄스(왈츠)	280
배구	370~700	줄넘기	290~423
스키	270~450		

kcal(≒9 kcal×800 g)에 상당한다. 그러므로 걸어서 7,200 kcal를 소모시키려면 약 160 km를 쉬지 않고 40시간을 걸어야 한다. 더울 때 2~3시간 운동을 하면 체중이 2~3 kg 가벼워지나 이것은 주로 수분 감소에 의한 체중 감소로써 수분을 섭취하면 곧 원래의 체중으로 돌아가므로 실제의 체중 변화를 관찰해야 한다.

2) 당질

당질은 3대 열량 영양소 중 가장 산화되기 쉬운 영양소이므로 운동 시에 에너지원으로 중요하다. 생체가 일정 시간 내에 배출한 이산화탄소 양과 그 사이에 섭취한 산소량과의 비(CO_2량/O_2량)를 호흡계수(respiratory quotient, RQ)라 하며, 이것은 에너지원인 당질, 지질, 단백질의 산화 과정을 반영하는데, 이들의 RQ는 각각 1.0, 0.707, 0.802이다. 그리고 근육 활동 시에 단백질은 거의 이용되지 않는다고 가정하면 신체 운동 중 호기(呼氣)의 분석에 의해 당질과 지질의 연소 비율을 알 수 있다.

운동을 할 때는 RQ가 상승해서 1.0에 가까워지므로 주로 당질이 활동 에너지로 이용된다는 것을 알 수 있다. 그러나 마라톤과 같은 장시간의 심한 지구성 운동에서는 RQ가 차츰 저하되어 0.7에 가까워지는데 이는 당질의 연소에서 지질의 연소로 옮겨지기 때문이다. 이런 사실로 미루어 보아 과격한 운동을 할 때의 에너지원으로는 우선 당질이 이용되고, 체내 당질이 없어지면서 지질이 에너지원으로 이용됨을 알 수 있다.

우선 에너지원으로 이용되는 당질은 장내에서 포도당과 같은 단당류로 분해되어 흡수되고 나머지는 간장이나 근육 중에 글리코겐의 형태로 저장되는데 그중 근육의 글리코겐은 다시 지방으로 변하여 지방조직에 저장된다. 이때 소모된 것은 혈중 당분에 의해 보충된다.

호흡계수(respiratory quotient, RQ) 에너지원인 당질, 지질, 단백질의 산화 과정을 반영하는, 생체가 일정 시간 내에 배출한 이산화탄소 양과 그 사이에 섭취한 산소량과의 비(CO_2/O_2량)

근육 활동이 계속되어 정상 상태(steady state)가 되는 지구적인 운동을 할 때는 간에 저장된 글리코젠이 동원되어 포도당으로 되고, 그것이 혈중으로 유출되므로 혈당치가 상승된다. 그러나 근육 활동이 지속되면 간 글리코젠도 고갈되어 혈당치는 차츰 저하되고, 지질이 에너지원으로 산화되기 시작한다. 그러므로 순간적으로 다량의 에너지가 소비되는 운동이나 장시간 지속되는 과격한 운동을 하기 전에는 당질이 풍부한 음식을 취하여 근육, 간, 그 밖의 장기에 당질을 충분히 보충해 두는 것이 이상적이다.

표 10-5는 운동의 정도에 따른 열량과 3대 영양소의 양을 표시한 것이다.

표 10-5 운동의 정도에 따른 열량과 그 조성

운동 종류	열량(kcal)	당질(g)	지질(g)	단백질(g)
가벼운 운동	2,700~3,000	500	55	100
중등 정도의 운동	3,000~4,000	600	80	120
심한 운동	4,000~5,000	750	110	140

3) 지질

이전에는 지질이 에너지원으로 동원되는 것은 저장된 당질이 모두 소비되었을 때 이를 보충하기 위한 것이라고 보았으나, 최근에는 지질도 동시에 또는 식간에 우선적으로 연소된다는 사실을 알게 되었다.

그러나 지질은 운동의 에너지원으로서의 효율이 당질보다 10~20% 낮다. 이것은 같은 활동에 있어서 완전한 당질식을 취하는 경우보다 10~20%에 해당하는 에너지가 더 필요하다는 것을 의미한다. 또한 당질은 체내에서 완전 연소될 때 이산화탄소와 물로 되지만, 지질은 소화 산물인 지방산이 연소될 때 간에서 아세토아세트산(acetoacetic acid)으로 변하고 에너지원으로 이용될 때 아세톤(acetone)체가 발생해서 혈액을 산성화시키기 때문에 쉽게 피로해진다.

장시간 매우 격심한 운동 시 다량의 열량이 필요할 때에는 지질의 섭취량을 총열량의 30% 정도로 늘리는 것이 유리하지만, 체중제 운동을 하는 사람은 체중 조절을 해야 하므로 주의해야 한다.

한편, 지질의 과식은 혈중 콜레스테롤 양을 증가시키므로 동맥경화의 원인이 되기도 하고 피하지방이 두꺼워지면서 오히려 운동 능력이나 지구력이 저하되기도 한다.

4) 단백질

운동의 에너지원은 주로 당질과 지질로부터 공급되고, 단백질은 2차적인 존재이지만 운동 시에 단백질 대사가 항진한다는 이론이 많으며, 근육이나 혈액 등의 체구성성분으로서 그리고 체조직의 유지 성분으로서 중요한 의의가 있다.

특히, 발육기에는 충분히 섭취할 필요가 있는데, 그것은 훈련에 의해 근육의 발달을 촉진시키기 위해서이다. 운동기관의 발달과 신체 운동에 의해 소모되는 분량의 일정량은 매일 섭취해야 한다. 단백질의 섭취가 수요에 비해서 부족할 때는 혈장단백질이 저하되고 혈구의 생산이나 헤모글로빈의 합성 단백질도 부족하여 빈혈 증세를 보이며, 특히 격심한 근육 활동을 할 때는 저장 단백질로서 보존되어 있는 혈액단백질이 근섬유의 비대를 위해 동원되므로 저단백혈증이 심해진다. 그러므로 단백질 섭취량을 증가시켜야 한다.

과격한 신체 활동이 계속되는 운동을 하면 스트레스에 의해 적혈구가 파괴되고 혈색소의 농도가 낮아져서 빈혈 증세가 나타나는데 이는 보통의 병적 빈혈과는 달리 운동성 빈혈(sports anemia)이라고 한다. 전혈 비중, 혈장 비중 등도 저하되는데, 그 저하도는 단백질 섭취량이 많아도 낮으므로 과격한 운동 시에는 체중 1 kg당 1일 2 g 이상의 섭취를 권장한다.

장시간 자전거 경기를 할 때는 1 kg당 1일 3.0~3.2 g이 필요하므로 체중 70 kg이면 1일 단백질 필요량이 210~224 g이나 된다. 그러므로 되도록 질 좋고 소화 흡수율이 높은 동물성 단백질의 섭취를 늘리는 것이 효율적이다.

5) 무기질

나트륨, 칼륨, 칼슘, 인, 마그네슘 등은 염산염, 황산염, 인산염의 형태로 매일 일정량 대소변이나 땀을 통해 배출되므로 정상적인 영양을 유지하기 위해서는 배출된 무기질을 보충하지 않으면 안 된다. 특히, 격심한 운동을 할 때에는 섭취와 배출의 균형이 깨지지 않도록 유의해야 한다.

a. 염화나트륨

염화나트륨은 체액 중에 용해되어 있으면서 체내의 삼투압을 유지한다. 그러므로 감소하면 삼투압을 저하시켜 과잉의 수분을 소변으로 배출시켜서 체수분을 감소시킨다.

운동성 빈혈(sports anemia) 운동 훈련을 시작하면 혈액 부피가 증가하면서 헤모글로빈 농도가 일반인보다 낮아져 빈혈이 종종 발생하는데, 이러한 빈혈 상태는 병적인 것과는 다르기 때문에 '운동성 빈혈' 혹은 '스포츠 빈혈'이라고 함나트륨은 중탄산염으로서 체액의 알칼리를 유지하고, 제1, 제2 인산염으로서 체액의 완충제작용을 한다. 염소는 위액 중 염산의 원료가 되므로 부족하면 위액의 산도가 저하되고 식욕 부진이나 소화 불량이 일어나며 위의 살균작용이 약화된다.

한국인의 경우 일상 천연식품 외에 염화나트륨이나 나트륨의 농도가 높은 조미료를 섭취하기 때문에 나트륨의 결핍은 일어나지 않는다. 그러나 다량의 발한을 일으키는 운동, 특히 고온 다습한 환경에서 운동을 하면 1일 20~30 g의 염화나트륨이 땀과 함께 배출되어 수분과 동시에 다량의 염분을 소모시키므로 이때에는 수분과 염분을 동시에 보급하는 것이 피로 회복과 생체의 정상 활동에 필요하다.

b. 칼륨

칼륨은 근섬유에서 다량 보인다. 근육이 수축할 때 혈중으로 방출되고, 이완될 때 다시 근 내로 되돌아가지만 일부는 소변으로 배출되므로 장시간의 근육 활동 시에는 근섬유 내에 칼륨 부족이 생긴다.

뮐러(Muller)는 근육, 심장뿐만 아니라 간에 있어서도 피로할 때는 칼륨이 손실되고 나트륨이 증가된다는 것을 알아냈으며, 세포막의 이온 투과도는 피로를 가져오는 근육 활동 때와 회복 때가 다르다는 것을 밝혀냈는데, 그것을 간략하게 설명하면 그림 10-3과 같다.

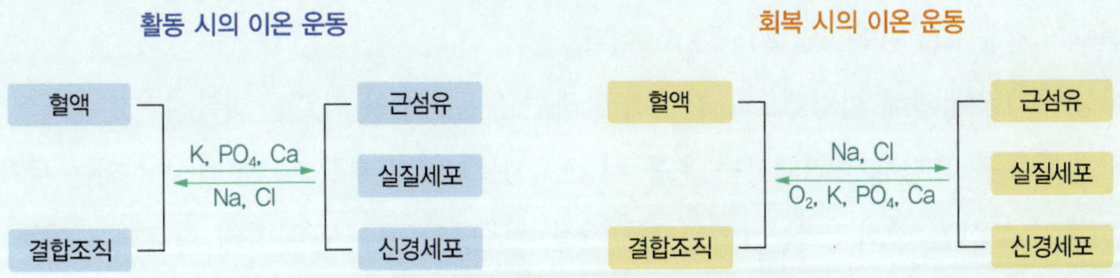

그림 10-3 근육의 활동과 회복 시 이온의 이동

c. 인산

인산은 골격과 치아의 주성분일 뿐만 아니라 체액의 완충작용을 하고 인지질이나 핵산을 만들며, 비타민과 결합하여 보효소를 형성한다. 근육 고에너지 인산 화합물인 ATP, 크레아틴인산 등은 근육 수축 시의 화학 과정에서 인산의 유리와 합성을 반복하는데, 인산의 이행현상, 그리고 인산화반응은 근육 활동의 물질대사에서 중대한 역할을 한다. 마라톤과 같이 격심한 운동에서는 소변 중에 배출되는 인산량이 보통 사람의 2배 또는 그 이상으로 증가하여 1일 5~6 g이 소비된다.

d. 칼슘

생체 중 칼슘 전량의 99%가 인산칼슘이나 탄산칼슘의 형태로 골격과 치아의 성분이 되고 있다. 또한 혈액응고와 어떤 종류의 효소 활성화에도 관여한다. 근육 활동에 따라 칼륨과 함께 혈중으로 이동되지만 활동이 중지된 후 1~3시간이 지나면 소변 중 배설량이 증가된다고 한다.

땀의 칼슘 농도는 보통 3 mg/100 mL 정도이므로 무시해도 된다. 보통 땀으로 손실되는 칼슘량은 1일 15~35 mg 정도이나 고온 환경에서 운동 시에는 200 mg 이상이며 격심한 운동을 할 때는 1일 800 mg 정도 섭취해도 부(−)의 출납을 보이는 때가 있다. 이와 같이 심한 운동을 하면 간혹 칼슘 부족이 일어나므로 평상시에 좀 더 보충하는 방향으로 시도하며, 특히 발육기의 운동선수에 대해서는 골격 발육에 악영향을 미치지 않도록 유의해야 한다. 우유와 뼈째 먹는 잔생선류를 충분히 섭취하도록 한다.

e. 철분

철분은 혈구의 헤모글로빈이나 근육 중의 미오글로빈, 그리고 카탈라아제(catalase), 과산화효소, 시토크롬(cytochrome) 등의 구성성분으로서 세포의 생리 기능에 관여한다. 훈련에 의해 혈중 헤모글로빈 및 근육 중 미오글로빈이 증가하므로 철분의 수요량이 증가한다. 운동선수의 철분 필요량은 1일 20~25 mg이다.

이상 무기질에 관해 설명했으나 간단히 말하면 운동선수의 피로를 회복시키고 생체의 정상적인 활동을 유지하기 위해서는 운동 시 근육과 그 밖의 부분으로부터 손실되는 무기질을 보충하고 산을 중화시키는 데 필요한 칼륨, 칼슘, 인 등이 풍부하게 함유되어 있는 육류, 과일과 채소류 등을 항상 충분히 섭취하도록 특별히 유의해야 한다.

6) 수분

수분은 인체의 40~60%를 차지하는 중요한 성분으로 근육조직에는 72%, 지방조직에는 20~25%이며 개인에 따라 차이가 있으나 그것은 지방조직의 양에 따라 다르다. 그리고 동일 개체의 경우에도 체중의 ± 0.22% 범위 내에서 변동이 있다.

1일 섭취되는 수분은 약 2,000 mL로서 그중 음료로 1,200 mL, 음식 중에 600 mL, 체내 화학반응에 의해 생성되는 수분(대사수)이 200 mL이다. 이 대사수(代謝水)는 지질 대사에 의한 것이 100 g당 102 mL로 당질이나 단백질의 약 2배이다.

운동에 의해 대사가 항진되면 대사수도 증가된다. 한편 안정 시의 수분의 상실은 불감증설(不感蒸泄)이라 하여 피부로부터 400 mL, 폐에서 300 mL 증발하며, 소변으로 1,200 mL, 대변을 통해서 100 mL가 배설된다.

따라서 운동에 의해서 다음과 같은 변화가 일어난다.

① 환기량이 증가하므로 폐로부터의 수분 방출이 증가한다. 안정 시에는 1시간당 15 mL, 심한 운동일 때는 130 mL까지 방출된다.

② 발한량이 증가하여 축구는 2 L(2시간), 달리기는 2 L(2시간) 또는 4 L(3시간), 보트 경기 2.5 L(22분), 등산 4~5 L(1일)에 이른다는 보고가 있다. 그리고 땀 속의 식염 농도는 0.1~0.37%로 여름철 뜨거운 햇볕 아래에서 운동 시에는 하루 10 L, 발한 시 10~30 g의 식염이 손실되므로 수분뿐만 아니라 염분의 보충도 필요하다.

③ 근육운동에 의해 근육세포 내의 글리코젠을 비롯하여 여러 가지 물질이 분해(고분자 성분의 저분자화)되어 삼투압이 상승하므로 수분이 운동 근육으로 이행되면서 혈장량이 저하된다.

④ 운동에 의해 수분과 염분의 손실이 증가하여 소변량이 감소한다. 안정 시에는 소변량이 1시간당 30~60 mL이고, 발한이 심할 때는 5~10 mL로 감량된다.

안정 시의 심박출량은 1회에 60~70 mL, 심박 수는 분당 65~75회로 1분당 박출량은 4~5 L이다. 가벼운 운동 시에는 분당 박출량이 2배, 근육으로의 혈류 분배는 4배나 된다. 최대 운동 시에는 분당 박출량이 20~30 L(안정 시의 약 4배), 동시에 근육으로의 분배는 20

표 10-6 1일 수분 섭취량과 배설량

<table>
<tr><th>섭 취</th><th colspan="2">1일 양(mL)</th><th>배 설</th><th colspan="2">1일 양(mL)</th></tr>
<tr><td>음료수</td><td colspan="2">1,200</td><td>소변</td><td colspan="2">1,200</td></tr>
<tr><td>고형식 수분</td><td>600</td><td rowspan="2">800</td><td>피부</td><td>400</td><td rowspan="2">700</td></tr>
<tr><td>연소수</td><td>200</td><td>폐</td><td>300</td></tr>
<tr><td></td><td colspan="2"></td><td>대변</td><td colspan="2">100</td></tr>
<tr><td>합계</td><td colspan="2">2,000</td><td>합계</td><td colspan="2">2,000</td></tr>
</table>

표 10-7 대사수의 내용

	지 질	당 질	단백질
생성수/100 g	102 mL	55.5 mL	43.3 mL

배에 달한다. 이와 같이 피부의 혈류는 체온 조절을 위해 증가하는 반면에 내장 및 신장으로의 혈류 분배는 감소된다.

운동 시에 수분은 정상 체온을 유지시키기 위해 기능을 하는데 증발열이 높아질 때 발한에 의해서 체열을 발산함으로써 효과적으로 조절해 준다.

최근 운동경기에서 선수들이 경기 중에 스포츠 음료를 마시는 것을 흔히 보게 된다. 특히 장시간 이어지는 격한 운동인 마라톤, 미식축구, 농구, 배구, 테니스 등이 그렇다. 운동 중에 수분 공급을 원활히 함으로써 탈수나 체온 상승을 방지하여 정상적인 생리 기능을 유지하는 것은 승부를 좌우하는 중요한 조건이다.

7) 비타민

비타민은 물질대사를 지배하고 건강 유지와 발육에 필요한 유기물질이므로, 체내에서 결핍될 때는 기본적으로 물질대사가 원만하지 못하고 동시에 운동 능력도 저하되며 피로를 쉽게 느끼고 그 회복도 늦어져 운동선수의 신체 상태를 악화시켜 운동의 계속 또는 기록에 장애를 준다.

(1) 비타민 A

비타민 A는 물질대사 조정물질로서 지질의 산화·연소를 돕고 빛을 감수하는 로돕신(rhodopsin)의 합성에 관여하며 눈의 기능 정상화를 도와 운동의 원만한 수행에 도움을 준다. 특히, 예민한 시각을 요구하는 검도, 펜싱, 사격, 야구 등의 운동선수에게 필요한 성분이다. 그 밖에 피부 질환의 예방, 세균 감염에 대한 저항력의 증강, 골 형성에 필요하므로 특히 운동선수들은 일반인보다 부족하지 않도록 충분히 섭취해야 한다(성인 남자 19~29세 800 μgRAE, 30~64세의 1일 권장섭취량 750 μgRAE, 성인 여자 19~49세의 1일 650 μgRAE).

이 비타민이 다량 함유되어 있는 식품은 어류의 간유, 동물 내장, 달걀노른자, 우유 등이다. 그리고 카로틴은 동물 체내에서 비타민 A로 전환되는데 카로틴이 다량 함유되어 있는 식품은 푸른 잎채소, 당근, 호박, 토마토, 감귤, 감, 곡물의 배아, 간유, 버터 등이다.

(2) 비타민 B

a. 비타민 B_1

비타민 B_1은 체내에서 이용될 때 세포 내에서 인산화되어 코카복실라아제(cocarboxylase)로서 아포효소(apoenzyme)와 결합하여 카복실라아제(carboxylase)라는 효소로 되면서 비로소 작용을 발휘한다. 카복실라아제는 당질의 대사 과정에서 피루브산(pyruvic acid)의 탈탄산화반응을 촉진시키는 효소이며 그 보효소로서 기능을 하는 것은 코카복실라아제이다. 그러므로 이 비타민은 당질 대사에 필수적인 성분으로 운동과 관계가 깊다.

당질 섭취가 많을수록 그 수요가 커진다. 반면, 당질의 일부가 지질로 전환되면 비타민 B_1의 필요량이 낮아진다. 비타민 B_1의 필요량은 에너지 소비 증가에 비례해서 늘어난다. 특히 고온에서의 운동은 대사를 항진시키고 계절적으로도 겨울보다 여름에 체내 소비가 높아지므로 여름철 합숙훈련의 경우에는 특별히 주의하여야 한다.

운동선수의 비타민 B_1 필요량은 운동량보다는 운동 종목에 따라 다르다. Karpuchina는 비타민 B_1의 섭취량에 따른 혈중 피루브산의 양을 표 10-8과 같이 보고했으며, 거기에 따라 비타민 B_1 필요량을 정하였다. 보통 사람은 1일 평균필요량이 1~1.3 mg이지만 운동선수는 에너지 대사가 높으므로 2~3 mg의 섭취량으로도 혈중 피루브산이 증가하여 보통 사람보다 30~40% 높은 수치를 보인다. 원반던지기 선수에게 1일 5 mg을 섭취시킬 때, 비로소 혈중 피루브산의 양이 정상치 이하로 된다. 그러나 단거리와 장거리 선수, 특히 장거리 선수는 1일 10 mg으로 증가시켰을 때 혈중 피루브산의 양이 정상치에 가까울 정도이므로 이러한 종목에서는 10 mg 또는 그 이상의 비타민 B_1의 섭취가 필요하다.

표 10-8 각 운동별로 본 비타민 B_1 섭취량에 따른 혈중 피루브산 양

(단위 : %)

1일 비타민 B_1 섭취량 / 운동 종목	2~3 mg	5 mg	10 mg
단거리 경주 선수	130*	116	112
원반던지기 선수	130	98	106
마라톤 선수	140	130	124

*보통 사람을 100으로 했을 때의 비율

b. 비타민 B_2

비타민 B_2는 발육에 필요하며 생체 내의 산화·환원 작용에 관여하는 효소의 보효소로서 없어서는 안 되는 성분이다. 당질의 산화를 돕기 때문에 에너지 생산에 필요하므로 이 비타민을 충분히 섭취함으로써 운동 시 피로를 방지하고 회복을 촉진시킬 수 있다. 일반적으로 체내에서는 인산화된 활성형인 FMN(flavin mononucleotide) 또는 FAD(flavin adenine dinucleotide)의 형으로 되어 생활현상에 중요한 역할을 한다. 주로 우유, 달걀, 생선, 육류,

간, 배아 등에 다량 함유되어 있고 국균(麴菌)이 비타민 B_2를 합성하므로 정종, 간장, 된장, 맥주 등의 발효식품에도 비타민 B_2가 함유되어 있다. 곡류나 콩류에는 함유되어 있지 않으므로 비타민 B_2의 섭취에 특별한 배려를 해야 한다. 격심한 운동 시에는 남녀 모두 증가시켜야 한다(남자 1.8 mg, 여자 1.4 mg).

그 밖에 비타민 B 복합체 니아신은 체내의 산화·환원 작용에 관여하며(중노동 시 성인 남자 28 mg, 성인 여자 23 mg), 판토텐산(pantothenic acid)은 당질의 산화에 관여한다. 그 밖의 비타민 B 복합체는 보효소로서 생화학적 반응에 관여하므로 이들의 부족은 피로를 촉진시킨다.

c. 비타민 C

비타민 C는 생리작용 전반에 걸쳐 다방면으로 관여한다. 우선 강한 지구력이 필요한 운동을 계속할 때와 더운 여름 햇볕 아래에서는 체내 비타민 C가 감소하고 땀과 소변 중의 비타민 C 유사 환원물질이 증가하며 소변 중의 비타민 C 배설량은 운동 강도에 비례한다. 따라서 체내에서 산화·환원 작용에 관여함을 알 수 있다. 체내 대사가 높아지면 그 소비도 증가하기 때문에 체내 비타민 C 보유량의 부족은 피로를 조장시키고 운동 능력을 저하시킨다.

그리고 비타민 C는 아드레날린의 산화를 막고 혈액과 조직 내에서 아드레날린의 기능을 안정시키며 부신피질호르몬의 생성을 도와준다. 한편 비타민 C는 비타민 B_1과 달라서 운동 전에 다량 섭취하면 그 효과가 뚜렷해진다(표 10-9).

표 10-9 운동 전 비타민 C의 투여 효과

(5 km 달리기)

실험 조건	22분 이내 주파한 인원 수	22~24분 이내 주파한 인원 수	24분 이후 주파한 인원 수
운동 시작 전 비타민 C 200 mg 투여	8(47.0%)	5(30.0%)	4(23.0%)
운동 시작 전 위약 투여	2(10.6%)	14(73.6%)	3(15.8%)

운동 직전 200 mg을 투여했을 때 경기 성적이 우수했고 그 효과는 투여한 지 30~40분 후에 나타났다. 그리고 스포츠 활동 후에 섭취했을 때는 피로 회복에 효과가 높았다.

6. 각종 운동의 에너지 소비량

운동의 강도는 일반적으로 에너지 대사율(relative metabolic rate, RMR)로 나타낼 수 있다. 각종 운동의 에너지 대사율의 측정치는 표 10-10과 같다.

각종 운동선수의 1일 에너지 소비량은 여러 가지 자료를 참고하여 볼 때 훈련기에 남자는 2,400~5,000 kcal로 체중 1 kg당 약 43~70 kcal이고, 여자는 2,000~3,500 kcal 정도로 체중 1 kg당 42~60 kcal 정도로 나타나 있다. 또한 각 나라별로 보면 러시아, 미국, 이탈리아 등 나라에 따라 다소 차이를 나타내고 있다. 러시아는 각 종목에 걸쳐 거

표 10-10 각종 운동의 RMR 측정치

운동	내용		RMR
보행	4 km	(60분)	2.3
	6 km	(60분)	5
경주	100 m	(10초)	205
	400 m	(50초)	95
	1,500 m	(4분)	30
	10,000 m	(31분 22초)	17
	마라톤(42.195 km)	(150분)	15.6
수영	100 m 자유형	(1분)	47
	1,500 m 자유형	(19분 20초)	21
	100 m 평영	(1분 16초)	40
	100 m 배영	(1분 11초)	45
스키	-		3~10
승마	-		6~10
보트	-		17~18
줄넘기	-		8~10
넓이뛰기	-		62~116
높이뛰기	-		67~91

표 10-11 훈련기의 운동 종목별 1일 에너지 소비량

운동종목	에너지 소비량(kcal)
체조, 탁구, 배드민턴, 다이빙, 펜싱, 스키 점프, 요트 경기, 승마, 사격	2,500~3,000
육상(단·중거리, 도약), 야구, 테니스, 배구, 권투(경·중량급), 태권도(경량급)	3,000~3,500
축구, 하키, 농구, 육상(장거리), 검도	3,500~4,000
육상(마라톤), 수영, 럭비, 자전거 경기, 레슬링(경량급), 권투(중량급)	4,000~4,500
보트 경기, 스키, 레슬링[중(中)·중(重)량급], 유도(중량급), 씨름	4,500~5,000

의 5,000 kcal 전후로 체중 1 kg당 62~80 kcal이고 마라톤은 90 kcal이다. 이에 비해 미국은 4,200~5,000 kcal로 체중 1 kg당 50~62 kcal이며, 이탈리아의 올림픽 선수는 3,300~4,300 kcal로 체중 1 kg당 46~62 kcal 범위이다. 이상을 참고로 표 10-11의 운동 종목별 에너지 소비량을 검토해 보면 신경 기능적 경기에서는 에너지 소비량이 낮고, 지구력이나 힘을 필요로 하는 중량적 경기에서는 높다.

7. 운동선수를 위한 식사

1) 글리코젠 부가 식사

식사를 변형시키면 근육 내에 글리코젠 저장량이 정상 시의 2배 정도까지 증가할 수 있다. 1960년대 중반에 아스트란드(Astrand, 1979)는 달리기 선수가 근육 글리코젠을 저장할 수 있는 방법을 제시하였다. 저장된 근육 글리코젠 양이 많으면 많을수록 잠재적 지구력이 좋아져 지구력을 필요로 하는 운동의 성적이 좋아진다는 이론인데, 그 이유는 피로가 지연되기 때문이라고 한다. 글리코젠 부가(glycogen loading, 고당질) 식사법은 경기 7일 전, 탈진 상태에 이르는 훈련을 끝으로 경기를 준비한다. 처음 3일은 근육으로부터 탄수화물을 감소시키기 위해 거의 전적으로 지질과 단백질만 먹어야 하는데, 이것이 글리코젠 합성을 책임지는 글리코젠 합성효소의 활동을 증가시킨 후 나머지 기간 동안 탄수화물이 풍부한 식이요법을 실시한다. 글리코젠 합성효소의 활동이 증가하기 때문에 증가된 탄수화물 섭취는 더욱 많은 근육 글리코젠을 저장하게 한다. 이 6일 동안은 추가적인 근육 글리코젠 저하현상을 예방하기 위해 훈련 강도와 양은 현저하게 감소되어야 하며, 이것이 간장과 근육에 글리코젠 축적을 최대화시킨다.

2) 시기별 식사 시 주의 사항

a. 경기 전 식사

위장의 불편함, 구토, 메스꺼움, 팽만감, 경련 등을 고려하여 경기하기 3~4시간 전에 해야 한다. 음식이 소화되어 영양소로 흡수되는 과정은 혈액 공급을 위하여 근육에 대사가

글리코젠 부가 식사(glycogen loading) 식사 내용을 변형시켜서 근육 내에 글리코젠 저장량을 정상 시의 2배 정도까지 증가시키는 식사법. 지구력 증대가 목표

일어나는 과정과 경쟁적으로 일어난다. 그러므로 경기를 시작할 때는 위가 완전히 비워져 있어야 근육에 혈액 공급을 충분히 할 수 있다. 500~1,000 kcal 정도의 식사를 하되 시합하는 시간, 마지막 식사와 경기와의 시간, 그리고 경기 전에 운동선수가 음식을 잘 소화 흡수하는가 등에 따라 조절할 수 있다. 경기 전에는 당질 위주의 식품이 소화가 잘 되므로 위에 머무는 시간이 짧다. 과일, 채소 및 곡류 등이 좋은 식품이다. 우유 및 유제품과 기름기가 적은 육류나 생선류는 지나치지 않다면 먹어도 좋다.

b. 경기 중 식사

운동하는 동안 30분마다 약 24 g의 당질을 보충한다. 이는 5%의 당질이 들어 있는 음료를 15분마다 1컵씩(200~250 mL) 마시면 된다. 어떤 선수는 고체 형태(캔디바, 초콜릿, 바나나, 크래커 등)를 먹기도 한다. 특히, 저혈당 상태가 되기 이전에 당질을 공급해야 한다.

c. 회복 시 식사

강도 높은 경기나 훈련을 연속적으로 하고 난 후, 다음의 연습이나 경기를 위하여 근육 글리코겐을 재저장시켜야 한다.

운동 직후 15~30분 이내에 당질 100 g(400 kcal)을 섭취하고 2~4시간마다 100 g의 당질을 더 섭취하도록 한다. 처음에는 운동 직후라서 배가 고프지 않고 소화액의 분비도 감소되어 있으므로 스포츠 음료, 과일 주스 등이 좋고, 그 이후에는 고당질 식사가 좋다. 당질 섭취가 늦어지면 근육에 글리코겐 저장량이 감소되며 회복이 늦어진다. 경기 후 당질과 마찬가지로 단백질도 인슐린 작용을 자극하여 포도당을 혈액에서 근육으로 이동시킨다. 밥과 생선, 우유와 시리얼 등이 좋은 배합방법이다.

3) 운동성 빈혈

운동이나 훈련을 시작하면 혈액 부피가 증가하면서 헤모글로빈 농도가 일반인보다 낮아져 빈혈이 종종 발생하는데, 이러한 빈혈 상태는 병적인 것과는 다르기 때문에 '운동성 빈혈(sports anemia)', 혹은 '스포츠 빈혈'이라고 한다. 30대의 경우 30% 정도가 겪게 되고 40대에는 40%, 50대에는 50%가 운동성 빈혈을 경험하는 것으로 조사되었다. 이와 같은 운동성 빈혈이 나타나는 이유는 격심한 운동 시 스트레스에 의해 에피네프린 분비가 높아지고, 비장에서 용혈성 물질이 분비되어 적혈구 파괴를 증가시키기 때문이다. 또한 운동 시 단백질 섭취량이 부족하면 혈액 중의 단백질이 근육조직의 증대를 위해 동원되기 때문에 저단백혈증이 나타나기 시작하고, 이때 단백질 섭취량을 증가시키지 않으면 혈중 헤모글로빈 농도 또는 단백질 농도가 낮아져 빈혈 증상이 나타난다.

운동성 빈혈로 의심될 경우 철분, 비타민 B_{12}, 엽산 등은 물론 단백질 섭취량도 배로 증가시켜야 한다. 체중 감량을 위해 식사량을 줄이면서 운동을 강행하는 여성들의 경우 월경에 의해 추가적인 철분 소실이 발생하기 때문에 빈혈이 더 많이 발생하는 것도 이런 이유에서이다. 합숙 훈련 또는 격심한 운동이 종료되면 빈혈로 인해 부족한 산소 공급을 충당하기 위해서 골수의 적혈구 신생 능력이 촉진되므로 3~4주 후에는 헤모글로빈 농도가 거의 정상 수준으로 되돌아오는 것이 보통이다.

단원정리

1 훈련에 의해 신체가 정비되고, 영양의 섭취가 적절할 때 좋은 성과를 기대할 수 있게 된다. 근육의 수축은 화학적 에너지가 기계적 에너지로 변화됨으로써 일어나고, 그 화학적 에너지는 당질, 지질, 단백질 등의 영양소가 산화될 때 만들어진다.

2 열량 : 에너지는 3개의 경로를 통해서 근육 중에 ATP 형태로 공급된다. 즉, ATP-PC계에 의한 것(anaerobic 운동), 젖산계에 의한 것(anaerobic 운동), 유산소계에 의한 것(aerobic 운동)이다.

3 당질 : 운동을 할 때 RQ는 상승해서 1.0에 가까워지므로 주로 당질이 활동 에너지로 이용된다는 것을 알 수 있다.

4 지질 : 지질은 운동의 에너지원으로서의 효율이 당질보다 10~20% 낮다.

5 단백질 : 운동의 에너지원은 주로 당질과 지질로부터 공급되고, 단백질은 2차적 존재이지만 근육이나 혈액 등의 체구성성분으로서 그리고 체조직의 유지 성분으로서 중요한 의의를 가지고 있다.

6 무기질 : 나트륨, 칼륨, 칼슘, 인, 마그네슘 등은 염산염, 황산염, 인산염의 형태로 매일 일정량이 대소변이나 땀을 통해 배출되므로 정상적인 영양을 유지하기 위해서는 배출된 무기질을 보충하지 않으면 안 된다. 특히 격심한 운동을 할 때에는 섭취와 배출의 균형이 깨지지 않도록 유의해야 한다.

7 수분 : 운동 시에 수분은 정상 체온을 유지시키기 위해 기능을 하는데 증발열이 높아질 때 발한에 의해서 체열을 발산함으로써 효과적으로 조절해 준다.

8 비타민 : 비타민은 물질대사를 지배하고 건강 유지와 발육에 필요한 유기물질이므로 체내에서 결핍될 때는 기본적으로 물질대사가 원만하지 못하고, 동시에 운동 능력도 저하되며 피로를 쉽게 느끼고 그 회복도 늦어져 운동선수의 신체 상태를 악화시켜 운동의 계속 또는 기록에 장애를 준다.

단원평가

1 운동이 신체 기능에 미치는 영향을 설명하시오.

2 운동 효율에 미치는 인자는 무엇이 있는지 설명하시오.

3 운동할 때 당질의 사용에 대하여 설명하시오.

4 글리코젠 부가 식사란 무엇인지 설명하시오.

5 운동성 빈혈이란 무엇인지 설명하시오.

풀이

1. 운동은 신체 전체의 생리 기능이 동원되는 총합적 기능이다. 이런 운동이 일어나는 데에는 우선 대뇌피질 전두엽에서 사고작용에 의해 운동을 지시하면 두정엽에 자극을 보낸다. 이에 따라 운동신경을 통하여 필요한 근육에 자극을 전달하고 근육이 수축, 이완하면서 운동이 일어난다.

   체내에서는 교감신경이 긴장되고 아드레날린 분비가 촉진되며, 심장 기능이 고조됨과 동시에 근육 내의 모세혈관이 확장되고 혈류가 증가되면서 근육운동에 대처한다.

   운동이 시작되면 근육 내의 열량 소비에 의해 대사가 촉진된다. 따라서 폐로부터의 산소 공급량이 증가하여 호흡 기능도 촉진된다. 또한 뇌, 신경, 근육, 폐, 심장, 혈관이 동원되어 움직이는데 이것을 종합, 통제하는 신경과 호르몬의 조절이 이루어져야만 운동이 일어날 수 있다.

   한편, 목적을 가지고 운동하는 경우에는 눈, 코, 피부 등의 감각계 운동에 의해서 열 생산이 항진하면 체온 조절을 위한 발한과 이에 따른 수분과 전해질의 평형 유지, 신장에 의한 배설 기능이 활발해진다.

   1) 운동에 의한 형태의 발달 : 성장기의 운동은 근육의 수축·이완 작용에 따라서 근육이 부착되어 있는 골격에 자극을 줌으로써 폭이나 길이가 증대되고, 적절한 영양 공급과 동시에 장기적으로 트레이닝을 하면 근육과 골격의 발달로 체형을 향상시킨다는 예가 많다.

   2) 운동에 의한 근육의 발달 : 운동을 함으로써 가장 직접적으로 영향을 받는 것은 골격근의 활동성 증대이다. 결과적으로 근육의 두께와 횡단면적이 증가한다. 그러므로 운동에 의한 자극으로 근육의 발달이 촉진된다고 할 수 있다.

   3) 운동이 체내의 중간대사 과정에 미치는 영향 : 근육이 수축하기 위해서는 열량이 필요하고, 운동을 할 때에는 근육 내의 대사가 촉진된다. 여기에 근육을 수축시키는 에너지는 근육 내의 ATP로서 고에너지 인산화합물로부터 공급을 받아 우선 소비된다.

   호흡에 의해서 산소가 보급되어 혈액순환으로 근육에 운반되면 근육 내의 대사는 산화 과정인 크레브스 회로(Kreb's cycle)를 따라 대량의 ATP 공급이 가능하다. 이 에너지 공급과 운동에 의한 에너지 소비와의 균형이 잡히면 유기적 운동으로서 지속적인 운동이 가능한 것이다.

   4) 운동이 호흡·심장·순환 기능에 미치는 영향 : 운동을 지속적으로 하기 위해서는 운동이 일어나고 있는 근육에 산소와 영양소를 보급하고 대사산물인 이산화탄소와 노폐물을 제거하지 않으면 안 된다. 즉, 지속적인 운동에는

필연적으로 호흡 기능과 심장·순환 기능이 움직이도록 자극시켜야 한다.

5) 운동이 뇌·신경계·평형 기능 등에 미치는 영향 : 운동이 이루어질 때는 많은 근육이 협조적으로 수축과 이완을 일으키며, 여기에 명령을 전달하는 운동신경계와 감각신경계의 섬세한 기능이 작용한다. 운동의 기본이 되는 평형 기능은 시각, 청각, 근육 내의 근방추(筋紡錘) 및 건기관(腱器官) 등의 α환에 의한 근육 긴장의 유지 외에 평형기관들의 작용이 평형을 유지하도록 한다.

6) 운동이 내분비 기능에 미치는 영향 : 운동이 진행되는 데는 자율신경계 및 내분비계가 중요한 역할을 하는데, 여기에도 또한 상호간의 긴밀한 협조가 필요하다. 안정 시에는 항상성을 유지하지만 운동 시에는 운동의 종류 및 강도에 따라 노르아드레날린(noradrenalin), 아드레날린(adrenalin), 글루카곤(glucagon), 코티졸(cortisol) 등의 긴급 호르몬을 분비(insulin은 억제)하면서 내부 환경의 항상성을 변화시키며 운동에 적합하도록 대처한다.

7) 운동이 정신 기능에 미치는 영향 : 운동이란 활동 욕구를 만족시키고 기분 전환, 정서와 감정 등을 안정시키며 대인관계에도 협조성이나 신뢰성을 길러 준다.

2. 1) 피로 : 운동을 하는 것이 물론 좋으나 피로와 무리가 없도록 주의를 기울여야 한다. 운동은 자기가 가진 모든 체력을 동원하여 그 기술을 발휘하는 순간 격한 전신적 활동이 요구된다. 이에 따라 필연적으로 피로가 발생하게 된다. 동시에 긴장으로 인한 정신적 피로는 두통이나 근육통증 등 부분적인 것에서부터 신체 전체의 조절 기능이 저하되는 건강미의 상실, 호흡 순환의 변화, 근육의 변화, 신경의 변화, 정신의 변화, 소화기의 변화 같은 증세를 보이기도 한다.

2) 과로 : 피로가 만성화되면 과로 상태가 되어 자연히 운동 기록이 저하되는데, 체중이 감소하고, 권태감이 지속되며, 충분한 숙면이 어렵고 활동적인 일에 대해 기피현상이 일어나며, 커피나 흡연량이 증가하는 등의 증세를 보이며 소화기의 증상으로 식욕 부진, 설사, 변비 등이 생긴다. 운동선수들은 과로를 예방하기 위해서 되도록이면 훈련이 각 개인에게 적합하도록 계획을 세워 무리 없이 각자의 체력에 맞는 연습을 시켜야 한다.

3) 준비운동(warming up) : 워밍업이란 운동을 시작하기 전에 하는 준비운동으로, 중요한 것은 몸을 따뜻하게 해서 체온을 상승시키는 것인데, 워밍업 후에는 에너지 소비가 적고 운동의 효율이 가장 높았다. 이와 같이 워밍업은 운동의 기록을 향상시키는데, 이것은 중추신경의 흥분성을 높여서 자율신경계의 조절을 원만하게 하고 근육의 탄성을 지속시키며, 관절의 유연성에 효과를 준다. 뿐만 아니라 호흡·순환 기능이 개선되어 격심한 운동 직후에 보이는 고통스러운 상태(dead point)를 훨씬 경감시킨다.

4) 슬럼프 : 슬럼프(slump)는 극히 컨디션이 나쁜 상태를 말하며, 슬럼프의 원인으로는 과로, 폼(form)의 변화, 정신적 원인, 질병, 사고에 의한 질병과 상처 같은 것을 들 수 있다.

5) 수면 : 인간은 주간에 활동하고 야간에 휴식한다. 그 결과 주간에는 교감신경계가 긴장하여 활동하기 좋은 상태로 되고, 야간에는 부교감신경계에 의해 휴식하게 된다. 그러므로 운동 경기가 야간에 진행된다든지 하면 수면 장애가 일어난다. 수면을 취하는 비결은 규칙적인 생활로 일정한 시간에 일정한 양을 취하는 습관을 익히는 것이다.

6) 영양 : 운동선수의 영양 섭취 중 1차적인 것은 필요한 만큼의 열량을 섭취하는 일인데 성별, 연령, 신체의 크기, 하루의 활동 상태에 따라 다르므로 우선 몇 칼로리가 필요한가를 계산한다. 알맞은 양을 섭취하고 있는지 알기 위해서 가장 간단한 방법으로 체중을 매일 측정하여 거의 일정하게 유지되고 있으면 자신이 섭취하고 있는 식사 중의 열량이 충분한 것이다.

3. 당질은 3대 열량 영양소 중 가장 산화되기 쉬운 영양소이므로 운동 시에 에너지원으로 중요하다. 생체가 일정 시간 내에 배출한 이산화탄소 양과 그 사이에 섭취한 산소량과의 비(CO_2량/O_2량)를 호흡계수(respiratory quotient, RQ)라 하며, 이것은 에너지원인 당질, 지질, 단백질의 산화 과정을 반영하는데, 이들의 RQ는 각각 1.0, 0.707, 0.802이다. 그리고 근육 활동 시에 단백질은 거의 이용되지 않는다고 가정하면 신체 운동 중 호기(呼氣)의 분석에 의해 당질과 지질의 연소 비율을 알 수 있다.

운동을 할 때는 RQ가 상승해서 1.0에 가까워지므로 주로 당질이 활동 에너지로 이용된다는 것을 알 수 있다. 그러나 마라톤과 같은 장시간의 심한 지구성 운동에서는 RQ가 차츰 저하되어 0.7에 가까워지는데 이는 당질의 연소에서 지질의 연소로 옮겨지기 때문이다. 이런 사실로 미루어 보아 과격한 운동을 할 때의 에너지원으로는 우선 당질이 이용되고, 체내 당질이 없어지면서 지질이 에너지원으로 이용됨을 알 수 있다.

우선 에너지원으로 이용되는 당질은 장내에서 포도당과 같은 단당류로 분해되어 흡수되고 나머지는 간장이나 근육 중에 글리코젠의 형태로 저장되는데 그중 근육의 글리코젠은 다시 지방으로 변하여 지방조직에 저장된다. 이때 소모된 것은 혈중 당분에 의해 보충된다. 근육 활동이 계속되어 정상상태(steady state)가 되는 지구력이 필요한 운동을 할 때는 간에 저장된 글리코젠이 동원되어 포도당으로 되고, 그것이 혈중으로 유출되므로 혈당치가 상승된다. 그러나 근육 활동이 지속되면 간 글리코젠도 고갈되어 혈당치는 차츰 저하되고, 지질이 에너지원으로 산화되기 시작한다. 그러므로 순간적으로 다량의 에너지가 소비되는 운동이나 장시간 지속되는 과격한 운동을 하기 전에는 당질이 풍부한 음식을 취하여 근육, 간, 그 밖의 장기에 당질을 충분히 보충해 두는 것이 이상적이다.

4. 글리코젠 부가(glycogen loading, 고당질) 식사란 1960년대 중반에 아스트란드(Astrand, 1979)가 달리기 선수가 근육 글리코젠을 저장할 수 있는 방법을 제시한 것으로 저장된 근육 글리코젠 양이 많으면 많을수록 잠재적 지구력이 좋아져 지구력이 필요한 운동 성적이 좋아진다는 이론이다. 그 이유는 피로가 지연되기 때문이라고 하는데, 이 방법은 경기 7일 전, 탈진 상태에 이르는 훈련을 끝으로 경기를 준비한다. 처음 3일은 근육으로부터 탄수화물을 감소시키기 위해 거의 전적으로 지질과 단백질만 먹어야 하는데, 이렇게 하여 글리코젠 합성을 책임지는 글리코젠 합성효소의 활동을 증가시킨 후 나머지 기간 동안 탄수화물이 풍부한 식이요법을 실시한다. 글리코젠 합성효소의 활동이 증가하기 때문에 늘어난 탄수화물 섭취는 더욱 많은 근육 글리코젠을 저장하게 한다. 식사를 변형시키면 근육 내에 글리코젠 저장량이 정상 시의 2배 정도까지 증가할 수 있다. 이 6일 동안은 추가적인 근육 글리코젠 저하현상을 예방하기 위해 훈련 강도와 양은 현저하게 감소되어야 하며, 이것이 간장과 근육의 글리코젠 축적을 최대화시킨다.
5. 운동이나 훈련을 시작하면 혈액 부피가 증가하면서 헤모글로빈 농도가 일반인보다 낮아져 빈혈이 종종 발생하는데, 이러한 빈혈 상태는 병적인 것과는 다르기 때문에 '운동성 빈혈(sports anemia)', 혹은 '스포츠 빈혈'이라고 한다. 30대의 경우 30% 정도가 겪게 되고 40대에는 40%, 50대에는 50%가 운동성 빈혈을 경험하는 것으로 조사되었다. 이와 같은 운동성 빈혈이 나타나는 이유는 격심한 운동 시 스트레스에 의해 에피네프린 분비가 높아지고, 비장에서 용혈성 물질이 분비되어 적혈구 파괴를 증가시키기 때문이다. 또한 운동 시 단백질 섭취량이 부족하면 혈액 중의 단백질이 근육조직의 증대를 위해 동원되기 때문에 저단백혈증이 나타나기 시작하고, 이때 단백질 섭취량을 증가시키지 않으면 혈중 헤모글로빈 농도 또는 단백질 농도가 낮아져 빈혈 증상이 나타난다. 그러므로 운동성 빈혈로 의심될 경우 철분, 비타민 B12, 엽산 등은 물론 단백질 섭취량도 배로 증가시켜야 한다. 체중 감량을 위해 식사량을 줄이면서 운동을 강행하는 여성들의 경우 월경에 의해 추가적인 철분 소실이 발생하기 때문에 빈혈이 더 많이 발생하는 것도 이런 이유에서이다. 합숙 훈련 또는 격심한 운동이 종료되면 빈혈로 인해 부족한 산소 공급을 충당하기 위해서 골수의 적혈구 신생 능력이 촉진되므로 3~4주 후에는 헤모글로빈 농도가 거의 정상 수준으로 되돌아오는 것이 보통이다.

11

노동과 영양

1. 노동의 특성

노동(labour)은 육체적, 정신적 활동의 총체적 생활 활동이며 근육 활동의 강도, 시간적 연장, 온도, 유해물, 환경조건 등에 의해 영향을 받는 생활현상의 하나이다. 또한 노동은 일종의 근육 활동이므로 에너지 소비 과정으로부터 에너지 소비와 체조직의 소모가 이루어진다. 따라서 이를 보충하기 위한 적절한 영양 관리가 필요하고, 이를 통해 더욱 효과적인 노동력의 재생산이 가능해진다.

노동은 개인에 따른 직업의 성질과 양에 따라 다르지만 크게 근육노동과 정신노동으로 구별된다. 그러나 사회 구조의 발달에 따라 산업 기구가 자동화되면서 차츰 심한 근육노동의 직업이 줄어들고 직업의 종류도 매우 다양해지고 있다. 2015년 통계청의 연간 고용 동향에 따르면, 우리나라 총취업자 수는 약 2,587만 9,000여 명이다. 직업 대분류별 기준 취업자 구성비를 살펴보면 2013년 기준 전문가 및 관련 종사자가 496만 6,000명으로 가장 높은 비중을 차지하고 그 다음은 사무 종사자(421만 8,000명), 단순 노무 종사자(327만 7,000명) 순이다(표 11-1). 산업별로는 제조업이 418만 4,000명(16.7%)으로 종사자 수가 가장 많았고, 도매 및 소매업(14.6%), 숙박 및 음식점업(7.9%), 건설, 교육 서비스업, 농업·임업 및 어업 등의 순이다.

현대 사회는 직업이 점차 전문화, 고도화되어 가면서 정신적 피로의 증가로 인해 순발력보다 지구력의 필요성이 더욱 커지고, 특수한 작업 환경의 계속적인 노출에 의한 각종 직업병으로 노동자 개인의 건강뿐만 아니라 국민 전체의 건강에 심각한 문제를 일으킬 수 있다. 그러므로 영양 면에서도 지구력과 정신력에 중점을 둔 노동 영양의 개선이 필요하다.

표 11-1 종사자 수가 많은 직업

순위	직업명	종사자 수(천 명)	비율(%)
1	전문가 및 관련 종사자	4,966	19.8
2	사무 종사자	4,218	16.8
3	단순 노무 종사자	3,227	12.9
4	판매 종사자	3,032	12.1
5	장치, 기계 조작 및 조립 종사자	2,998	12.0
6	서비스 종사자	2,575	10.3
7	기능원 및 관련 기능 종사자	2,221	8.9
8	농림 어업 숙련 종사자	1,426	5.7
9	관리자	403	1.6

자료 : 한국고용정보원, 산업 및 직업별 인력 수요 전망, 2013

또한 노동은 연령과 관계없이 특정한 작업 환경에서 작업을 지속해야 하는 특성을 가지므로 특수한 환경에서의 영양 관리에 대한 관심을 기울여야 한다.

2. 노동의 생리

육체적 노동의 경우 신체 활동에 의한 근육 수축이 이루어질 때 ATP가 사용된다. 그러나 산소 공급이 불충분한 상태에서는 ATP의 고갈을 초래하고 젖산이 근육에 축적된다. 젖산이 0.25% 축적되면 근육의 수축은 정지되고 횡격막과 늑골근에 경련이 일어나서 동통이 생기며 노동을 계속하기 곤란해진다.

노동 정도가 심해질 때 호흡과 동시에 순환계에 기능 항진이 일어나 심박 수가 증가한다. 심박 수는 근육노동을 할 때뿐만 아니라 고온 상태의 환경에서도 증가한다. 그러나 숙련된 노동자는 심장의 효율이 좋고 혈류량이 많으며 심박 수도 적다. 노동 시의 혈압은 처음에는 피부혈관, 내장혈관 수축으로 상승하지만 차츰 체온 상승으로 내려가는데 숙련자는 미숙련자에 비해 혈압의 상승도 적다. 노동 시에는 글리코젠의 분해가 왕성하여 혈당이 증가하는데 격심한 근육노동 시에는 글리코젠의 소모가 커지고 혈당이 소비되므로 혈당 상승이 생기지 않는 예도 많다.

노동은 노동자의 작업 능력과 적응 능력에 따라 작업 효율(work efficiency)에 영향을 미친다. 작업 효율은 실제로 실행한 일에 대한 공급된 에너지의 비율을 의미한다. 작업 능력은 근육노동에 필요한 근력, 사회적 적응력과 조정력, 정신력 등이 관계된다. 미숙련자는 동일한 양의 일에 대해서도 근력의 부족과 정신적 긴장으로 작업 효율이 낮고, 새로운 환경에 의한 정신 피로도 크다. 또한 신경을 많이 쓰는 정신노동자는 정신적 스트레스에 놓이게 된다. 따라서 노동 환경에 따라 작업 시 긴장을 줄이고 적당한 휴식과 운동을 필요로 한다.

3. 노동과 건강

현대 사회는 급격한 산업화의 진전으로 노동자의 신체 활동 요소를 기계화로 대체하게 되었다. 이로 인해 초래되는 신체 활동의 부족, 직업이 세분화되고 전문화됨에 따른 근무시간의 불규칙성, 목적 달성을 위한 과도한 경쟁과 요구로 초래되는 과도한 스트레스, 퇴근

후의 빈번한 음주 등의 불규칙적인 식생활로 인해 직장인들은 많은 위험에 노출되어 있어 건강에 대해 문제가 심각하게 제기되고 있다.

정복미 등(2002)이 '도시 직장인의 생활습관과 건강 관리 실태'를 조사한 결과에서 해당 조사 대상자들의 42%가 위가 좋지 않은 것으로 답하여 가장 높았고 그 다음으로 간, 기타, 비만, 신경 질환의 순이었다. 지역별, 연령별 모두 위장 질환이 높게 나타났으며 다음은 간 질환이었다. 이들 결과로 볼 때 직장인들의 불규칙적인 식습관과 스트레스로 인하여 위와 간을 해칠 위험에 노출되어 있으며, 직업과 질병은 밀접한 관계가 있고 근로자의 상병은 결근과 노동 이동에 예민하게 반영되며 산업 피로와 산업 재해와도 깊은 관계가 있어 중요한 의미를 지닌다(그림 11-1).

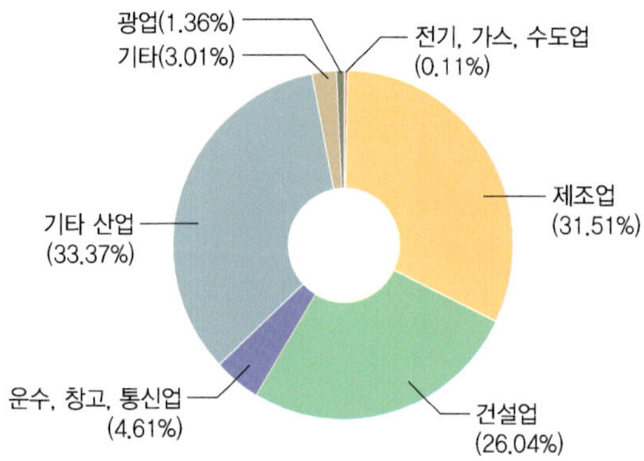

그림 11-1 산업별 산업 재해 현황 분포도

자료 : 산업안전보건국, 2014년 산업재해현황분석, 2015

또한 작업 환경에서 발생할 수 있는 오염물질 및 고온, 저온, 소음 등 환경 요인의 영향으로 발생하는 직업병은 노동자의 건강에 큰 위협이 되고 있다(표 11-2, 그림 11-2). 우리나라의 산업 재해는 최근 상당히 줄어들었지만 아직도 해마다 2,000명 이상이 목숨을 잃고 8~9만 명이 다쳐 개인의 건강뿐만 아니라 연간 경제 손실이 5조 원에 달한다고 한다. 그러므로 산업 재해 및 직업병을 극소화 또는 예방하기 위해 관심을 집중해야 한다. 직장인이 정신적·신체적 건강을 유지하고 근로의 생산성 및 능률성을 향상시키기 위해서는 규칙적이고 균형 잡힌 영양 섭취와 적절한 휴식 및 운동이 필요하다.

직업병(occupational disease) 진폐, 난청, 금속 및 중금속 중독, 유기화합물 중독, 기타 화학물질 중독 등 작업 환경 중 유해 인자와의 관련성이 뚜렷한 질병

표 11-2 우리나라 업무상 질병자 현황

(단위 : 명)

구분	총계	직업병							작업 관련성 질병				
		소계	진폐	난청	금속 및 중금속 중독	유기 화합물 중독	기타 화학물질 중독	기타	소계	뇌·심혈관 질환	신체 부담 작업	요통	기타
2013	7,627	1,414	816	259	2	4	29	304	6,213	684	1,622	3,696	211
2014	7,678	1,732	1,019	278	0	8	46	381	5,946	676	1,853	3,204	213

자료 : 산업안전보건국, 2014년 산업재해현황분석, 2015

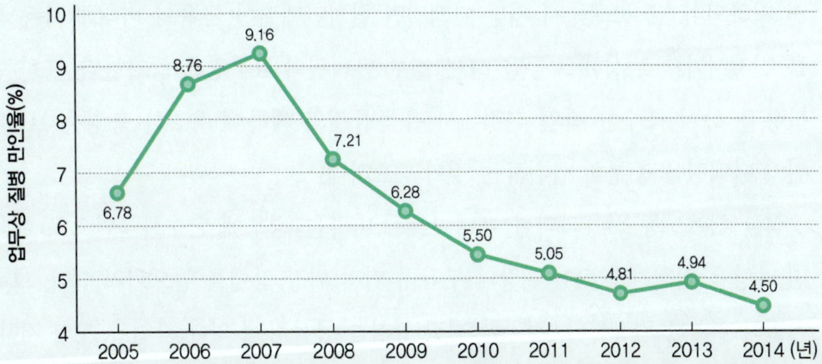

구분 \ 연도	2005	2006	2007	2008	2009	2010	2011	2012	2013	2014
근로자 수(명)	11,059,193	11,688,797	12,528,879	13,489,986	13,884,927	14,198,748	14,362,372	15,548,423	15,449,228	17,062,308
업무상 질병자 수[1](명)	7,495	10,235	11,472	9,734	8,721	7,803	7,247	7,742	7,627	7,678
업무상 질병 만인율[2](‱)	6.78	8.76	9.16	7.21	6.28	5.50	5.05	4.81	4.94	4.50

1) 업무상 질병자 수 = 업무상 질병 요양자 수 + 업무상 질병 사망자 수

2) 업무상 질병 만인율(‱) = 업무상 질병자 수/근로자 수 × 10,000

그림 11-2 연도별 업무상 질병자 추이

자료 : 산업안전보건국, 2014 산업재해현황분석, 2015

Tip

업무상 질병자란?

근로복지공단에서 요양이 승인된 자이며, 산재 보상 인정 범위가 확대됨에 따라 예방 목적에 적합한 통계를 산출하기 위하여 1999년부터 업무상 질병을 '직업병'과 '작업 관련성 질병'으로 구분하였다.

- 직업병 : 작업 환경 중 유해 인자와의 관련성이 뚜렷한 질병(진폐, 난청, 금속 및 중금속 중독, 유기화합물 중독, 기타 화학물질 중독 등)
- 직업병 기타 : 물리적 인자, 이상 기압, 세균 바이러스 등
- 작업 관련성 질병 : 업무적 요인과 개인 질병 등 업무 외적 요인이 복합적으로 작용하여 발생하는 질병(뇌·심혈관 질환, 신체 부담 작업, 요통 등)
- 작업 관련성 질병 기타 : 과로, 스트레스, 간 질환, 정신 질환 등으로 인한 질환 등

4. 노동과 영양

노동력을 재생산하고 노동 능률을 유지·향상시키기 위해서는 영양을 충분하고 적절하게 섭취해야 한다. 노동의 정도가 심해질수록 에너지 소요량이 높아지고, 따라서 열량 영양소의 섭취량도 증가한다. 그 양은 노동량이나 환경조건, 체격에 따라 다르다. 일반적으로 노동의 강도별로 소비 열량을 산출한다.

노동 시에는 단백질의 합성과 분해가 동시에 증가하고 노동에 대한 적응을 위하여 단백질이 필요하다. 그리고 혈액 중의 적혈구 수나 혈청단백질의 농도도 단백질의 섭취가 적으면 저하되며, 근육노동 시 저장 단백질인 혈청단백질이 근육의 비대에 사용되어 빈혈 상태를 진전시키므로 심한 노동을 하는 경우 단백질의 요구량은 증가한다. 또한 단백질은 해독작용을 하여 특수한 작업 환경에서 유독물질의 해독에 유효한 특징을 보인다. 따라서 양질의 단백질을 충분히 섭취하는 것이 중요하다.

심한 근육노동으로 과다한 에너지를 소비하는 경우에 탄수화물만으로 에너지를 공급하면 다량을 섭취하게 되어 위장의 부담이 커져 위장 장애를 일으키기 쉽다. 그러므로 적당한 지질의 섭취를 권장한다. 적당한 지질 섭취는 공복감에 의한 작업 능률의 저하를 방지한다.

당질은 근육노동에 가장 효율적인 에너지원이다. 포도당은 장관에서 흡수되고 혈당으로서 직접 근조직으로 운반되기 때문에 근육노동에 가장 적합한 에너지원으로 이용된다. 알코올은 당질보다 많은 열량을 내지만 근육노동의 에너지원으로 직접 이용되지 못하고 당질의 체내 연소 속도를 항진시킨다. 당질을 에너지원으로 이용할 때는 비타민 B_1과 아드레날린 등이 필요하다.

근육노동에는 보통 때보다 발한량이 증가하여 수분이 손실됨으로써 갈증을 느껴 수분을 요구한다. 다량의 수분은 혈액 성분을 엷게 하고 식욕을 감퇴시키므로 발한량이 많은 격심한 노동에 종사할 때는 식염 섭취량을 늘린다. 이때 칼륨과 칼슘의 섭취량도 함께 증가시키는 것이 바람직하다. 철분은 적혈구 중의 헤모글로빈의 성분이며 조직으로 산소를 운반하는 데 관여한다. 처음으로 중노동에 임할 때는 근육량과 혈액량이 많아지므로 철분의 수요도 증가한다.

비타민 A는 피부, 점막 등의 상피조직의 세균 감염에 대한 저항력을 높여 주므로, 특히 시력을 특히 필요로 하는 노동, 야간작업, 암실작업을 하는 사람이나 교통기관 관계자 등의 경우에 더욱 중요하다. 비타민 D도 신체의 저항력을 증가시키는 데 중요하며, 특히 태양 광선의 혜택을 받지 못하는 환경에서 일하는 경우에는 비타민 D의 공급에 유의해야 한다.

노동의 강도가 심할 때 비타민 B_1의 요구량이 증가한다. 특히 뇌의 활동은 거의 당질의 연소에 의해서 이루어지므로 비타민 B_1이 부족하면 뇌 기능의 균형이 깨지게 된다. 따라서 근육노동뿐만 아니라 정신노동 시에도 비타민 B_1의 섭취는 중요하다. 소음, 일산화탄소, 고온 환경에서도 비타민 B_1의 요구량은 증가된다. 또한 근육노동 시에 당질의 산화에 따라 비타민 B_2가 필요하고 니아신은 브롬 중독의 예방 효과가 있다. 비타민 B 복합체는 중추신경계의 피로에도 관여하므로 결핍되면 쉽게 피로해진다.

근육노동을 할 때나 고온 환경 등 이상 환경에서의 노동은 비타민 C의 소비가 커진다. 비타민 C의 섭취는 노동 시, 노동 후의 피로 방지와 회복에 유효하다. 어떤 직종의 노동에서든지 비타민 C의 부족은 작업 능률을 저하시키고 피로를 가져오며 노동에 따라 혈중 비타민 C의 감소가 보이므로 충분히 섭취해야 한다.

5. 노동 환경과 영양

1) 오염물질과 영양

산업 현장에서는 특정 노동 환경에 따라 각종 중금속, 유기화합물 및 분진 등의 오염물질이 발생할 수 있다. 그러므로 이들 물질의 특성을 알고 적절한 영양 관리 대책을 마련하는 것이 필요하다.

a. 납

납(lead)은 대기, 수질, 토양 오염의 원인물질 중 하나이며 납이 사용되는 주요 공업적 용도는 도료(페인트), 제련, 배터리, 인쇄 등이다. 납 중독으로 인해 발생하는 증상으로는 만성 중독 시에는 식욕 감퇴, 피로, 두통, 근육통, 변비 등의 위장관 증상과 근무력증, 피로, 팔목 신경근 마비 등의 신경 증상이 나타난다. 특히 중추신경계에 작용하여 두통, 간질, 불면증, 신경과민 등을 유발하며 heme의 생합성 방해 등으로 인한 빈혈 증상, 그리고 단백뇨, 고인산혈증 등의 신장 질환을 일으킨다.

납에 의한 적혈구 손상을 예방하기 위하여 니아신, 비타민 B_{12}, 엽산 등의 섭취를 증가시키고, 납 중독에 의해 비타민 C의 혈중 농도가 저하되므로 비타민 C가 풍부한 식품을 섭취하여 납 독성을 감소시킨다. 비타민 D는 납의 흡수를 촉진시키는 작용을 하는데, 특히 칼슘 섭취의 부족 상태에서 다량의 비타민 D 보충제의 섭취는 납 중독 증상을 악화시킬 수 있으므로 주의해야 한다. 비타민 E는 적혈구의 막 손상을 완화하여 납 중독 증상을 완화시킨다. 그 외에 구리, 철, 아연 등의 무기질은 납 독성을 감소시킨다. 양질의 단백질 식품이 풍부한 식단이 납 중독 예방에 유리하다.

b. 수은

수은(mercury)은 플라스틱 제조 등의 산업적 용도와 농약, 의약품, 배터리, 온도계 등의 다양한 용도로 이용된다. 수은은 중추신경계에 작용하여 우울증, 신경과민, 불면증, 정신착란, 건망증 등을 일으키며 시신경 장애와 청각 장애를 일으킬 수 있다.

수은의 독성은 -SH효소의 불활성화로 발생하므로 시스테인, 메티오닌이 풍부한 식품의 섭취가 필요하다. 비타민 E와 셀레늄, 아연의 섭취가 도움이 된다.

c. 카드뮴

카드뮴(cadmium)은 합금 제조, 전기도금, 용접, 도료, 배터리 등의 생산에 사용된다. 급성 중독 시에는 호흡기를 자극하고 구역질과 설사를 유발하며 만성 중독의 경우는 신장의 기능이 저하하여 사구체 여과율의 감소현상과 폐활량 감소, 골연화증 등이 발생한다. 카드뮴은 철의 흡수를 방해하여 빈혈을 일으킬 수 있는데 비타민 C는 철분의 흡수를 촉진하고 카드뮴의 흡수를 억제하고 배설함으로써 그 독성을 감소시킨다. 비타민 E, 아연, 구리, 셀레늄의 보충은 독성을 감소시킨다.

d. 벤젠

벤젠(benzene)은 쉽게 증발하므로 호흡기뿐만 아니라 피부로도 흡수될 수 있어 적은 양을 사용해도 다른 물질보다 더 많이 노출될 수 있다. 벤젠에 노출될 수 있는 작업 및 업종으로는 접착제 제조 및 사용, 솔벤트 사용, 도장작업, 벤젠 제조 및 사용, 그라비아 인쇄업, 자동차 도장·수리업, 의류 제조업, 석유화학공업, 신발 제조업 등이 있다.

만성 중독 시 두통, 식욕 감퇴, 피로, 신경질, 창백 등 중추신경계와 위장관에 영향을 미치고 각종 백혈병, 적혈구 질환, 림프계 암 등을 유발한다. 벤젠은 비타민 B_6, 리보플라빈, 티아민 등의 배설 촉진과 비타민 C의 대사를 증가시킨다. 셀레늄과 단백질이 풍부한 식품 섭취를 권장한다.

e. 각종 분진

무기물의 먼지(분진)가 폐에 흡입, 축적되어 조직에 섬유화 변화를 일으켜서 폐 기능의 변화를 가져오는 것을 진폐증이라고 한다. 진폐증은 직업병의 대명사로 불릴 만큼 오래되고 환자 발생이 많은 직업병으로, 우리나라뿐만 아니라 대부분의 나라에서 큰 비중을 차지하고 있다.

먼지의 종류에 따라 규폐증, 탄분증, 철폐증, 석면폐증, 용접공폐증으로 분류하는데 우리나라에서 발견된 진폐증은 주로 탄광분진폐증과 규폐증이지만, 용접공폐증도 많이 발견되었으며 기타 석면폐증, 안티몬폐증, 규조토폐증, 납석폐증, 활석폐증, 활성탄폐증, 망간폐증, 철폐증 등이 발견되었다.

이들이 근무하였던 사업장은 석탄 광업이 가장 많고, 주물 주조업, 석재 채굴 및 가공업, 연탄 제조업, 건설업, 조선업, 금속 및 기계 제조업, 요업, 내화벽돌 제조업, 유리 제조업, 귀금속 가공업 및 기타 금속 관련 광업이었다. 매년 500명 이상이 유소견자로 판정받고 있다. 진폐증 유소견자는 1988년에 6,008명이 진단받아 가장 많은 수를 기록하였고 이후 점차 감소해 1998년에는 1,005명이 진단을 받았다. 2014년에는 진폐증은 1,019명이었고 이 중 409명이 사망하여 직업병 중 가장 많았다.

2) 고온 환경과 영양

고온 환경의 고열이나 높은 습도는 근로자의 건강을 해칠 수 있다. 고열 작업 환경은 열에 의해 근로자에게 열경련, 열탈진 등의 건강 장애를 유발할 수 있는 상태이며, 다습한 작업 환경은 습기로 인해 근로자에게 피부 질환 등을 일으킬 수 있는 습한 상태를 말한다. 고열 환경의 작업은 용광로·전기로 등에 의해 광물 또는 금속을 제련하거나 정련작업, 용선로 등으로 광물·금속 또는 유리를 용해하는 작업, 보일러공의 작업 등이 해당된다. 다습 작업은 다량의 증기를 사용하는 염색업 및 금속·비금속을 세정 또는 도금하는 작업, 방적 또는 직포 공정에서 가습작업 등이 있다.

Tip

직업병 바로알기

벤젠에 노출되면 생기는 가장 큰 건강 장애는 백혈병이다. 벤젠이 혈액 질환을 일으킨다는 사실은 이미 100년 전에 알려졌고 50여 년 전에 그것이 백혈병이라는 사실이 밝혀졌다. 혈액 질환에는 여러 종류가 있는데, 과거에는 주로 급성 골수성 백혈병이 발생한다고 생각하였으나 현재에는 모든 종류의 백혈병이나 적혈구 질환, 즉 골수성 및 림프성 백혈병, 골수 이상 증식 증후군, 재생 불량성 빈혈, 다발성 골수종이 발생할 수 있고 면역 체계를 억제해 림프암도 일으키는 것으로 알려져 있다. 벤젠에 노출되는 근로자의 건강을 보호하기 위해 노동부는 공기 중 벤젠 노출 기준을 설정하였다. 전에는 10 ppm이었는데 2003년 7월부터는 1 ppm으로 강화되었다. 이는 10 ppm 이하의 농도에 노출되는 근로자들에게서도 백혈병 등 혈액 질환이 많이 발생하는 데 따른 조치이다. 대부분의 선진국에서는 이미 10여 년 전에 노출 기준을 1 ppm으로 강화하였다.

자료 : 안전보건공단 직업병연구센터, 2003

고온 다습한 환경에서는 직장 온도가 상승하고 38~40°C가 되면 비례적으로 증가하는데 이는 모세혈관의 확장과 피부 혈행의 상승, 피부 온도 상승으로 인한 열 발산량의 증가, 체내 혈류량 감소, 심박출량 저하 등으로 심박 수가 증가하여 혈류량을 유지시키려고 하기

Tip

열경련(熱痙攣, Heat Cramp)

원인 •고온 환경에서 심한 육체적 노동을 할 경우에 자주 발생하며, 지나친 발한에 의한 탈수와 염분 소실이 원인

증상 •작업 시 많이 사용하는 근육에 통증이 있는 경련이 1~3분 간격으로 옴

•경련이 오는 근육은 단단해짐, 체온은 보통 정상

응급처치 •염분이 부족한 것이므로 소금물을 먹거나 생리식염수 주사를 맞음

•땀을 많이 흘리는 작업을 할 때는 작업장에 소금 비치해야 함

열사병(熱射病, Heat Stroke)

원인 •일사병이라고도 함. 열중독 중 가장 심각한 질환

•체온을 조절하는 뇌가 기능을 상실하여 발생

•아주 더운 상태에서 심한 육체노동이나 훈련을 받을 때 발생

증상 •갑자기 의식을 잃고 쓰러짐

•체온은 고열(41°C 이상)이 나고 혈압이 떨어지며 맥박이 올라감

응급처치 •치료를 안하면 100% 사망

•체온의 하강이 무엇보다 시급하므로 얼음물에 몸을 담가 체온을 39°C까지 빨리 내려야 함

•이것이 불가능할 때에는 찬물로 몸을 닦으면서 선풍기를 사용하며 증발 냉각이라도 시도해야 함

열피로(熱疲勞, Heat Exhaustion)

원인 •고온 환경에 오랫동안 노출된 결과이며, 중노동에 종사하는 자, 특히 미숙련공에게 많이 발생

•기온과 습도가 갑자기 높아질 때 발생

증상 •경증인 경우에는 고온 환경에서 일할 때 머리가 좀 아프다거나 한두 차례 어지럽다는 것을 느낌

•실신 환자는 무력감, 불안 및 초조감, 구역 등의 증상이 나타남

•의식을 잃고 쓰러질 경우 의식은 2~3분 이내에 회복하지만, 고온 환경에 머물러 있을 때에는 혈압, 맥박 수, 자각 증상 등이 정상적으로 회복되는 데 1~2시간이 걸림

응급처치 •그늘진 곳에서 쉬면서 염분과 수분을 보충하고 하루 정도 휴식을 취하는 것이 좋음

때문이다. 또한 고온 환경에서는 피부 혈관이 확장하여 최저혈압은 떨어지고 최고혈압은 증가하여 맥압이 커지며, 호흡 수와 호흡 심도도 증가한다. 동시에 수분 손실과 체액의 양과 합성도 변한다.

여름철 고온 다습한 환경에서의 노동 시 발생할 수 있는 장애는 열사병, 열경련, 열피로 등이다. 발산열의 균형이 깨져서 생기는 열사병이나, 일광의 직사광선을 쪼일 때 발생하는 일사병이 발생하였을 때 몸을 식히고 안정시키며 수분을 공급해야 한다. 특히 여름철 작업 시에는 한꺼번에 많은 수분을 섭취하는 것보다는 조금씩 자주 섭취하는 것이 좋다. 땀에는 수분과 염분이 함께 포함되어 있어, 심한 발한 시 이를 보충하기 위해 고열 작업장에는 식염수나 정제식염을 비치해야 한다. 실내의 다습 환경에서의 작업은 습기 제거를 위해 환기 등의 적절한 조치를 취하고 개인위생 관리를 철저히 하며 작업장 내에 미생물이 번식하

표 11-3 고온 환경의 작업 허용 온도

작업의 강도	작업 내용	허용 온도 레벨
지극히 경작업	손끝을 움직이는 정도 : 사무	32°C
경작업	가벼운 손작업 : 선반, 감시 보턴 조작, 보행	30°C
중등도 작업	상체를 움직이는 정도 : 줄질, 자전거 주행	29°C
중등도 작업	전신을 움직임 : 30~40분에 한 번 휴식	27°C
중작업	전신을 움직임 : 즉시 땀이 남	26°C

미국 ACGIH 기준 : America Conference of Governmental Industrial Hygienists

열성 발진(熱性發疹, Heat Rash)

원인
- 피부가 땀에 오래 젖어서 생기는 것으로 고온 다습하고 통풍이 잘 되지 않는 환경에서 작업할 때 많이 발생

증상
- 처음에는 피부에 조그만 붉은 홍반성 구진이 무수하게 나타나며, 대개의 경우 맑거나 우윳빛의 액체가 찬 수포로 변함
- 발진은 가렵지는 않으나 따갑고 얼얼한 느낌의 통증이 발진 부위보다 훨씬 광범위하게 발진이 생기기 전부터 나타남

응급처치
- 고온 환경을 떠나 땀을 흘리지 않으면 곧 치유되며, 가급적 시원한 환경에서 땀을 적게 흘리고, 2차적 환경에서 감염을 예방하기 위하여 네오마이신(neomycin)이 함유된 로션을 사용함
- 냉수 목욕을 한 다음, 피부를 잘 건조시키고 칼라민 로션이나 아연화연고를 바름

자료 : 안전보건공단, 2011

지 않도록 청소와 소독을 철저히 한다.

고온 환경에서는 헤모글로빈 농도가 감소하므로 양질의 단백질이 충분히 공급되어야 하고, 발한에 의해서 상실되는 식염, 칼슘, 철분을 보충해야 한다. 고온 환경에서 비타민의 소비는 큰데 그중 비타민 B_1과 비타민 C가 풍부한 식품을 섭취해야 한다. 그 외에 고온 다습한 환경은 위산 분비가 저하되고 식욕이 감퇴되는 경향이 있으므로, 조리 시에 식초나 레몬 등의 향신료를 적당히 사용하면 식욕을 지키는 데 도움이 된다.

3) 저온 환경과 영양

저온 환경에서는 체내 열 발산의 항진과 체내로부터 열 발산을 억제하는 작용이 일어난다. 체온 조절 기능에 이상이 생기면 특히 생산 열에 비해 발산 열이 많아질 때 저체온으로 한랭 장애가 온다. 저온 환경에서 발생할 수 있는 장애는 한랭에 의해서 말초혈관과 조직에 손상이 오는 동상(凍傷)과, 5~10°C의 비교적 저온 환경에서 나타나는 피부 장애인 동창(凍瘡)이 있다.

저온 환경에서는 섭취 열량을 증가시키고 더운 음식과 약간의 매운맛이 나는 음식으로 체내 생산 열의 효과를 높인다. 한랭 시에는 열량 영양소의 대사가 항진되므로 당질, 지질, 단백질을 충분히 섭취한다. 저온 환경에서는 모든 대사가 항진되므로 대사를 원활히 하기 위하여 비타민 B 복합체와 비타민 C의 공급을 충분히 한다.

4) 고압 환경과 영양

고압 환경에서의 노동은 해저 자원의 조사, 연구, 개발을 위한 잠수정이나 해저 도시계획, 그 외의 일반적인 잠수작업 등이다. 장시간 잠수하는 경우 고압 공기로 호흡하게 되고 환기량이 제한되어 이산화탄소 중독을 일으키거나 산소 중독증 등의 장애를 일으킬 수 있다. 고압 환경에서 장기간의 심해작업을 할 때는 식생활에 많은 문제점들이 발생하는데 특히 식품의 오염, 부패, 변질의 우려가 있고 조리에 따른 생활 환경의 오염, 가열 조리 시의 기압 등을 유의해야 한다. 열 손실이 크므로 에너지 섭취량을 증가시키고 식욕이 저하되므로 기호에 따른 식단과 식품의 선택에 주의한다.

5) 저압 환경과 영양

저압 환경에서 생기는 장애로는 고산증을 들 수 있는데 증세는 불쾌감, 두통, 피로감, 호흡 곤란, 구토증, 식욕 부진 등이 있고, 사고 능력과 기억력이 감퇴되며 심하면 호흡 곤란과 질식 증세가 나타난다. 고지 등반과 같은 저압 환경에서는 고열량식으로 소화·흡수가 잘 되도록 고당질, 저지방식이 유리하다. 고당질 식사이므로 충분한 비타민 B_1의 섭취가 요구되며 발한량이 많은 경우 수분을 충분히 섭취한다.

6) 무중력 환경과 영양

무중력 환경은 우주비행 연습을 위해서 인공적으로 무중력 환경을 만들어 훈련하는 예가 있다. 미국에서는 항공의학(aviation medicine)과 우주의학(space medicine)을 포괄적으로 표현한 용어인 항공우주의학(aerospace medicine)이라는 학문이 산업 의학의 한 전문 분야로서 발전하였고 1953년 첫 전문의가 배출되었다. 항공·우주 의학 분야에서 다루는 환경은 고공과 우주 공간이며 주로 고공 환경(또는 우주 공간)에서 활동하는 항공기 승무원, 우주 비행사, 승객 및 우주 기지 주민 등의 생리적 상태를 유지하기 위한 대책을 다룬다. 우리나라에도 군항공의학이 도입되어 연구되고 있다.

고공으로 올라가면 공기 밀도가 낮아져 대기압이 급격히 낮아지는 경우에는 생체 변화가 생기고 팽창통, 고공성 저산소증, 급격기압강하증후군, 우주 멀미 등이 발생한다. 무중력 환경하에서는 적혈구 수가 15% 감소하고 순환 혈액량이 감소하며 혈액 분포 상태의 변화, 근육의 긴장 수축 저하현상이 나타난다. 또한 무중력 상태에서는 무중량에 의한 근육의 부하가 없어 골격근에 부담과 긴장이 없어지므로 근육의 감소와 이완 현상이 나타나고 이에 따라 균형 감각을 잃고 둥둥 뜨게 되며 칼슘 성분이 감소된다. 1년간 무중력 환경에서 생활하면 체내 칼슘의 약 1/4이 상실된다. 그 밖에 동요병, 즉 우주 멀미 증세가 나타나고 신체의 공간 위치 착각, 어지럼증, 식욕 감퇴, 위의 불쾌감, 구토 증세가 심해진다.

7) 기타 환경과 영양

a. 소음, 진동

장시간 진동 기구의 사용과 같은 소음 환경은 두통, 현기증, 짜증, 난청, 청력 장애 등을 초래한다. 소음과 진동에 의해 혈압 상승과 심박 수의 증가, 불면증, 발한, 물질대사의 항진 등이 발생한다. 또한 타액 및 위액 분비를 감소시키고 위 운동을 억제해 소화 장애를 일으킨다. 작업 환경에서의 소음은 정신적으로 피곤하여 비타민 B_1, B_2, B_6의 충분한 섭취가 필요하다. 특히 한랭한 환경에서 착암기를 이용한 장시간 노동 시에는 체내 열 생산에 효과적인 양질의 단백질 식품을 충분히 섭취한다.

b. 시차 적응과 교대 근무

장기간 해외여행으로 시차의 변화에 적응해야 하는 항공기 승무원과 같은 직종의 종사자는 시차증후군이 발생한다. 시차증후군이란 5시간 이상의 시차가 있는 지역 간을 항공기로 급속하게 이동하게 되면 심신 기능의 부조화 상태가 되는 현상을 말한다.

이때 나타나는 증세는 수면 장애, 정신작업 능력의 저하, 피로감, 식욕 저하 등이며 그중 수면 장애가 가장 흔한 증상이다. 비행기 내에서 수면이 부족하면 첫날은 비교적 수면할 수 있으나 수면 부족 해소 후, 2일 이내에 본격적으로 불면증이 나타날 가능성이 있다. 따라서 도착지의 시간에 적응하기 위한 적극적인 노력이 필요하므로 적당한 수면제, 멜라토닌 호르몬 등을 이용하여 수면 장애를 경감할 수도 있다.

이런 현상은 주야간 활동이 바뀌게 되는 교대 근무자들에게도 나타난다. 교대 근무는 장시간 조업해야 하는 산업현장의 노동자, 간호사 등은 2개 조 이상으로 나누어 각각의 작업시간대에 근무하게 된다. 또한 최근 24시간 영업을 하는 업종이 많아져 주야간의 노동환경에 적응해야 하는 노동자가 증가하고 있다. 교대 근무자의 3대 증상은 수면 각성 장애, 만성적 권태감, 소화기 증상이 나타나는데, 이 중 수면 각성 장애가 가장 빈번히 나타나고 심장 질환 또는 위장 장애의 위험도 높다. 이처럼 주야간이 바뀌는 환경은 생체 리듬의 불균형으로 스트레스가 증가하고 질소의 손실이 있으므로 충분한 단백질의 공급과 균형 잡힌 지질의 섭취가 도움이 된다.

c. 방사선 및 X선

그 밖에 방사선 및 X선에 장기간 노출되는 업무에 종사하는 경우는 체내 비타민 C의 수준이 감소하게 되므로 단백질, 비타민 K, 비타민 C를 보충하고 고지방 식사는 피한다. 또한 화학공장 종사자에게는 단백질이 해독작용을 하므로 충분히 섭취하는 것이 좋으며 식욕을 높이기 위해 적당량의 향신료를 사용하여 조리한다.

Advice 식생활에 담긴 근로자 건강의 비결

이것만은 꼭 지키자.

- 아침을 꼭 먹는다.
- 싱겁게 먹는다.
- 흡연을 하지 않는다.
- 정상 체중을 유지한다.
- 과음을 하지 않는다.
- 카페인 음료의 섭취를 절제한다.

자료 : 안전보건공단, 2011

Advice 올바른 작업 자세 5대 수칙

1. 작업 높이는 팔꿈치 높이로 맞춥니다.
2. 자주 사용하는 부품이나 공구는 몸 가까이에 둡니다.
3. 오래 서서 일할 때는 입좌식 의자나 발 받침대를 사용합니다.
4. 한 가지 자세만 유지하지 말고 자주 자세를 바꿔 줍니다.
5. 정밀한 작업은 앉아서, 힘을 쓰는 작업은 서서 합니다.

자료 : 안전보건공단, 2011

Advice 건강 관리 10계명

1. 스트레스는 하루를 넘기지 말자! : 스트레스는 만병의 근원, 긍정적 사고를 갖는 것이 중요
2. 술은 2잔 이하, 이틀은 금주하자!
3. 3대 건강 수치를 체크하자! : 혈압·혈당·콜레스테롤 수치를 아는 것이 성인병 예방의 지름길
4. 하루 30분씩 1주일에 4회 이상 운동하자!
5. 5복 중 하나 치아를 소중히 하자!
6. 6대 영양소를 골고루 섭취하자! : 탄수화물, 단백질, 지질, 비타민, 미네랄, 식이섬유
7. 하루 7시간 이상 수면으로 면역력을 높이자!
8. 20대의 열정으로 80세까지 사랑하자!
9. 9전 10기 끊임없이 금연에 도전하자!
10. 10대 질환 정기 건강 검진으로 막자!

자료 : 건강실천가이드, 2011

Tip

직업 건강 정보

근골격계 질환이란?

근육, 건, 신경, 혈관 및 그 주변 신체조직 등에 나타나는 건강 장애를 총칭한다. 수근관증후군(carpal tunnel syndrome), 건염(tendonitis), 흉곽출구증후군(thoracic outlet syndrome), 경추자세증후군(tension neck syndrome) 등이 있다. 작업 활동이 반복적이며 지속적이거나 부자연스러운 작업 자세에서 이루어지는 경우 이러한 질환들이 발생할 확률이 높고 이러한 질환들은 작업 중 또는 휴식 시에도 통증을 동반하기도 한다.

위험 요인

- 작업대 높이가 낮아 목과 허리 부위의 구부림 발생
- 접시를 닦을 때 손과 손목을 비트는 반복작업 발생
- 찜통을 올리고 내릴 때 팔과 손목에 과도한 힘 발생
- 취급하는 조리 도구를 주로 한 손만을 이용하여 반복적으로 작업
- 조리대와 작업자의 거리가 멀어 손의 뻗침 발생
- 반복적인 칼의 사용으로 손가락 및 손목의 부자연스러운 자세와 접촉 부하 발생
- 중량물을 인력으로 운반하여 허리와 무릎에 무리가 감

안전수칙

작업 전
- 작업 전후 스트레칭을 한다.
- 도구 및 재료의 수납장은 조리대 가까운 곳에 보관한다.
- 조리대에 수납공간을 설치하고 자주 쓰는 물건을 보관한다.
- 사용 빈도가 높거나 무거운 도구 및 재료는 팔꿈치 또는 허리 높이에 보관한다.

작업 중
- 한꺼번에 많은 양을 작업하지 않고 일을 조금씩 나누어 여러 번 하도록 한다.
- 힘이 덜 드는 동작인 8자형 또는 원형 동작을 취한다.
- 접촉 부하로 인한 불편함을 최소화할 수 있도록 작업용 앞치마를 착용한다.
- 자신의 신장을 고려하여 보조 발판을 이용한다.
- 많은 양의 썰기, 다지기 등은 가능하면 기계를 사용한다.
- 무거운 물건은 나눠 들거나 2인 1조 또는 대차를 사용한다.
- 한 번에 들 수 있는 식자재는 시야를 가리지 않는 정도의 양으로 한다.

VDT 증후군(visual display terminal syndrome)이란?

- VDT 증후군은 잘못된 컴퓨터 작업으로 인하여 목이 거북 목처럼 변형된다고 하여 거북목증후군, 일자목증후군이라고도 하며 컴퓨터 사용이 많은 직장인에게 흔하게 나타나는 질환
- 영상 단말기의 화면을 오랜 시간 바라볼 경우 시력 저하, 눈의 피로와 통증, 그리고 사물이 흐리게 보이거나 시각의 초점이 잘 맞지 않는 증상이 나타난다. 머리, 손, 어깨가 아프고 업무 스트레스가 겹치게 되면 그 피해는

더 커짐

- 영상 단말기 사용으로 인한 건강 장애는 크게 근골격계 질환과 시각 장애로 구분할 수 있는데 VDT증후군으로 인한 근골격계 질환은 작업 자세가 바르지 못하여 목, 어깨, 팔, 손목 등에 통증을 일으키며, 시각 장애는 실내 밝기의 부적절, 화면 문자와 반짝거림, 화면에서 나오는 빛에 의한 눈부심 등에 의해 발생됨

증상

안구건조증, 거북목증후군(일자목증후군), 근막통증증후군

예방법

- 컴퓨터 작업을 반복적으로 수행하는 작업자는 작업 중 적정한 휴식시간을 갖는다.
- 컴퓨터 및 키보드, 마우스는 적정한 성능을 가진 것으로 지급하고 가급적 인간공학적 기능이 있는 제품을 이용한다.
- 작업장의 창·벽면 등은 반사되지 않는 재질로 하여야 하며, 조명은 화면과 명암의 대조가 심하지 않도록 한다. 특히 화면을 바라보는 시간이 많은 작업일수록 화면 밝기와 작업대 주변 밝기의 차를 줄이도록 하고, 작업 중 시야에 들어오는 화면·키보드·서류 등의 주요 표면 밝기를 가능한 한 같도록 유지한다.
- 작업자의 자세는 편안하고 움직임에 제약이 없는 자세를 취할 수 있어야 하며 작업자가 필요한 경우 적절히 조절할 수 있도록 한다.
- 지나치게 밝은 조명·채광 또는 깜박이는 광원 등이 직접 작업자의 시야 내로 들어오지 않도록 한다.
- 작업실 내의 온도를 18~24℃, 습도는 40~70%를 유지하고 실내의 환기·공기 정화 등을 위하여 필요한 설비를 갖춘다.
- 작업자는 작업 개시 전 또는 휴식시간에 조명기구·화면·키보드·의자 및 작업대 등을 점검하여 조정하도록 하고 작업장소·모니터 등을 청소함으로써 항상 청결을 유지한다.

자료 : 안전보건공단, 근골격계 질환 예방, 2012

단원정리

1 노동은 육체적, 정신적 활동의 총체적인 생활 활동이며 근육 활동의 강도, 시간적 연장, 온도, 유해물, 환경 조건 등에 의해 영향을 받는 생활현상의 하나이다. 적절한 영양 관리를 통해 효과적인 노동력의 재생산이 가능해진다.

2 노동은 노동자의 작업에 대한 능력과 적응 능력에 따라 작업 효율에 영향을 미치게 되며, 노동환경에 따라 작업 시 긴장을 줄이고 적당한 휴식과 운동을 필요로 한다.

3 직장인들의 불규칙적인 식습관과 스트레스로 인하여 직업과 질병은 밀접한 관계가 있고 근로자의 상병은 결근과 노동 이동에 예민하게 반영되며 산업 피로와 산업 재해와도 깊은 관계가 있어 중요한 의미가 있다.

4 노동력을 재생산하고 노동 능률을 유지하고 향상시키기 위해서는 영양을 충분하고 적절하게 섭취해야 한다.

단원평가

1 노동의 생리를 설명하시오.

2 각종 오염물질에 대한 영양 관리를 제시하시오.

3 작업 환경의 기온에 따른 영양 문제를 설명하시오.

4 작업 환경의 기압에 따른 영양 문제를 설명하시오.

5 24시간 대형 매장의 종사자가 주야간이 바뀌는 교대 근무를 하는 경우, 특히 보충해야 할 영양소는 무엇인지 설명하시오.

풀이

1. 노동을 통한 신체 활동은 근육 수축으로 ATP를 사용하게 되고 휴식 없는 육체적 노동이 지속되면 ATP 고갈과 젖산이 근육에 축적되어 동통과 피로가 축적된다. 노동 강도는 심박수, 혈압, 혈당 등에 영향을 미치고 노동 숙련도는 작업 효율에 영향을 미친다.
2. 납 : 니아신, 비타민 B_{12}, 엽산, 비타민 C, 비타민 E 등이 풍부한 식품은 적혈구 손상 예방 및 납 독성을 감소시키며 구리, 철, 아연 등의 무기질도 납 독성을 감소시킨다. 양질의 단백질 식품이 풍부한 식단은 납 중독 예방에 유리하다.

   수은 : 시스테인, 메티오닌이 풍부한 식품, 비타민 E와 셀레늄, 아연 등의 섭취가 도움이 된다.

   카드뮴 : 비타민 C, 비타민 E, 아연, 구리, 셀레늄 등의 섭취는 독성을 감소시킨다.

   벤젠 : 셀레늄과 단백질이 풍부한 식품 섭취를 권장한다.
3. 고온 다습한 환경에서의 노동 시 발생할 수 있는 장애는 열사병, 열경련, 열피로 등이다. 고온 환경에서는 양질의 단백질과 식염, 칼슘, 철분을 보충하고 비타민 B_1과 비타민 C가 풍부한 식품을 섭취하는 것이 좋다.

   저온 환경에서는 체내 열 발산의 항진과 체외로의 열 발산을 억제하는 작용이 일어나므로 충분한 열량을 섭취한다. 더운 음식과 약간 매운맛이 나는 음식이 도움이 되며 당질, 지질, 단백질을 충분히 섭취하면서 비타민 B 복합체와 비타민 C의 공급을 충분히 한다.
4. 고압 환경에서 장기간의 심해작업을 할 때는 열 손실이 크므로 에너지 섭취량을 증가시키고, 식욕이 저하되므로 기호에 따른 식단과 식품의 선택에 주의한다.

   저압 환경에서는 고산증으로 불쾌감, 두통, 피로감, 호흡 곤란, 구토증, 식욕 부진 등이 발생할 수 있으므로 고열량식으로 소화·흡수가 잘 되도록 고당질, 저지방식이 유리하며, 충분한 비타민 B_1과 수분을 충분히 섭취한다.
5. 생체 리듬의 불균형으로 스트레스가 증가하고 질소의 손실이 있으므로 충분한 단백질의 공급과 균형 잡힌 지질의 섭취가 도움이 된다.

12

스트레스와 영양

1. 스트레스의 개념
2. 스트레스의 종류
3. 스트레스에 대한 반응
4. 스트레스의 강도
5. 스트레스와 영양
6. 내부 환경의 항상성
7. 스트레스에 대처하기 위한 가이드라인

현대는 스트레스 사회라고도 한다. 작업의 자동화, 방대한 정보, 그리고 책임과 경쟁 속에서 복잡한 인간관계가 원만하지 못할 때 또는 가정문제 등으로 누구나 크든 작든 간에 스트레스를 느끼게 되는데 이는 정신적인 문제에서 다시 육체적 질병으로 옮겨간다. 스트레스는 삶의 일부로 사람들은 스트레스에 적응하고 이를 장점으로 활용하는 방법을 터득하기도 하지만 스트레스가 과도할 경우에는 삶의 질에 영향을 받는다.

많은 사람들은 과도한 스트레스를 받고 있으나 이에 대한 대처 능력은 결여되어 있다. 스트레스에 의해 피로해지고 작업 능률이 떨어지며, 심하면 정신 질환 등 여러 가지 질병에 걸리기도 한다. 이러한 스트레스에 대응할 수 있는 힘을 기르고 적응하여 극복, 개선하는 데 우선 기본이 되는 것이 체내 환경 조건을 일정하게 유지하는 일이며 이때 스트레스 예방과 극복에 영양은 중요한 역할을 한다.

다음의 3가지는 영양이 스트레스를 극복하는 중요한 방법이 될 수 있음을 보여 준다.

① 영양은 사람이 신체적 또는 정신적 스트레스를 대처해 나가는 데 영향을 미친다.

② 부족한 영양은 신체적·정신적 스트레스를 유발한다.

③ 스트레스는 영양소(음식)에 대한 욕구를 증가시키기도 한다.

1. 스트레스의 개념

스트레스(stress)란 용어는 원래 기계공학의 분야에서 사용하는 압력, 외력, 응력이란 뜻에서 유래되어 의학계에서 사용하게 된 것인데, 그 개념과 메커니즘을 최초로 밝힌 사람은 캐나다의 내분비학자 셀리에(Hans Selye)로, 그는 생체가 외부로부터 받은 자극에 대한 반응을 스트레스라고 하였고 이 생체에 유해한 자극을 스트레스원(stressor)이라 하였는데 현재는 이 2가지를 구별하지 않고 스트레스라고 하는 경우가 많다(그림 12-1).

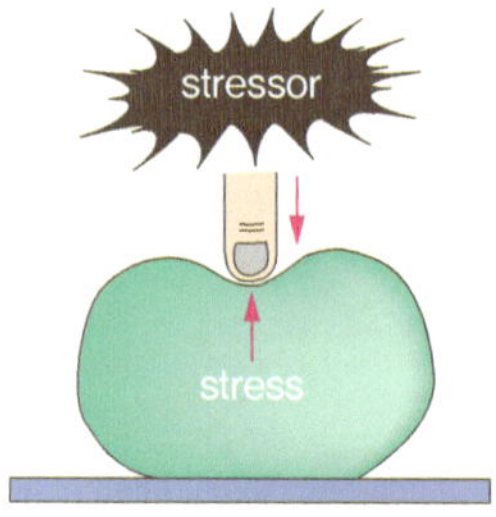

그림 12-1 스트레스의 개념

스트레스를 받은 신체가 방어를 시도하는 과정을 적응증후군(general adaptation syndrome)이라 하였으며 이것이 스트레스 학설이다. 환경에는 외부 환경과 내부 환경이 존재한다. 외부 환경은 의식주를 포함한 가정 환경과 인간관계 및 사회적·경제적 조건 등과 같은 환경으로, 문명과 급격한 경제적 진보와 복잡성이 있다. 내부 환경은 체온, 혈액, 조직액 등의 상태를 말하는데, 외부 환경 조건이 크게 변해도 생체는 내부 환경을 일정하게 유지하려는 항상성(homeostasis)이 있다. 외상, 감염, 공포 등 몸에 해로운 자극이 가해지면 자율신경-부신계가 작용해서 생체 내부 환경을 정상적으로 유지하기 위한 반응을 보인다.

1920년대 후반부터 1930년대에 걸쳐 발표된 스트레스 연구 내용은 근본적인 측면에서는 현대에 와서도 크게 변화된 것이 없으나 외부 환경이 급속도로 변화하고 복잡해짐에 따라 스트레스의 종류와 강도는 증가하고 있다.

2. 스트레스의 종류

스트레스는 인간으로 하여금 변화하고, 성장하며, 싸우고, 적응하고, 생산 행위를 촉구하는 힘이 된다. 긍정적인 것들을 포함한 모든 인간 활동은 스트레스를 유발한다. 예를 들면 직장에서의 승진은 긍정적인 것이기는 하지만 새로운 직책에서 오는 책임감 등의 스트레스를 가져올 수 있다. 모든 스트레스가 해로운 것은 아니다. 스트레스에서 오는 자극, 도전 및 변화는 삶에 유익함을 가져올 수도 있기 때문이다.

스트레스는 넓은 의미로 볼 때 생체를 해롭게 하는 것과 건강을 촉진시켜 주는 것으로 분류할 수 있다. 건강을 촉진시켜 주는 것, 즉 우리 몸에 새로운 자극을 주어 더 나은 상태를 유지할 수 있게 하는 긍정적 스트레스인 유스트레스(eustress)로는 식사, 운동, 수면 등 기본적인 것과 물리적인 것으로 난방, 청결 그 외에도 교육, 행복감 등을 들 수 있다.

반면 해롭게 하는 것, 즉 우리 몸에 혼란을 야기하고 병들게 하는 부정적 스트레스인 디스트레스(distress)로는 다음과 같은 것들이 있다.

1) 물리적 스트레스

물리적 스트레스에는 고온, 저온, 건조, 다습, 소음, 진동, 방사선, 광선 등을 들 수 있는데 이와 같이 이상 환경에 노출되는 경우는 한여름 뜨거운 햇볕 아래에서 일하는 노동자, 비

스트레스(stress) 생체가 외부로부터 받은 자극에 대한 반응
항상성(homeostasis) 생명현상을 원활하게 영위하기 위해 체온, 체액의 pH와 삼투압 등 체내 환경 조건을 항상 일정하게 유지하여는 성질
긍정적 스트레스(eustress) 우리 몸에 새로운 자극을 주어 더 나은 상태를 유지할 수 있게 하는 긍정적 형태의 스트레스로, 식사, 운동, 수면 등 기본적인 것과 물리적인 것으로 난방, 청결, 교육, 행복감 등이 있음
부정적 스트레스(distress) 우리 몸에 혼란을 야기하고 병들게 하는 스트레스로, 물리적 스트레스, 화학적 스트레스, 생물학적 스트레스, 생리적 스트레스, 심리적 스트레스가 있음

닐하우스 내의 작업자, 한겨울 북양어선에서 일하는 작업자, 잠수부, 고지 주민, 냉동실 내의 작업자, 고산지대 작업자, 자전거 선수, 돌조각가 등이 있다. 이런 스트레스에 대응하여 생체반응이 일어나지만 그 적응 한도가 넘으면 일사병, 열사병, 동상, 고산병, 난청 등의 질병에 걸린다.

2) 화학적 스트레스

화학적 스트레스의 예에는 산소 결핍 및 과잉, 유독 화학물질(비소, 납, 수은, 청산염, 일산화탄소, 사염화탄소 등의 독가스, 환경호르몬 등), 영양 부족, 기아 등이 포함된다. 화학공업이 발달함에 따라 여러 가지 다양한 화학물질이 증가하고 있으며 화학공업에 종사하는 사람과 화학약품의 사용자, 도장업자, 세탁업 등의 용제 사용자, 농업 종사자 등이 유해한 화학물질과 접촉하여 화학적 스트레스를 받는 기회가 많아지고 있다. 여기에 대비하여 환경 개선으로 유해물의 발생 방지나 위생시설을 완비하여 종사자의 건강을 지키는 일은 중요하다. 한편으로는 일상적으로 독물에 대한 저항력을 길러야 하는데 이는 무엇보다도 영양 상태에 따라 크게 차이가 나므로 각종 물질에 있어서의 해독 메커니즘과 관련된 영양소와 독물에 의해서 파괴, 소모되는 영양소나 체성분을 영양 면에서 면밀히 검토해야 한다.

유독물질의 작용과 그 영양 대책의 예를 들면, 납은 -SH기를 가진 효소를 저해하여 빈혈 증세를 가져오므로 단백질과 철분을 공급해야 한다. 또한 -SH기를 가진 CoA를 저해하여 근육 마비를 일으키는데, 이때는 비타민 B_1이 이런 유해물과 결합하여 -SH 효소 저해를 억제하는 것으로 알려져 있다. 납뿐만 아니라 비소, 카드뮴, 동, 수은, 아연, 주석도 마찬가지이다. 그리고 납과 칼슘을 충분히 섭취하면 소장에서 납의 흡수가 억제된다. 체액이 산성일 때 납은 서서히 혈중으로 이행하여 중독을 일으키지 않고 소변으로 배출된다.

3) 생물학적 스트레스

생물학적 스트레스에는 세균, 바이러스, 알레르기 항원(allergen) 등 각종 항원이 있다. 생체 내에 외부로부터 이물(항원)이 침입하면 우선 피부나 점막 등의 상피조직에서 방어한다. 그러나 조직 내에 침입한 경우에는 혈액을 통하여 여러 세포(림프구, 대식세포, 과립구 등)가 그 주위에 모여서 세포성 면역이나 체액성 면역으로 해로운 작용을 하는 이물질을 먹어 없애 방어를 한다. 침입한 물질에 대해 체내에서 항체를 생성하여 항원항체반응을 일으키는 경우와 같이, 생체에서 부적합한 반응을 일으키는 것을 알레르기(allergy)라고 한다.

생체의 방어 메커니즘과 영양과의 관계는 잘 알려진 사실로, 개발도상국의 영유아 사망의 약 45%는 저영양으로 인한 저항성 저하에서 비롯된 감염성 질환에 의한 것으로 보고되고 있다. 이 생체방어에 관여하는 백혈구, 대식세포(macrophage), 림프구 등은 전부가 단백질이고, 따라서 단백질의 질적·양적 부족은 면역과 감염에 대한 저항력에 관계되므로 단백질 섭취와 HBV(B형 간염 바이러스) 보균자율은 밀접한 상관관계를 가지고 있다. 단백질 섭취와 동시에 상피세포 건강에는 비타민 A, 비타민 C가 중요하고 단백질 대사에는 비타민 B_6가 필요하다.

4) 생리적 스트레스

생리적 스트레스는 각종 질병, 외상, 수면 부족, 특히 생리적 리듬이 깨졌을 때를 말한다. 인간의 일과는 지구의 자전 주기와 거의 일치하여 전신기관의 기능도 24시간을 주기로 리듬 있게 변동하고 있다. 즉, 수면과 각성, 체온의 변화, 요도와 요성분, 혈액 성분, 혈압, 심박수, 호흡수, 체중, 자극에 대한 감수성 등이 주간에 항진, 증가, 상승하고 야간에는 진정된다. 이 생체 기능은 24시간 주기의 리듬을 반복한다. 이는 강제적인 것이 아니라 자발적이다.

이러한 생리적 리듬이 깨질 때 건강한 생활은 위협받는다. 수면 부족, 정신 기능 저하, 두통, 어지럼증, 만성 피로, 식사시간의 불규칙, 위장 장애, 식욕 부진, 체중 감소나 증가 등의 자각 증세가 많이 나타난다. 따라서 심리적, 생리적 스트레스에 의해서 위장 질환, 고혈압, 동맥경화, 심장 질환 등을 유발한다.

5) 심리적 스트레스

흥분, 공포, 긴장, 불안, 부자유, 신경 소모 등 정신적·사회적·가정적 요소를 포함한 것들을 말하며 이는 빠른 시일 내에 해소되지 않으면 모든 질환의 원인이 된다. 이와 같은 자극이 생체에 영향을 주면 그 종류에 따라 설사, 변비 등 특유의 반응이 나타나지만, 그 자극과는 관계없이 우울증, 창백, 식욕 부진, 두통 등의 비특이적 증세가 나타나는 상태를 스트레스라고 한다.

그러나 적당한 스트레스는 인간의 생활에 활기를 불어넣어 줄 수도 있으므로, 스트레스를 제거하는 방법에도 정도에 따른 분별과 판정이 요구된다. 예를 들어, 스트레스를 풀기 위한 운동이 과도해지면 심장에 부담을 주어 오히려 건강에 해를 끼친다. 식사에서도 균형 잡힌 알맞은 섭취는 건강과 일에 도움이 되나 당질이나 비타민 A, 비타민 D 등을 과잉 섭취하면 비만이나 심장 질환 또는 과잉증을 나타내게 된다.

3. 스트레스에 대한 반응

영양이 왜 중요한지 이해하기 위해서는 신체가 스트레스에 어떻게 반응하는지를 아는 것이 중요하다. 스트레스 상황에서 신체는 신체에 내재되어 있는 '직면 혹은 도피(fight of flight)' 반응을 일으킨다.

스트레스 호르몬인 에피네프린(아드레날린)은 부신에서 분비된다. 이 호르몬은 다른 호르몬들과 함께 신체 내부를 순환하면서 혈압 및 심박 수를 증가시키고 호흡수를 빠르게 하며, 기타 신체작용에 변화를 준다. 혈당 또한 증가한다. 지방세포는 지방질을 혈관 내로 투입하여 근육에 필요한 에너지를 증가시킨다(그림 12-2). 이에 대한 스트레스 반응의 결과는 인간을 위험에 대처할 수 있는 긴장된 상태로 만든다. 스트레스 상황이 끝나면 신체는 다시 정상 상태로 돌아온다.

1) 스트레스의 반응 과정

셀리에(Selye, H.)는 적응증후군이라는 스트레스 학설을 주장하였다. 여러 가지 종류의

Tip

술과 스트레스 그리고 영양

어떤 사람들은 스트레스 해소를 위해 술을 찾는 경우가 있다. 이와 같은 경우 과음과 알코올 중독으로 이어질 수 있다. 칼로리는 있지만 비타민이나 무기질 같은 영양은 제공하지 못하기 때문이다. 술이 '빈 칼로리'라고 불리는 것처럼 술은 신체 내 영양을 결핍시키고 이에 따라 영양에 대한 추가적 요구가 발생한다. 단백질, 탄수화물, 지질 같은 에너지원이 되는 영양과는 달리 술은 간 세포에 대해서만 에너지원 역할을 한다. 보통 간은 지방을 태우는 역할을 하지만 알코올을 섭취한 경우 간은 지방을 에너지원으로 태우는 대신 간에 축적시키거나 혈액으로 배출시킨다. 결과는 해로운 지방질이 혈액 내에 순환하게 되고 간 손상으로 이어질 수 있다. 또한 만성적 알코올 과다 섭취는 혈압을 높이고, 심장 근육을 손상시키며 간경변증 및 간염을 일으킬 수 있다. 또한 구강암, 인후암, 식도암 발병을 증가시키고 위에 손상을 가한다. 위에 손상이 올 경우 영양 섭취 기능에 장애가 생긴다. 그래서 알코올 섭취량이 많은 사람들이 균형 잡힌 식사를 함에도 불구하고 영양실조에 걸리기 쉬운 것이다. 알코올에도 칼로리가 있기 때문에 보통의 식사량을 지속할 경우 체중이 증가하게 된다. 하지만 이를 조절하기 위해 식사량을 줄일 경우에는 올바른 영양 섭취가 이루어지지 않는다. 알코올 섭취 또한 식욕을 줄이는 증세를 유발한다. 와인 한 잔이 위 작용을 자극하고 소화를 촉진시키는 역할을 할 수는 있지만 과도한 섭취는 영양 흡수를 떨어뜨린다. 균형 잡힌 식사와 올바른 영양 섭취가 알코올 및 스트레스로 인한 영양 결핍을 방지할 수는 있으나 알코올의 유독성이 간, 심장, 뇌 및 기타 신체기관에 영향을 미칠 수 있어 그 결과로 여러 가지 질병을 유발할 수 있다.

그림 12-2 스트레스에 대한 반응

스트레스에 대한 공통된 반응으로써 외부 자극을 받으면 인체는 스트레스에 적응하기 위해 저항하는 현상을 실험을 통해 설명하였다.

스트레스가 강하면 반응도 강해지고 그것이 반복될수록 저항력이 증대된다. 여기에서 방위 체력이 향상된다. 생체반응의 일련의 과정을 일반적인 적응증후군이라 하였을 때 그것이 일어나는 반응 과정은 다음과 같다.

(1) 경고기

충격에 의해서 체온, 대사, 혈압, 혈중 알부민, 예비 알칼리량 등이 일시적으로 저하되고 혈당치도 처음에는 상승하지만 얼마 후에는 저하되며 조직 단백질도 붕괴하여 이화작용이 진행된다. 일단 저항력이 저하되었을 때 제2의 충격이 가해지면 비교적 간단히 넘어지고 마는데 이것을 쇼크(shock)라고 한다. 이것은 충격의 강도에 따라 수 분 또는 24시간까지 영향을 미치기도 한다. 쇼크기를 지나면 반쇼크기로 들어가는데, 이때도 조직 단백질의 붕괴는 계속되지만 체온, 대사, 혈압, 혈당치 등이 상승하므로 저항력은 회복된다. 부신은 비대해져서 호르몬의 분비량을 증가시키고 흉선이나 림프절은 급속하게 위축된다.

(2) 저항기

충격이 계속되는 경우에는 이에 적응하려고 저항이 최고도에 달하는데 이때를 저항기라고 한다.

① 간뇌 시상하부에 있는 교감신경의 흥분과 작용이 커진다.

② 교감신경의 자극에 의해서 부신수질에서의 아드레날린의 분비가 증가하고, 그 조절작

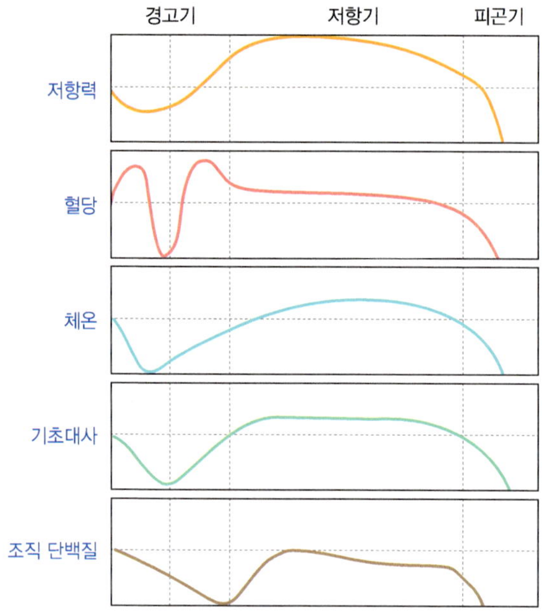

그림 12-3 스트레스에 대한 각 시기의 생체반응

용에 대해 각 장기에서 반응이 일어난다.

③ 시상하부에서의 자극에 따른 뇌하수체 전엽의 흥분과 더불어 성장호르몬, 부신피질 자극호르몬의 분비가 증가한다.

④ 부신피질자극호르몬에 의해 부신피질호르몬의 분비가 증가하고 동시에 체내 대사가 항진한다.

⑤ 교감신경과 부교감신경의 기능 증강으로 회복반응이 항진된다.

이와 같은 반응에 따라 특히 부신의 변화가 현저하게 나타난다. 부신은 비대해질 뿐 아니라 콜레스테롤, 비타민 C 함유량이 감소된다. 즉, 콜레스테롤은 부신피질호르몬의 재료로 소모되고, 비타민 C는 부신피질과 수질호르몬을 생성하는 과정에서 소모된다.

전반적으로 질소 출납이 부(−)로 되어 체단백질이 소모되고 체지방의 이화반응으로 저장 지방이 감소된다.

(3) 회복기

a. 근 강화기

신체의 여러 가지 기능이 회복되고 단백질의 동화반응이 일어나 질소 출납이 정(+)으로 된다. 이화반응에 동원된 근육단백질이 회복되고 지방의 이화반응도 감소한다.

b. 체지방 회복기

근력이 회복되는 동시에 체지방이 축적되고 체중도 회복 상태가 된다. 회복된 후에는 체력이 전보다 강화된다. 이것은 자극에 대해서 자율신경이나 뇌하수체, 부신이 반응을 일으키려고 하는 데서 기인한다고 본다.

(4) 피곤기

강력한 자극이 계속되면 무리가 되는 피곤 상태가 되어 생명을 잃는 수도 있다.

① 부신은 비대해지고 콜레스테롤 함유량은 감소된다.

② 흉선, 림프절, 비장 외의 전신 림프조직이 위축된다.

③ 위와 십이지장에서 출혈 또는 궤양이 일어난다.

스트레스가 만성적으로 계속되면 정신적 자극에 의해서 위산 분비의 이상 증가로 위궤양 증세가 나타나므로 특히 주의해야 한다.

2) 작업에 의한 자극과 적응

정신적 작업이든 육체적 작업이든 어떤 형태의 것이든 스트레스는 따른다. 그 자극은 외부적인 환경 조건(물리적, 화학적 자극)이나 내부적인 조건(정신적 자극)에 의해 발생한다. 이러한 자극에 대해 그렇게 강하지 않고 계속적이지 않으면 일시적으로는 적응할 수 있다. 그리

Tip

역경지수(Adversity Quotient, AQ)

1997년 미국의 커뮤니케이션 이론가 폴 스톨츠는 IQ나 EQ보다 AQ가 높은 사람이 성공하는 시대가 될 것이라고 발표했다. AQ(역경지수)란 어떤 위기나 곤란에 처했을 때 냉철한 현실 인식과 합리적 판단을 바탕으로 끝까지 도전하여 목표를 성취하는 능력을 말한다.

폴 스톨츠 박사는 자신의 책 『장애물을 기회로 전환시켜라Turning Obstacles into Opportunities』에서 사람들이 역경에 대처하는 스타일을 등반에 비유하여 3가지 타입으로 분류했다.

첫째는 퀴터(Quitter)로 힘든 문제나 역경이 다가오면 도망가거나 포기하는 사람, 둘째는 캠퍼(Camper)로 역경 앞에서 뚜렷한 대안을 마련하지 못하고 현상 유지 정도로 적당히 안주하는 사람으로 60~70% 정도가 해당된다. 셋째는 클라이머(Climber)로 시련이 다가올 때 자신의 모든 능력과 지혜를 동원하여 기어코 정복하고 마는 사람이다.

클라이머의 주요 특징은 자신만 역경을 넘어가는 것이 아니라 동료들을 격려하고 북돋우면서 함께 정복한다. 폴 스톨츠는 이 클라이머들의 능력을 역경지수라고 했다. 역경지수가 높은 클라이머가 되는 최고의 방법은 역경마저 즐기는 것이다.

고 그 자극이 반복되고 길어지면서 점차 적응력도 향상된다.

이 적응력 향상에 따라 생활력과 작업 능력이 증가된다. 이때에 작업 능력의 증대는 주로 동물성 신경계인 대뇌피질의 감각·운동·정신에 관한 기능과 거기에 관련된 근육의 기능이 동시에 향상되었음을 의미한다. 즉, 더욱 능률적인 기능을 만드는 것이다.

여기에 자율신경계의 작용과 관련된 내분비계의 능력도 향상되어 그 조절작용에 의해서 전신의 장기 활동이 그 목적을 위해 동원되고 마침내 방위 체력의 향상이 달성된다.

행동 세력이나 방위 체력에 있어서 보다 나은 향상을 위해서는 그 자극을 반복해서 받든지, 적극적으로 작업에 종사하든지, 훈련을 계속 반복하는 것이 필요하다. 그 외에 적절한 휴식과 수면을 취하며 균형 잡힌 영양 섭취를 하는 것도 중요하다.

3) 스트레스와 내분비계

생체는 스트레스원의 자극에 대해서 스트레스 반응을 일으키는데, 그때 내부 환경의 항상성 유지를 위하여 신경계와 내분비계가 관여하여 조절한다. 구체적으로 그 반응은 내분비, 자율신경, 면역운동, 기억 등의 생체 기능 전체에 영향을 준다. 이러한 기능들은 중추의 시상하부에서 조절하는데, 스트레스를 받았을 때 보거나 만지거나 느낀 정보는 즉시 뇌에 보내져서 이것을 획득한 후 기억, 학습, 경험, 본능까지도 적절히 대처하도록 지시하여 행

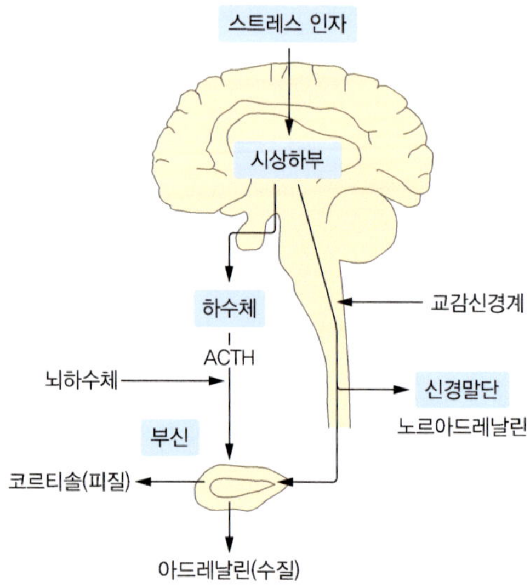

그림 12-4 스트레스 시의 교감신경-부신수질계와 뇌하수체-부신피질계의 역할

동 변화나 신체에 반응을 나타낸다. 이와 같이 받아들여진 자극은 신경계와 내분비계에 전달되면서 단독으로 또는 상호간에 작용하면서 기능을 한다. 내부 환경의 변화를 가져올 자극에 대해 큰 역할을 하는 것은 그림 12-4에서 볼 수 있듯이 교감신경-부신수질계와 뇌하수체-부신피질계이다. 부신은 외측에 피질과 내측에 수질을 가지고 있어 양쪽에서 분비되는 호르몬이 스트레스 반응에 대하여 중심적 역할을 한다.

a. 교감신경-부신수질계

어떤 스트레스의 자극을 받았을 때 그 자극이 시상하부에서 교감신경에 전달되면 신경말단에서 노르아드레날린이 분비되고 그 일부의 자극은 부신수질에 도달하여 아드레날린과 노르아드레날린을 분비시킨다. 이와 같이 이들 호르몬들은 교감신경계와 밀접한 관계를 가지고 있어서 그 결과로 혈관 수축, 혈압 상승, 심박 수 증가, 심박출량 증가, 혈당치 상승을 가져온다.

b. 뇌하수체-부신수질계

자극이 시상하부에 전달되면 부신피질자극호르몬 방출인자(Corticotropin Releasing Factor, CRF)가 분비된다. CRF는 뇌하수체 전엽에 작용해서 부실피질자극호르몬(ACTH)을 분비시키고, ACTH는 혈액에서 부신피질에 운반되어 당질 코르티코이드(corticoid)의 분비를 촉진시킨다. 이것은 당신생의 촉진, 지방산 분해 촉진, 전해질 평형 유지, 항스트레스, 항염증 등의 기능을 가지고 있어서 생명 유지에는 불가결한 호르몬이다.

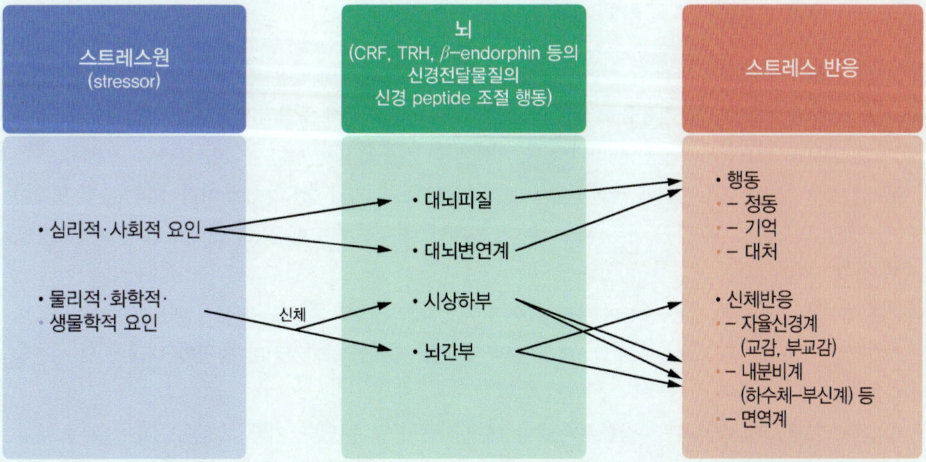

그림 12-5 스트레스의 메커니즘

그림 12-5는 현재 추정되고 있는 스트레스 반응의 메커니즘을 설명한 것이다.

4) 스트레스와 식욕

스트레스가 계속해서 강하게 주어지고 해소를 시키지 못하게 되면 정신적 영향이 신체적으로도 나타나기 쉽다. 앞에서 서술한 바와 같이 스트레스와 관련된 내인성 물질이 섭식 조절기구에 작용하여 식욕에 영향을 주므로 정상적인 기능이 깨지고 식욕 부진, 거식(巨食), 과식 등 복잡한 식행동이 일어난다. 누구나 체험하는 일이나 긴장과 공포 그리고 슬플 때는 식욕이 떨어지기도 하고, 때로는 스트레스 해소의 방법으로 과식하는 사람도 있다. 심리 상태와 식욕과는 밀접한 상호작용을 가지고 있다. 기분이 좋을 때는 무엇이든 맛이 있고 반대일 때는 식욕이 떨어지나 때로는 먹는다는 행위를 통해서 긴장이 완화되는 정신 안정작용을 하는 수도 있다. 한편 그런 불안감을 잊기 위해서 폭식, 과식을 하기도 한다.

섭식 조절의 메커니즘에 있어서 정상적인 공복감과 만복감의 식행동은 시상하부를 중추로 하는 신경회로도의 작용에 의한 것이나 이외에도 인간의 식행동은 심리적·사회적 영향을 크게 받는다. 극도의 스트레스를 받은 사람은 때로 대식증(bulimia) 또는 과잉 식욕증후군(binge eating syndrome)을 보인다.

이들 중에는 1일 섭취량의 절반 이상을 밤에 먹는 야식증후군으로, 야식을 먹는 행동으로 스트레스를 해소하려고 하기도 한다. 이러한 행동은 인간뿐만 아니라 원숭이나 흰쥐의

Tip

카페인과 스트레스

모닝커피는 하루 일과를 시작하는데 추진제 역할을 한다. 이러한 추진제 역할은 카페인이 제공한다. 카페인은 중추신경계(central nervous system)를 자극시키며 차, 청량음료, 코코아, 초콜릿 및 의약 제품에 포함되어 있다. 카페인은 위와 장에서 흡수되며 몇 분 내에 혈관에 도달하여 체내 순환을 하게 된다. 이에 따라 기분에 대한 변화가 일어난다.

하지만 카페인이 과도한 경우에는 문제가 생긴다. 카페인은 스트레스 호르몬을 자극시키고 이에 따라 심박 수 및 혈압이 증가한다. 커피에 있는 카페인 및 산은 위와 장의 내부를 자극한다. 카페인 과다 복용은 흥분, 근심, 초조 혹은 어지러움을 유발하고 두통 및 수면 장애도 일으킨다.

하루 커피 5잔 이상을 섭취할 경우 이와 같은 증상이 나타날 수 있다. 카페인은 이뇨제 역할을 하기 때문에 비타민 B, 비타민 C의 배출량을 증가시킨다. 카페인은 불규칙한 심박 수 및 혈액 내 지방 수치를 증가시키며, 방광암, 대장암 및 췌장암에 걸릴 확률도 높인다.

카페인이 제거된 커피는 스트레스에 시달리는 사람들에게 좋은 대체 식품이 될 수 있다. 기타 대체품으로는 일부만 볶은 곡물 혹은 전부 볶은 곡물을 포함한 인스턴트 커피 음료가 있다. 과일 주스, 물 및 허브차 또한 좋은 대체품이다.

실험에서도 나타나 체중 증가를 보였다는 보고가 있다. 반대로 스트레스에 의해서 식욕이 저하되는 예도 있으며, 이것을 신경성 식욕부진증(anorexia nervosa)이라 한다. 동물실험에서도 완전 구속이나 심한 강제운동을 시켰을 때 식욕 감퇴를 보였다.

5) 스트레스와 질병

스트레스가 인간의 신체에 다양하게 영향을 준다는 것은 이미 알려진 사실이나 그 스트레스의 정량법이 의학적으로 충분히 해명되지 못한 상태에서, 현대 생활 속의 각종 스트레스는 점점 증가할 뿐 아니라 날로 심각해지는 것이 현실이다. 따라서 스트레스에 의한 질병들이 정신 질환은 물론이고 생활습관성 질환(成人病)을 중심으로 발병하고 악화되는 예가 많아지고 있다.

사람에 따라서 질병과 증세에 차이는 있으나 신체의 어느 부분과 관련이 있는 것으로 나타나는데, 그중에서도 특히 소화기 계통과 순환기 계통의 발병 빈도가 높다.

(1) 소화관 궤양

극도의 정신적 긴장과 스트레스는 우선적으로 위장 계통에 쉽게 나타난다. 이 관계는 울프(Wolf) 등의 관찰에서 설명할 수 있다. 화상을 입은 후 식도 협착 때문에 위로 직접 영양 섭취를 하는 환자의 생활 상황에 따른 위 점막의 변화를 관찰하였다. 불안과 노여움 등의 정신적 갈등 상태에서 위 운동과 위액 분비가 활발해지고 위 점막이 충혈되는 것을 확인할 수 있었다.

스트레스가 가해지면 시상하부에서 자율신경계를 거쳐서 위산 분비가 촉진되고 부교감신경이 흥분하여 위의 운동과 긴장이 높아져 위 혈류량이 저하되고 방어 기능은 약화된다. 이것이 강하게 반복될 때는 주로 소화 불량, 위산 과다증, 위궤양, 십이지장궤양, 장염 등 각종 소화기 질환이 많이 나타난다. 약물을 투여해도 치료가 잘 되지 않고 만성 또는 난치성이 되는 경우가 많으므로 가족 등 주위의 협조로 정신과 치료를 병행하는 것이 좋으며 무엇보다 예방이 중요하다.

(2) 순환기 계통 질환

직업상 바쁘고 스트레스가 많은 경우 예고 없이 심장 발작, 동맥경화, 고혈압 등이 나타날 수 있다.

a. 협심증, 심근경색

관상동맥의 협착과 혈류량 감소에 따라 동맥경화성 병변으로 협심증이 일어나는데 이것도 스트레스와 관계가 깊다. 정신적 흥분은 맥박의 증가, 혈압 상승으로 심장 활동량이 증가하면서 발작을 일으키는데, 중증의 불안정 협심증이나 심근경색 환자의 급성기에는 입원으로 절대 안정시키며 안정제를 투여한다. 또한 정신적 스트레스로 발작을 유발한다든지 안정 시에도 협심증 발작의 빈도가 증가하면 관상동맥에 병변을 일으킨다. 심근경색증의 원인으로는 관상동맥 협착으로 혈전이 형성되어 혈소판 응집 기능이 항진하는 것이다. 합병증으로 부정맥이 일어나는데 이는 스트레스로 유리지방산의 상승이 지방산의 상승 장애를 일으키고 이것이 다시 부정맥을 초래한다.

b. 뇌혈관 장애(뇌경색, 뇌출혈)

관상동맥 질환은 고혈압과 고지혈증이 중요한 위험 인자이지만 뇌혈관 질환은 고혈압과 관계가 깊다. 이는 동맥경화나 선천성 혈관 구조 이상인 환자가 급격히 혈압이 상승하면서 혈관이 파괴, 출혈하게 되는 것이다.

c. 고혈압

흥분 또는 긴장할 때 혈압이 상승하는데 이때에는 심호흡과 안정으로 혈압을 안정시키는 것이 중요하며, 각 개인의 하루 중 혈압의 고저 상태를 관찰하여 스트레스와의 관계에도 주의한다. 정상적인 사람에 비해 평소 고혈압인 사람이 혈압의 변동이 심하며 유전적 체질도 마찬가지이다. 세계보건기구에서는 부적절한 사회적·심리적 환경이 장시간 계속될 때 지속적인 고혈압을 유발할 가능성이 있다고 지적하였다.

d. 고지혈증

고지혈증은 동맥경화나 관상동맥 질환과 밀접한 상관관계를 가지고 있다. 스트레스를 받으면 카테콜아민(catecholamine) 분비가 항진하고 따라서 리파아제(lipase)의 활성화로 저장 중인 트리글리세리드(triglyceride)가 글리세롤(glycerol)과 유리지방산(FFA)으로 분해되어 혈중으로 방출된다.

유리지방산은 산화하여 아세틸 CoA가 되고 이는 콜레스테롤과 지방산 합성의 원료가 되므로 동시에 간 내의 콜레스테롤과 트리글리세리드의 합성이 증가한다.

스트레스가 고지혈증을 초래하는 원인은 이런 내분비뿐만 아니라 스트레스로부터의 도피 행동의 일환으로 과음, 과식을 하는 것도 큰 요인이다. 동시에 비만증을 보이는 예도 많다.

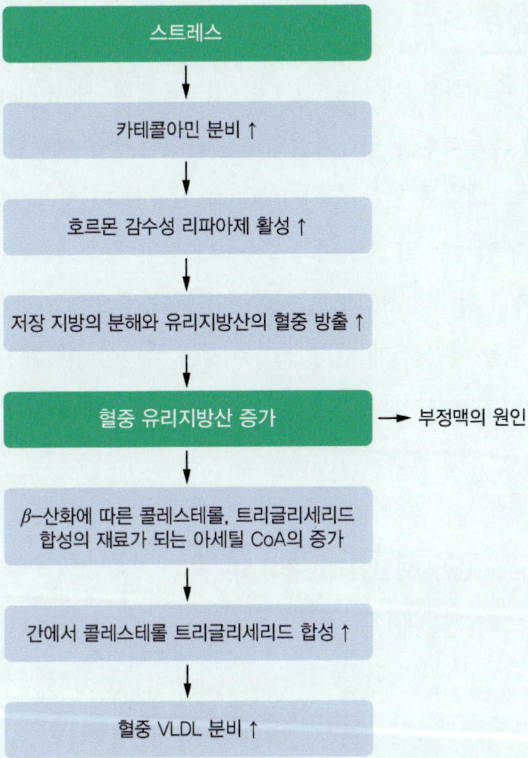

그림 12-6 스트레스와 고지혈증

e. 당뇨병

스트레스는 당뇨병을 악화시킨다. 카테콜아민 분비가 높아지면 유리지방산과 아세틸 CoA 상승으로 당뇨병이 악화되는데 이외에 체질적 요인도 크게 작용한다.

이상과 같이 생활습관성 질환을 중심으로 스트레스가 중요한 위험 인자임을 알게 되었다. 자율신경계와 내분비계가 관련되어 전신의 각 기관에 영향을 주므로 앞에서 열거한 질병 이외에도 기관지 천식, 편두통, 신경 감각계통 질환, 원인이 확실치 않은 난치병, 심지어는 암 질환의 악화에까지 지대한 영향을 주기 때문에 전반적인 건강 관리 차원에서 예방하고 적극적인 치료가 요구된다.

4. 스트레스의 강도

스트레스의 정도를 수치화한 것이 표 12-1로 이는 홈즈와 레이(Holmes-Rahe)의 평가 척도이다. 이 내용은 각 스트레스를 수량화함으로써 관련된 병을 예측할 수 있는 것이다.

예를 들어 1년간 스트레스를 받은 수치가 300점 이상일 때는 그 이후 2년 동안 심신에 건강 장애가 일어날 위험률이 약 80%이고 200~299점의 경우에는 51%, 150~199일 때는 37%로 판명되었다. 특히 발병의 요인으로는 환경의 변화, 중요한 인간관계가 깨졌을 때, 생활 리듬의 변화가 생겼을 때가 크게 나타났고, 이것은 국민성이나 개인의 성격에 따라서도 약간 다르나 일반적인 평가에는 참고가 된다. 이들 스트레스에 대한 대책으로는 다음과 같은 것이 있다.

표 12-1 홈즈와 레이(Holmes-Rahe)의 스트레스 평가 척도

순위	사건	평가점수(평균치)	순위	사건	평가점수(평균치)
1	배우자 사망	100	23	자녀 가출	29
2	이혼	73	24	친척과 불화	29
3	부부 별거	65	25	개인적 업적	28
4	군복역	63	26	배우자 실직	26
5	근친 사망	63	27	입 학	26
6	본인의 병	53	28	생활조건의 변화	25
7	결혼	50	29	개인적 습관 변화	24
8	실직	47	30	상사와 불화	23
9	부부 화해	45	31	노동시간 ·조건 변화	20
10	퇴직	45	32	주거 변화	20
11	가족의 질병	44	33	학교에서의 변화	20
12	임신	40	34	여가 변화	19
13	성생활 문제	39	35	종교 변화	19
14	가족 수 증가	39	36	사회 활동 변화	18
15	직업 변경	39	37	빚(소액)	17
16	경제 상태 변화	38	38	수면 습관 변화	16
17	친구 사망	37	39	친구 모임 변화	15
18	새직업 전환	36	40	식습관 변화	15
19	부부 싸움	35	41	휴가	13
20	큰 빚	31	42	연말연시	12
21	저당(거액)	30	43	가벼운 위법	11
22	직장 책임 변경	29			

① 예방 : 스트레스 해소방법을 찾는다.

② 조기 발견 : 스트레스 평가법이나 자신의 체크 방법을 개발하여 상담을 하거나 문제 해결에 적극적으로 응한다.

③ 치료 : 운동요법, 자율훈련법, 정신과 치료 등

이 밖에 개개인의 치료방법도 중요하겠으나 앞으로는 복잡해지는 산업사회 구조상 전문의나 상담원 양성이 필요하고 치료 체제를 세우거나 학교나 직장, 지역단위의 실정에 맞는 상담 시스템이 활용됨으로써 사회적 차원에서 해결을 꾀하는 것이 급선무이다.

5. 스트레스와 영양

어린이로부터 성인에까지 영양 등의 건강 촉진 인자와 물리적·심리적 스트레스가 항상 병존하고 있는데, 이 스트레스에 대항하여 교감신경계·부교감신경계 등의 자율신경계나 부신피질호르몬 등 내분비계의 생체 제어계에 의해 신체의 항상성을 유지하려고 노력하고 있다.

그러나 스트레스가 강하여 생체 제어계가 그 조정 능력이 부족해질 때는 생체 내의 영양 대사에도 변화가 일어난다. 즉, 신체적·심리적 스트레스에 의해 영양 장애와 영양 대사에 변화가 일어나며, 우리는 이에 대처하기 위해 이에 대해 알아둘 필요가 있다.

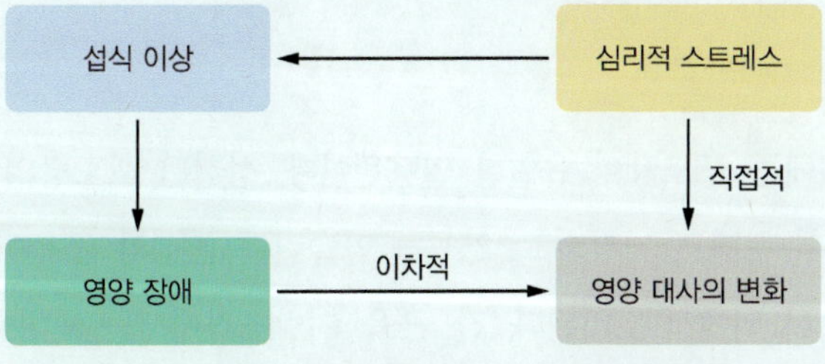

그림 12-7 심리적 스트레스와 영양 대사와의 관계

1) 영양의 균형

a. 영양소의 균형

스트레스 상태에서 영양 섭취는 양보다는 여러 가지를 섭취할 수 있도록 식품군을 선택하되 매끼를 관리하는 것이 이상적이다. 현실적으로 습관화되지 않으면 실천이 어렵다.

다양한 식품을 골고루 섭취하도록 하고 양질의 단백질, 칼슘, 각종 비타민이 충분해야 한다. 스트레스에 의해 식욕이 떨어질 때에도 과즙, 과일 등으로 수분을 충분히 섭취하면서 감미와 산미로 식욕을 촉진시키며 소모되는 비타민 C를 공급한다. 그리고 우유, 요구르트, 아이스크림, 푸딩 등 시원하고 청량감이 나는 음식으로 식욕을 증진시키면서 칼슘 및 단백질 섭취를 가능하게 하고 향신료나 약간의 자극성 식품을 이용하는 것도 식욕 증진에 도움이 된다.

b. 분배의 균형

아침, 점심, 저녁의 세 끼와 그 외에 간식과 밤참을 계획한다. 식품의 분배는 양과 영양소별로 고려하여 섭취하도록 한다. 야근이나 조기 근무 등의 불규칙한 생활에서도 식사시간만은 규칙적으로 하는 것이 작업 능률을 높이고 소화기 장애를 막을 수 있다.

2) 기초대사의 항진

생체에 스트레스가 가해졌을 때도 기초대사는 일시적으로 30~40% 항진한다. 이때에는 체내에 저장되어 있던 열량의 방출로 보충, 유지된다. 그리고 생체 회복에 필요한 새로운 단백질은 생합성을 위하여 아미노산 pool로부터 이동되어 들어오는데 신진대사 항진에 따라 그 수요 또한 증가한다. 한편 스트레스가 증가할수록 식욕 감퇴로 인하여 실제 식사량은 감소한다.

3) 당질

정상 상태에서 뇌에는 포도당이 유일한 열량원이다. 섭취된 포도당의 50%는 간에서 글리코겐과 중성지방의 형태로 저장되고, 25%는 인슐린 의존성의 근육이나 지방조직에, 나머지 25%는 대부분이 뇌에서 소비된다. 간, 근육, 지방조직에서는 체내에 대량으로 저장된 중성지방의 분해에 의해서 생긴 유리지방산을 열량원으로 이용할 수 있으나 뇌에서는 사용하지 못한다. 뇌세포에 공급되는 포도당이 부족하면 뇌 활동에 지장을 준다. 반대로 과잉 공급될 때는 뇌기능 과중으로 신경과민, 화를 잘 내고 안절부절하는 등의 증세를 보인다. 그러므로 설탕 같은 고농도의 단 음식을 과잉 섭취하면 이러한 증세가 급속히, 그리고 심하게 나타난다. 즉, 설탕의 섭취량이 급증함에 따라서 과잉 섭취로 인한 문제들이 발생할 우려가 크다.

Tip

설탕, 혈당 및 스트레스

설탕 섭취량이 증가하고 있다. 설탕은 중독성이 있지는 않지만 과도하게 사용될 가능성이 있다. 설탕 양이 많은 음식은 보다 높은 열량의 음식을 대체하는 셈이다. 당이 높은 음식들은 섭취하기 쉽고 잉여 칼로리는 비만을 초래하기 때문이다. 설탕은 탄수화물이고 에너지 공급원이다. 몇몇 비타민 B가 이러한 에너지를 소화시키고 처리하는 데 필요하게 되며, 이에 따라 기타 신체 활동을 위한 비타민이 부족하게 된다. 당이 높은 식사는 티아민, 리보플라빈, 니아신 및 비타민 B가 부족할 수 있다. 예를 들어, 티아민은 신경 체계가 기능을 하는 데 필수인 성분이다. 티아민이 부족한 식사는 피로, 과민반응, 정신적 혼란 및 우울증을 유발할 수 있다. 그리고 이와 같은 모든 증상이 스트레스를 증가시킬 수 있다. 설탕은 또한 혈당에 영향을 줌으로써 정신적·신체적 스트레스를 유발한다. 고당도 식사는 혈당을 빠른 속도로 증가시킨다. 평형 상태를 유지하기 위해서 신체는 췌장으로부터 인슐린이라는 호르몬을 배출시킨다. 인슐린은 혈액에서 당을 제거하고 세포로 흡수되는 것을 도와준다. 그 결과로 혈액 내 혈당량이 정상으로 돌아온다. 당도가 높은 음식을 섭취한 이후 한 시간 이후에 혈당량이 감소함에 따라 불쾌감을 느끼게 되면 이를 달래기 위하여 다시 설탕 함유 음식을 먹게 되고, 이러한 순환이 반복되게 된다. 주기적으로 저혈당에 대처하는 일은 스트레스를 유발하고, 이는 하루 일과를 실행하는 데 영향을 미친다. 카페인 또한 혈당이 감소하는 속도를 증가시킨다. 이는 스트레스를 유발할 수 있으므로 아침식사로 커피와 달콤한 페이스트리를 먹는 것은 바람직하지 못하다.

정제된 설탕의 가공 과정 중에는 무기질의 손실이 일어나고 설탕의 분해·이용 과정 중에는 비타민과 무기질이 필요하다. 포도당의 중간 대사 산물인 피루브산(pyruvic acid)의 대사 촉진에는 비타민 B군(특히 B_1)이, 체액의 알칼리화에는 산성혈액 중화에 필요한 칼슘이 충분히 섭취되어야 한다.

4) 단백질

스트레스에 따른 질소 출납은 비교적 큰 충격에 의해 부(−) 쪽으로 기운다(그림 12-8). 예를 들면 큰 화상의 경우에는 4주 동안 질소가 약 400 g, 단백질로는 2.5 kg (−)를 보이며, 그 후에도 계속 (−) 상태이다. 골절의 경우에는 질소 약 180 g, 단백질로는 1.1 kg, 수술은 질소 30 g, 단백질로는 0.2 kg의 (−)를 보인다.

이와 같이 다량의 체단백질이 분해되는 것은 주로 부신피질호르몬의 작용에 의한 것으로, 우선 그 치료를 위해서는 다량의 에너지와 질소 화합물이 필요하다. 따라서 근육과 같은 유연 조직이 다량으로 분해되어 아미노산으로부터 당신생이 일어난다.

스크림쇼(Scrimshaw, N.S.)의 보고에 의하면 수면 부족, 생활 리듬의 변화, 외상 등 생리적 스트레스나 정신적 불안, 긴장 등 심리적 스트레스 상태에서는 질소가 6~20% 손실되고, 면역과 감염의 저항성은 단백질 섭취량과 그 질에 따라 영향을 받는다고 하였다. 즉, 스트

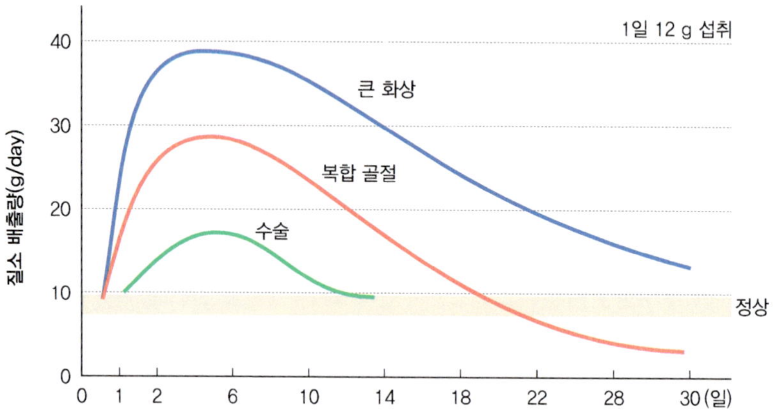

그림 12-8 스트레스와 질소대사

레스가 강할수록 질소 출납의 (-) 현상을 보였다. 그러므로 일반적으로는 단백질 권장량에 안전율로 10%를 가산한다. 그리고 스트레스에 대한 저항력 증진을 위하여 간, 혈액, 피부, 근육 등에 저장 단백질을 증가시키는 것도 유효하며 영양과 동시에 체력에 적합한 운동도 중요하다.

일상생활 중의 스트레스는 다량의 단백질 분해를 일으키는데 저항력을 기르기 위해서는 체내에 충분한 단백질이 있어야 한다. 체내의 근육에는 여분의 많은 단백질이 저장되어 있지는 않으나, 섭취 단백질이 충분할 때에는 간, 혈액, 피부 등에 여분의 단백질을 저장하고 자극을 받기 쉬운 근육에는 이용하기 쉬운 형태의 단백질이 존재한다.

특히 동물성 단백질, 대두단백질을 충분히 섭취하여 필수아미노산이 충족되도록 한다.

흰쥐를 대상으로 실험한 결과 단백질을 증가시킴에 따라 스트레스가 완화되었다. 스트레스가 클수록 충분한 양의 단백질을 섭취하는 것이 효과적이다.

5) 칼슘

칼슘의 중요한 기능은 뇌세포의 흥분을 억제하는 것이다. 칼슘이 부족하면 흥분 상태를 일으키기 쉽다. 그러므로 칼슘이 충분한 상태에서는 스트레스를 받을 때에도 정신적 동요나 흥분이 덜 일어난다. 현재와 같이 스트레스가 많은 사회 구조상으로 볼 때 칼슘 요구량은 종래에 비해 증가하나, 식품은 좀 더 부드러워지고 작은 생선이나 해조류의 섭취는 소홀해지는 경향이 있으므로 스트레스에 대한 저항력 강화를 위해서 보다 적극적인 칼슘 섭취가 요망된다.

6) 비타민

a. 비타민 A

스트레스와 비타민 A의 관계에 관하여 확실한 보고는 없으나 비타민 A가 부족하면 부신피질호르몬의 코티솔(cortisol) 합성이 저하되고 광 자극에 비타민 A가 소모되는 것으로 보아 스트레스와 비타민 A는 관계가 있음을 알 수 있다. 그리고 비타민 A가 상피세포나 점막의 재생에 관여하므로 질병의 저항력과 위나 십이지장궤양에 대하여 효과가 있는 것은 사실이다. 이상에서와 같이 스트레스 자극에 대한 저항력을 높이기 위하여 비타민 A 섭취에 부족함이 없도록 유의할 필요가 있다.

b. 비타민 B군

비타민 B군이 모자라면 정신 장애를 가져올 수 있다. 즉, 정신적 안정을 위하여 비타민 B군이 필요하다. 그리고 스트레스 환경에서는 체내의 신진대사가 항진됨에 따라 비타민 B_1, 비타민 B_2, 비타민 B_6, 니아신, 엽산의 소비가 높아진다. 특히 비타민 B_1은 당대사에 관계하여 설탕 등 당질 섭취가 높아지면 각기병을 일으키기 쉽다. 그리고 물리적 스트레스인 소음이나 광선조사에서 비타민 B_1 이외에도 비타민 B_2, 비타민 A, 니아신도 소비된다.

비타민 B가 부족하면 뇌의 신경세포 내에서 당대사 장애로 피루브산에서 아세틸 CoA로 되는 대사가 저하되고 그 결과 뇌신경 장애를 일으킨다. 비타민 B_6는 아미노산 대사에 관여하여 여러 가지 신경전달물질의 생성에 이용되므로 비타민 B_6의 부족은 신경전달물질의 생성 저하로 뇌의 중추신경 장애가 일어난다.

니아신도 뇌작용에 중요한 역할을 하므로 부족 시에는 어지럼증, 환각증, 착란 등 정신신경 증세를 보인다.

c. 비타민 C

비타민 C는 생체 내 장기 중에서 부신에 다량 함유되어 있어 스트레스를 받을 경우, 부신 중의 비타민 C 농도가 감소한다. 이것은 비타민 C가 부신피질호르몬의 합성 시 또는 부신수질호르몬의 생성 시 산화·환원 반응에 이용, 소모되므로 그 농도가 감소하는 것이다.

호르몬계에서 비타민 C의 소비는 골격 중의 콜라겐 생성에 중요한 성분이고 골격 중의 칼슘량도 감소하므로 골다공증이나 골격에 질병을 일으키기 쉽다. 그리고 비타민 C는 신진대사가 스트레스로 항진할 때도 크게 소비된다.

이상의 사실들로 미루어 볼 때 비타민 C는 스트레스가 강하고 지속시간이 길수록 그 섭취량을 증가시켜야 한다.

6. 내부 환경의 항상성

인체를 구성하는 세포는 건강을 유지하고 생명현상을 원활하게 영위하기 위해 활동에 필요한 성분을 섭취, 보급함으로써 체내 환경조건, 즉 체온, 체액의 pH와 삼투압 등의 항상성을 유지한다. 이와 같이 그 기능을 영위하는 데 필요한 조건을 항상 일정하게 유지하는 것을 항상성이라고 한다. 그리고 항상 유동하면서 항상성을 유지하므로 동적 평형(dynamic equilibrium)이라고도 한다.

외부로부터 강한 충격이 가해졌을 때 자신의 의지로 행동하고자 함이 강할수록 체내에서는 심한 대사가 일어나고 그 결과 유동하는 세포의 환경조건이 깨진다. 여기에 대해서 항상성을 성립시키려는 힘이 클수록 세포의 활동도가 커지고 이에 따라 행동 체력과 방위 체력이 향상되어 적응력이 강해진다.

1) 체온의 유지

체온을 일정하게 유지하는 것은 건강의 기본이다. 체온은 일정하나 각 부위에 따라 다소 차이가 있고 같은 부위라도 주기적으로 변한다(표 12-2). 피부 온도는 환경조건에 따라 변하나 내장기관의 온도는 37~38.5°C로 일정하게 유지된다. 그러므로 만약 환경 온도가 저하되면 체열의 발산이 높아져서 체온이 저하되므로 체열의 생산을 높여서 체온의 저하를 방지해야 한다. 안정 시에 체열 생산의 1/2은 근육에서 이루어지므로 근육이 주요 열 생산기관이 된다. 또한 심한 근육운동으로 열 생산이 커지면(체열의 90%까지를 근육에서 생산) 피부로부터의 발열을 높여서 체온 상승을 방지해야 하는데 주로 발한에 의해 조절하게

표 12-2 신체 각 부위의 온도

(단위 : °C)

신체 부위	온도	신체 부위	온 도
간	38 이상	겨드랑이	36.4~36.8
뇌	38	피부	32.0~34.0 (외기온 29°C)
신장·췌장	37.7~37.9		
십이지장·직장	37.2~37.7		27.0~32.0 (외기온 23°C)
구강	36.6~37.2		

된다. 이러한 균형을 유지함으로써 일정한 체온을 지속할 수 있는 것이다. 이와 같은 체온의 조절은 주로 간뇌 시상하부에 있는 중추와 부신수질호르몬의 작용에 의한다.

간뇌의 시상하부에는 체온 조절 중추가 있어서 체온을 조절한다. 체온이 정상 이상으로 상승하면 피부의 혈관이 확장되어서 복사에 의한 체열의 발산이 높아지고 땀샘을 자극해서 발한량이 증가하며 동시에 근육 이완이 일어나 체열의 생산량이 적어진다. 추운 환경에서는 이와는 정반대 현상이 일어남으로써 티록신의 분비를 증가시키고 따라서 체내 신진대사를 항진시킨다.

2) 체액의 pH 유지

체액의 pH는 세포내액과 세포외액을 포함해서 7.0~7.5이고, 순환하는 혈액의 pH는 7.3~7.4의 약알칼리성으로 이 범위 내에서 조절된다. 음식물 섭취와 근육운동에 의한 대사에 따라 세포 내에서는 산과 알칼리가 발생되는 기회가 많다. 이것을 방치해 두면 체액의 pH는 크게 변동한다. 이에 체액 내에는 몇 가지의 완충물질이 존재하여 pH를 자동으로 조절한다.

그 물질은 제1 인산염(BH_2PO_4)과 제2인산염(B_2HPO_4), 단백질과 알칼리염, 헤모글로빈과 알칼리염, 탄산(H_2CO_3)과 중탄산염($BHCO_3$) 등이다.

3) 체액의 삼투압

체액의 삼투압은 300 mOsmol/L로 항상 이 수준을 유지하고 있다. 세포외액(체액의 약 30 %)은 음식물의 섭취, 소화액의 분비, 발한 등에 의해 출납되는 수분이나 염분과 직결되어 이들로부터 영향을 받아서 변동되기 쉽다. 특히 수분과 식염의 양에 의한 영향이 가장 크다. 예를 들어 혈장의 삼투압이 변해서 그 변화된 상태가 지속되면 세포가 그 영향을 받아서 수분의 양이 변하여 용적에 변동이 생긴다.

세포외액의 수분이 많아지고 식염이 적어지면 수분이 세포에 침입하여 세포를 팽대시킨다. 또 수분이 적어지고 식염이 많아지면 반대로 세포가 축소된다. 이와 같은 변화로 특히 신경세포가 크게 영향을 받아 경련 내지는 의식불명이 일어나기도 한다.

이와 같은 체내 이상이 일어나지 않도록 하기 위한 조절은 주로 신장에서 이루어지는데, 과잉되는 물질은 소변과 함께 배설되고 부족한 물질은 최소한도로 배설을 줄이고 재흡수를 한다. 신장의 이와 같은 작용은 자율신경 또는 뇌하수체후엽호르몬에 의해 조절된다.

한편 섭취하는 수분과 식염의 양을 발한량으로 조절함으로써 삼투압의 변동을 최소한도로 줄일 수 있다.

7. 스트레스에 대처하기 위한 가이드라인

스트레스에 효과적으로 대처하기 위해서는 첫째, 평소에 개인의 대처 능력을 향상시키는 예방적 준비가 필요하다. 성장 지향적인 생활방식의 변화, 자존심의 향상이나 능력 개발, 인간관계 기술의 향상 등을 들 수 있다. 둘째는 특정한 스트레스 상황에 잘 대처하는 방법을 익히는 것이다. 무엇보다도 스트레스에 효과적으로 대처하려는 의지가 중요하다.

1) 스트레스를 대하는 기본 자세

① 스트레스를 피할 수 없는 인생의 일부로 받아들이는 것이다. 회피할 수 있는 경우도 있겠지만, 회피할 수 없는 경우가 훨씬 많다는 것을 수용해야 한다. 스트레스가 없는 삶은 변화와 발전이 없는 것과 마찬가지이다.

② 스트레스 자체를 인정하면서 해결할 수 있는 문제로 본다. 스트레스를 운명이나 남의 탓으로 전가한다면 스트레스에 대한 대처는 어려워진다. 그것을 문제로 볼 때 해결을 위한 노력을 하게 되고 대처 방안을 찾게 되는 것이다. 이러한 자세를 가지면 스트레스는 하나의 성장을 위한 기회가 된다.

③ 자신의 스트레스를 잘 파악하고 이해한다.

④ 지금까지 대처해 온 스트레스 해소방식이 비효과적이라면 새로운 방식을 찾아 습득하도록 노력한다.

2) 스트레스 대처 방안으로서의 운동

운동은 스트레스를 예방하고, 스트레스에 대한 적응력을 높이며 공격적 감정들을 해소하는 가장 좋은 방법이다. 운동은 생체 내의 본능적인 경계반응을 완화시켜 주고 긴장된 근육을 풀어 주며, 정신적 이완과 원기를 찾는 데 도움이 된다. 또한 자신감을 증대시키고 압박감이나 우울감에서 벗어나는 데도 효과가 크다. 즉, 운동은 스트레스의 강도를 줄이고, 회복시간을 단축시키며 스트레스로 인한 질병들을 방어하는 데 큰 도움이 된다.

한 주에 최소한 3회씩 20~30분간 유산소운동을 하면 심장 기능을 향상시킬 수 있다.

유산소운동의 예로는 걷기, 뛰기 및 줄넘기가 있고 모두 뼈, 심장, 폐 기능을 향상시킨다. 또한 유산소운동을 통해 근육 상태도 향상시킬 수 있다. 운동 전 스트레칭과 워밍업, 그리고 운동 후 마무리 운동은 반드시 운동 프로그램에 포함되어야 한다.

그러나 운동은 우선 힘이 들고 시간이 많이 든다. 때문에 재미를 느끼지 못하고 의지가 굳지 않으면 현대인의 바쁜 생활 속에 자리 잡기 힘들다. 경우에 따라서는 운동 자체가 스트레스를 가중시키기도 하는데, 우선 자신에게 알맞은 종목을 선정하는 것이 중요하다.

① 가능한 한 다른 사람과 직접적으로 능력 비교가 되지 않는 등산, 조깅, 수영 등 경쟁적 성격이 약한 종목을 선택한다.

② 폐쇄되고 좁은 공간에서 하는 운동보다 산이나 바다 같은 자연에서 할 수 있는 운동을 선택하는 것이 좋다. 이는 일상생활에서 벗어날 수 있다는 점에서 스트레스 해소 효과가 크기 때문이다.

③ 성격에 따라 종목을 선택하는 것이 효과적이다. 내성적이며 의지력이 강한 성격의 소유자는 비경쟁적 운동을 시작하는 것이 좋으나, 외형적이고 경쟁을 좋아하는 성격의 소유자는 경쟁적인 스포츠를 시작하는 것이 재미있고 적성에 맞을 것이다.

④ 생활 환경이나 생활 패턴상 규칙적으로 충분한 시간을 낼 수 있으면 자연환경을 이용하거나 다른 사람들과 함께 하는 종목을 선택할 수 있겠으나, 자투리 시간을 활용하는 경우에는 시설을 별로 필요로 하지 않는 줄넘기, 조깅 같은 손쉬운 운동이 좋다.

3) 스트레스를 벗어나기 위한 영양

극심한 스트레스를 받게 되면 평소보다 많은 양의 단백질과 지질, 탄수화물이 소모된다. 스트레스가 너무나도 극심하여 음식을 먹을 수 없게 되면 근육, 지방분 및 기타 신체조직과 같은 체내에 이미 존재하는 물질들을 에너지원으로 쓰게 된다. 하루 내지 이틀 만에 저장된 탄수화물이 모두 소모되면 근육이 파괴되기 시작한다. 탄수화물 식품은 단백질이 바로 에너지원으로 소모되는 것을 막는다는 점에서 중요하다. 그 대신 단백질은 건강한 면역체계와 알맞은 근육 크기를 유지하고, 혈액 내의 산도를 조절하며 신체 기능을 위한 수백만 가지 물질을 합성하는 데 쓰인다.

짠 음식을 삼가하여 혈압이 오르는 것을 예방한다. 짠 음식으로는 시중에서 파는 스낵, 통조림 캔 및 말린 수프, 런천미트, 인스턴트식품과 절인 음식이 있다. 칼슘, 마그네슘, 아연, 철분, 비타민 A, 비타민 E와 함께 비타민 B 계열과 비타민 C를 알맞게 섭취한다. 1,500 kcal

이하를 섭취할 경우에는 비타민·미네랄 보충제를 복용해야 한다. 수분을 많이 섭취해야 하지만 카페인이 함유된 음료나 알코올은 적당량만 마시도록 한다. 설탕 섭취는 최소화한다.

비타민 C(감귤, 베리류, 브로콜리, 토마토) 및 칼륨(토마토, 바나나, 짙푸른 잎채소, 대추, 감귤)이 풍부한 음식을 매일 섭취하도록 한다. 저지방우유, 요거트 및 치즈를 통해 뼈의 칼슘 손실을 예방할 수 있다.

식사는 주기적으로 한다. 매 식단에 탄수화물, 과일, 채소를 먹도록 하고 단백질은 소량만 섭취한다. 스트레스를 받고 있는 경우에는 다이어트를 삼간다. 다이어트는 신체 대사에 영향을 주고 우울증을 초래할 수 있다. 식사는 영양분 흡수를 촉진하기 위하여 천천히 하도록 한다. 스트레스를 받고 있는 사람을 위한 식사는 맛있고 다채로우며 입맛을 돋우는 음식을 준비하도록 한다.

하루 일과에 반드시 운동을 포함하도록 한다. 가벼운 걷기는 긴장을 풀어 주고 기분을 돋운다. 스트레스가 심하여 입맛을 잃은 경우 음식을 섭취하였을 때 구토를 하고 어지럼

Tip

'탈스트레스 산업'이 뜬다!

'탈(脫)스트레스 산업'이 번창하고 있다. 탈스트레스 산업은 문자 그대로 스트레스를 완화시켜 주는 각종 상품과 서비스를 가리키는 말이다. 백과사전에서는 탈스트레스 산업에 대해 "스트레스를 해소시켜 주는 기계 장치를 제조·판매하는 일련의 산업을 총칭한다. 특수 용액에 몸을 담그면 긴장이 해소되는 장치나 방 안을 숲의 향기로 가득 채우는 기계 등이 개발되고 있다"고 설명하고 있다.

현대 문명의 특징 중 하나가 스트레스의 증가이다. 특히 한국의 경우 탈스트레스 산업이 늘어날 만한 요건을 구비하고 있다. 한국은 인구 밀도가 가장 높은 나라 중의 하나여서 기본적으로 생존 경쟁이 극심하다. 게다가 IMF(국제통화기금) 외환 위기 이후 불황의 장기화, 구조 조정의 상시화 등으로 사회 여건이 '만인에 대한 만인의 투쟁'으로 바뀌면서 집단 구성원의 스트레스 수치가 갈수록 높아지고 있는 상황이다. 이를 반영해 '스트레스 해소'에 방점을 찍는 상품이나 서비스가 눈에 띄게 늘고 있다. 일상에 지친 사람들의 피로와 스트레스를 없애 주려는 일련의 사업이 꾸준히 성장하고 있는 것이다. 아로마테라피, 스파, 요가, 명상 등이 대표적인 분야이다.

자료 : 박영철 《주간조선》 기자 ycpark@chosun.com

증을 느낄 수 있다. 이때는 안정이 될 때까지 음식을 삼가도록 한다.

매일 음식을 꼭 섭취하여야 한다. 한 번에 많이 먹기보다는 적은 양의 식사를 여러 번하는 것이 더 좋다.

4) 스트레스로부터 회복

스트레스로부터 회복 단계일 때는 체내 축적된 영양소, 특히 탄수화물, 단백질, 칼슘, 칼륨, 비타민 C, 비타민 B 복합체, 철분, 아연 및 마그네슘의 양을 다시 채워야 한다. 알맞은 양의 칼로리를 섭취해야 하고 체중이 줄었을 경우에는 좀 더 많은 칼로리 섭취가 요구된다. 가능하다면 간단한 걷기 운동과 같은 신체적 활동을 병행하여 신체 조직에 대한 영양 공급을 용이하게 한다. 체중이 증가하였을 경우에는 서서히 다이어트를 하여 점진적으로 살을 빼야 한다.

단원정리

1 스트레스 상태에서 영양 섭취는 양보다는 여러 가지 영양소를 섭취할 수 있도록 식품군을 선택하되 매 식사를 관리하는 것이 이상적이다. 다양한 식품을 골고루 섭취하도록 하고 양질의 단백질, 칼슘, 각종 비타민이 충분해야 한다.

2 극심한 스트레스를 받게 되면 보다 많은 양의 단백질, 지질 및 탄수화물이 소모된다. 탄수화물 식품은 단백질이 바로 에너지원으로 소모되는 것을 막는다는 점에서 중요하다. 그 대신 단백질은 건강한 면역 체계 및 알맞은 근육 크기를 유지하고, 혈액 내의 산도를 조절하며 신체 기능을 위한 수백만 가지 물질들을 합성하는 데 쓰인다.

3 기초대사의 항진 : 생체에 스트레스가 가해졌을 때도 일시적으로 기초대사는 30~40% 항진한다.

4 당질 : 정상 상태에서 뇌에는 포도당이 유일한 열량원이다. 뇌세포에 공급되는 포도당은 부족할 때 뇌의 활동에 지장을 준다. 반대로 과잉 공급될 때는 뇌 기능 과중으로 신경과민, 화를 잘 내고 안절부절 하는 등의 장애를 보인다.

5 단백질 : 수면 부족, 생활 리듬의 변화, 외상 등 생리적 스트레스나 정신적 불안, 긴장 등 심리적 스트레스 상태에서는 질소가 6~20% 손실된다.

6 칼슘 : 칼슘의 중요한 기능은 뇌세포의 흥분을 억제하므로 칼슘이 충분한 상태에서는 스트레스를 받을 때에도 정신적 동요나 흥분이 덜 일어난다.

7 비타민 : 스트레스 자극에 대한 저항력을 높이기 위하여 비타민 A, 정신적 안정을 위하여 비타민 B군, 그리고 비타민 C는 스트레스가 강하고 지속시간이 길수록 그 섭취량을 증가시켜야 한다고 본다.

단원평가

1 스트레스와 식욕의 관계를 설명하시오.

2 스트레스가 소화기관에 미치는 영향을 설명하시오.

3 스트레스에 대한 비타민 C의 기능을 설명하시오.

4 스트레스 대처 방안으로서 운동의 역할을 설명하시오.

5 스트레스를 벗어나기 위한 영양에 대해 설명하시오.

풀이

1. 스트레스가 계속해서 강하게 주어지고 해소를 시키지 못하게 되면 정신적 영향이 신체적으로도 나타나기 쉽다. 스트레스와 관련된 내인성 물질이 섭식 조절기구에 작용하여 식욕에 영향을 주므로 정상적인 기능이 깨어지고 식욕 부진, 거식(巨食), 과식 등 복잡한 식행동이 일어나게 된다. 긴장과 공포 그리고 슬플 때는 식욕이 떨어지기도 하고 때로는 스트레스 해소의 방법으로 과식을 하는 사람도 있다. 이와 같이 심리 상태와 식욕과는 밀접한 상호작용을 가지고 있다. 기분이 좋을 때는 무엇이든 맛이 있고 반대일 때는 식욕이 떨어지나 때로는 먹는다는 행위를 통해서 긴장이 완화되는 정신 안정작용을 하는 수도 있다. 한편 그런 불안감을 잊기 위해서 폭식 또는 과식을 하기도 한다.
   섭식 조절의 메커니즘에 있어서 정상적인 공복감과 만복감의 식행동은 시상하부를 중추로 하는 신경회로도의 작용에 의한 것이나 이외에도 인간의 식행동은 심리적·사회적 영향을 크게 받는다. 극도의 스트레스를 받은 사람은 때로 대식증(bulimia) 또는 과잉식욕증후군(binge eating syndrome)을 보인다. 이들 중에는 1일 섭취량의 절반 이상을 밤에 먹는 야식증후군으로 야식의 행동으로 스트레스를 해소하려고 하기도 한다. 반대로 스트레스에 의해서 식욕이 저하되는 예도 있다. 동물실험에서 완전 구속이나 심한 강제운동을 시켰을 때 식욕 감퇴를 보였다. 이것을 신경성 식욕부진증(anorexia nervosa)이라 한다.
2. 스트레스가 인간의 신체에 다양하게 영향을 준다는 것은 이미 알려진 것으로 이는 스트레스에 의한 질병들이 정신질환은 물론 생활습관성 질환(成人病)을 중심으로 발병하고 악화되는 예가 많기 때문이다. 사람에 따라서 질병과 증세에 차이는 있으나 신체의 어느 부분과도 관련이 있는데, 그중에서도 극도의 정신적 긴장과 스트레스는 우선적으로 위장 계통에 쉽게 일어난다. 스트레스가 가해지면 시상하부에서 자율신경계를 거쳐서 위산 분비가 촉진되고 부교감신경이 흥분하여 위의 운동과 긴장이 높아져 위 혈류량이 저하되고 방어 기능은 약화된다. 이것이 강하게 반복될 때는 주로 소화 불량, 위산 과다증, 위궤양, 십이지장궤양, 장염 등 각종 소화기 질환이 많이 나타나는데 약물을 투여해도 치료가 되지 않고 만성 또는 난치성이 되는 경우가 있다.
3. 어린이로부터 성인에까지 영양 등의 건강 촉진 인자와 물리적·심리적 스트레스가 항상 병존하고 있는데, 이 스트레스에 대항하여 교감신경계·부교감신경계 등의 자율신경계나 부신피질호르몬 등 내분비계의 생체 제어계에 의해 신체의

항상성(homeostasis)을 유지하려고 노력하고 있다. 그러나 스트레스가 강하여 생체 제어계가 그 조정 능력이 부족해질 때는 생체 내의 영양 대사에도 변화가 일어난다. 즉, 신체적·심리적 스트레스에 의해 영양 장애와 영양 대사에 변화가 일어난다.

비타민 C는 생체 내 장기 중에서 부신에 다량 함유되어 있는데, 스트레스를 받을 경우 부신 중의 비타민 C 농도가 감소한다. 이것은 비타민 C가 부신피질호르몬의 합성 또는 부신수질호르몬의 생성 시 산화·환원 반응에 이용, 소모되므로 그 농도가 감소하는 것이다. 이와 같은 호르몬계에서 비타민 C의 소비는 골격 중의 콜라겐 생성과 골격 중의 칼슘량도 감소하므로 골다공증이나 골격에 질병을 일으키기 쉽다. 그리고 비타민 C는 신진대사가 스트레스로 항진할 때도 크게 소비된다.

이상의 사실들로 미루어 볼 때 비타민 C는 스트레스가 강하고 지속시간이 길수록 그 섭취량을 증가시켜야 한다.

4. 운동은 스트레스를 예방하고, 스트레스에 대한 적응력을 높이며 공격적 감정들을 해소하는 가장 좋은 방법이다. 운동은 생체 내의 본능적인 경계반응을 완화시켜 주고, 긴장된 근육을 풀어 주며, 정신적 이완과 원기를 찾는 데 도움이 된다. 또한 자신감을 증대시키고 압박감이나 우울감에서 벗어나는 데도 효과가 크다. 즉, 운동은 스트레스의 강도를 줄이고, 회복시간을 단축시키며 스트레스로 인한 질병들을 방어하는 데 큰 도움이 된다.

   한 주에 최소한 3회씩 20~30분간 유산소운동을 하면 심장 기능을 향상시킬 수 있다. 유산소운동의 예로는 걷기, 뛰기 및 줄넘기가 있고 모두 뼈, 심장, 폐 기능을 향상시킨다. 또한 유산소운동을 통해 근육 상태도 향상시킬 수 있다. 운동 전 스트레칭과 워밍업, 그리고 운동 후 마무리 운동은 반드시 운동 프로그램에 포함되어야 한다.

   한편 운동은 우선 힘이 들고 시간이 많이 든다. 때문에 재미를 느끼지 못하고 의지가 굳지 않으면 현대인의 바쁜 생활 속에 자리 잡기 힘들다. 경우에 따라서는 운동 자체가 스트레스를 가중시키기도 하는데, 우선 자신에게 알맞은 종목을 선정하는 것이 중요하다.

   ① 등산, 조깅, 수영 등 경쟁적 성격이 약한 종목을 선택한다.
   ② 폐쇄되고 좁은 공간에서 하는 운동보다 산이나 바다 같은 자연에서 할 수 있는 운동을 선택하는 것이 좋다.
   ③ 내성적이며 의지력이 강한 성격의 소유자는 비경쟁적 운동을 시작하는 것이 좋으나, 외형적이고 경쟁을 좋아하는 성격의 소유자는 경쟁적인 스포츠를 시작하는 것이 재미있고 적성에 맞을 것이다.
   ④ 생활환경이나 생활 패턴상 규칙적으로 충분한 시간을 낼 수 있는 경우에는 자연환경을 이용하거나 다른 사람들과 함께 하는 종목을 선택할 수 있겠으나, 자투리 시간을 활용하는 경우에는 시설을 별로 필요로 하지 않는 줄넘기, 조깅 같은 손쉬운 운동이 좋다.

5. 극심한 스트레스를 받게 되면 평소보다 많은 양의 단백질과 지질, 탄수화물이 소모된다. 스트레스가 너무나도 극심하여 음식을 먹을 수 없게 되면 근육, 지방분 및 기타 신체조직과 같은 체내에 이미 존재하는 물질들을 에너지원으로 쓰게 된다. 하루 내지 이틀 만에 저장된 탄수화물이 모두 소모되면 근육이 파괴되기 시작한다. 탄수화물 식품은 단백질이 바로 에너지원으로 소모되는 것을 막는다는 점에서 중요하다. 그 대신 단백질은 건강한 면역 체계 및 알맞은 근육 크기를 유지하고, 혈액 내의 산도를 조절하며 신체 기능을 위한 물질을 합성하는 데 쓰인다.

   짠 음식을 삼가 혈압이 오르는 것을 예방한다. 또한 칼슘, 마그네슘, 아연, 철분, 비타민 A, 비타민 E와 함께 비타민 B 계열과 비타민 C를 알맞게 섭취한다. 1,500 kcal 이하를 섭취할 경우에는 비타민·미네랄 보충제를 복용해야 한다. 비타민 C(감귤, 베리류, 브로콜리, 토마토) 및 칼륨(토마토, 바나나, 짙푸른 잎채소, 대추, 감귤)이 풍부한 음식을 매일 섭취하도록 한다. 저지방우유, 요거트 및 치즈를 통해 뼈의 칼슘 손실을 예방할 수 있다.

   수분을 많이 섭취해야 하지만 카페인이 함유된 음료나 알코올은 적당량만 마시도록 한다. 설탕 섭취는 최소화한다.

   식사는 주기적으로 한다. 매 식단에 탄수화물, 과일, 채소를 먹도록 하고 단백질은 소량만 섭취한다. 스트레스를 받고 있는 경우에는 다이어트를 삼간다. 다이어트는 신체 대사에 영향을 주고 우울증을 초래할 수 있다. 식사는 영양분 흡수를 촉진하기 위하여 천천히 하도록 한다. 매일 음식을 꼭 섭취하여야 하며, 한 번에 많이 먹기보다는 적은 양의 식사를 여러 번하는 것이 더 좋다. 스트레스를 받고 있는 사람을 위한 식사는 맛있고 다채로우며 입맛을 돋우는 음식을 준비하도록 한다.

   하루 일과에 반드시 운동을 포함하도록 한다. 가벼운 걷기는 긴장을 풀어 주고 기분을 돋운다. 스트레스가 심하여 입맛을 잃은 경우 음식을 섭취하였을 때 구토를 하고 어지럼증을 느낄 수 있다. 이때는 안정이 될 때까지 음식을 삼가도록 한다.

부록

부록 1　한국인 영양소 섭취기준

부록 2　한국 소아 발육 표준치(체중, 신장, 체질량지수, 머리둘레)

부록 3　한국 소아 발육 표준치(체중, 신장: 1998년과 2007년 비교)

부록 4　2006년 세계보건기구(WHO) 어린이 성장 기준

부록 1

한국인 영양소 섭취기준

자료 : 보건복지부·한국영양학회, 2015 한국인 영양소 섭취기준, 2015

1. 한국인 영양소 섭취기준

영양소 섭취기준은 국민의 건강 증진 및 질병 예방을 목적으로 에너지 및 각 영양소의 적정 섭취량을 나타낸 것이다. 초기에는 영양 결핍증을 예방하기에 충분한 양을 의미하는 영양권장량을 제정하였으나(National Research Council, NRC, 1989), 영양 결핍으로 인한 건강 문제와 함께 일부 영양소의 과잉 섭취 또는 불균형으로 인한 만성 질환이 주요 건강 문제로 대두되면서 영양소의 결핍과 과잉으로 인한 문제를 예방하기 위한 새로운 개념의 영양소 섭취기준을 제정하게 되었다(Institute of Medicine, IOM, 2008).

영양소 섭취기준에는 평균필요량과 권장섭취량, 충분섭취량, 상한섭취량이 있다. 인체 필요량에 대한 과학적 근거가 있을 경우에는 평균필요량과 권장섭취량을 제정하고, 근거가 충분하지 않은 경우에는 충분섭취량을 제정하며, 과잉 섭취로 인한 유해 영향에 대한 근거가 있는 경우에는 상한섭취량을 제정한다.

대부분의 국가에서 영양소 섭취기준을 제정하여 식생활 관련 정책이나 사업에 활용하고 있으며, 국민의 식생활과 질병 양상, 그리고 식량 수급 상황을 반영하여 주기적으로 제·개정하고 있다. 한국인 영양소 섭취기준은 1962년에 국제연합 식량농업기구(FAO) 한국협회에서 '한국인 영양권장량'을 제정하면서 처음으로 제시되었다. 그 이후에 보건사회연구원과 한국영양학회에서 필요에 따라 이를 제·개정하여 다각적으로 활용해 왔다. 2010년에 「국민영양관리법」이 공포됨에 따라 정부에서 영양소 섭취기준의 제정 업무를 담당하게 되었고, 보건복지부는 한국영양학회에 제정 업무를 위탁하여 '2015 한국인 영양소 섭취기준' 제정을 위한 과학적 근거를 확보하였다.

영양소 섭취기준은 인체 필요량과 유해성에 대한 과학적 근거를 충분히 반영해야 하고, 영양 관련 분야의 전문가들이 인정할 수 있어야 하며, 다양한 분야에서 편리하게 활용할 수 있어야 한다. 따라서 '2015 영양소 섭취기준' 제정은 과학적 근거의 활용, 다학제적 접근, 그리고 활용도 제고를 기본 전략으로 삼았다.

에너지 및 다량 영양소

성별	연령	에너지(kcal/일)				탄수화물(g/일)				지방(g/일)				n-6계 지방산(g/일)			
		필요추정량	권장섭취량	충분섭취량	상한섭취량	평균필요량	권장섭취량	충분섭취량	상한섭취량	평균필요량	권장섭취량	충분섭취량	상한섭취량	평균필요량	권장섭취량	충분섭취량	상한섭취량
영아	0~5(개월)	550						60				25				2.0	
	6~11	700						90				25				4.0	
유아	1~2(세)	1,000															
	3~5	1,400															
남자	6~8(세)	1,700															
	9~11	2,100															
	12~14	2,500															
	15~18	2,700															
	19~29	2,600															
	30~49	2,400															
	50~64	2,200															
	65~74	2,000															
	75 이상	2,000															
여자	6~8(세)	1,500															
	9~11	1,800															
	12~14	2,000															
	15~18	2,000															
	19~29	2,100															
	30~49	1,900															
	50~64	1,800															
	65~74	1,600															
	75 이상	1,600															
임신부[1]		+0 +340 +450															
수유부		+320															

성별	연령	n-3계 지방산(g/일)				단백질(g/일)				식이섬유(g/일)				수분(mL/일)				
		평균필요량	권장섭취량	충분섭취량	상한섭취량	평균필요량	권장섭취량	충분섭취량	상한섭취량	평균필요량	권장섭취량	충분섭취량	상한섭취량	평균필요량	권장섭취량	충분섭취량 액체	충분섭취량 총수분	상한섭취량
영아	0~5(개월)			0.3				10								700	700	
	6~11			0.8		10	15									500	800	
유아	1~2(세)					12	15					10				800	1,100	
	3~5					15	20					15				1,100	1,500	
남자	6~8(세)					25	30					20				900	1,800	
	9~11					35	40					20				1,000	2,100	
	12~14					45	55					25				1,000	2,300	
	15~18					50	65					25				1,200	2,600	
	19~29					50	65					25				1,200	2,600	
	30~49					50	60					25				1,200	2,500	
	50~64					50	60					25				1,000	2,200	
	65~74					45	55					25				1,000	2,100	
	75 이상					45	55					25				1,000	2,100	
여자	6~8(세)					20	25					20				900	1,700	
	9~11					30	40					20				900	1,900	
	12~14					40	50					20				900	2,000	
	15~18					40	50					20				900	2,000	
	19~29					45	55					20				1,000	2,100	
	30~49					40	50					20				1,000	2,000	
	50~64					40	50					20				900	1,900	
	65~74					40	45					20				900	1,800	
	75 이상					40	45					20				900	1,800	
임신부[1]						+12 +25	+15 +30					+5					+200	
수유부						+20	+25					+5				+500	+700	

1) 에너지, 단백질 임신부 1, 2, 3분기별 부가량

지용성 비타민

성별	연령	비타민 A(μg RAE/일)				비타민 D(μg/일)				비타민 E(mg α-TE/일)				비타민 K(μg/일)			
		평균필요량	권장섭취량	충분섭취량	상한섭취량	평균필요량	권장섭취량	충분섭취량	상한섭취량	평균필요량	권장섭취량	충분섭취량	상한섭취량	평균필요량	권장섭취량	충분섭취량	상한섭취량
영아	0~5(개월)			350	600			5	25			3				4	
	6~11			450	600			5	25			4				7	
유아	1~2(세)	200	300		600			5	30			5	200			25	
	3~5	230	350		700			5	35			6	250			30	
남자	6~8(세)	320	450		1,000			5	40			7	300			45	
	9~11	420	600		1,500			5	60			9	400			55	
	12~14	540	750		2,100			10	100			10	400			70	
	15~18	620	850		2,300			10	100			11	500			80	
	19~29	570	800		3,000			10	100			12	540			75	
	30~49	550	750		3,000			10	100			12	540			75	
	50~64	530	750		3,000			10	100			12	540			75	
	65~74	500	700		3,000			15	100			12	540			75	
	75 이상	500	700		3,000			15	100			12	540			75	
여자	6~8(세)	290	400		1,000			5	40			7	300			45	
	9~11	380	550		1,500			5	60			9	400			55	
	12~14	470	650		2,100			10	100			10	400			65	
	15~18	440	600		2,300			10	100			11	500			65	
	19~29	460	650		3,000			10	100			12	540			65	
	30~49	450	650		3,000			10	100			12	540			65	
	50~64	430	600		3,000			10	100			12	540			65	
	65~74	410	550		3,000			15	100			12	540			65	
	75 이상	410	550		3,000			15	100			12	540			65	
임신부[1]		+50	+70		3,000			+0	100			+0	540			+0	
수유부		+350	+490		3,000			+0	100			+3	540			+0	

수용성 비타민

성별	연령	비타민 C(mg/일)				티아민(mg/일)				리보플라빈(mg/일)				니아신(mg NE/일)[1]				
		평균 필요량	권장 섭취량	충분 섭취량	상한 섭취량	평균 필요량	권장 섭취량	충분 섭취량	상한 섭취량	평균 필요량	권장 섭취량	충분 섭취량	상한 섭취량	평균 필요량	권장 섭취량	충분 섭취량	상한 섭취량[2]	상한 섭취량[2]
영아	0~5(개월)			35				0.2				0.3				2		
	6~11			45				0.3				0.4				3		
유아	1~2(세)	30	35		350	0.4	0.5			0.5	0.5			4	6		10	180
	3~5	30	40		500	0.4	0.5			0.5	0.6			5	7		10	250
남자	6~8(세)	40	55		700	0.6	0.7			0.7	0.9			7	9		15	350
	9~11	55	70		1,000	0.7	0.9			1.0	1.2			9	12		20	500
	12~14	70	90		1,400	1.0	1.1			1.2	1.5			11	15		25	700
	15~18	80	105		1,500	1.1	1.3			1.4	1.7			13	17		30	800
	19~29	75	100		2,000	1.0	1.2			1.3	1.5			12	16		35	1,000
	30~49	75	100		2,000	1.0	1.2			1.3	1.5			12	16		35	1,000
	50~64	75	100		2,000	1.0	1.2			1.3	1.5			12	16		35	1,000
	65~74	75	100		2,000	1.0	1.2			1.3	1.5			12	16		35	1,000
	75 이상	75	100		2,000	1.0	1.2			1.3	1.5			12	16		35	1,000
여자	6~8(세)	45	60		700	0.6	0.7			0.6	0.8			7	9		15	350
	9~11	60	80		1,000	0.7	0.9			0.8	1.0			9	12		20	500
	12~14	75	100		1,400	0.9	1.1			1.0	1.2			11	15		25	700
	15~18	70	95		1,500	1.0	1.2			1.0	1.2			11	14		30	800
	19~29	75	100		2,000	0.9	1.1			1.0	1.2			11	14		35	1,000
	30~49	75	100		2,000	0.9	1.1			1.0	1.2			11	14		35	1,000
	50~64	75	100		2,000	0.9	1.1			1.0	1.2			11	14		35	1,000
	65~74	75	100		2,000	0.9	1.1			1.0	1.2			11	14		35	1,000
	75 이상	75	100		2,000	0.9	1.1			1.0	1.2			11	14		35	1,000
임신부		+10	+10		2,000	+0.4	+0.4			+0.3	+0.4			+3	+4		35	1,000
수유부		+35	+40		2,000	+0.3	+0.4			+0.4	+0.5			+2	+3		35	1,000

성별	연령	비타민 B_6(mg/일)				엽산(μg DFE/일)[3]				비타민 B_{12}(μg/일)				판토텐산(mg/일)				비오틴(μg/일)			
		평균 필요량	권장 섭취량	충분 섭취량	상한 섭취량	평균 필요량	권장 섭취량	충분 섭취량	상한 섭취량	평균 필요량	권장 섭취량	충분 섭취량	상한 섭취량	평균 필요량	권장 섭취량	충분 섭취량	상한 섭취량	평균 필요량	권장 섭취량	충분 섭취량	상한 섭취량
영아	0~5(개월)			0.1				65				0.3				1.7				5	
	6~11			0.3				80				0.5				1.9				7	
유아	1~2(세)	0.5	0.6		25	120	150		300	0.8	0.9					2				9	
	3~5	0.6	0.7		35	150	180		400	0.9	1.1					2				11	
남자	6~8(세)	0.7	0.9		45	180	220		500	1.1	1.3					3				15	
	9~11	0.9	1.1		55	250	300		600	1.5	1.7					4				20	
	12~14	1.3	1.5		60	300	360		800	1.9	2.3					5				25	
	15~18	1.3	1.5		65	320	400		900	2.2	2.7					5				30	
	19~29	1.3	1.5		100	320	400		1,000	2.0	2.4					5				30	
	30~49	1.3	1.5		100	320	400		1,000	2.0	2.4					5				30	
	50~64	1.3	1.5		100	320	400		1,000	2.0	2.4					5				30	
	65~74	1.3	1.5		100	320	400		1,000	2.0	2.4					5				30	
	75 이상	1.3	1.5		100	320	400		1,000	2.0	2.4					5				30	
여자	6~8(세)	0.7	0.9		45	180	220		500	1.1	1.3					3				15	
	9~11	0.9	1.1		55	250	300		600	1.5	1.7					4				20	
	12~14	1.2	1.4		60	300	360		800	1.9	2.3					5				25	
	15~18	1.2	1.4		65	320	400		900	2.0	2.4					5				30	
	19~29	1.2	1.4		100	320	400		1,000	2.0	2.4					5				30	
	30~49	1.2	1.4		100	320	400		1,000	2.0	2.4					5				30	
	50~64	1.2	1.4		100	320	400		1,000	2.0	2.4					5				30	
	65~74	1.2	1.4		100	320	400		1,000	2.0	2.4					5				30	
	75 이상	1.2	1.4		100	320	400		1,000	2.0	2.4					5				30	
임신부		+0.7	+0.8		100	+200	+220		1,000	+0.2	+0.2					+1				+0	
수유부		+0.7	+0.8		100	+130	+150		1,000	+0.3	+0.4					+2				+5	

1) 1 mg NE(니아신 당량)=1 mg 니아신=60 mg 트립토판 2) 니코틴산/니코틴아미드 3) Dietary Folate Equivalents, 가임기 여성의 경우 400 μg/일의 엽산보충제 섭취를 권장함, 엽산의 상한섭취량은 보충제 또는 강화식품의 형태로 섭취한 μg/일에 해당됨.

다량 무기질

성별	연령	칼슘(mg/일)				인(mg/일)				나트륨(mg/일)				
		평균 필요량	권장 섭취량	충분 섭취량	상한 섭취량	평균 필요량	권장 섭취량	충분 섭취량	상한 섭취량	평균 필요량	권장 섭취량	충분 섭취량	상한 섭취량	목표 섭취량
영아	0~5(개월)			210	1,000			100				120		
	6~11			300	1,500			300				370		
유아	1~2(세)	390	500		2,500	380	450		3,000			900		
	3~5	470	600		2,500	460	550		3,000			1,000		
남자	6~8(세)	580	700		2,500	490	600		3,000			1,200		
	9~11	650	800		3,000	1,000	1,200		3,500			1,400		2,000
	12~14	800	1,000		3,000	1,000	1,200		3,500			1,500		2,000
	15~18	720	900		3,000	1,000	1,200		3,500			1,500		2,000
	19~29	650	800		2,500	580	700		3,500			1,500		2,000
	30~49	630	800		2,500	580	700		3,500			1,500		2,000
	50~64	600	750		2,000	580	700		3,500			1,500		2,000
	65~74	570	700		2,000	580	700		3,500			1,300		2,000
	75 이상	570	700		2,000	580	700		3,000			1,100		2,000
여자	6~8(세)	580	700		2,500	490	550		3,000			1,200		
	9~11	650	800		3,000	1,000	1,200		3,500			1,400		2,000
	12~14	740	900		3,000	1,000	1,200		3,500			1,500		2,000
	15~18	660	800		3,000	1,000	1,200		3,500			1,500		2,000
	19~29	530	700		2,500	580	700		3,500			1,500		2,000
	30~49	510	700		2,500	580	700		3,500			1,500		2,000
	50~64	580	800		2,000	580	700		3,500			1,500		2,000
	65~74	560	800		2,000	580	700		3,500			1,300		2,000
	75 이상	560	800		2,000	580	700		3,000			1,100		2,000
임신부		+0	+0		2,500	+0	+0		3,000			1,500		2,000
수유부		+0	+0		2,500	+0	+0		3,500			1,500		2,000

성별	연령	염소(mg/일)				칼륨(mg/일)				마그네슘(mg/일)			
		평균 필요량	권장 섭취량	충분 섭취량	상한 섭취량	평균 필요량	권장 섭취량	충분 섭취량	상한 섭취량	평균 필요량	권장 섭취량	충분 섭취량	상한 섭취량[1]
영아	0~5(개월)			180				400				30	
	6~11			560				700				55	
유아	1~2(세)			1,300				2,000		65	80		65
	3~5			1,500				2,300		85	100		90
남자	6~8(세)			1,900				2,600		135	160		130
	9~11			2,100				3,000		190	230		180
	12~14			2,300				3,500		265	320		250
	15~18			2,300				3,500		335	400		350
	19~29			2,300				3,500		295	350		350
	30~49			2,300				3,500		305	370		350
	50~64			2,300				3,500		305	370		350
	65~74			2,000				3,500		305	370		350
	75 이상			1,700				3,500		305	370		350
여자	6~8(세)			1,900				2,600		125	150		130
	9~11			2,100				3,000		180	210		180
	12~14			2,300				3,500		245	290		250
	15~18			2,300				3,500		285	340		350
	19~29			2,300				3,500		235	280		350
	30~49			2,300				3,500		235	280		350
	50~64			2,300				3,500		235	280		350
	65~74			2,000				3,500		235	280		350
	75 이상			1,700				3,500		235	280		350
임신부				2,300				+0		+32	+40		350
수유부				2,300				+400		+0	+0		350

1) 식품 외 급원의 마그네슘에만 해당

미량 무기질

성별	연령	철(mg/일)				아연(mg/일)				구리(μg/일)				불소(mg/일)			
		평균 필요량	권장 섭취량	충분 섭취량	상한 섭취량	평균 필요량	권장 섭취량	충분 섭취량	상한 섭취량	평균 필요량	권장 섭취량	충분 섭취량	상한 섭취량	평균 필요량	권장 섭취량	충분 섭취량	상한 섭취량
영아	0~5(개월)			0.3	40			2				240				0.01	0.6
	6~11	5	6		40	2	3					310				0.5	0.9
유아	1~2(세)	4	6		40	2	3		6	220	280		1,500			0.6	1.2
	3~5	5	6		40	3	4		9	250	320		2,000			0.8	1.7
남자	6~8(세)	7	9		40	5	6		13	340	440		3,000			1.0	2.5
	9~11	8	10		40	7	8		20	440	580		5,000			2.0	10.0
	12~14	11	14		40	7	8		25	570	740		7,000			2.5	10.0
	15~18	11	14		45	8	10		30	650	840		7,000			3.0	10.0
	19~29	8	10		45	8	10		35	600	800		10,000			3.5	10.0
	30~49	8	10		45	8	10		35	600	800		10,000			3.0	10.0
	50~64	7	10		45	8	9		35	600	800		10,000			3.0	10.0
	65~74	7	9		45	7	9		35	600	800		10,000			3.0	10.0
	75 이상	7	9		45	7	9		35	600	800		10,000			3.0	10.0
여자	6~8(세)	6	8		40	4	5		13	340	440		3,000			1.0	2.5
	9~11	7	10		40	6	8		20	440	580		5,000			2.0	10.0
	12~14	13	16		40	6	8		25	570	740		7,000			2.5	10.0
	15~18	11	14		45	7	9		30	650	840		7,000			2.5	10.0
	19~29	11	14		45	7	8		35	600	800		10,000			3.0	10.0
	30~49	11	14		45	7	8		35	600	800		10,000			2.5	10.0
	50~64	6	8		45	6	7		35	600	800		10,000			2.5	10.0
	65~74	6	8		45	6	7		35	600	800		10,000			2.5	10.0
	75 이상	5	7		45	6	7		35	600	800		10,000			2.5	10.0
임신부		+8	+10		45	+2.0	+2.5		35	+100	+130		10,000			+0	10.0
수유부		+0	+0		45	+4.0	+5.0		35	+370	+480		10,000			+0	10.0

성별	연령	망간(mg/일)				요오드(μg/일)				셀레늄(μg/일)				몰리브덴(μg/일)				크롬(μg/일)			
		평균 필요량	권장 섭취량	충분 섭취량	상한 섭취량	평균 필요량	권장 섭취량	충분 섭취량	상한 섭취량	평균 필요량	권장 섭취량	충분 섭취량	상한 섭취량	평균 필요량	권장 섭취량	충분 섭취량	상한 섭취량	평균 필요량	권장 섭취량	충분 섭취량	상한 섭취량
영아	0~5(개월)			0.01				130	250			9	45							0.2	
	6~11			0.8				170	250			11	65							5.0	
유아	1~2(세)			1.5	2.0	55	80		300	19	23		75				100			12	
	3~5			2.0	3.0	65	90		300	22	25		100				100			12	
남자	6~8(세)			2.5	4.0	75	100		500	30	35		150				200			20	
	9~11			3.0	5.0	85	110		500	39	45		200				300			25	
	12~14			4.0	7.0	90	130		1,800	49	60		300				400			35	
	15~18			4.0	9.0	95	130		2,200	55	65		300				500			40	
	19~29			4.0	11.0	95	150		2,400	50	60		400	25	30		550			35	
	30~49			4.0	11.0	95	150		2,400	50	60		400	20	25		550			35	
	50~64			4.0	11.0	95	150		2,400	50	60		400	20	25		550			35	
	65~74			4.0	11.0	95	150		2,400	50	60		400	20	25		550			35	
	75 이상			4.0	11.0	95	150		2,400	50	60		400	20	25		550			35	
여자	6~8(세)			2.5	4.0	75	100		500	30	35		150				200			15	
	9~11			3.0	5.0	85	110		500	39	45		200				300			20	
	12~14			3.5	7.0	90	130		2,000	49	60		300				400			25	
	15~18			3.5	9.0	95	130		2,200	55	65		300				400			25	
	19~29			3.5	11.0	95	150		2,400	50	60		400	20	25		450			25	
	30~49			3.5	11.0	95	150		2,400	50	60		400	20	25		450			25	
	50~64			3.5	11.0	95	150		2,400	50	60		400	20	25		450			25	
	65~74			3.5	11.0	95	150		2,400	50	60		400	20	25		450			25	
	75 이상			3.5	11.0	95	150		2,400	50	60		400	20	25		450			25	
임신부				+0	11.0	+65	+90			+3	+4		400				450			+5	
수유부				+0	11.0	+130	+190			+9	+10		400				450			+20	

2. 체위 기준

영양소의 필요량은 생애주기에 따른 생리적 변화 및 신체 크기에 영향을 받으므로 체위 기준이 함께 고려되어야 한다. 신체 크기는 개인별로 차이가 나기 때문에 성별, 연령별 집단의 표준 체위 기준치를 설정한 후 그 기준치에 맞추어 영양소 섭취기준을 설정한다. 영양소 섭취기준 설정에 사용되는 체위 기준은 크게 표준치(standard)와 참고치(reference)로 나눌 수 있다. 표준치는 건강한 사람을 대표하는 기준치로서 개인이 노력하여 달성해야 할 목표치를 의미하고, 참고치는 표본의 통계치를 단순히 기술한 것으로 건강의 개념이 포함되지 않은 수치이다. 영양소 섭취기준을 제정하는 목적은 국민의 건강을 증진하고 질병을 예방하는 데 있으므로, 선진국에서는 영양소 섭취기준을 설정할 때 주로 표준치의 개념을 도입하는 경향이 있다.

'2015 한국인 영양소 섭취기준'에 적용하는 체위 기준의 설정을 위해 국내에서 발표된 모든 체위 관련 자료를 검토하였고, 국민건강영양조사 원시자료, 산업통상자원부 기술표준원 인체지수 원시자료(5차 2003~2004년, 6차 2010년), 2007 소아·청소년 신체발육 표준치를 분석하여 비교하였다.

2015 한국인 영양소 섭취기준 제정을 위한 체위 기준

연령	2015 체위 기준					
	신장(cm)		체중(kg)		BMI(kg/m²)	
0~5(개월)	60.3		6.2		17.1	
6~11	72.2		8.9		17.1	
1~2(세)	86.4		12.5		16.7	
3~5	105.4		17.4		15.7	
	남자	여자	남자	여자	남자	여자
6~8(세)	126.4	125.0	26.5	25.0	16.6	16.0
9~11	142.9	142.9	38.2	35.7	18.7	17.5
12~14	163.5	158.1	52.9	48.5	19.8	19.4
15~18	173.3	160.9	63.1	53.1	21.0	20.5
19~29	174.8	161.5	68.7	56.1	22.5	21.5
30~49	172.0	159.0	66.6	54.4	22.5	21.5
50~64	168.4	155.4	63.8	51.9	22.5	21.5
65~74	164.9	152.1	61.2	49.7	22.5	21.5
75 이상	163.3	147.1	60.0	46.5	22.5	21.5

3. 식사구성안과 식품구성자전거

1) 식사구성안

식사구성안은 에너지, 비타민, 무기질, 식이섬유는 자신에게 필요한 양의 100% 섭취하며, 한국인 영양소 섭취기준의 에너지 적정 비율인 탄수화물은 55~65%, 단백질은 7~20%, 지질은 15~30%(1~2세는 20~35%)로 섭취하고, 소금은 하루 5 g 이하(나트륨으로 환산하면 2 g 또는 2,000 mg), 설탕이나 물엿과 같은 첨가당은 되도록 적게 섭취한다. 물론 일반인이 이러한 목표를 모두 맞추어서 식단을 구성하거나 평가하는 것은 매우 어려운 일이다. 따라서 식사구성안은 일반인이 복잡한 영양가 계산을 하지 않아도 한국인 영양소 섭취기준을 충족할 수 있도록 만든 1일 식단 작성법이다. 식사구성안을 활용하여 식단을 작성하면 한국인 영양소 섭취기준에서 제시한 영양 목표에 가까운 식단을 일반인도 간단하고 편리하게 계획할 수 있다.

2) 식품구성자전거

우리가 섭취하고 있는 식품들의 종류와 영양소 함량에 따라 기능이 비슷한 것끼리 묶어 보면 곡류, 고기·생선·달걀·콩류, 채소류, 과일류, 우유·유제품류, 유지·당류의 6가지 식품군으로 구분된다. 식품구성자전거는 이러한 6가지 식품군 중 과잉 섭취를 주의해야 하는 유지·당류를 제외한 5가지 식품군을 매일 골고루 필요한 만큼 먹어 균형 잡힌 식사를 해야 한다는 의미를 전달하고 있다. 여기에 앞바퀴는 매일 충분한 양의 물을 섭취해야 하는 것을 표현하고 있으며 자전거에 앉은 사람의 모습은 매일 충분한 양의 신체 활동을 해서 적절한 영양소 섭취기준과 함께 건강을 유지하고 비만을 예방할 수 있음을 의미한다.

식품구성자전거의 뒷바퀴를 보면 곡류는 매일 2~4회, 고기·생선·달걀·콩류는 매일 3~4회, 채소류는 매 끼니 2가지 이상, 과일류는 매일 1~2개, 우유·유제품은 매일 1~2잔을 섭취하는 것을 표현하고 있다. 유지·당류는 조리 시 조금씩 사용하는 것을 권장하여 2015년 개정에는 포함하지 않았다. 물론 각 개인에 하루 필요량에 따라 식품의 양과 종류를 조정할 수 있으며, 식사구성안(권장 식사 패턴)을 이용하면 편리하게 하루에 필요한 식품군의 섭취 횟수를 정할 수 있다.

식품구성
자전거
곡류
고기·생선
달걀·콩류
채소류
과일류
우유·
유제품

[곡류]
매일 2~4회 정도
[고기·생선·달걀·콩류]
매일 3~4회 정도
[채소류]
매 끼니 2가지 이상
(나물, 생채, 쌈 등)
[과일류]
매일 1~2개
[우유·유제품류]
매일 1~2잔
식품구성
자전거

식품구성자전거

식품군별 대표 식품의 1인 1회 분량

식품군	1인 1회 분량
곡류 (300 kcal)	쌀밥(210 g), 보리밥(210 g), 백미(90 g), 현미(90 g), 수수(90 g), 팥(90 g), 가래떡(150 g), 시루떡(150 g), 국수 말린 것(90 g), 라면사리(120 g), 팥빵·쨈빵(80 g), 고구마(70 g), 감자(140 g), 옥수수(70 g), 밤(60 g), 묵(200 g), 시리얼(30 g), 당면(30 g), 식빵(35 g), 과자(30 g), 밀가루(30 g)
고기·생선·달걀·콩류 (100 kcal)	돼지고기(60 g), 돼지고기 삼겹살(60 g), 쇠고기(60 g), 닭고기(60 g), 소시지(30 g), 햄(30 g), 고등어(60 g), 명태(60 g), 참치통조림(60 g), 오징어(80 g), 바지락(80 g), 새우(80 g), 어묵(30 g), 멸치 말린 것 (15 g), 명태 말린 것(15 g), 오징어 말린 것(15 g), 달걀(60 g), 두부(80 g), 대두(20 g), 잣(10 g), 땅콩(10 g)
채소류 (15 kcal)	당근(70 g), 양배추(70 g), 오이(70 g), 무(70 g), 애호박(70 g), 콩나물(70 g), 부추(70 g), 풋고추(70 g), 상추(70 g), 시금치(70 g), 토마토(70 g), 양파(70 g), 마늘(10 g), 배추김치(40 g), 총각김치(40 g), 열무김치(40 g), 깍두기(40 g), 표고버섯(30 g), 느타리버섯(30 g), 김(2 g), 미역(30 g)
과일류 (50 kcal)	참외(150 g), 사과(100 g), 배(100 g), 복숭아(100 g), 귤(100 g), 오렌지(100 g), 바나나(100 g), 키위(100 g), 감(100 g), 포도(100 g), 건포도(15 g), 대추 말린 것(15 g), 과일주스(100 mL)
우유·유제품류 (125 kcal)	우유(200 mL), 호상요구르트(100 g), 액상요구르트(150 mL), 아이스크림(100 g), 치즈(20 g)
유지·당류 (45 kcal)	깨(5 g), 콩기름(5 g), 마요네즈(5 g), 버터(5 g), 설탕(10 g), 물엿(10 g), 꿀(10 g)

부록 2

한국 소아 발육 표준치(체중, 신장, 체질량 지수, 머리둘레)

자료: 질병관리본부·대한소아과학회, 소아·청소년 표준성장 도표, 2007

남아				연령	여아			
체중 (kg)	신장 (cm)	체질량 지수 (kg/m²)	머리둘레 (cm)		체중 (kg)	신장 (cm)	체질량 지수 (kg/m²)	머리둘레 (cm)
3.41	50.12		34.70	출생 시	3.29	49.35		34.05
5.68	57.70		38.30	1~2개월[1)]	5.37	56.65		37.52
6.45	60.90		39.85	2~3개월	6.08	59.76		39.02
7.04	63.47		41.05	3~4개월	6.64	62.28		40.18
7.54	65.65		42.02	4~5개월	7.10	64.42		41.12
7.97	67.56		42.83	5~6개월	7.51	66.31		41.90
8.36	69.27		43.51	6~7개월	7.88	68.01		42.57
8.71	70.83		44.11	7~8개월	8.21	69.56		43.15
9.04	72.26		44.63	8~9개월	8.52	70.99		43.66
9.34	73.60		45.09	9~10개월	8.81	72.33		44.12
9.63	74.85		45.51	10~11개월	9.09	73.58		44.53
9.90	76.03		45.88	11~12개월	9.35	74.76		44.89
10.41	78.22		46.53	12~15개월	9.84	76.96		45.54
11.10	81.15		47.32	15~18개월	10.51	79.91		46.32
11.74	83.77		47.94	18~21개월	11.13	82.55		46.95
12.33	86.15		48.45	21~24개월	11.70	84.97		47.46
13.14	89.38	16.71	49.06	2~2.5세	12.50	88.21	16.34	48.08
14.04	93.13	16.29	49.66	2.5~3세	13.42	91.93	16.01	48.71
14.92	96.70	15.97	50.10	3~3.5세	14.32	95.56	15.76	49.18
15.91	100.30	15.75	50.43	3.5~4세	15.28	99.20	15.59	49.54
16.97	103.80	15.63	50.68	4~4.5세	16.30	102.73	15.48	49.82
18.07	107.20	15.59	50.86	4.5~5세	17.35	106.14	15.43	50.04
19.22	110.47	15.63	51.00	5~5.5세	18.44	109.40	15.44	50.21
20.39	113.62	15.72	51.10	5.5~6세	19.57	112.51	15.50	50.34
21.60	116.64	15.87	51.17	6~6.5세	20.73	115.47	15.61	50.44
22.85	119.54	16.06	51.21	6.5~7세	21.95	118.31	15.75	50.51

(계속)

부록 2

한국 소아 발육 표준치(체중, 신장, 체질량 지수, 머리둘레)

자료 : 질병관리본부 · 대한소아과학회, 소아·청소년 표준성장 도표, 2007

남아				연령	여아			
체중 (kg)	신장 (cm)	체질량 지수 (kg/m^2)	머리둘레 (cm)		체중 (kg)	신장 (cm)	체질량 지수 (kg/m^2)	머리둘레 (cm)
24.84	123.71	16.41		7~8세	23.92	122.39	16.04	
27.81	129.05	16.97		8~9세	26.93	127.76	16.51	
31.32	134.21	17.58		9~10세	30.52	133.49	17.06	
35.50	139.43	18.22		10~11세	34.69	139.90	17.65	
40.30	145.26	18.86		11~12세	39.24	146.71	18.27	
45.48	151.81	19.45		12~13세	43.79	152.67	18.88	
50.66	159.03	20.00		13~14세	47.84	156.60	19.45	
55.42	165.48	20.49		14~15세	50.93	158.52	19.97	
59.40	169.69	20.90		15~16세	52.82	159.42	20.42	
62.41	171.81	21.26		16~17세	53.64	159.98	20.77	
64.46	172.80	21.55		17~18세	53.87	160.42	21.01	
65.76	173.35	21.81		18~19세	54.12	160.74	21.13	

1) 1~2개월은 1개월부터 2개월 미만에 해당되며, 다른 연령에도 동일하게 적용됨.

부록 3

한국 소아 발육 표준치(체중, 신장: 1998년과 2007년 비교)

자료 : 질병관리본부·대한소아과학회, 소아·청소년 표준 성장 도표, 2007

남아				연령	여아			
표준체중(kg)		표준신장(cm)			표준체중(kg)		표준신장(cm)	
1998년	2007년	1998년	2007년		1998년	2007년	1998년	2007년
3.4	3.4	50.8	50.1	출생시	3.3	3.3	50.1	49.4
4.6	5.7	55.2	57.7	1~2개월[1]	4.4	5.4	54.2	56.7
5.8	6.5	59.0	60.9	2~3개월	5.5	6.1	58.0	59.8
6.8	7.0	62.5	63.5	3~4개월	6.3	6.6	61.1	62.3
7.6	7.5	65.2	65.7	4~5개월	7.1	7.1	63.8	64.4
7.9	8.0	66.8	67.6	5~6개월	7.5	7.5	65.7	66.3
8.5	8.4	69.0	69.3	6~7개월	8.0	7.9	67.5	68.0
8.7	8.7	70.4	70.8	7~8개월	8.3	8.2	69.1	69.6
9.0	9.0	71.9	72.3	8~9개월	8.5	8.5	70.5	71.0
9.4	9.3	73.5	73.6	9~10개월	8.9	8.8	72.2	72.3
9.7	9.6	74.6	74.9	10~11개월	9.2	9.1	73.5	73.6
9.8	9.9	76.5	76.0	11~12개월	9.3	9.4	75.6	74.8
10.4	10.4	77.8	78.2	12~15개월	10.0	9.8	76.9	77.0
11.0	11.1	80.1	81.2	15~18개월	10.5	10.5	79.2	79.9
11.7	11.7	82.6	83.8	18~21개월	11.2	11.1	81.8	82.6
12.3	12.3	85.1	86.2	21~24개월	12.0	11.7	84.4	85.0
12.9	13.1	87.7	89.4	2~2.5세	12.5	12.5	87.0	88.2
14.1	14.0	92.2	93.1	2.5~3세	13.4	13.4	90.9	91.9
15.1	14.9	95.7	96.7	3~3.5세	14.2	14.3	94.2	95.6
15.9	15.9	99.8	100.3	3.5~4세	15.4	15.3	98.7	99.2
17.0	17.0	103.5	103.8	4~4.5세	16.4	16.3	102.1	102.7
18.0	18.1	106.6	107.2	4.5~5세	17.3	17.4	105.4	106.1
19.0	19.2	109.6	110.5	5~5.5세	18.4	18.4	108.6	109.4
20.2	20.4	112.9	113.6	5.5~6세	19.7	19.6	112.1	112.5
21.4	21.6	115.8	116.6	6~6.5세	20.7	20.7	114.7	115.5
22.6	22.9	118.5	119.5	6.5~7세	22.0	22.0	117.5	118.3

(계속)

부록 3

한국 소아 발육 표준치(체중, 신장: 1998년과 2007년 비교)

자료 : 질병관리본부 · 대한소아과학회, 소아 · 청소년 표준성장 도표, 2007

남아				연령	여아			
표준체중(kg)		표준신장(cm)			표준체중(kg)		표준신장(cm)	
1998년	2007년	1998년	2007년		1998년	2007년	1998년	2007년
24.7	24.8	122.4	123.7	7~8세	23.6	23.9	121.1	122.4
27.6	27.8	127.5	129.1	8~9세	26.2	26.9	126.0	127.8
31.0	31.3	132.9	134.2	9~10세	30.0	30.5	132.2	133.5
34.5	35.5	137.8	139.4	10~11세	33.6	34.7	137.7	139.9
38.6	40.3	143.5	145.3	11~12세	37.8	39.2	144.2	146.7
42.8	45.5	149.3	151.8	12~13세	43.1	43.8	150.9	152.7
47.2	50.7	155.3	159.0	13~14세	47.0	47.8	155.0	156.6
53.9	55.4	162.7	165.5	14~15세	50.7	50.9	157.8	158.5
58.5	59.4	167.8	169.7	15~16세	52.5	52.8	159.0	159.4
61.2	62.4	171.1	171.8	16~17세	54.4	53.6	160.0	160.0
63.2	64.5	172.2	172.8	17~18세	54.6	53.9	160.4	160.4
63.8	65.8	172.5	173.4	18~19세	54.7	54.1	160.5	160.7

부록 4

2006년 세계보건기구(WHO) 어린이 성장 기준

자료: 세계보건기구 http://www.who.int/childgrowth, 대한모유수유의사회 http://www.bfmed.co.kr

남아 연령별 체중(kg) 백분위수 (0~13주) (0~3개월)

남아	백분위수										
주	1	3	5	15	25	50	75	85	95	97	99
0	2.3	2.5	2.6	2.9	3.0	3.3	3.7	3.9	4.2	4.3	4.6
1	2.4	2.6	2.7	3.0	3.2	3.5	3.8	4.0	4.4	4.5	4.8
2	2.7	2.8	3.0	3.2	3.4	3.8	4.1	4.3	4.7	4.9	5.1
3	2.9	3.1	3.2	3.5	3.7	4.1	4.5	4.7	5.1	5.2	5.5
4	3.2	3.4	3.5	3.8	4.0	4.4	4.8	5.0	5.4	5.6	5.9
5	3.4	3.6	3.7	4.1	4.3	4.7	5.1	5.3	5.8	5.9	6.3
6	3.6	3.8	4.0	4.3	4.5	4.9	5.4	5.6	6.1	6.3	6.6
7	3.8	4.1	4.2	4.5	4.8	5.2	5.6	5.9	6.4	6.5	6.9
8	4.0	4.3	4.4	4.7	5.0	5.4	5.9	6.2	6.6	6.8	7.2
9	4.2	4.4	4.6	4.9	5.2	5.6	6.1	6.4	6.9	7.1	7.4
10	4.4	4.6	4.8	5.1	5.4	5.8	6.3	6.6	7.1	7.3	7.7
11	4.5	4.8	4.9	5.3	5.6	6.0	6.5	6.8	7.3	7.5	7.9
12	4.7	4.9	5.1	5.5	5.7	6.2	6.7	7.0	7.5	7.7	8.1
13	4.8	5.1	5.2	5.6	5.9	6.4	6.9	7.2	7.7	7.9	8.3

여아 연령별 체중(kg) 백분위수 (0~13주) (0~3개월)

여아	백분위수										
주	1	3	5	15	25	50	75	85	95	97	99
0	2.3	2.4	2.5	2.8	2.9	3.2	3.6	3.7	4.0	4.2	4.4
1	2.3	2.5	2.6	2.9	3.0	3.3	3.7	3.9	4.2	4.4	4.6
2	2.5	2.7	2.8	3.1	3.2	3.6	3.9	4.1	4.5	4.6	4.9
3	2.7	2.9	3.0	3.3	3.5	3.8	4.2	4.4	4.8	5.0	5.3
4	2.9	3.1	3.3	3.5	3.7	4.1	4.5	4.7	5.1	5.3	5.6
5	3.1	3.3	3.5	3.8	4.0	4.3	4.8	5.0	5.4	5.6	5.9
6	3.3	3.5	3.7	4.0	4.2	4.6	5.0	5.3	5.7	5.9	6.2
7	3.5	3.7	3.8	4.2	4.4	4.8	5.2	5.5	5.9	6.1	6.5
8	3.7	3.9	4.0	4.4	4.6	5.0	5.5	5.7	6.2	6.4	6.7
9	3.8	4.1	4.2	4.5	4.7	5.2	5.7	5.9	6.4	6.6	7.0
10	4.0	4.2	4.3	4.7	4.9	5.4	5.8	6.1	6.6	6.8	7.2
11	4.1	4.3	4.5	4.8	5.1	5.5	6.0	6.3	6.8	7.0	7.4
12	4.2	4.5	4.6	5.0	5.2	5.7	6.2	6.5	7.0	7.2	7.6
13	4.3	4.6	4.7	5.1	5.4	5.8	6.4	6.7	7.2	7.4	7.8

부록 4

2006년 세계보건기구 (WHO) 어린이 성장 기준

자료: 세계보건기구 http://www.who.int/childgrowth, 대한모유수유의사회 http://www.bfmed.co.kr

남아 연령별 체중(kg) 백분위수 (0~24개월) (0~2세)

남아	백분위수										
개월	1	3	5	15	25	50	75	85	95	97	99
0	2.3	2.5	2.6	2.9	3.0	3.3	3.7	3.9	4.2	4.3	4.6
1	3.2	3.4	3.6	3.9	4.1	4.5	4.9	5.1	5.5	5.7	6.0
2	4.1	4.4	4.5	4.9	5.1	5.6	6.0	6.3	6.8	7.0	7.4
3	4.8	5.1	5.2	5.6	5.9	6.4	6.9	7.2	7.7	7.9	8.3
4	5.4	5.6	5.8	6.2	6.5	7.0	7.6	7.9	8.4	8.6	9.1
5	5.8	6.1	6.2	6.7	7.0	7.5	8.1	8.4	9.0	9.2	9.7
6	6.1	6.4	6.6	7.1	7.4	7.9	8.5	8.9	9.5	9.7	10.2
7	6.4	6.7	6.9	7.4	7.7	8.3	8.9	9.3	9.9	10.2	10.7
8	6.7	7.0	7.2	7.7	8.0	8.6	9.3	9.6	10.3	10.5	11.1
9	6.9	7.2	7.4	7.9	8.3	8.9	9.6	10.0	10.6	10.9	11.4
10	7.1	7.5	7.7	8.2	8.5	9.2	9.9	10.3	10.9	11.2	11.8
11	7.3	7.7	7.9	8.4	8.7	9.4	10.1	10.5	11.2	11.5	12.1
12	7.5	7.8	8.1	8.6	9.0	9.6	10.4	10.8	11.5	11.8	12.4
13	7.6	8.0	8.2	8.8	9.2	9.9	10.6	11.1	11.8	12.1	12.7
14	7.8	8.2	8.4	9.0	9.4	10.1	10.9	11.3	12.1	12.4	13.0
15	8.0	8.4	8.6	9.2	9.6	10.3	11.1	11.6	12.3	12.7	13.3
16	8.1	8.5	8.8	9.4	9.8	10.5	11.3	11.8	12.6	12.9	13.6
17	8.3	8.7	8.9	9.6	10.0	10.7	11.6	12.0	12.9	13.2	13.9
18	8.4	8.9	9.1	9.7	10.1	10.9	11.8	12.3	13.1	13.5	14.2
19	8.6	9.0	9.3	9.9	10.3	11.1	12.0	12.5	13.4	13.7	14.4
20	8.7	9.2	9.4	10.1	10.5	11.3	12.2	12.7	13.6	14.0	14.7
21	8.9	9.3	9.6	10.3	10.7	11.5	12.5	13.0	13.9	14.3	15.0
22	9.0	9.5	9.8	10.5	10.9	11.8	12.7	13.2	14.2	14.5	15.3
23	9.2	9.7	9.9	10.6	11.1	12.0	12.9	13.4	14.4	14.8	15.6
24	9.3	9.8	10.1	10.8	11.3	12.2	13.1	13.7	14.7	15.1	15.9

부록 4

2006년 세계보건기구(WHO) 어린이 성장 기준

자료: 세계보건기구 http://www.who.int/childgrowth, 대한모유수유의사회 http://www.bfmed.co.kr

여아 연령별 체중(kg) 백분위수 (0~24개월) (0~2세)

여아	백분위수										
개월	1	3	5	15	25	50	75	85	95	97	99
0	2.3	2.4	2.5	2.8	2.9	3.2	3.6	3.7	4.0	4.2	4.4
1	3.0	3.2	3.3	3.6	3.8	4.2	4.6	4.8	5.2	5.4	5.7
2	3.8	4.0	4.1	4.5	4.7	5.1	5.6	5.9	6.3	6.5	6.9
3	4.4	4.6	4.7	5.1	5.4	5.8	6.4	6.7	7.2	7.4	7.8
4	4.8	5.1	5.2	5.6	5.9	6.4	7.0	7.3	7.9	8.1	8.6
5	5.2	5.5	5.6	6.1	6.4	6.9	7.5	7.8	8.4	8.7	9.2
6	5.5	5.8	6.0	6.4	6.7	7.3	7.9	8.3	8.9	9.2	9.7
7	5.8	6.1	6.3	6.7	7.0	7.6	8.3	8.7	9.4	9.6	10.2
8	6.0	6.3	6.5	7.0	7.3	7.9	8.6	9.0	9.7	10.0	10.6
9	6.2	6.6	6.8	7.3	7.6	8.2	8.9	9.3	10.1	10.4	11.0
10	6.4	6.8	7.0	7.5	7.8	8.5	9.2	9.6	10.4	10.7	11.3
11	6.6	7.0	7.2	7.7	8.0	8.7	9.5	9.9	10.7	11.0	11.7
12	6.8	7.1	7.3	7.9	8.2	8.9	9.7	10.2	11.0	11.3	12.0
13	6.9	7.3	7.5	8.1	8.4	9.2	10.0	10.4	11.3	11.6	12.3
14	7.1	7.5	7.7	8.3	8.6	9.4	10.2	10.7	11.5	11.9	12.6
15	7.3	7.7	7.9	8.5	8.8	9.6	10.4	10.9	11.8	12.2	12.9
16	7.4	7.8	8.1	8.7	9.0	9.8	10.7	11.2	12.1	12.5	13.2
17	7.6	8.0	8.2	8.8	9.2	10.0	10.9	11.4	12.3	12.7	13.5
18	7.8	8.2	8.4	9.0	9.4	10.2	11.1	11.6	12.6	13.0	13.8
19	7.9	8.3	8.6	9.2	9.6	10.4	11.4	11.9	12.9	13.3	14.1
20	8.1	8.5	8.7	9.4	9.8	10.6	11.6	12.1	13.1	13.5	14.4
21	8.2	8.7	8.9	9.6	10.0	10.9	11.8	12.4	13.4	13.8	14.6
22	8.4	8.8	9.1	9.8	10.2	11.1	12.0	12.6	13.6	14.1	14.9
23	8.5	9.0	9.2	9.9	10.4	11.3	12.3	12.8	13.9	14.3	15.2
24	8.7	9.2	9.4	10.1	10.6	11.5	12.5	13.1	14.2	14.6	15.5

부록 4

2006년 세계보건기구(WHO) 어린이 성장 기준

자료: 세계보건기구 http://www.who.int/childgrowth, 대한모유수유의사회 http://www.bfmed.co.kr

남아 연령별 신장(cm) 백분위수 (0~13주) (0~3개월)

남아	백분위수										
주	1	3	5	15	25	50	75	85	95	97	99
0	45.5	46.3	46.8	47.9	48.6	49.9	51.2	51.8	53.0	53.4	54.3
1	46.7	47.5	48.0	49.1	49.8	51.1	52.4	53.1	54.2	54.7	55.5
2	47.9	48.8	49.2	50.4	51.1	52.3	53.6	54.3	55.5	55.9	56.8
3	48.9	49.8	50.2	51.4	52.1	53.4	54.7	55.4	56.6	57.0	57.9
4	49.9	50.7	51.2	52.4	53.1	54.4	55.7	56.4	57.6	58.0	58.9
5	50.8	51.7	52.1	53.3	54.0	55.3	56.7	57.4	58.6	59.0	59.9
6	51.7	52.5	53.0	54.2	54.9	56.2	57.6	58.3	59.5	59.9	60.8
7	52.5	53.4	53.8	55.0	55.7	57.1	58.4	59.1	60.3	60.8	61.7
8	53.3	54.1	54.6	55.8	56.5	57.9	59.2	60.0	61.2	61.6	62.5
9	54.0	54.9	55.4	56.6	57.3	58.7	60.0	60.7	61.9	62.4	63.3
10	54.7	55.6	56.1	57.3	58.0	59.4	60.7	61.5	62.7	63.2	64.1
11	55.4	56.3	56.8	58.0	58.7	60.1	61.5	62.2	63.4	63.9	64.8
12	56.0	56.9	57.4	58.7	59.4	60.8	62.1	62.9	64.1	64.6	65.5
13	56.6	57.6	58.0	59.3	60.0	61.4	62.8	63.5	64.8	65.2	66.2

여아 연령별 신장(cm) 백분위수 (0~13주) (0~3개월)

여아	백분위수										
주	1	3	5	15	25	50	75	85	95	97	99
0	44.8	45.6	46.1	47.2	47.9	49.1	50.4	51.1	52.2	52.7	53.5
1	45.9	46.8	47.2	48.4	49.1	50.3	51.6	52.3	53.4	53.9	54.7
2	47.1	47.9	48.4	49.5	50.2	51.5	52.8	53.5	54.6	55.1	55.9
3	48.0	48.8	49.3	50.5	51.2	52.5	53.8	54.5	55.6	56.1	56.9
4	48.9	49.7	50.2	51.4	52.1	53.4	54.7	55.4	56.6	57.0	57.9
5	49.7	50.5	51.0	52.2	52.9	54.2	55.6	56.3	57.5	57.9	58.8
6	50.4	51.3	51.8	53.0	53.7	55.1	56.4	57.1	58.3	58.8	59.7
7	51.2	52.1	52.5	53.8	54.5	55.8	57.2	57.9	59.1	59.6	60.5
8	51.9	52.8	53.2	54.5	55.2	56.6	57.9	58.7	59.9	60.4	61.3
9	52.5	53.4	53.9	55.2	55.9	57.3	58.7	59.4	60.6	61.1	62.0
10	53.2	54.1	54.6	55.8	56.6	57.9	59.3	60.1	61.3	61.8	62.7
11	53.8	54.7	55.2	56.4	57.2	58.6	60.0	60.7	62.0	62.5	63.4
12	54.3	55.3	55.8	57.0	57.8	59.2	60.6	61.4	62.6	63.1	64.1
13	54.9	55.8	56.3	57.6	58.4	59.8	61.2	62.0	63.2	63.7	64.7

부록 4

2006년 세계보건기구(WHO) 어린이 성장 기준

자료 : 세계보건기구 http://www.who.int/childgrowth, 대한모유수유의사회 http://www.bfmed.co.kr

남아 연령별 신장(cm) 백분위수 (0~24개월) (0~2세)

남아	백분위수										
개월	1	3	5	15	25	50	75	85	95	97	99
0	45.5	46.3	46.8	47.9	48.6	49.9	51.2	51.8	53.0	53.4	54.3
1	50.2	51.1	51.5	52.7	53.4	54.7	56.0	56.7	57.9	58.4	59.3
2	53.8	54.7	55.1	56.4	57.1	58.4	59.8	60.5	61.7	62.2	63.1
3	56.7	57.6	58.1	59.3	60.1	61.4	62.8	63.5	64.8	65.3	66.2
4	59.0	60.0	60.5	61.7	62.5	63.9	65.3	66.0	67.3	67.8	68.7
5	61.0	61.9	62.4	63.7	64.5	65.9	67.3	68.1	69.4	69.9	70.8
6	62.6	63.6	64.1	65.4	66.2	67.6	69.1	69.8	71.1	71.6	72.6
7	64.1	65.1	65.6	66.9	67.7	69.2	70.6	71.4	72.7	73.2	74.2
8	65.5	66.5	67.0	68.3	69.1	70.6	72.1	72.9	74.2	74.7	75.7
9	66.8	67.7	68.3	69.6	70.5	72.0	73.5	74.3	75.7	76.2	77.2
10	68.0	69.0	69.5	70.9	71.7	73.3	74.8	75.6	77.0	77.6	78.6
11	69.1	70.2	70.7	72.1	73.0	74.5	76.1	77.0	78.4	78.9	80.0
12	70.2	71.3	71.8	73.3	74.1	75.7	77.4	78.2	79.7	80.2	81.3
13	71.3	72.4	72.9	74.4	75.3	76.9	78.6	79.4	80.9	81.5	82.6
14	72.3	73.4	74.0	75.5	76.4	78.0	79.7	80.6	82.1	82.7	83.8
15	73.3	74.4	75.0	76.5	77.4	79.1	80.9	81.8	83.3	83.9	85.0
16	74.2	75.4	76.0	77.5	78.5	80.2	82.0	82.9	84.5	85.1	86.2
17	75.1	76.3	76.9	78.5	79.5	81.2	83.0	84.0	85.6	86.2	87.4
18	76.0	77.2	77.8	79.5	80.4	82.3	84.1	85.1	86.7	87.3	88.5
19	76.8	78.1	78.7	80.4	81.4	83.2	85.1	86.1	87.8	88.4	89.7
20	77.7	78.9	79.6	81.3	82.3	84.2	86.1	87.1	88.8	89.5	90.7
21	78.4	79.7	80.4	82.2	83.2	85.1	87.1	88.1	89.9	90.5	91.8
22	79.2	80.5	81.2	83.0	84.1	86.0	88.0	89.1	90.9	91.6	92.9
23	80.0	81.3	82.0	83.8	84.9	86.9	89.0	90.0	91.9	92.6	93.9
24	80.7	82.1	82.8	84.6	85.8	87.8	89.9	91.0	92.8	93.6	94.9

여아 연령별 신장(cm) 백분위수 (0~24개월) (0~2세)

여아	백분위수										
개월	1	3	5	15	25	50	75	85	95	97	99
0	44.8	45.6	46.1	47.2	47.9	49.1	50.4	51.1	52.2	52.7	53.5
1	49.1	50.0	50.5	51.7	52.4	53.7	55.0	55.7	56.9	57.4	58.2
2	52.3	53.2	53.7	55.0	55.7	57.1	58.4	59.2	60.4	60.9	61.8
3	54.9	55.8	56.3	57.6	58.4	59.8	61.2	62.0	63.3	63.8	64.7
4	57.1	58.0	58.5	59.8	60.6	62.1	63.5	64.3	65.7	66.2	67.1
5	58.9	59.9	60.4	61.7	62.5	64.0	65.5	66.3	67.7	68.2	69.2
6	60.5	61.5	62.0	63.4	64.2	65.7	67.3	68.1	69.5	70.0	71.0
7	61.9	62.9	63.5	64.9	65.7	67.3	68.8	69.7	71.1	71.6	72.7
8	63.2	64.3	64.9	66.3	67.2	68.7	70.3	71.2	72.6	73.2	74.3
9	64.5	65.6	66.2	67.6	68.5	70.1	71.8	72.6	74.1	74.7	75.8
10	65.7	66.8	67.4	68.9	69.8	71.5	73.1	74.0	75.5	76.1	77.2
11	66.9	68.0	68.6	70.2	71.1	72.8	74.5	75.4	76.9	77.5	78.6
12	68.0	69.2	69.8	71.3	72.3	74.0	75.8	76.7	78.3	78.9	80.0
13	69.1	70.3	70.9	72.5	73.4	75.2	77.0	77.9	79.5	80.2	81.3
14	70.1	71.3	72.0	73.6	74.6	76.4	78.2	79.2	80.8	81.4	82.6
15	71.1	72.4	73.0	74.7	75.7	77.5	79.4	80.3	82.0	82.7	83.9
16	72.1	73.3	74.0	75.7	76.7	78.6	80.5	81.5	83.2	83.9	85.1
17	73.0	74.3	75.0	76.7	77.7	79.7	81.6	82.6	84.4	85.0	86.3
18	74.0	75.2	75.9	77.7	78.7	80.7	82.7	83.7	85.5	86.2	87.5
19	74.8	76.2	76.9	78.7	79.7	81.7	83.7	84.8	86.6	87.3	88.6
20	75.7	77.0	77.7	79.6	80.7	82.7	84.7	85.8	87.7	88.4	89.7
21	76.5	77.9	78.6	80.5	81.6	83.7	85.7	86.8	88.7	89.4	90.8
22	77.3	78.7	79.5	81.4	82.5	84.6	86.7	87.8	89.7	90.5	91.9
23	78.1	79.6	80.3	82.2	83.4	85.5	87.7	88.8	90.7	91.5	92.9
24	78.9	80.3	81.1	83.1	84.2	86.4	88.6	89.8	91.7	92.5	93.9

자료 : 세계보건기구 http://www.who.int/childgrowth, 대한모유수유의사회 http://www.bfmed.co.kr

부록 4

2006년 세계보건기구(WHO) 어린이 성장 기준

남아 연령별 체질량 지수(kg/m²) 백분위수 (0~13주) (0~3개월)

남아	백분위수										
주	1	3	5	15	25	50	75	85	95	97	99
0	10.8	11.3	11.5	12.2	12.6	13.4	14.3	14.8	15.8	16.1	16.9
1	10.5	11.0	11.3	12.0	12.5	13.3	14.2	14.7	15.6	15.9	16.6
2	10.8	11.3	11.6	12.3	12.8	13.6	14.5	15.0	15.9	16.2	16.8
3	11.4	11.9	12.2	12.9	13.4	14.2	15.1	15.6	16.5	16.8	17.5
4	11.9	12.4	12.7	13.4	13.9	14.8	15.7	16.2	17.1	17.4	18.1
5	12.3	12.8	13.1	13.9	14.3	15.2	16.2	16.7	17.6	18.0	18.7
6	12.6	13.2	13.5	14.2	14.7	15.6	16.6	17.1	18.0	18.4	19.1
7	12.9	13.5	13.8	14.5	15.0	15.9	16.9	17.4	18.4	18.7	19.5
8	13.2	13.7	14.0	14.8	15.2	16.2	17.1	17.7	18.6	19.0	19.8
9	13.4	13.9	14.2	15.0	15.4	16.4	17.4	17.9	18.9	19.3	20.0
10	13.5	14.1	14.4	15.1	15.6	16.5	17.5	18.1	19.1	19.4	20.2
11	13.7	14.2	14.5	15.3	15.7	16.7	17.7	18.2	19.2	19.6	20.3
12	13.8	14.3	14.6	15.4	15.9	16.8	17.8	18.4	19.3	19.7	20.5
13	13.9	14.4	14.7	15.5	16.0	16.9	17.9	18.4	19.4	19.8	20.6

여아 연령별 체질량 지수(kg/m²) 백분위수 (0~13주) (0~3개월)

여아	백분위수										
주	1	3	5	15	25	50	75	85	95	97	99
0	10.8	11.2	11.5	12.1	12.5	13.3	14.2	14.7	15.5	15.9	16.6
1	10.3	10.8	11.1	11.9	12.3	13.2	14.1	14.6	15.4	15.8	16.4
2	10.6	11.1	11.4	12.1	12.6	13.5	14.3	14.8	15.7	16.0	16.7
3	11.0	11.5	11.8	12.6	13.1	14.0	14.9	15.4	16.3	16.6	17.3
4	11.4	12.0	12.3	13.0	13.5	14.4	15.4	15.9	16.8	17.2	17.9
5	11.8	12.3	12.6	13.4	13.9	14.8	15.8	16.3	17.3	17.6	18.4
6	12.1	12.6	12.9	13.7	14.2	15.1	16.1	16.7	17.6	18.0	18.8
7	12.3	12.9	13.2	14.0	14.4	15.4	16.4	17.0	17.9	18.3	19.1
8	12.5	13.1	13.4	14.2	14.7	15.6	16.6	17.2	18.2	18.6	19.4
9	12.7	13.2	13.5	14.3	14.9	15.8	16.8	17.4	18.4	18.8	19.6
10	12.8	13.4	13.7	14.5	15.0	16.0	17.0	17.6	18.6	19.0	19.8
11	13.0	13.5	13.8	14.6	15.1	16.1	17.2	17.8	18.8	19.2	20.0
12	13.1	13.6	13.9	14.8	15.3	16.2	17.3	17.9	18.9	19.3	20.1
13	13.2	13.7	14.0	14.9	15.4	16.4	17.4	18.0	19.0	19.4	20.3

자료: 세계보건기구 http://www.who.int/childgrowth, 대한모유수유의사회 http://www.bfmed.co.kr

부록 4

2006년 세계보건기구 (WHO) 어린이 성장 기준

남아 연령별 체질량 지수(kg/m²) 백분위수 (0~24개월) (0~2세)

남아	백분위수										
개월	1	3	5	15	25	50	75	85	95	97	99
0	10.8	11.3	11.5	12.2	12.6	13.4	14.3	14.8	15.8	16.1	16.9
1	12.0	12.6	12.8	13.6	14.1	14.9	15.9	16.4	17.3	17.6	18.3
2	13.3	13.8	14.1	14.9	15.4	16.3	17.3	17.8	18.8	19.2	19.9
3	13.9	14.4	14.7	15.5	16.0	16.9	17.9	18.5	19.4	19.8	20.6
4	14.1	14.7	15.0	15.7	16.2	17.2	18.2	18.7	19.7	20.1	20.9
5	14.3	14.8	15.1	15.9	16.4	17.3	18.3	18.9	19.8	20.2	21.0
6	14.4	14.9	15.2	15.9	16.4	17.3	18.3	18.9	19.9	20.3	21.1
7	14.4	14.9	15.2	15.9	16.4	17.3	18.3	18.9	19.9	20.3	21.1
8	14.4	14.9	15.1	15.9	16.3	17.3	18.2	18.8	19.8	20.2	21.0
9	14.3	14.8	15.1	15.8	16.3	17.2	18.1	18.7	19.7	20.1	20.8
10	14.2	14.7	15.0	15.7	16.2	17.0	18.0	18.6	19.5	19.9	20.7
11	14.1	14.6	14.9	15.6	16.0	16.9	17.9	18.4	19.4	19.8	20.5
12	14.0	14.5	14.8	15.5	15.9	16.8	17.7	18.3	19.2	19.6	20.4
13	13.9	14.4	14.7	15.4	15.8	16.7	17.6	18.1	19.1	19.5	20.2
14	13.9	14.3	14.6	15.3	15.7	16.6	17.5	18.0	18.9	19.3	20.1
15	13.8	14.2	14.5	15.2	15.6	16.4	17.4	17.9	18.8	19.2	19.9
16	13.7	14.2	14.4	15.1	15.5	16.3	17.2	17.8	18.7	19.1	19.8
17	13.6	14.1	14.3	15.0	15.4	16.2	17.1	17.6	18.6	18.9	19.7
18	13.6	14.0	14.2	14.9	15.3	16.1	17.0	17.5	18.5	18.8	19.6
19	13.5	13.9	14.2	14.8	15.2	16.1	16.9	17.4	18.4	18.7	19.5
20	13.4	13.9	14.1	14.8	15.2	16.0	16.9	17.4	18.3	18.6	19.4
21	13.4	13.8	14.1	14.7	15.1	15.9	16.8	17.3	18.2	18.6	19.3
22	13.3	13.8	14.0	14.6	15.0	15.8	16.7	17.2	18.1	18.5	19.2
23	13.3	13.7	14.0	14.6	15.0	15.8	16.7	17.1	18.0	18.4	19.1
24	13.3	13.7	13.9	14.5	14.9	15.7	16.6	17.1	18.0	18.3	19.1

부록 4

2006년 세계보건기구(WHO) 어린이 성장 기준

자료 : 세계보건기구 http://www.who.int/childgrowth, 대한모유수유의사회 http://www.bfmed.co.kr

여아 연령별 체질량 지수(kg/m²) 백분위수 (0~24개월) (0~2세)

여아	백분위수										
개월	1	3	5	15	25	50	75	85	95	97	99
0	10.8	11.2	11.5	12.1	12.5	13.3	14.2	14.7	15.5	15.9	16.6
1	11.6	12.1	12.4	13.2	13.6	14.6	15.5	16.1	17.0	17.3	18.0
2	12.6	13.2	13.5	14.3	14.8	15.8	16.8	17.4	18.4	18.8	19.5
3	13.2	13.7	14.0	14.9	15.4	16.4	17.4	18.0	19.0	19.4	20.3
4	13.5	14.0	14.3	15.2	15.7	16.7	17.7	18.3	19.4	19.8	20.6
5	13.7	14.2	14.5	15.3	15.8	16.8	17.9	18.5	19.6	20.0	20.8
6	13.7	14.3	14.6	15.4	15.9	16.9	18.0	18.6	19.6	20.1	20.9
7	13.8	14.3	14.6	15.4	15.9	16.9	18.0	18.6	19.6	20.1	20.9
8	13.7	14.3	14.6	15.4	15.9	16.8	17.9	18.5	19.6	20.0	20.8
9	13.7	14.2	14.5	15.3	15.8	16.7	17.8	18.4	19.4	19.9	20.7
10	13.6	14.1	14.4	15.2	15.7	16.6	17.7	18.2	19.3	19.7	20.6
11	13.5	14.0	14.3	15.1	15.5	16.5	17.5	18.1	19.1	19.6	20.4
12	13.4	13.9	14.2	15.0	15.4	16.4	17.4	17.9	19.0	19.4	20.2
13	13.3	13.8	14.1	14.8	15.3	16.2	17.2	17.8	18.8	19.2	20.1
14	13.3	13.7	14.0	47.7	15.2	16.1	17.1	17.7	18.7	19.1	19.9
15	13.2	13.7	13.9	14.6	15.1	16.0	17.0	17.5	18.6	19.0	19.8
16	13.1	13.6	13.8	14.6	15.0	15.9	16.9	17.4	18.4	18.8	19.7
17	13.0	13.5	13.8	14.5	14.9	15.8	16.8	17.3	18.3	18.7	19.5
18	13.0	13.4	13.7	14.4	14.8	15.7	16.7	17.2	18.2	18.6	19.4
19	12.9	13.4	13.6	14.3	14.8	15.7	16.6	17.2	18.1	18.5	19.3
20	12.9	13.3	13.6	14.3	14.7	15.6	16.5	17.1	18.1	18.5	19.3
21	12.8	13.3	13.6	14.2	14.7	15.5	16.5	17.0	18.0	18.4	19.2
22	12.8	13.3	13.5	14.2	14.6	15.5	16.4	17.0	17.9	18.3	19.1
23	12.8	13.2	13.5	14.2	14.6	15.4	16.4	16.9	17.9	18.3	19.1
24	12.8	13.2	13.5	14.1	14.6	15.4	16.3	16.9	17.8	18.2	19.0

참고문헌

김천호, 생애주기영양학, 수학사, 2000.

구재옥·김정희·변기원·손정민·이정언·이종현·최영신, 생애주기영양학, 파워북, 2011.

구재옥·모수미·이정원·최혜미, 생활주기영양학, 한국방송통신대학교출판부, 2003.

권순자 외, 웰빙 식생활, 교문사, 2006.

김계자, 영유아 영양 및 건강교육, 동문사, 2003.

김미정. 한국영아와 모성의 비타민 D 영양상태 조사와 모유 수유아의 비타민 D 보충요법의 효과에 대한 연구 박사학위논문. 2007.

김은경·남혜원·박영심·명춘옥·이기완, 생활주기영양학, 신광출판사, 2005.

김정숙, 생애주기영양학, 광문각, 2000.

김현숙 외, 21C 스포츠 영양, 교문사, 2003.

대한가정의학회, 한국인의 평생건강관리, 계측문화사, 1995.

대한신생아학회, 2001년도 전국 신생아 출생통계, 대한 신생아학회 추계학술대회, 2000.

대한지역사회영양학회, 건강노인을 지향하는 새로운 영양관리 패러다임 : 2006년도 춘계학술대회, 2006.

모수미 외, 생활주기영양학, 효일문화사, 1995.

보건복지부, 영양플러스사업보고서, 2010.

보건복지부, 2015 한국인 영양소 섭취기준, 2015.

보건복지부 질병관리본부, 2009 국민건강통계, 2010.

보건복지부·질병관리본부, 국민건강영양조사 제6기 2차년도, 2014.

보건복지부·한국영양학회·식품의약품안전청, 한국인 영양섭취기준, 2010.

산업안전보건국, 2010년 산업재해현황 분석, 2011.

설민영, 김을상, 금혜경. 수유 첫 6개월간 기간별 수유부의 무유분비량에 관한 연구. 한국영양학회지 26(4):405-413, 1993

식품의약품안전청, 건강한 예비맘을 위한 영양·식생활 가이드, 2011.

양길승, 건강을 위해 직업병에 관심을, 우리교육, 1995.

양일선·김은경·배영희·이소정·안효진, 미취학 아동의 편식지도를 위한 영양교육 프로그램 개발에 관한 연구, 한국식문화학회지 8(2), pp. 125~137, 1993.

이기완 외, 특수영양학, 신광출판사, 2003.

이상일 외, 영유아영양, 교문사, 2003.

이연숙 외, 생애주기영양학, 교문사, 2011.

이연숙 외, 이해하기 쉬운 인체생리학, 교문사, 2011.

이용호, 공중 근무자들의 건강 파수꾼 : 항공우주의학의 전망, 산업보건, vol 129, 1999.

이현옥·오세인·조혜경·최미경·김미현, 생애주기 영양학, 교문사, 2011.

임경숙 외, 노인 영양개선 전략연구 : 건강관련요인 및 영양위험지표 분석, 대한지역사회영양학회지 2(3), pp. 376~387, 2005.

임현숙 외, 생애주기영양학, 교문사, 2002.

전희정 외, 식품과 현대인의 건강, 지구문화사, 2003.

정복미·임상선·김은실, 도시직장인들의 생활습관 및 건강관리실태조사에 관한 연구, 한국식품영양과학회지, 31(3) ; 462~491, 2002.

조규상, 산업보건학, 수문사, 1991.

조성숙, 스포츠영양학, 도서출판 효일, 2002.

조현철, 운동과 건강, 라이프사이언스, 2003.

질병관리본부. 2013 국민건강통계. 2014. p.38-45.

질병관리본부·대한소아과학회, 소아·청소년 표준성장도표, 2007.

최진호, 생활주기영양학, 교문사, 1997.

최혜미, 21세기 영양과 건강이야기, 라이프사이언스, 2002.

최홍식, 식품과 현대인의 식생활, 지구문화사, 2003.

한국고용정보원, 2009산업·직업별 고용구조조사, 2010.

한정순·김갑순·김영헌·정현숙, 생애주기영양학, 지구문화사, 2006.

황진아·고인송·김수연·박정화·심유진·정은정·정혜연·황혜진, 재미있는 인체생리학, 수학사, 2012.

木村修, 現代人の榮養学, 中公新書, 1979.

Abbasi S, Ludomirski A, Bhutani VK, Weiner S, Johnson L. Maternal and fetal plasma vitamin E to total lipid ratio and fetal RBC antioxidant function during gestational development. J Am Coll Nutr 9(4):314-319, 1990.

Christophe Dupont, Protein requirements during the first year of life, Am J Clin Nutr 2003 ;

77(suppl) : 1544S-1549S.

Dee Unglaub Silverthorn, 생리학, 라이프사이언스, 2006.

Fiatarone et. al., Exercise Training and Mutntional Supplementation for Physical Frailty in Very Ederly People, N Engl J Med 330(1994) : 1769~1775.

Frontera et. al., A Cross-Sectional study of Muscle Strength and Mass in 45~78 Year Old Men and Women', J Appl physiol 71(1991) : 644.

Horwitt MK, Harvey CC, Dahm CH Jr. Searcy MT. Relationship between tocopherol and serum lipid levels for determination of nutritional adequacy. Ann N Y Acad Sci 18;203:223-236, 1972.

Insel, Discovering Nutrition, 2/e, Jones & Bartlett, 2006.

Kunz, C, Lonnerdal, B, Casein micelles and casein subunits in human milk In : Protein and nonprotein nitrogen in human milk Atkinson, S, and Lonnerda, l B, (eds), CRC Press, Boca Raton, FL, pp. 10~24, 1989.

L. Businco, G. Bruno, and P.G. Giampietro, Soy protein for the prevention and treatment of children with cowmilk allergy, American Journal of Clinical Nutrition 68, 1998. 1447S-1452S.

Lauralee Sherwood 저, 강영숙 역, 생리학, 라이프사이언스, 2005.

Lee KS, Kim JW, Jang KT, Lee JY, A comparative analysis of the corporate fitness facilities and programs for promotion of employee's health and wellness of Korean and American business corporations, The Korean J Physical Education 31 : pp. 199~211, 1992.

National academy press, National research council RDA 10th Edition, 1989.

Oski FA, Bamess LA. Vitamin E deficiency: a previously unrecognized cause of hemolytic anemia in the premature infant. J Pediatr 70(2):211-220, 1967.

Peggy L., Cristine M, Nutrition in Infancy and Childhood, 5/e, Mosby, 1993.

Peter MacDougall, Breast Milk Versus Cow's Milk, Children's & Women's Health Centre of British Columbia, 1997.

S. Abdul Majeed & Co., Stress and Nutrition, 1991.

Stuart lra fox 저, 박인국·부문종·정헌근 역, 생리학, 라이프사이언스, 2004.

United nations Univ. Constituents of human milk, food and nutrition bulletin, Vol.,17(4), 1996. Whitney, Understanding Nutrition, 9/e, Wadsworth, 2002.

WHO, World Health Organization Releases New Child Growth Standards: Standards Confirm That All Children Worldwide Have the Potential to Grow the Same, World Health Organization Press, April 28, 2006.

Wiley, Stare & Mcwilliams Living Nutrition, 1989.

대한모유수유의사회 http://www.bfmed.co.kr/

모유수유정보신문 http://breastfeeding.co.kr/

http://www.cw.bcca/indexasp

http://www.cw.bcca/pediatricresidents/brstmilkasp

http://blog.empas.com/rapidme/1458806

http://cafe322.daum.net

http://www.imsintotal.com/pregnancy/pregnancy_main2_10.asp

https://knhanes.cdc.go.kr/knhanes/index.do

http://www.mohw.go.kr/front_new/jb/sjb030301vw.jsp?PAR_MENU_ID=03&MENU_ID=0321&CONT_SEQ=264396&page=1

찾아보기

찾아보기_영문

저자 소개

정현숙
계명대학교 가정학과 가정학사
계명대학교 대학원 식생활학과 이학석사
계명대학교 대학원 식생활학과 이학박사
계명문화대학 식품영양조리학부 교수

민정기
가톨릭대학교 식품영양학과 이학사
서울대학교 대학원 보건학과 보건학석사
서울대학교 대학원 동물자원학과 농학박사
네덜란드 Wageningen 국립대학교 박사 후 연수
장안대학교 식품영양과 교수

허채옥
한양대학교 식품영양학과 이학사
이화여자대학교 대학원 식품영양학과 이학석사
한양대학교 대학원 식품영양학과 이학박사
독일 Justus-Liebig 대학교 박사 후 연수
한양여자대학교 식품영양과 교수

이난희
대구가톨릭대학교 식품영양학과 영양학사
대구가톨릭대학교 대학원 식품영양학과 식품학석사
대구가톨릭대학교 대학원 식품영양학과 영양학박사
대구한의대학교 산학협력단 교수
청도군어린이급식관리지원센터장

원선임
한양대학교 가정대학 식품영양학과 이학사
한양대학교 대학원 식품영양학과 이학석사
한양대학교 대학원 식품영양학과 이학박사
청운대학교 식품영양학과 교수

이경연
일본 오차노미즈여자대학 대학원 인간문화연구과 생활과학석사
일본 큐슈대학 대학원 의학연구과 의학박사
한양여자대학교 식품영양과 겸임교수

새로운 **생애주기영양학**

2019년 8월 1일 개정 2판 2쇄 발행
2016년 8월 30일 개정 2판 1쇄 발행
2012년 2월 28일 개정 1판 발행
2007년 3월 10일 초판 1쇄 발행

지은이 정현숙 · 민정기 · 허채옥 · 이난희 · 원선임 · 이경연
발행인 이 영 호
발행처 **수 학 사**
06653 서울특별시 서초구 효령로 263
출판등록 1953년 7월 23일 No.16-10
전화번호 02) 584-4642(代) 팩스 02) 521-1458
http://www.soohaksa.co.kr
디자인 북큐브

정가 26,000

ISBN 978-89-7140-704-2 (93590)